"十三五"国家重点出版物出版规划项目

卓越工程能力培养与工程教育专业认证系列规划教材

（电气工程及其自动化、自动化专业）

伺 服 系 统

第 3 版

主　编　钱　平

副主编　李　宁

参　编　谭季秋　孙国琴　张成功

主　审　邵群涛

机 械 工 业 出 版 社

伺服系统是用来精确地跟随或复现某个过程的反馈控制系统，该系统可使物体的位置、方位、状态等的输出被控制量能够跟随输入目标（或给定值）的变化而变化。本书以伺服系统为对象，在阐述伺服系统原理、电力电子器件和检测元件等基础上，从伺服系统发展的角度出发，系统地介绍了步进式伺服系统、直流伺服系统、交流伺服系统等的原理及应用。本书在篇幅上力求精简，在内容编排上既有较系统的理论阐述，又有大量的应用实例以及最新技术的介绍。

本书可作为普通高校自动化、机械设计制造及其自动化专业（数控技术和机械电子专业方向）应用型本科学生的教材和参考书，也可供从事数控技术的工程技术人员参考使用。

本书配有电子课件和习题答案，欢迎选用本书作教材的教师登录www.cmpedu.com注册下载，或发邮件至jinacmp@163.com索取。

图书在版编目（CIP）数据

伺服系统/钱平主编. —3版. —北京：机械工业出版社，2020.12
（2024.6重印）

"十三五"国家重点出版物出版规划项目　卓越工程能力培养与工程教育专业认证系列规划教材. 电气工程及其自动化、自动化专业

ISBN 978-7-111-67078-0

Ⅰ.①伺… Ⅱ.①钱… Ⅲ.①伺服系统-高等学校-教材 Ⅳ.①TP275

中国版本图书馆CIP数据核字（2020）第251433号

机械工业出版社（北京市百万庄大街22号　邮政编码100037）
策划编辑：吉　玲　责任编辑：吉　玲　王　荣
责任校对：陈　越　封面设计：严娅萍
责任印制：郜　敏
北京富资园科技发展有限公司印刷
2024年6月第3版第6次印刷
184mm×260mm·19.75印张·487千字
标准书号：ISBN 978-7-111-67078-0
定价：55.00元

电话服务　　　　　　　　　网络服务
客服电话：010-88361066　　机　工　官　网：www.cmpbook.com
　　　　　010-88379833　　机　工　官　博：weibo.com/cmp1952
　　　　　010-68326294　　金　书　网：www.golden-book.com
封底无防伪标均为盗版　机工教育服务网：www.cmpedu.com

序

工程教育在我国高等教育中占有重要地位，高素质工程科技人才是支撑产业转型升级、实施国家重大发展战略的重要保障。当前，世界范围内新一轮科技革命和产业变革加速进行，以新技术、新业态、新产业、新模式为特点的新经济蓬勃发展，迫切需要培养、造就一大批多样化、创新型卓越工程科技人才。目前，我国高等工程教育规模世界第一。我国工科本科在校生约占我国本科在校生总数的1/3。近年来我国每年工科本科毕业生占世界总数的1/3以上。如何保证和提高高等工程教育质量，如何适应国家战略需求和企业需要，一直受到教育界、工程界和社会各方面的关注。多年以来，我国一直致力于提高高等教育的质量，组织并实施了多项重大工程，包括卓越工程师教育培养计划（以下简称卓越计划）、工程教育专业认证和新工科建设等。

卓越计划的主要任务是探索建立高校与行业企业联合培养人才的新机制，创新工程教育人才培养模式，建设高水平工程教育教师队伍，扩大工程教育的对外开放。计划实施以来，各相关部门建立了协同育人机制。卓越计划要求试点专业要大力改革课程体系和教学形式，依据卓越计划培养标准，遵循工程的集成与创新特征，以强化工程实践能力、工程设计能力与工程创新能力为核心，重构课程体系和教学内容，加强跨专业、跨学科的复合型人才培养，着力推动基于问题的学习、基于项目的学习、基于案例的学习等多种研究性学习方法，加强学生创新能力训练，"真刀真枪"做毕业设计。卓越计划实施以来，培养了一批获得行业认可、具备很好的国际视野和创新能力、适应经济社会发展需要的各类型高质量人才，教育培养模式改革创新取得突破，教师队伍建设初见成效，为卓越计划的后续实施和最终目标的达成奠定了坚实基础。各高校以卓越计划为突破口，逐渐形成各具特色的人才培养模式。

2016年6月2日，我国成为工程教育"华盛顿协议"第18个正式成员，标志着我国工程教育真正融入世界工程教育，人才培养质量开始与其他成员达到了实质等效，同时，也为以后我国参加国际工程师认证奠定了基础，为我国工程师走向世界创造了条件。专业认证把以学生为中心、以产出为导向和持续改进作为三大基本理念，与传统的内容驱动、重视投入的教育形成了鲜明对比，是一种教育范式的革新。通过专业认证，把先进的教育理念引入我国工程教育，有力地推动了我国工程教育专业教学改革，逐步引导我国高等工程教育实现从以教师为中心向以学生为中心转变、从以课程为导向以产出为导向转变、从质量监控向持续改进转变。

在实施卓越计划和开展工程教育专业认证的过程中，许多高校的电气工程及其自动化、自动化专业结合自身的办学特色，引入先进的教育理念，在专业建设、人才培养模式、教学内容、教学方法、课程建设等方面积极开展教学改革，取得了较好的效果，建设了一大批优质课程。为了将这些优秀的教学改革经验和教学内容推广给广大高校，中国工程教育专业认证协会电子信息与电气工程类专业认证分委员会、教育部高等学校电气类专业教学指导委员会、教育部高等学校自动化类专业教学指导委员会、中国机械工业教育协会自动化学科教学委员会、中国机械工业教育协会电气工程及其自动化学科教学委员会联合组织规划了"卓越工程能力培养与工程教育专业认证系列规划教材（电气工程及其自动化、自动化专业）"。本套教材通过国家新闻出版广电总局的评审，入选了"十三五"国家重点出版物出版规划项目。本套教材密切联系行业和市场需求，以学生工程能力培养为主线，以教育培养优秀工程师为目标，突出学生工程理念、工程思维和工程能力的培养。本套教材在广泛吸纳相关学校在"卓越工程师教育培养计划"实施和工程教育专业认证过程中的经验和成果的基础上，针对目前同类教材存在的内容滞后、与工程脱节等问题，紧密结合工程应用和行业企业需求，突出实际工程案例，强化学生工程能力的教育培养，积极进行教材内容、结构、体系和展现形式的改革。

经过全体教材编审委员会委员和编者的努力，本套教材陆续跟读者见面了。由于时间紧迫，各校相关专业教学改革推进的程度不同，本套教材还存在许多问题。希望各位老师对本套教材多提宝贵意见，以使教材内容不断完善提高。也希望通过本套教材在高校的推广使用，促进我国高等工程教育教学质量的提高，为实现高等教育的内涵式发展贡献一份力量。

卓越工程能力培养与工程教育专业认证系列规划教材
（电气工程及其自动化、自动化专业）
编审委员会

前　言

伺服系统课是数控技术、自动化、电气工程及其自动化、机电一体化等专业的一门重要的专业技术课。伺服系统是用来精确地跟随或复现某个过程的反馈控制系统。伺服系统可使物体的位置、方位、状态等的输出被控制量能够跟随输入目标（或给定值）的变化而变化。它的主要任务是按控制命令的要求，对功率进行放大、变换与调控等处理，使驱动装置输出的力矩、速度和位置控制非常灵活方便。在很多情况下，伺服系统专指被控制量（系统的输出量）是机械位移或速度、加速度的反馈控制系统，其作用是使输出的机械位移（或转角）准确地跟踪输入的位移（或转角），其结构组成和其他形式的反馈控制系统没有原则上的区别。伺服系统最初用于国防军工，如火炮的控制，船舰、飞机的自动驾驶，导弹的发射等，后来逐渐推广到国民经济的许多方面，如自动机床、无线跟踪控制、电动汽车、机器人控制等。随着计算机技术、数字信号处理器技术、电力电子新器件、信息技术、控制技术以及传感与检测等数字控制技术的发展，伺服系统正在向高效率化、直接驱动、高速、高精、高性能化、一体化和集成化、通用化、智能化、网络化和模块化、从故障诊断到预测性维护、专用化和多样化、小型化和大型化的方向发展。

本书以伺服系统为对象，在阐述伺服系统原理、电力电子器件和检测元件等基础上，从伺服系统发展的角度出发，系统地介绍了步进式伺服系统、直流伺服系统、交流伺服系统等的原理及应用。内容编排上既有较系统的理论阐述，又有大量的应用实例以及最新技术的介绍；选材上力求少而精。本书作为教材，旨在培养学生成为创新型、应用型工程技术人才。本书可作为自动化、机械设计制造及其自动化专业（数控技术和机械电子专业方向）应用型本科生的教材和参考书，也可供从事数控技术的工程技术人员参考使用。

本书由钱平任主编，具体编写分工如下：钱平编写了第一章、第九章；李宁编写了第五章、第七章；谭季秋编写了第三章、第八章；钱平和张成功共同编写了第二章；孙国琴、张成功共同编写了第四章；钱平和孙国琴共同编写了第六章；张成功和研究生吴小卫一起协助主编对全书做了很多编辑工作。全书由邵群涛教授主审。

鉴于编者的水平和经验有限，书中难免有错误或不妥之处，恳请广大读者批评指正。

编　者

目录 Contents

第一章

概　　述

　　现代化生产的水平、产品的质量和经济效益等各项指标，在很大程度上取决于生产设备的先进性和电气自动化、信息化的程度。机电一体化技术是在科学技术的不断发展、生产工艺不断提出新的要求下迅速发展的。在控制方法上，主要是从手动到自动；在控制功能上，从简单到复杂；在操作上，从笨重到轻巧。电力电子技术的进步、微机技术的应用和新型控制策略的出现，又为电气控制技术的发展开拓了新的途径。

　　机床工业是工业化国家经济发展的基础工业。机床是用来制造一切机械的机器。数控机床是以数控技术为代表的新技术对传统机械制造业渗透而形成的机电一体化产品，它使用的技术包括机械制造技术、自动化控制技术、伺服驱动技术、信息处理及传输技术、监控检测技术以及软件技术等。数控机床的使用给制造业带来了一场重大的革命，它满足了人们对高制造水平的追求和对高生产率的期望。近年来，随着新产业的兴起和新技术对机械加工所产生的冲击，数控机床正朝着高速度、高精度、绿色化、高柔性化、智能化、模块化、复合化方向飞速发展。

　　伺服系统接收来自计算机数控（Computerized Numerical Control，CNC）装置的进给脉冲，进给脉冲经变换和放大，然后去驱动各加工坐标轴按指令脉冲进行运动。这些轴有的带动工作台，有的带动刀架，通过一个或多个加工坐标轴的综合联动，以及各轴上运动速度的调节，最终以一定的加减速变化曲线来进行运动，使得刀具相对于工件产生各种复杂的机械运动，加工出所要求的复杂形状工件。

　　进给伺服系统是数控装置和机床机械传动部件间的联系环节，是数控机床的重要组成部分。它包含机械、电子、电动机等各种部件，并涉及强电与弱电的控制，是一个复杂的控制系统。而且伺服系统的动态和静态性能决定了数控机床的最高运动速度、跟踪及定位精度、加工表面质量、生产率及工作可靠性等技术指标。数控机床的故障也主要出现在伺服系统上。所以，提高伺服系统的技术性能和可靠性，对于数控机床具有重大意义，研究与开发高性能的伺服系统一直是现代数控机床的关键技术之一。

　　机床的主轴驱动与进给驱动有很大的差别。机床主传动的工作运动通常是旋转运动，满足主轴调速及正反转功能即可，无需丝杠或其他直线运动的装置。但当要求机床有螺纹加工、准停和恒线速加工等功能时，就对主轴提出了相应的位置控制要求。此时，主轴驱动系统也可称为主轴伺服系统，只不过控制较为简单。

　　伺服系统的主要研究内容是机械运动过程中涉及的力学、机械学、动力驱动、伺服参数检测和控制等方面的理论和技术问题。伺服系统对自动化、自动控制、电气工程、机电一体化等专业既是一门基础技术，又是一门专业技术。因为它不仅需要分析各种基本的变换电路，而且需要结合生产实际解决各种复杂定位的控制问题，如机器人控制、数控机床等。它是运动控制系统与现代电力电子技术相结合的交叉学科，是力学、机械、电工、电子、计算机、信息和自动化等科学和技术领域的综合，这些科学和技术出现的新进展都能使它向前迈进一步，其技术进步是日新月异的。

第一节 伺服系统的作用及组成

在自动控制系统中，使输出量能够以一定的准确度跟随输入量的变化而变化的系统称为随动系统，亦称为伺服系统。数控机床的伺服系统是指以机床移动部件的位置和速度作为控制量的自动控制系统。

数控机床进给伺服系统的作用是：接收来自数控装置的指令脉冲，驱动机床移动部件跟随指令脉冲运动，并保证动作的快速和准确。这就要求高质量的速度和位置伺服。数控机床的精度和速度等技术指标往往主要取决于伺服系统。

数控机床伺服系统的一般结构如图 1-1 所示。它是一个双闭环系统，内环是速度环，外环是位置环。速度环中用作速度反馈的检测装置为测速发电机、脉冲编码器等。速度控制单元是一个独立的单元部件，它由速度调节器、电流调节器及功率驱动放大器等各部分组成。位置环是由 CNC 装置中的位置控制模块、速度控制单元、位置检测及反馈控制等各部分组成。位置控制主要是对机床运动坐标轴进行控制，轴控制是要求最高的位置控制。不仅对单个轴的运动速度和位置精度的控制有严格要求，而且在多轴联动时还要求各运动轴有很多的动态配合。这样才能保证加工效率、加工精度和表面粗糙度。

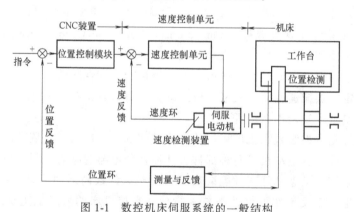

图 1-1 数控机床伺服系统的一般结构

第二节 伺服系统的基本要求和特点

一、对伺服系统的基本要求

1. 稳定性好

稳定是指系统在给定输入或外界干扰作用下能在短暂的调节过程后到达新的或者恢复到原有的平衡状态。通常要求承受的额定转矩变化时，静态速降应小于 5%，动态速降应小于 10%。

2. 精度高

伺服系统的精度是指输出量能跟随输入量的精确程度。作为精密加工的数控机床，要求的定位精度、轮廓加工精度、进给跟踪精度通常都比较高，这也是伺服系统静态特性与动态特性指标是否优良的具体表现。允许的偏差一般在 0.001~0.01mm（1~10μm）之间，精度高的可达到 ±0.00005~±0.0001mm（±0.05~±0.1μm）。

相应地，对伺服系统的分辨率也提出了要求。当伺服系统接收 CNC 装置送来的一个脉冲时，工作台相应移动的单位距离叫作分辨率。系统的分辨率取决于系统的稳定工作性质和所使用的位置检测元件。目前的闭环伺服系统都能达到 1μm 的分辨率。数控测量装置的分辨率可达 0.1μm。高精度数控机床也可达到 0.1μm 的分辨率，甚至更小。

3. 快速响应并无超调

快速响应性是伺服系统动态品质的标志之一，即要求跟踪指令脉冲的响应要快。一方面要求过渡过程时间短，一般在 200ms 以内，有的甚至达到几十毫秒，且速度变化时不应有超调；另一方面要求当负载突变时过渡过程的前沿要陡（即上升率要大），恢复时间要短，且无振荡。这样才能得到光滑的加工表面。

4. 低速大转矩和调速范围宽

机床的加工特点是大多在低速时进行切削，即在低速时进给驱动要有大的转矩输出。同时，为了适应不同的加工条件，要求数控机床进给能在很宽的速度范围内无级变化。这就要求伺服电动机有很宽的调速范围和优异的调速特性。目前在进给脉冲当量为 1μm 的情况下，先进的水平是进给速度在 0~240m/min 范围内连续可调。一般的数控机床，进给速度范围为 0~24000mm/min。在 1~24000mm/min 之间即 1∶24000 的调速范围内，要求速度均匀、稳定、无爬行，且速降小；在 1mm/min 以下时具有一定的瞬时速度，但平均速度低；在零速，即工作台停止运动时，要求电动机有电磁转矩以维持定位精度，使定位误差不超过系统的允许范围，即电动机处于伺服锁定状态。

由于位置伺服系统是由速度控制单元和位置控制环节两大部分组成的，如果对速度控制单元也过分地追求像位置控制环节那么大的调速范围而且又要可靠稳定地工作，那么速度控制单元将会变得相当复杂，既提高了成本又降低了可靠性。

一般对于进给速度范围为 1∶20000 的位置控制环节，在总的开环位置增益为 20s^{-1} 时，只要保证速度控制单元具有 1∶1000 的调速范围就可以满足需要。代表当今世界先进水平的实验系统，速度控制单元调速范围已达 1∶100000。

二、伺服系统的主要特点

（1）精确的检测装置　用以组成速度和位置的闭环控制。

（2）有多种反馈比较原理与方法　根据检测装置实现信息反馈的原理不同，伺服系统反馈比较的方法也不相同。目前常用的有脉冲比较、相位比较和幅值比较 3 种。

（3）高性能伺服电动机　用于高效和复杂型面加工的数控机床，由于伺服系统经常处于频繁起动和制动过程中，因此要求伺服电动机的输出转矩与转动惯量的比值要大，以产生足够大的加速或制动转矩。伺服电动机应具有耐受 4000rad/s^2 以上角加速度的能力，才能保证其在 0.2s 以内从静止起动到额定转速。伺服电动机应在低速时有足够大的输出转矩且运转平稳，以便在与机械运动部分连接中尽量减少中间环节。

（4）宽调速范围的速度调节系统 从系统的控制结构看，数控机床的位置闭环控制系统可以看作是位置调节为外环、速度调节为内环的双闭环自动控制系统，其内部的实际工作过程是把位置控制输入转换成相应的速度给定信号后，再通过调速系统驱动伺服电动机，实现实际位移。数控机床的主轴运动要求的调速性能也比较高，因此要求的伺服系统为高性能的宽调速系统。

第三节 伺服系统的分类

一、按调节理论分类

1. 开环伺服系统

这是一种比较原始的伺服系统。这类数控系统将零件的程序处理后，输出数据指令给伺服系统，驱动机床运动，没有来自位置传感器的反馈信号。最典型的系统就是采用步进电动机的伺服系统，如图1-2所示。它一般由环形分配器、步进电动机功率放大器、步进电动机、配速齿轮和丝杠螺母传动副等组成。数控系统每发出一个指令脉冲，经驱动电路功率放大后，驱动步进电动机旋转一个固定角度（即步距角），再经传动机构带动工作台移动。这类数控系统信息流是单向的，即进给脉冲发出去后，实际移动值不再反馈回来，所以称为开环控制。

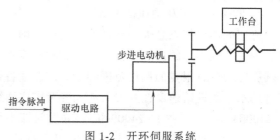

图1-2 开环伺服系统

2. 闭环伺服系统

这类伺服系统带有检测装置，直接对工作台的位移量进行检测，其原理如图1-3所示。当数控装置发出位移指令脉冲，经电动机和机械传动装置使机床工作台移动时，安装在工作台上的位置检测器把机械位移变成电参量，反馈到输入端与输入信号相比较，得到的偏差经过放大和变换，最后驱动工作台向减少偏差的方向移动，直到偏差等于零为止。这类控制系统，因为把机床工作台纳入了位置闭环系统，故称为闭环控制系统。常见的检测元件有旋转变压器、感应同步器、光栅、磁栅和编码盘等。目前闭环系统的分辨率多数为 $1\mu m$，定位精度可达 $\pm 0.005 \sim \pm 0.01mm$，高精度系统的分辨率可达 $0.1\mu m$。系统精度只取决于测量装置的制造精度和安装精度。该系统可以消除包括工作台传动链在内的误差，因而定位精度高、调节速度快。但由于该系统受进给丝杠的拉压刚度、扭转刚度、摩擦阻尼特性和间隙等非线性因素的影响，给调试工作造成很大困难。若各种参数匹配不当，将会引起系统振荡，造成不稳定，影响定位精度，同时系统变复杂，成本变高。因此该系统适用于精度要求很高的数控机床，如镗铣床、超精车床、超精铣床等。

3. 半闭环伺服系统

大多数数控机床是半闭环伺服系统。这类系统用安装在进给丝杠轴端或电动机轴端的角位移测量元件（如旋转变压器、脉冲编码器、圆光栅等）来代替安装在机床工作台上的直线测量元件，用测量丝杠或电动机轴的旋转角位移来代替测量工作台的直线位移，其原理如图1-4所示。因这类系统未将丝杠螺母副、齿轮传动副等传动装置包含在位置闭环控制系统中，所以称该系统为半闭环控制系统。它不能补偿位置闭环系统外的传动装置的传动误差，却可以获得稳定的控制特性。这类系统介于开环系统与闭环系统之间，精度没有闭环系统高，调试却比闭环系统方便，因而得到广泛的应用。

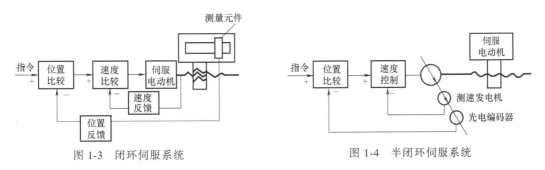

图 1-3　闭环伺服系统　　　　　　　　　　　图 1-4　半闭环伺服系统

二、按使用的驱动元件分类

1. 步进伺服系统

如图 1-2 所示，步进伺服系统亦称为开环伺服系统，其驱动元件为步进电动机，步进电动机盛行于 20 世纪 70 年代。步进伺服系统的结构最简单，控制最容易，维修最方便，且控制为全数字化（即数字化的输入指令脉冲和数字化的位置输出），这完全符合数字化控制技术的要求。

随着计算机技术的发展，除功率驱动电路之外，其他硬件电路均可由软件实现，从而简化了系统结构，降低了成本，提高了系统的可靠性。但步进电动机的耗能太大，速度也不高，当其在脉冲当量 $\delta = 1\mu m$ 时，最高移动速度仅有 2mm/min，且功率越大，移动速度越低，所以主要用于速度与精度要求不高的经济型数控机床或旧设备改造中。

2. 直流伺服系统

直流伺服系统常用的伺服电动机有小惯量直流伺服电动机和永磁直流伺服电动机（也称为大惯量宽调速直流伺服电动机）。小惯量直流伺服电动机最大限度地减少了电枢的转动惯量，所以能获得最好的快速性，在早期的数控机床上应用较多，现在也有应用。小惯量直流伺服电动机一般都设计成有高的额定转速和低的转动惯量，所以应用时要经过中间机械传动（如减速器）才能与丝杠相连接。近年来，力矩电动机有了新的发展，永磁直流伺服电动机的额定转速很低，如可在 1r/min 甚至在 0.1r/min 下平稳地运转，甚至可以在堵转状态下运行。这样低速运行的电动机，其转轴可以和负载直接耦合，省去了减速器，简化了结构，提高了传动精度。因此，自 20 世纪 70 年代至 80 年代中期，这种直流伺服系统在数控机床上的应用占据绝对统治地位，至今，许多数控机床上仍使用这种电动机的直流伺服系统。永磁直流伺服电动机的缺点是有电刷，限制了转速的提高，一般额定转速为 1000 ~ 1500r/min，而且结构复杂，价格较贵。

3. 交流伺服系统

交流伺服系统使用交流异步伺服电动机（一般用于主轴伺服电动机）和永磁同步伺服电动机（一般用于进给伺服电动机）。直流伺服电动机存在着有电刷等一些固有缺点，使其应用环境受到限制。交流伺服电动机没有这些缺点，且转子惯量比直流伺服电动机小，使其动态响应好。在同样体积下，交流伺服电动机的输出功率可比直流伺服电动机提高 10% ~

70%。还有，交流伺服电动机的容量可以比直流伺服电动机造得大，达到更高的电压和转速。因此，交流伺服系统得到了迅速发展，并已经形成潮流。从 20 世纪 80 年代后期开始，已大量使用交流伺服系统，有些国家的厂家，已全部使用了交流伺服系统。

三、按进给驱动和主轴驱动分类

1. 进给伺服系统

进给伺服系统是指通常所说的伺服系统，它包括速度环和位置环。进给伺服系统完成各坐标轴的进给运动，具有定位和轮廓跟踪功能，是数控机床中要求最高的伺服系统。

2. 主轴伺服系统

机床的主轴驱动和进给驱动有很大的区别。一般来说，主轴控制只是一个速度控制系统，实现主轴的旋转运动，提供切削过程中的转矩和功率，且保证可以实现任意转速的调节，完成在转速范围内的无级变速，无需丝杠或其他直线运动的装置。

此外，刀库的位置控制是为了在刀库的不同位置选择刀具，与进给坐标轴的位置控制相比，性能要低得多，故称为简易位置伺服系统。

四、按反馈比较控制方式分类

1. 脉冲、数字比较伺服系统

脉冲比较伺服系统如图 1-5 所示。在数控机床中，插补控制器给出的指令脉冲是数字脉冲。如果选择磁尺、光栅、光电编码器等检测元件作为机床移动部件位移量的检测装置，输出的位置反馈信号亦是数字脉冲。这样，给定量与反馈量的比较就是直接的脉冲比较，由此构成的伺服系统就称为脉冲比较伺服系统，该系统是闭环伺服系统中的一种控制方式。

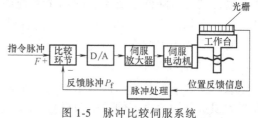

图 1-5　脉冲比较伺服系统

该系统的比较环节采用可逆计数器，当指令脉冲为正、反馈脉冲为负时，计数器做加法运算；当指令脉冲为负、反馈脉冲为正时，计数器做减法运算。指令脉冲为正时，工作台正向移动；指令脉冲为负时，工作台反向移动。

指令脉冲 F 来自插补控制器，反馈脉冲 P_f 来自检测元件光电编码器。两个脉冲源是相互独立的，而脉冲频率随转速的变化而变化。脉冲到来的时间不同或执行加法计数与减法计数发生重叠，都会产生误操作。为此，在可逆计数器前还有脉冲分离处理电路。

当可逆计数器为 12 位计数器时，允许计算范围是 $-2048 \sim 2047$。外部输入信号有加法计数脉冲输入信号 UP、减法计数脉冲输入信号 DW 和清零信号 CLR。

12 位可逆计数器的值反映了位置偏差。该值经 12 位 D/A 转换器转换，输出双极性模拟电压，该电压作为伺服系统速度控制单元的速度给定电压，由此可实现根据位置偏差控制伺服电动机的转速和方向，即控制工作台向减少偏差的位置进给。

当计数器清零时，相当于 D/A 转换器输入数字量为 800H，D/A 转换器输出量为 $U_{gn} = 0$，电动机处于停转状态；当计数器值为 FFFH 时，D/A 转换器输出量为 U_{REF}（最大值）；当计数器值为 000H 时，D/A 转换器输出量为 $-U_{REF}$（最小值）。U_{REF} 为 D/A 转换器的基准电压。改变 U_{REF} 的数值或调整 D/A 转换器输出电路中的调整电位器，即可获得速度控制单元要求的控制电压极性和转速满刻度电压值。

脉冲、数字比较伺服系统结构简单，容易实现，整机工作稳定，在一般数控伺服系统中应用十分普遍。

2. 相位比较伺服系统

在高精度的数控伺服系统中，旋转变压器和感应同步器是两种应用广泛的位置检测元件。根据励磁信号的不同形式，它们都可以采取相位工作方式或幅值工作方式。如果位置检测元件采用相位工作方式，控制系统中要把指令脉冲与反馈脉冲都变成某个载波的相位，然后通过两者相位的比较，得到实际位置与指令位置的偏差。由此可以说，如果旋转变压器或感应同步器应用于相位工作状态下的伺服系统，指令脉冲与反馈脉冲的比较就采用相位比较方式，该系统就称为相位比较伺服系统，简称为相位伺服系统。由于这种系统调试比较方便，精度又高，特别是抗干扰性能好，所以在数控系统中得到较为普遍的应用，是数控机床常用的一种位置控制系统。

图 1-6 所示为采用感应同步器作为位置检测元件的相位比较伺服系统的原理框图。数控装置送来的进给指令脉冲 F 首先经脉冲调相器变换成相位信号，即变换成重复频率为 f_0 的指令位置 $P_A(\theta)$。感应同步器采用相位工作状态，以定尺的相位检测信号经整形放大后得到的 $P_B(\theta)$ 作为位置反馈信号，$P_B(\theta)$ 代表机床移动部件的实际位置。这两个信号在鉴相器中进行比较，它们的相位差 $\Delta\theta$ 就反映了实际位置和指令位置的偏差。此偏差信号经放大后驱动机床移动部件按指令位置进给，实现精确的位置控制。

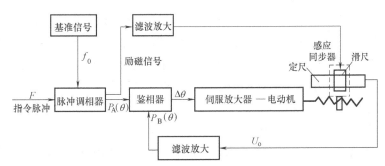

图 1-6　以感应同步器作为位置检测元件的相位比较伺服系统的原理框图

设感应同步器装在机床工作台上。当指令脉冲 $F=0$ 时，工作台处在静止状态。$P_A(\theta)$ 和 $P_B(\theta)$ 是两个同频同相的信号，经鉴相器进行相位比较，输出的相位差 $\Delta\theta=0$，此时伺服放大器输入为 0，伺服电动机的输出亦为 0，工作台维持静止状态。

当指令脉冲 $F\neq0$ 时，工作台将从静止状态向指令位置移动。如果设 F 为正，经过脉冲调相器，$P_A(\theta)$ 产生正的相移 θ，鉴相器的输出将产生相位差 $\Delta\theta=P_A(\theta)-P_B(\theta)=\theta-0=\theta>0$，此时，伺服电动机应按指令脉冲方向使工作台做正向移动以消除 $P_B(\theta)$ 和 $P_A(\theta)$ 的相位差。反之，若设 F 为负，则 $P_A(\theta)$ 产生负的相移 $-\theta$，鉴相器的输出将产生相位差 $\Delta\theta=-\theta-0=-\theta<0$，此时，伺服电动机应按指令脉冲方向使工作台做反向移动。因此，位置反馈信号 $P_B(\theta)$ 的相位必须跟随指令信号 $P_A(\theta)$ 的相位做相应的变化，直到 $\Delta\theta=0$ 为止。

位置控制系统要求 $P_A(\theta)$ 相位的变化应满足指令脉冲的要求，而伺服电动机应有足够大的驱动转矩使工作台向指令位置移动，位置检测元件则应及时地反映实际位置的变化，改变位置反馈信号 $P_B(\theta)$ 的相位，满足位置闭环控制的要求。一旦 $F=0$，正在运动着的工作台就应迅速制动，这样 $P_A(\theta)$ 和 $P_B(\theta)$ 在新的相位值上继续保持同频同相的稳定状态。

相位伺服系统适用于感应式检测元件（如旋转变压器、感应同步器）的工作状态，可得到满意的精度。此外，由于相位伺服系统的载波频率高、响应快、抗干扰性强，因而很适于用作连续控制的伺服系统。

3. 幅值比较伺服系统

如图 1-7 所示，位置检测元件旋转变压器或感应同步器采用幅值工作状态，输出模拟信号，其特点是幅值大小与机械位移量成正比。将此信号作为位置反馈信号与指令信号比较而构成的闭环系统就称为幅值比较伺服系统，简称幅值伺服系统。

在幅值伺服系统中，必须把反馈通道的模拟量变换成相应的数字信号，才可以完成与指令信号的比较。幅值伺服系统实现闭环控制的过程与相位伺服系统有许多相似之处。幅值伺服系统工作前，指令脉冲 F 与反馈脉冲 P_f 均没有，比较器输出为 0，这时，伺服电动机不会转动。当指令脉冲 F 建立后，比较器输出不再为 0，其数据经 D/A 转换后，向速度控制电路发出电

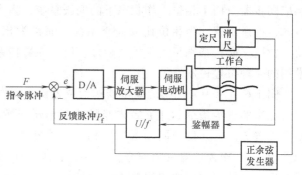

图 1-7 幅值比较伺服系统

动机运转的信号，电动机转动并带动工作台移动。同时，位置检测元件将工作台的位移检测出来，经鉴幅器和电压/频率（U/f）变换器处理，转换成相应的数字信号，其输出一路作为位置反馈脉冲 P_f，另一路送入检测元件的励磁电路。当指令脉冲与反馈脉冲两者相等时，比较器输出为 0，说明工作台实际移动的距离等于指令信号要求的距离，电动机停转，停止带动工作台移动；若两者不相等，说明工作台实际移动距离不等于指令信号要求的距离，电动机就会继续运转，带动工作台移动，直到比较器输出为 0 时再停止。

在以上 3 种伺服系统中，相位比较伺服系统和幅值比较伺服系统从结构上和安装维护上都比脉冲、数字比较伺服系统复杂和要求高，所以一般情况下，脉冲、数字比较伺服系统应用得广泛，相位比较伺服系统比幅值比较伺服系统应用得多。

4. 全数字伺服系统

随着微电子技术、电力电子技术、计算机技术和伺服控制技术的发展，数控机床的伺服系统已开始采用高速度、高精度、大功率的全数字伺服系统。利用微机实现调节控制，增强软件控制功能，排除模拟电路的非线性误差和调整误差以及温度漂移等因素的影响，可大大提高伺服系统的性能，使伺服控制技术从模拟方式、混合方式走向全数字方式，并为实现最优控制、自适应控制创造条件。位置、速度和电流构成的三环反馈实现全数字化，软件处理实现数字 PID，使得伺服系统使用灵活、柔性好。全数字伺服系统采用了许多新的控制技术和改进伺服性能的措施，使控制精度和品质大大提高。再加上开发高精度、快速的检测元件以及高性能的伺服电动机，使目前交流伺服系统的变速比已达 1∶10000，且使用日益增多。永磁同步电动机因无电刷和换向片零部件，加速性能要比直流伺服电动机高两倍，维护也方便，所以已经广泛应用于高速数控机床中。

习题和思考题

1-1 什么叫伺服系统？它主要的研究内容是什么？

1-2 伺服系统的作用是什么？

1-3 伺服系统由哪几部分组成？

1-4 对伺服系统的基本要求是什么？

1-5 伺服系统的主要特点是什么？

1-6 伺服系统分哪几类？

第二章

伺服控制基础知识

第一节　电力电子器件及应用

一、不可控器件——电力二极管

（一）电力二极管的结构与工作原理

1. 电力二极管的结构

电力二极管（Power Diode）的基本结构和工作原理与"模拟电子技术"课程所讲的信息电子电路中的二极管是一样的，都是以半导体 PN 结为基础。电力二极管是由一个面积较大的 PN 结，两端引线（阳极 A、阴极 K）以及封装构成。图 2-1 所示为电力二极管的外形、基本结构和图形符号。

电力二极管可分为螺栓型、平板型；又可分为单管型、组合型；还可以根据冷却方式不同分为自然冷却、风冷和水冷等类型。

2. 电力二极管的工作原理

电力二极管的伏安特性如图 2-2 所示。图中，U_{TO} 为门槛电压，U_D 为二极管 A、K 间的电压，I_D 为流过二极管 A、K 间的电流。

当 $U_D \geq U_{TO}$ 时，PN 结正偏，二极管导通；当 $U_D < U_{TO}$ 时，PN 结反偏或处于 PN 结死区，二极管截止。

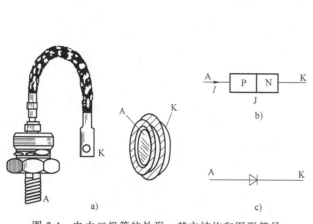

图 2-1　电力二极管的外形、基本结构和图形符号
a）外形　b）基本结构　c）图形符号

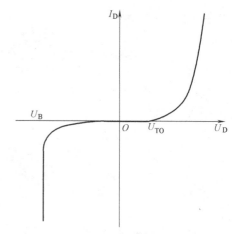

图 2-2　电力二极管的伏安特性

（二）电力二极管的主要参数

1. 正向平均电流 $I_{D(AV)}$

正向平均电流指电力二极管长期工作时，在规定的散热条件下，PN 结温度不超过最高允许结温，其流过的最大工频正弦半波电流的平均值，用 $I_{D(AV)}$ 表示。$I_{D(AV)}$ 是电力二极管的额定电流。

选择电力二极管额定电流 $I_{D(AV)}$ 一般依据有效值相等的原则，因为发热取决于电流有效值，但还应考虑电流的安全裕量。

$$I_{D(AV)} = (1.5 \sim 2) \frac{I_D}{1.57}$$

式中　（1.5~2）——电流的安全裕量；

　　　　I_D——负载电流的最大有效值。

2. 正向电压降 U_D

正向电压降指电力二极管在指定温度下，流过某一指定的稳态正向电流时对应的正向电压降，用 U_D 表示。

3. 反向重复峰值电压 U_{RRM}

反向重复峰值电压指对电力二极管所能重复施加的反向最高峰值电压，用 U_{RRM} 表示，通常是其反向击穿电压 U_B 的 2/3。

$$U_{RRM} = (2 \sim 3) U_{DM}$$

式中　（2~3）——电压的安全裕量；

　　　　U_{DM}——二极管所能承受的最大峰值电压。

4. 最高工作结温 T_{JM}

结温是指管芯 PN 结的平均温度，用 T_J 表示。最高工作结温是指在 PN 结不致损坏的前提下所能承受的最高平均温度，用 T_{JM} 表示。T_{JM} 通常在 125~175℃ 范围内。

（三）电力二极管的主要类型

1. 普通整流二极管

普通整流二极管用于 1kHz 以下的整流电路，反向恢复时间在 5μs 以上。

2. 快恢复二极管

快恢复二极管在工艺上采用了掺金措施，仍为 PN 结型结构，一般反向恢复时间在 5μs 以下。

3. 肖特基二极管

以金属与半导体接触形成的势垒为基础的二极管，称为肖特基势垒二极管（简称肖特基二极管）。它与普通以 PN 结为基础的二极管不同，肖特基二极管的反向恢复时间很短（10~40ns）。它通常应用于 PWM 高频斩波控制主电路上。

二、半控型器件——晶闸管

（一）晶闸管的结构与工作原理

1. 晶闸管的结构

图 2-3 所示为晶闸管（Thyristor）的外形、结构和图形符号。

由图 2-3b 可见，晶闸管内部是由 4 层半导体（P_1、N_1、P_2、N_2），3 个 PN 结（J_1、J_2、J_3），3 个引出极（阳极 A、阴极 K、门极 G）构成的电力电子器件。图形符号如图 2-3c 所示。晶闸管可分为螺栓式、平板式，也可按冷却方式分为自然冷却、风冷和水冷式。

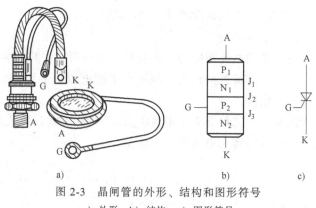

图 2-3 晶闸管的外形、结构和图形符号

a）外形 b）结构 c）图形符号

2. 晶闸管的工作原理

晶闸管导通的工作原理可以用双晶体管模型来解释，如图 2-4 所示。如果在器件上取一倾斜的截面，则晶闸管可以看作由 $P_1N_1P_2$ 和 $N_1P_2N_2$ 构成的两个晶体管 VT_1、VT_2 组合而成。如果外电路向门极注入电流 I_G，也就是注入驱动电流，则 I_G 流入晶体管 VT_2 的基极，即产生集电极电流 I_{c2}，它构成晶体管 VT_1 的基极电流，放大成集电极电流 I_{c1}，又进一步增大 VT_2 的基极电流使其进入完全饱和状态，即晶闸管导通。此时如果撤掉外电路注入门极的电流 I_G，晶闸管由于内部已形成了强烈的正反馈，仍然维持导通状态。而若要使晶闸管关断，必须去掉阳极所加的正向电压，或者给阳极施加反压，或者设法使流过晶闸管的电流降低到接近于零的某一数值以下，晶闸管才能关断。所以，对晶闸管的驱动过程更多的是称为触发，产生注入门极的触发电流 I_G 的电路称为门极触发电路。也正是由于通过其门极只能控制其导通，不能控制其关断，晶闸管才被称为半控型器件。

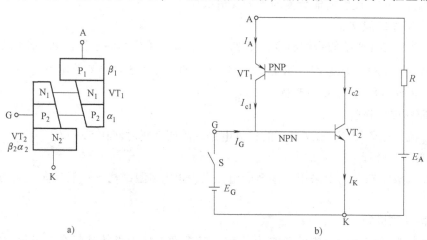

图 2-4 晶闸管的双晶体管模型及其工作原理

a）双晶体管模型 b）工作原理

（二）晶闸管的伏安特性

晶闸管的伏安特性如图 2-5 所示。当 $I_G = 0$ 时，晶闸管正向电压 U_A 至正向转折电压 U_{BO} 段即 OA 段，器件处于正向阻断状态，其正向漏电流随 U_A 电压增高而逐渐增大，当 U_A 增大到 U_{BO} 时，晶闸管突然从阻断状态经虚线转为正向导通状态，导通后的特性与二极管正向伏安特性相似。这样导通，是不允许的。

当触发电流 I_G 增大时，正向转折电压减小，这种使晶闸管经虚线到导通状态 BC 段上工作的过程，称为触发导通，它是在触发电流 I_G 作用下的导通，属于正常触发导通。

门极 G 与阴极 K 间施加的正向电压（门极 G 电位高于阴极 K 电位）称为触发电压 U_G；对应的门极 G 流入的电流 I_G 称为触发电流。

当阳极电流 I_A 减小到维持电流 I_H（几十毫安）以下时，晶闸管又从导通状态返回正向阻断状态，所以晶闸管只能稳定工作在阻断或导通两个状态。

晶闸管加反向阳极电压时（即阳极 A 电位低于阴极 K 电位时），这时只流过很小的反向漏电流，即 OD 段。

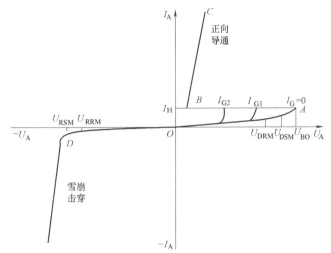

图 2-5　晶闸管的伏安特性（$I_{G2} > I_{G1} > I_G$）

（三）晶闸管的主要参数

1. 电压定额

（1）断态重复峰值电压 U_{DRM}　断态重复峰值电压是在门极断路而结温为额定值时，允许重复加在器件上的正向峰值电压（重复频率为 50Hz，每次持续时间不超过 10ms）。断态重复峰值电压 U_{DRM} 为断态不重复峰值电压（即断态最大瞬时电压）U_{DRM} 的 90%。断态不重复峰值电压应低于正向转折电压 U_{BO}，所留裕量大小由生产厂家自行规定。

（2）反向重复峰值电压 U_{RRM}　反向重复峰值电压是在门极断路而结温为定额值时，允许重复加在器件上的反向峰值电压。反向重复峰值电压 U_{RRM} 为反向不重复峰值电压（即反向最大瞬态电压）U_{RRM} 的 90%。反向不重复峰值电压应低于反向击穿电压，所留裕量大小由生产厂家自行规定。

（3）通态（峰值）电压 U_{TM}　通态（峰值）电压是晶闸管通以某一规定倍数的额定通态平均电流时的瞬态峰值电压。

通常取晶闸管的 U_{DRM} 和 U_{RRM} 中较小的值作为该器件的额定电压。选用时，额定电压要留有一定裕量，一般取额定电压为正常工作时晶闸管所承受峰值电压的（2~3）倍。

2. 电流定额

（1）通态平均电流 $I_{T(AV)}$　通态平均电流为晶闸管在环境温度为 40℃ 和规定的冷却状态下，稳定结温不超过额定结温时所允许流过的最大工频正弦半波电流的平均值。这也是标定其额定电流的参数。同电力二极管一样，这个参数是按照正向电流造成的器件本身的通态损耗的发热效应来定义的。因此在使用时，同样应按照实际波形的电流与通态平均电流所造成的发热效应相等，即有效值相等的原则来选取晶闸管的此项电流定额，并应留一定的裕量。一般取其通态平均电流为按此原则所得计算结果的（1.5~2）倍。

（2）维持电流 I_H　维持电流是指使晶闸管维持导通所必需的最小电流，一般为几十到几百毫安。I_H 与结温有关，结温越高，则 I_H 越小。

（3）擎住电流 I_L　擎住电流是晶闸管刚从断态转入通态并移除触发信号后，能维持导通所需的最小电流。对同一晶闸管来说，通常 I_L 为 I_H 的（2~4）倍。

（4）浪涌电流 I_{TSM}　浪涌电流是指由于电路异常情况引起的使结温超过额定结温的不重复性最大正向过载电流。浪涌电流有两个级，这个参数可用来作为设计保护电路的依据。

3. 动态参数

（1）断态电压临界上升率 $\dfrac{du}{dt}$　在额定结温和门极开路的情况下，不导致晶闸管误导通的正向电压上升率。

（2）通态电流临界上升率 $\dfrac{di}{dt}$　在规定条件下，晶闸管所能承受最大通态电流上升率。如果不加以限制，会由于电流上升过快导致电流过大，集中在小区域内造成局部过热而烧坏晶闸管。

（3）晶闸管的开通时间与关断时间　普通晶闸管的开通时间 t_{gt} 在 6μs 左右，关断时间 t_g 为几十到几百微秒，t_g 与晶闸管结温、关断前阳极电流及所加反压的大小有关。

（四）晶闸管的派生器件

1. 快速晶闸管

通过对普通晶闸管的管芯结构和工艺的改进，可以缩短开关时间，提高 $\dfrac{du}{dt}$ 和 $\dfrac{di}{dt}$ 的耐量，从而实现关断时间的提高。普通晶闸管的关断时间一般为数百微秒，快速晶闸管为数十微秒，高频晶闸管则为 10μs 左右。

2. 双向晶闸管

双向晶闸管可以看成是一对反向并联的普通晶闸管的集成。其图形符号和伏安特性如图 2-6 所示。它有两个主电极 T_1 和 T_2，一个门极 G，门极使器件在主电路的正反方向均可触发导通，所以双向晶闸管在第一和第三象限有对称的伏安特性。双向晶闸管与一对反并联晶闸管相比较是经济的，控制电路也简单，在交流调压电路及固态继电器中应用较多。

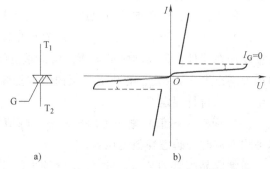

图 2-6　双向晶闸管的图形符号和伏安特性
a）图形符号　b）伏安特性

3. 光控晶闸管

光控晶闸管又称光触发晶闸管，它是利用一定波长的光照信号触发导通的晶闸管，由于该晶闸管可以避免电磁干扰的影响，因此大功率光控晶闸管在直流高电压输电中得到较多应用。光控晶闸管的图形符号和伏安特性如图 2-7 所示。

4. 逆导晶闸管

它是将晶闸管再反并联一个二极管制作在同一管芯上的功率集成器件，这种器件不具有反向电压的能力，一旦承受反向电压即导通。其图形符号和伏安特性如图 2-8 所示。与普通晶闸管相比，具有正向电压降小、关断时间短等优点。它有两个额定电流，一个是晶闸管电流，一个是与之并联二极管的电流。逆导晶闸管一般应用在不需要阻断反向电压的电路上。

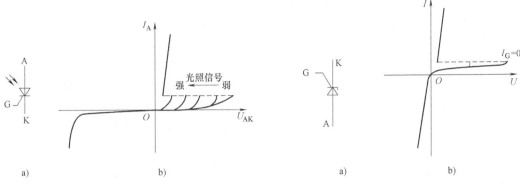

图 2-7　光控晶闸管的图形符号和伏安特性
a）图形符号　b）伏安特性

图 2-8　逆导晶闸管的图形符号和伏安特性
a）图形符号　b）伏安特性

三、全控型器件

（一）门极关断晶闸管

门极关断（Gate Turn Off，GTO）晶闸管是一种通过门极既可控制器件导通，又可控制器件关断的全控型电力电子器件。

1. GTO 晶闸管的结构和工作原理

GTO 晶闸管的结构与普通晶闸管相似，也是由 4 层半导体（P_1、N_1、P_2、N_2），3 个引出极（阳极 A、阴极 K、门极 G）构成的电力电子全控型器件。其结构、等效电路及图形符号如图 2-9 所示。

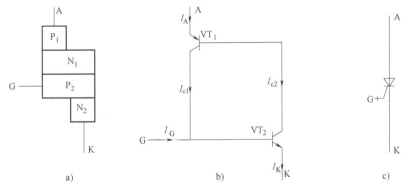

图 2-9　GTO 晶闸管的结构、等效电路及图形符号
a）结构　b）等效电路　c）图形符号

等效电路中，把 $P_1N_1P_2$ 看作 VT_1 管，把 $N_1P_2N_2$ 看作 VT_2 管，各自的共基极电流放大系数分别为 α_1 和 α_2。

GTO 晶闸管的外部引出 3 个电极 A、K 和 G，但其内部却包含数百个共阳极的小 GTO 晶闸管，这些小 GTO 晶闸管称为 GTO 元。GTO 元的阳极是共有的，门极和阴极分别并联在一起，这是为实现门极控制关断所采取的特殊设计。

GTO 晶闸管的工作原理：在图 2-9b 所示的等效电路中，当在阳极加正向电压、门极同时也加正向触发信号时，在等效为 PNP 型的 VT_1 管和 NPN 型的 VT_2 管内形成如下正反馈过程：随着 VT_1、VT_2 管发射极电流的增加，α_1 和 α_2 也增大。当 $\alpha_1 + \alpha_2 > 1$ 时，VT_1、VT_2 管均饱和导通，则 GTO 晶闸管导通。

GTO 晶闸管与普通晶闸管的不同之处如下：

1）在设计器件时，使 α_2 较大。这样 VT_2 管控制更灵敏，从而使 GTO 晶闸管易于关断。

2）普通晶闸管设计为 $\alpha_1 + \alpha_2 \geqslant 1.15$，而 GTO 晶闸管设计为 $\alpha_1 + \alpha_2 \approx 1.05$。这样使 GTO 晶闸管导通时接近临界饱和（$\alpha_1 + \alpha_2 = 1$ 为临界条件），从而为门极控制关断提供了有利条件。

3）多元集成结构使每个 GTO 元阴极面积很小，门极与阴极间的距离很短，有效地减小了横向电阻，从而能从门极抽出较大的电流。而且使得众多的 GTO 元同时进行导通，阴极导通面积的扩展速度比普通一元结构快，同时由于是分散结构，承受 $\dfrac{\mathrm{d}i}{\mathrm{d}t}$ 的能力也强。

当门极加上负偏置电压 $U_{GK} < 0$，VT_1 管的集电极电流 I_{c1} 被抽出，形成门极负电流 I_G，且 $I_G < 0$。由于 I_{c1} 被抽走使 VT_2 管的基极电流减小，进而使 I_{c2} 也减小，引起 I_{c1} 进一步下降。如此循环，最后导致 $\alpha_1 + \alpha_2 < 1$，则 GTO 关断。

GTO 晶闸管为双极型（电子、空穴两种载流子都参与导电）电流驱动器件，在高电压和大中功率的斩波器和逆变器中获得了广泛应用。

2. GTO 晶闸管的主要特性

（1）阳极伏安特性　GTO 晶闸管的阳极伏安特性如图 2-10 所示。它与普通晶闸管的伏安特性很相似，正、反向重复峰值电压 U_{DRM} 和 U_{RRM} 等术语的含义也相同。

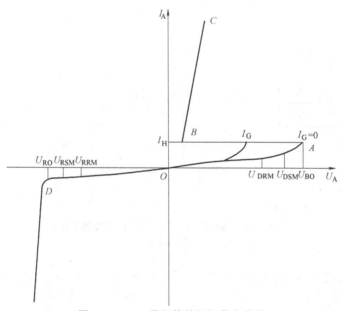

图 2-10　GTO 晶闸管的阳极伏安特性

（2）GTO 晶闸管的动态特性　图 2-11 给出了 GTO 晶闸管开通和关断过程中门极电流 i_G 和阳极电流 i_A 的波形。

由图可见，开通过程中需门极正向触发脉冲电流 i_G，经过延迟时间 t_d 和上升时间 t_r，阳极电流 i_A 升到稳态值。关断过程中需门极负向脉冲电流 i_G，经历抽取饱和导通时储存的大量载流子的时间（储存时间 t_s），从而使 VT_1 和 VT_2 管退出饱和状态，使阳极电流 i_A 逐渐减小，下降时间为 t_f，最后还有残存载流子复合所需时间，即尾部时间 t_t。

开通时间 $t_{on}=t_d+t_r$；关断时间 $t_{off}=t_s+t_f$（不包括尾部时间 t_t）。

GTO 晶闸管的开、关时间比普通晶闸管短，工作频率也比普通晶闸管高。GTO 晶闸管的工作频率为 $1\sim2kHz$。

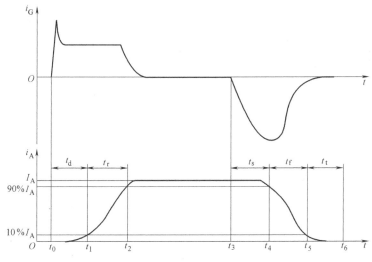

图 2-11　GTO 晶闸管的开通和关断过程电流波形

3. GTO 晶闸管的主要参数

GTO 晶闸管的许多参数都和普通晶闸管相应的参数意义相同。以下只介绍意义不同的参数：

（1）最大关断阳极电流 I_{ATO}　它也是用来标称 GTO 晶闸管额定电流的参数。这一点与普通晶闸管用通态平均电流作为额定电流是不同的。

（2）电流关断增益 β_{off}　最大关断阳极电流 I_{ATO} 与门极负向脉冲电流最大值 I_{GM} 之比称为电流关断增益，即

$$\beta_{off}=\frac{I_{ATO}}{I_{GM}}$$

β_{off} 一般很小，只有 5 左右，这是 GTO 晶闸管的一个主要缺点。一个额定工作电流为 1000A 的 GTO 晶闸管，关断时门极负向脉冲电流的峰值达 200A，这是一个相当大的数值。

（3）开通时间 t_{on}　开通时间指延迟时间与上升时间之和。GTO 的延迟时间一般为 $1\sim2\mu s$，上升时间则随通态阳极电流值的增大而增大。

（4）关断时间 t_{off}　关断时间一般指储存时间和下降时间之和，而不包括尾部时间。GTO 晶闸管的储存时间随阳极电流的增大而增大，下降时间一般小于 $2\mu s$。

另外需要指出的是，不少 GTO 晶闸管都制造成逆导型，类似于逆导晶闸管。当需要承受反向电压时，应和电力二极管串联使用。

（二）电力晶体管

电力晶体管（Giant TRansistor，GTR 或 Bipolar Junction Transistor，BJT）是一种双极型大功率电流驱动的全控型器件。

1. GTR 的结构和工作原理

GTR 的结构和工作原理都与信息处理中用的小功率晶体管类似。GTR 由 3 层硅半导体、2 个 PN 结、3 个引出极（基极 b、发射极 e、集电极 c）构成。它和小功率晶体管一样，也有 PNP 和 NPN 两种结构。因为在同样结构参数和物理参数的条件下，NPN 型晶体管比 PNP 型晶体管性能优越得多，所以高压、大电流电力晶体管多用 NPN 结构，如图 2-12 所示。

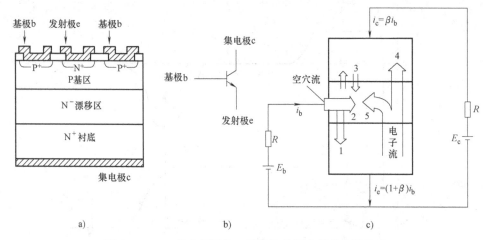

图 2-12　GTR 的内部结构、图形符号及内部载流子流动

a）内部结构　b）图形符号　c）内部载流子流动

1—基极 P 区注入发射结空穴流　2—与电子复合的空穴　3—集电结漏电流　4—集电极电子流　5—发射极电子流

目前 GTR 分为单管、达林顿复合管和达林顿模块 3 个系列。图 2-12a 中表示半导体类型字母的右上角"+"表示高掺杂浓度，"−"表示低掺杂浓度。

GTR 与普通晶体管不同之处如下：

1）GTR 多了一层 N⁻漂移区。电子载流子层厚度增大，提高了承受电压的能力，并有电导调制效应。

2）基极和发射极在一个平面，如图 2-12a 所示，这种结构减小电流集中，提高开、关速度，提高了通流能力。

3）当 GTR 导通时，管电流处于临界饱和状态；关断时，在基极上加负偏压，就加快了关断速度。为提高电流放大系数 β，采用达林顿共发射极接法。

其电流放大系数为

$$\beta = \frac{i_c}{i_b}（单管 GTR 的 \beta 只有 10 左右）$$

式中　i_c——集电极电流；

i_b——基极电流。

由上可见，GTR 是空穴、电子两种载流子都参与导电的双极型电流驱动器件。

对于 NPN 型 GTR 管：$i_b>0$，基极加正偏压，GTR 导通；$i_b<0$，基极加负偏压（反偏），

GTR 截止。只有导通（临界饱和）或截止两种开、关状态。

GTR 在实际应用时多采用达林顿复合管或达林顿模块。图 2-13c 所示为达林顿接线的 GTR。

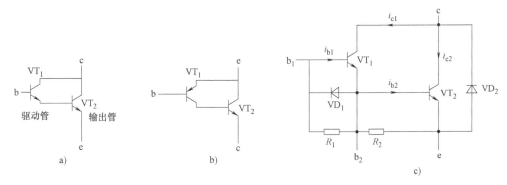

图 2-13　达林顿接线的 GTR

a）NPN 型　b）PNP 型　c）实用达林顿电路

图 2-13 所示是由 VT_1 和 VT_2 组成的达林顿接线的 GTR。图中将用于提高温度稳定性的电阻 R_1、R_2，加速二极管 VD_1 和续流二极管 VD_2 等制作在一起。R_1、R_2 提供反向电流通路，VD_1 的作用是在 GTR 关断时，反向驱动信号经 VD_1 快速地加到 VT_2 基极上，加速 GTR 的关断过程。

2. GTR 的基本特性

（1）集电极的伏安特性　如图 2-14 所示。GTR 的输出特性表示为 $U_{ce}=f(I_c)$。集电极电流 I_c 与集电极 c、发射极 e 之间的电压 U_{ce} 的关系称为集电极的伏安特性，也即 GTR 的输出特性或称静态特性。GTR 的输出特性可分为 4 个区：

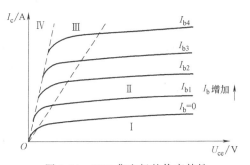

图 2-14　GTR 集电极的伏安特性

① 截止区 I：$U_{be} \leqslant 0$，$U_{bc} < 0$，发射结、集电结都反偏。此时，基极电流 $I_b = 0$，GTR 承受高电压，仅有极小的漏电流。

② 放大区 II：$U_{be} > 0$，$U_{bc} < 0$，发射结正偏，集电结反偏，在此区内，集电极电流 I_c 与基极电流 I_b 呈线性正比例关系。

③ 临界饱和区 III：$U_{be} > 0$，$U_{bc} < 0$，发射结正偏，集电结反偏，在此区内，集电极电流 I_c 与基极电流 I_b 之间呈非线性关系，通态压降最小，I_c 几乎不变。

④ 饱和区 IV：$U_{be} > 0$，$U_{bc} > 0$，发射结、集电结都正偏。I_b 变化时，I_c 不再随之变化。GTR 工作在开关状态，即工作在截止区或临界饱和区。在截止与开通之间转换过程中，要经过放大区。

（2）动态特性　GTR 的动态特性主要指开、关特性。由于结电容和过剩载流子的存在，集电极电流 i_c 的变化总是滞后于基极电流 i_b 的变化，如图 2-15 所示。

GTR 开通时需要经过延迟时间 t_d 和上升时间 t_r，即 $t_{on} = t_d + t_r$ 为开通时间；关断时需要经过储存时间 t_s 和下降时间 t_f，即关断时间 $t_{off} = t_s + t_f$。

GTR 的 t_{on} 一般为 $0.5 \sim 3\mu s$，而 t_{off} 比 t_{on} 长，其中 t_s 为 $3 \sim 8\mu s$，t_f 约为 $1\mu s$，均比快速晶闸管短，GTR 的工作频率一般在 10kHz 以下。

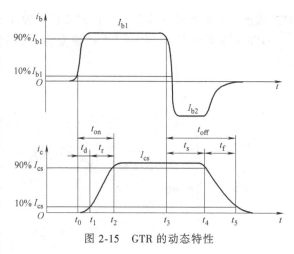

图 2-15 GTR 的动态特性

3. GTR 的主要参数

（1）最高电压额定值 GTR 上所加的电压超过规定值，就会发生击穿。击穿电压不仅与晶体管本身特性有关，还与外电路的接法有关。当发射极开路时，集电极和基极间的反向击穿电压为 BU_{cbo}；当基极开路时，集电极和发射极间的击穿电压为 BU_{ceo}；当发射极与基极间用电阻连接或短路连接时，集电极与发射极间的击穿电压为 BU_{cer} 和 BU_{ces}；以及当发射结反向偏置时，集电极与发射极间的击穿电压为 BU_{cex}。这些击穿电压之间的关系为 $BU_{cbo} > BU_{cex} > BU_{ces} > BU_{cer} > BU_{ceo}$。在实际使用 GTR 时，最高工作电压 U_M 应低于 BU_{ceo}，一般取 $U_M = \left(\frac{1}{3} \sim \frac{1}{2}\right) BU_{ceo}$。产品目录中，$BU_{ceo}$ 作为电压额定值给出。

（2）最大电流额定值（I_{cM}） 一般规定 GTR 的直流放大系数 h_{FE} 下降到规定值的 $1/3 \sim 1/2$ 时，所对应的 I_c 为集电极最大允许工作电流 I_{cM}，也是 GTR 的电流额定值。实际使用时要留有安全裕量，只能用到 I_{cM} 的一半左右。

（3）集电极最大耗散功率 P_{cM} GTR 在最高允许结温时所对应的耗散功率为 P_{cM}。在 GTR 产品目录中，在给出 P_{cM} 时，总是同时给出壳温 T_C 间接表示最高工作温度。

4. GTR 的二次击穿和安全工作区

（1）GTR 的二次击穿现象 当集电极电压 U_{ce} 渐增至 BU_{ceo} 时，集电极电流 I_c 急剧增大，这种首先出现的击穿现象称为一次击穿。出现击穿后，只要 I_c 不超过与最大允许耗散功率初对应的限度，GTR 一般不会损坏，工作特性也不会有什么变化。但如不加外接电阻限制 I_c 继续增加，就会发生晶体管上电压突然下降，I_c 增大到某个临界点时突然急剧上升，导致 GTR 永久损坏。这是在一次击穿后发生的二次击穿，二次击穿对 GTR 危害极大。

导致 GTR 二次击穿的因素很多，如负载性质、电压、电流导通时间等。为了避免 GTR 二次击穿现象发生，生产厂家用安全工作区（Safe Operating Area，SOA）来限制 GTR 的使用。

（2）安全工作区 安全工作区指 GTR 能够安全运行的范围。

将不同基极电流下，发生二次击穿时的集电极电流 I_c 的临界点连线就是二次击穿临界线，如图 2-16 所示。临界线上的点反映的是二次击穿功率 P_{SB}。这样，GTR 工作时，不仅不能超过最高工作电

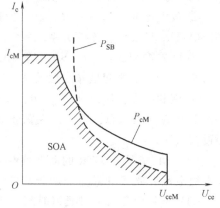

图 2-16 GTR 的安全工作区

压 U_{ceM}、集电极最大电流 I_{cM} 和最大耗散功率 P_{cM}，也不能超过二次击穿临界线。这些限制条件共同规定了 GTR 的安全工作区，如图 2-16 阴影区所示。

（三）电力 MOS 场效应晶体管

电力 MOS 场效应晶体管（Power MOSFET）主要是指绝缘栅型 MOS 管。结型电力场效应晶体管一般称为静电感应晶体管。

电力 MOSFET 具有输入阻抗高，驱动功率小，开关速度快，工作频率高（可达 1MHz），不存在二次击穿问题的特点。它是由栅极电压来控制漏极电流的器件，应用于高频且功率不超过 10kW 的电力电子装置。

1. 电力 MOSFET 的结构和工作原理

电力 MOSFET 有多种结构，依据载流子的性质可分为 P 沟道和 N 沟道，如图 2-17b 所示。它有 3 个引出极，分别为栅极 G、源极 S 和漏极 D，图中箭头表示载流子的移动方向。它又可分为耗尽型和增强型。当栅极电压为 0 时，漏极 D 和源极 S 之间存在导电沟道的就称为耗尽型；对于 N（P）沟道器件，当栅极电压大于（小于）0 时，漏极 D 和源极 S 之间才有导电沟道，就称为增强型。电力 MOSFET 中，N 沟道增强型居多。

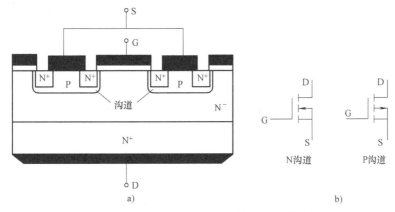

图 2-17 电力 MOSFET 的内部结构和图形符号

a) 内部结构 b) 图形符号

（1）电力 MOSFET 的结构 电力 MOSFET 的结构和机理基本与信息处理用场效应晶体管一样。但电力 MOSFET 与信息处理用场效应晶体管有以下不同：

1）电力 MOSFET 是多元集成结构。一个电力场效应器件，是由许多个电力 MOSFET 元按六边形、正方形或条形等形状排列集成而成。

电力 MOSFET 元的内部结构如图 2-17a 所示。这样的排列集成可以有效利用面积，提高开关速度。

2）电力 MOSFET 是垂直导电双扩散器件。信息处理用场效应晶体管是一次扩散形成的器件，其栅极 G、源极 S 和漏极 D 都在芯片的同一侧，导电沟道平行于芯片表面，是横向导电。

电力 MOSFET 是两次扩散形成的器件，其栅极 G、源极 S 和漏极 D 在芯片两侧，使漏极 D 到源极 S 间的电流垂直于芯片表面流过。这样，导电沟道的长度缩短，提高了开关速度，增大了导电面积，提高了通流能力。

3）电力 MOSFET 有 N⁻ 漂移区。电力 MOSFET 比信息处理用场效应晶体管多了一层 N⁻ 漂移区，这层漂移区增加了 N 导电沟道的厚度，提高了承受电压的能力。

由于栅极 G 与 P 区之间是绝缘的，不能形成空穴与电子的复合，从而减小了通态电阻，故没有电导调制效应。

（2）电力 MOSFET 的工作原理　图 2-17a 所示是 N 沟道增强型电力 MOSFET 的一个单元的截面图。当在漏极 D 与源极 S 之间加正向电压（$U_{DS}>0$），且栅极 G 和源极 S 间电压为 0 时，P 基区与 N⁻ 漂移区之间的 PN 结 J_1 处于反偏，漏源极之间无电流流过。若 $U_{DS}>0$，且栅极 G 与源极 S 之间加正向电压（$U_{GS}>0$）时，由于栅极是绝缘的（一般是 SiO_2 绝缘材料），故没有栅极电流流过。但栅极 G 上的正向电压却会将其下面 P 区中的空穴排斥开，且将 P 区中的电子吸引到栅极 G 下面的 P 区表面。当 $U_{GS}>U_T$（U_T 为门槛电压）时，栅极 G 下 P 区表面的电子浓度将超过空穴浓度，从而使 P 型半导体反型成 N 型半导体，形成反型层，该反型层形成 N 沟道而使 PN 结 J_1 消失，漏极 D 和源极 S 之间导电，$I_D>0$。

综上可知：对于电力 MOSFET，当 $U_{DS}>0$ 且 $U_{GS}>0$ 时，电力 MOSFET 内形成反型层，成为 N 沟道，$I_D>0$，电力 MOSFET 导通；反之当 $U_{GS}<0$ 时，沟道消失，器件关断。

电力 MOSFET 是单极型电压（U_{GS}）驱动，工作频率在 1MHz 范围的电力电子器件。

2. 电力 MOSFET 的主要特性

电力 MOSFET 的特性可分为静态特性和动态特性。静态特性分为转移特性和输出特性，动态特性也称开关特性。

（1）转移特性　在 U_{DS} 一定的条件下，电力 MOSFET 的漏极电流 I_D 和栅源电压 U_{GS} 的关系曲线如图 2-18 所示。该特性表征了电力 MOSFET 的栅源电压 U_{GS} 对漏极电流 I_D 的控制能力。

当 I_D 较大时，$I_D=f(U_{GS})$ 近似为线性关系。曲线的斜率定义为 MOSFET 的跨导 G_{fs}，即

$$G_{fs}=\frac{dI_D}{dU_{GS}}$$

电力 MOSFET 的输入阻抗极高，输入电流极小。

（2）输出特性　输出特性也称漏极伏安特性，如图 2-19 所示。

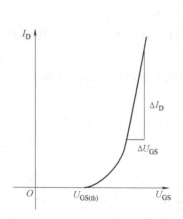

图 2-18　电力 MOSFET 的转移特性

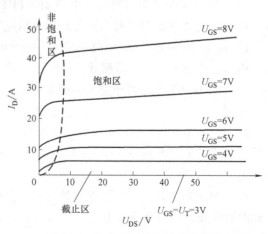

图 2-19　电力 MOSFET 的输出特性

从图 2-19 中可见截止区（对应 GTR 的截止区）、饱和区（对应 GTR 的放大区）、非饱和区（对应 GTR 的饱和区）3 个区域。这里饱和与非饱和的概念与 GTR 不同。饱和是指漏源电压增加时，漏极电流 I_D 不再增加。非饱和是指漏源电压增加时，漏极电流 I_D 相应增加。电力 MOSFET 在截止区与非饱和区来回转换开、关状态。

从结构图 2-17a 中可知，在漏极 D 和源极 S 之间由 P 区、N^- 漂移区和 N^+ 区形成了一个与电力 MOSFET 反向并联的寄生二极管，它具有与电力二极管一样的 PN 结结构。它与电力 MOSFET 构成了一个不可分割的整体，使得漏、源极之间加反向电压时器件导通。因此使用电力 MOSFET 时，应并联接入快速电力二极管，以承受反向电压。

（3）动态（开、关）特性　电力 MOSFET 近似于理想开关，具有很高的增益和极快的开关速度。因为它是单极型器件，依靠多数载流子（N 区电子）导电，没有少数载流子的存储效应，与关断时间有关的存储时间（t_{off} 中的 t_s）大大减小。且开通和关断只受极间电容的影响，与极间电容的充、放电有关。

电力 MOSFET 内部寄生着两种类型的电容：一种是与 MOS 管结构有关的 MOS 电容，如栅源电容 C_{GS} 和栅漏电容 C_{GD}；另一种是与 PN 结有关的电容，如漏源电容 C_{DS}。

电力 MOSFET 极间电容的等效电路如图 2-20 所示。

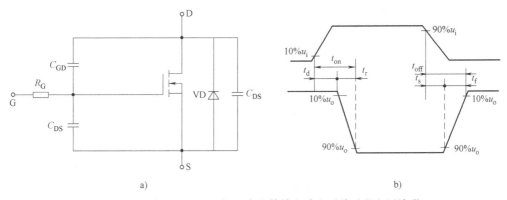

图 2-20　电力 MOSFET 极间电容的等效电路和开关过程电压波形
a）极间电容的等效电路　b）开关过程电压波形

定义输入电容 $C_{iss} = C_{GS} + C_{GD}$、输出电容 $C_{oss} = C_{DS} + C_{GD}$、反馈电容 $C_{rss} = C_{GD}$。这些电容均为非线性。图 2-20b 图中，开通时间 $t_{on} = t_d + t_r$，一般为 10~100ns；关断时间 $t_{off} = t_s + t_f$。其中，t_d 为延时时间，t_r 为上升时间，t_s 为存储时间，t_f 为下降时间。

电力 MOSFET 的关断时间 t_{off} 一般为几十微秒，是全控型器件中开通、关断时间最快的器件，如图 2-20b 所示。

此外，虽然电力 MOSFET 是场控器件，在静态时几乎不需要输入电流；但是在开、关过程中需要对输入电容 C_{GD} 充放电，仍需要一定的驱动（功率）栅极电流。

3. 电力 MOSFET 的主要参数

（1）漏源击穿电压 BU_{DS}　BU_{DS} 是电力 MOSFET 的额定工作电压。当结温升高时，BU_{DS} 随之增大，耐压提高。

（2）栅源击穿电压 BU_{GS}　该值是为防止栅源间击穿而设的参数，其极限值为 ±20V。

（3）漏极直流连续电流 I_D 和漏极脉冲电流幅值 I_{DM}　I_{DM} 定义为额定峰值电流。在额定结温下，I_{DM} 是 I_D 的 2~4 倍。

（4）开启电压 U_T 在漏栅短接条件下，把 $I_D = 1mA$ 时的栅极电压定义为开启电压 U_T，也称门槛电压。

电力 MOSFET 虽然不存在二次击穿问题，但实际应用中仍需留适当的裕量。

（四）绝缘栅双极晶体管

1. 绝缘栅双极晶体管的结构和工作原理

绝缘栅双极晶体管（IGBT）是有 3 个引出极，即栅极 G、发射极 E 和集电极 C 的电压驱动复合型全控电力电子器件，如图 2-21 所示。

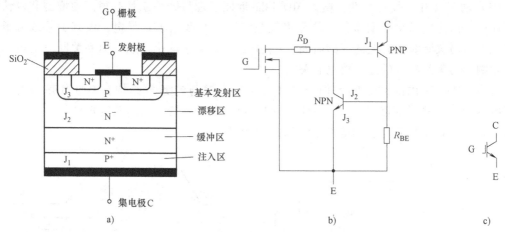

图 2-21 IGBT 的结构内部、简化等效电路与图形符号

a）内部结构 b）简化等效电路 c）图形符号

（1）IGBT 的结构特点

1）IGBT 是多元集成结构，比 MOSFET 多了一层 P^+ 注入区。每个 IGBT 元是由一个 N 沟道单极型 MOSFET 和一个双极型 PNP 晶体管组合而成。其小单元的内部结构剖面图如图 2-21a 所示。从图 2-21a 可见，由于多了一层 P^+ 注入区，形成了大面积的 P^+N^+ 结 J_1，由于 P^+ 的电子注入 N^- 漂移区空穴，实现了对 N^- 区的电导调制，不但使 N^- 区更耐高压，而且使通态电阻减小，通流能力增强。

2）IGBT 的开、关速度低于 MOSFET，但高于 GTR。这是由于双极型晶体管引入了空穴和电子两种载流子参与导电，存在两种载流子的储存时间，因此它比单极型仅有一种载流子的 MOSFET 开、关速度慢；又由于 MOSFET 是单极型电压驱动，所以比 GTR 开、关速度快。

3）IGBT 的内部寄生一个晶闸管。从图 2-21a 可知，一个 N^-PN^+（J_2、J_3 结）的晶体管和一个主开关的 P^+N^-（N^+）P（J_1、J_2 结）的晶体管就构成了 4 层半导体晶闸管结构，这即是内部寄生晶闸管。当集电极电流由于某种原因过大时，J_3 结受正偏开通，栅极就会失去对集电极电流的控制作用，导致集电极电流 I_C 增大，造成器件功耗过高而损坏。这种电流失控现象称为自锁效应或称擎住效应。

（2）IGBT 的工作原理 由图 2-21a、b 可知，IGBT 可以看作由 N 沟道的 MOSFET 和 PNP 型的 GTR 组合而成。N 沟道 IGBT 的图形符号如图 2-21c 所示。P 沟道 IGBT 的图形符号中的箭头方向恰好相反。

IGBT 的开通或关断是由栅射极间电压来控制的。

1）开通控制：当给栅极和发射极之间施以正电压时，即 $U_{GE}>U_{GE(th)}$（开启电压）时，MOSFET 内形成 N 沟道，并为 PNP 型 GTR 提供基极电流，如图 2-21b 所示，从而使 IGBT 导通。此时，从 P^+ 区注入 N^- 区的空穴（少子）对 N^- 区进行电导调制，减小了 N^- 区的电阻 R_N，这样高耐压的 IGBT 也具有了低的通态压降。

2）关断控制：当给栅极和发射极之间施以负电压（$U_{GE}<0$）时，MOSFET 内的沟道消失，PNP 型 GTR 的基极电流被切断，使得 IGBT 关断。

绝缘栅双极晶体管（IGBT）是一个电压驱动复合型全控电力电子器件，其工作频率为 20～50kHz，它的应用很广泛。

2. IGBT 的主要特性

IGBT 的特性分为静态特性和动态特性两类。静态特性又分为转移特性和输出特性。

（1）转移特性 IGBT 的转移特性是描述集电极电流 I_C 与栅射极间电压 U_{GE} 之间的关系曲线，如图 2-22a 所示。当 $U_{GE}<U_{GE(th)}$ 时，IGBT 处于关断状态。

（2）输出特性 输出特性也称伏安特性，如图 2-22b 所示，分为饱和区、有源区和正向阻断区。当 $U_{GE}<U_{GE(th)}$ 时，IGBT 处于正向阻断区，仅有小的漏电流存在；当 $U_{GE}>U_{GE(th)}$ 时，IGBT 处于有源区，在该区中，I_C 与 U_{GE} 几乎呈线性关系且与 U_{CE} 无关；饱和区是指输出特性曲线弯曲比较明显的部分，在此区中，集电极电流 I_C 与栅射极间电压 U_{GE} 不再呈线性关系。

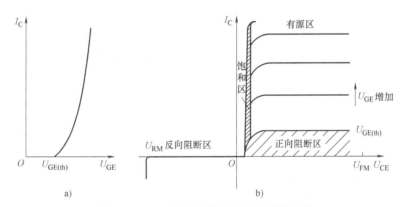

图 2-22 IGBT 的转移特性和输出特性曲线

a）转移特性曲线 b）输出特性曲线

当 $U_{CE}<0$ 时，IGBT 处于反向阻断区。

IGBT 是通过在正向阻断区与饱和区之间来回转换来实现 IGBT 的开、关状态改变。

从图 2-22b 可见，输出特性曲线是描述以栅射极间电压 U_{GE} 为参考量时，集电极电流 I_C 与集射极间电压 U_{CE} 之间的关系曲线。

（3）动态特性 IGBT 的动态特性也称开关特性，如图 2-23 所示。

IGBT 的开通时间 $t_{on}=t_{d(on)}+t_r=0.5\sim1.2\mu s$，其中，$t_{d(on)}$ 为开通延迟时间，t_r 为 I_C 电流上升时间。IGBT 在开通过程中大部分时间是作为 MOSFET 工作的，只是在集射极间电压 U_{CE} 下降过程后期（t_{fv2}），PNP 型 GTR 由放大区转入饱和区。因为这是一个过程，因而增加了一段延缓时间，使得集射极间电压 U_{CE} 的波形分成两段，分别为 t_{fv1} 和 t_{fv2}，只有在 t_{fv2}

段结束时，IGBT 才完全进入饱和区。

IGBT 的关断过程是从正向导通状态转换到正向阻断状态的过程。关断过程所需要的时间为关断时间 $t_{off} = t_{d(off)} + t_f = 0.55 \sim 1.5\mu s$，其中，$t_{d(off)}$ 称为关断延迟时间，t_f 为 I_C 电流下降时间。在 t_f 内，集电极电流 I_C 的波形（见图 2-23）分为两段，分别为 t_{fi1} 和 t_{fi2}，t_{fi1} 是对应 IGBT 内电力 MOSFET 的关断过程时间，t_{fi2} 是 IGBT 内 PNP 型 GTR 的关断时间。

由于 MOSFET 经 t_{fi1} 时间关断后，PNP 型 GTR 的中的存储电荷不易迅速消除，I_C 电流下降变慢，造成集电极电流 I_C 较长的尾部时间（t_{fi2}），即 IGBT 内 PNP 型 GTR 的关断时间为 t_{fi2}。这样关断时间可改写为

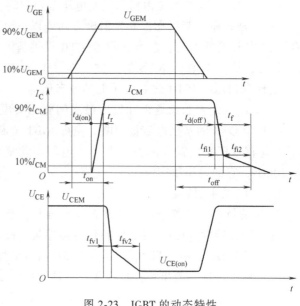

图 2-23 IGBT 的动态特性

$$t_{off} = t_{d(off)} + t_{fi1} + t_{fi2} = t_{d(off)} + t_f$$

其中，t_{fi2} 也被称 I_C 的拖尾电流时间。

3. IGBT 的主要参数

（1）集射极击穿电压 BU_{CES}　集射极击穿电压 BU_{CES} 决定了 IGBT 的最高工作电压，它是由器件内部的 PNP 型 GTR 所能承受的击穿电压确定的。

（2）开启电压 $U_{GE(th)}$　$U_{GE(th)}$ 是使 IGBT 导通的最低栅射极电压。$U_{GE(th)}$ 随温度升高而下降，温度每升高 1℃，$U_{GE(th)}$ 值下降 5mV 左右。一般在 25℃ 时，$U_{GE(th)} = 2 \sim 6V$。

（3）通态电压降 $U_{CE(on)}$　IGBT 的通态电压降 $U_{CE(on)}$ 可以表示为

$$U_{CE(on)} = U_{J1} + I_D R_n + I_D R_{on}$$

式中　U_{J1}——J_1 结的正向电压降，为 $0.7 \sim 1V$；

　　　　R_n——通态电阻；

　　　　R_{on}——MOSFET 的 N 沟道电阻。

通态电压降 $U_{CE(on)}$ 决定 IGBT 的通态损耗，通常 IGBT 的 $U_{CE(on)} = 2 \sim 3V$。

（4）最大栅射极间电压 U_{GES}　最大栅射极间电压 U_{GES} 是由栅极的 SiO_2 的氧化层的厚度和特性所决定的。为了能可靠地工作，应将栅射极间电压限制在 20V 以内，一般取 $U_{GES} = 15V$。

（5）集电极连续电流 I_C 和峰值电流 I_{CM}　集电极流过的最大连续电流 I_C 即为 IGBT 的额定电流。为了避免自锁现象（掣住现象）的发生需要规定 IGBT 的集电极电流的峰值电流 I_{CM}，通常峰值电流 $I_{CM} = 2I_C$。

IGBT 的额定结温 T_{jM} 一般为 150℃，只要不超过额定结温，IGBT 可以工作在峰值电流 I_{CM} 范围内。

（6）最大集电极功耗 P_{CM}　正常工作温度下允许的最大集电极耗散功率，称为最大集

电极功耗 P_{CM}。

四、其他新型电力电子器件

（一）MOS 控制晶闸管

MOS 控制晶闸管（MOS Controlled Thyristor，MCT）是将 MOSFET 与晶闸管组合而成的复合型器件。MCT 将 MOSFET 的高输入阻抗、低驱动功率、快速的开关过程和晶闸管的高电压、大电流、低通态电压降的特点结合起来，也是 Bi-MOS 器件的一种。一个 MCT 器件由数以万计的 MCT 元组成，每个 MCT 元由一个 PNPN 晶闸管、一个控制该晶闸管开通的 MOSFET 和一个控制该晶闸管关断的 MOSFET 组成。

MCT 具有高电压、大电流、高载流密度、低通态电压降的特点。其通态电压降只有 GTR 的 1/3 左右，硅片的单位面积连续电流密度在各种器件中是最高的。另外，MCT 可承受极高的电流变化率 di/dt 和电压变化率 du/dt，使得其保护电路可以简化。而且 MCT 的开关速度超过 GTR，开关损耗也很小。

总之，MCT 曾被认为是一种最有发展前途的电力电子器件。因此，20 世纪 80 年代以来一度成为研究的热点。但经过十多年的努力，其关键技术问题没有大的突破，电压和电流容量都远未达到预期的数值，因此未能被投入到实际应用中。而其竞争对手 IGBT 却进展飞速，所以，目前从事 MCT 研究的人不是很多。

（二）静电感应晶体管

静电感应晶体管（Static Induction Transistor，SIT）诞生于 1970 年，实际上是一种结型场效应晶体管。将用于信息处理的小功率 SIT 器件的横向导电结构改为垂直导电结构，即可制成大功率的 SIT 器件。SIT 是一种多数载流子导电的器件，其工作频率与电力 MOSFET 相当，甚至超过电力 MOSFET，而功率容量也比电力 MOSFET 大，因而适用于高频、大功率场合，目前已在雷达通信设备、超声波功率放大、脉冲功率放大和高频感应加热等专业领域获得了较多的应用。

SIT 在栅极不加任何信号时是导通的，但是在栅极加负偏压时关断，所以它被称为正常导通型器件，使用不太方便。此外，SIT 通态电阻较大，使得通态损耗也大，因而 SIT 还未在大多数电力电子设备中得到广泛应用。

（三）静电感应晶闸管

静电感应晶闸管（Static Induction Thyristor，SITH）诞生于 1972 年，是在 SIT 的漏极层上附加一层与漏极层导电类型不同的发射极层而得到的。因为其工作原理也与 SIT 类似，门极和阳极电压均能通过电场控制阳极电流，因此 SITH 又被称为场控晶闸管（Field Controlled Thyristor，FCT）。由于 SITH 比 SIT 多了一个具有少数载流子注入功能的 PN 结，因而 SITH 是两种载流子导电的双极型器件，具有电导调制效应，通态压降低、通流能力强。其很多特性与 GTO 晶闸管类似，但开关速度比 GTO 晶闸管快得多，是大容量的快速器件。

SITH 一般是正常导通型的，但也有正常关断型的。此外，其制造工艺比 GTO 晶闸管复杂得多，电流关断增益较小，因而其应用范围还有待拓展。

（四）集成门极换流晶闸管

集成门极换流晶闸管（Integrated Gate Commutated Thyristor，IGCT）是一种门极换流晶闸管，是 20 世纪 90 年代后期出现的新型电力电子器件。IGCT 将 IGBT 与 GTO 的优点结合起来，其容量与 GTO 晶闸管相当，但开关速度比 GTO 晶闸管快 10 倍，而且可以省去 GTO 晶闸管应用时庞大而复杂的缓冲电路，只不过其所需的驱动功率仍然很大。目前，IGCT 正在与 IGBT 以及其他新型器件激烈竞争，试图最终取代在大功率场合应用较多的 GTO。

（五）功率模块与功率集成电路

自 20 世纪 80 年代中后期开始，模块化成为电力电子器件研制和开发中的一个共同趋势。正如前面提到的，按照典型电力电子电路所需要的拓扑结构，将多个相同的电力电子器件或多个相互配合使用的不同电力电子器件封装在一个模块中，可以缩小装置体积，降低成本，提高可靠性。更重要的是，对于工作频率要求较高的电路，这可以大大减小线路电感，从而简化了保护和缓冲电路。这种模块被称为功率模块（Power Module），或者按照主要器件的名称命名，如 IGBT 模块（IGBT Module）。

更进一步，如果将电力电子器件与逻辑、控制、保护、传感、检测、自诊断等信息电子电路制作在同一芯片上，则称为功率集成电路（Power Integrated Circuit，PIC）。与功率集成电路类似，还有许多名称，但实际上各自有所侧重。高压集成电路（High Voltage IC，HVIC）一般指横向高压器件与逻辑或模拟控制电路的芯片的集成。智能功率集成电路（Smart Power IC，SPIC）一般指纵向功率器件与逻辑或模拟控制电路的芯片的集成。而智能功率模块（Intelligent Power Module，IPM）则专指 IGBT 及其辅助器件与其保护和驱动电路的芯片的集成，也称智能 IGBT（Intelligent IGBT）。

高低压电路之间的绝缘问题以及温升和散热的有效处理，一度是功率集成电路的主要技术难点。因此，以前的功率集成电路的开发和研究主要在小功率应用场合，如家用电器、办公设备电源、汽车电器等。目前的智能功率模块则在一定程度上回避了这两个难点，只将保护和驱动电路与 IGBT 器件集成在一起，因而最近几年获得了迅速发展。目前最新的智能功率模块产品已用于高速子弹列车牵引这样的大功率场合。

功率集成电路实现了电能和信息的集成，成为机电一体化的理想接口，具有广阔的应用前景。

五、电力电子器件的驱动

（一）电力电子器件的驱动电路概述

电力电子器件的驱动电路是电力电子主电路与控制电路之间的接口连接电路，是电力电子装置的重要环节，对整个装置的性能有很大的影响。采用性能良好的驱动电路，可使电力电子器件工作在较理想的开关状态，缩短开关时间，减小开关损耗，对装置的运行效率、可靠性和安全性都有重要的意义。另外，对电力电子器件或整个装置的一些保护措施也往往就近设在驱动电路中，或者通过驱动电路来实现，这使得驱动电路的设计更为重要。

简单地说，驱动电路的基本任务就是将信息电子电路传来的信号按照其控制目标的要求转换为加在电力电子器件控制端和公共端之间可以使其开通或关断的信号。对半控型器件只需提供开通控制信号；对全控型器件则既要提供开通控制信号，又要提供关断控制信号，以保证器件按要求可靠导通或关断。

驱动电路还要提供控制电路与主电路之间的电气隔离环节。一般采用光隔离或磁隔离。光隔离一般采用光耦合器。光耦合器由发光二极管和光电晶体管组成，封装在一个外壳内。其类型有普通型、高速型和高传输比型 3 种，内部电路和基本接法分别如图 2-24a、b、c 所示。普通型光耦合器的输出特性和晶体管相似，只是其电流传输比（I_C/I_D）比晶体管的电流放大倍数β小得多，一般只有$0.1\sim0.3$。高传输比型光耦合器的电流传输比（I_C/I_D）要大得多。普通型光耦合器的响应时间约为$10\mu s$。高速型光耦合器的光电二极管流过的是反向电流，其响应时间小于$1.5\mu s$。磁隔离的器件通常是脉冲变压器，当脉冲较宽时，为避免铁心饱和，常采用高频调制和解调的方法。

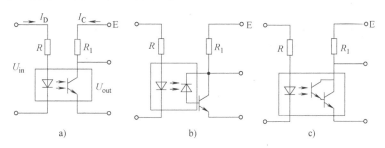

图 2-24 光耦合器的类型及基本接法

a）普通型 b）高速型 c）高传输比型

按照驱动电路加在电力电子器件控制端和公共端之间信号的性质，可以将电力电子器件分为电流驱动型和电压驱动型两类。晶闸管虽然属于电流驱动型器件，但它是半控型器件，因此下面将单独讨论其驱动电路。晶闸管的驱动电路常称为触发电路。对典型的全控型器件GTO、GTR、电力 MOSFET 和 IGBT，则将按电流驱动型和电压驱动型分别讨论。

应该说明的是，驱动电路的具体形式可以是分立器件构成的驱动电路，但目前的趋势是采用专用的集成驱动电路，包括双列直插式集成电路，以及将光耦隔离电路也集成在内的混合集成电路，而且为达到参数的最佳配合，应首先选择所用电力电子器件的生产厂家专门为其器件开发的集成驱动电路。

（二）晶闸管的触发电路

晶闸管触发电路的作用是产生符合要求的门极触发脉冲，保证晶闸管在需要的时刻由阻断转为导通。晶闸管触发电路应满足下列要求：

1）触发脉冲的宽度应能保证晶闸管可靠导通，对感性和反电动势负载的变流器应采用宽脉冲或脉冲列触发，对变流器的起动、双星形带平衡电抗器电路的触发脉冲应宽于$30°$，三相全控桥式电路应采用宽于$60°$的触发脉冲或采用相隔$60°$的双窄脉冲。

2）触发脉冲应有足够的幅度，对于使用在户外寒冷场合的晶闸管，脉冲电流的幅度应增大为器件最大触发电流的（$3\sim5$）倍，脉冲前沿的陡度也需增加，一般需达$1\sim2A/\mu s$。

3）所提供的触发脉冲应不超过晶闸管门极的电压、电流和功率定额，且要在门极伏安特性的可靠触发区域之内。

4）应有良好的抗干扰性能、温度稳定性及与主电路的电气隔离。

理想的晶闸管触发脉冲的电流波形如图 2-25 所示。

图 2-26 所示给出了常见的晶闸管触发电路。它由 VT_1、VT_2 构成的脉冲放大环节和脉冲变压器 TM 及附属电路构成的脉冲输出环节两部分组成。当 VT_1、VT_2 导通时，通过脉冲变压器向晶闸管的门极和阴极之间输出触发脉冲。VD_1 和 R_3 这个支路是为了在 VT_1、VT_2 由导通变为截止时脉冲变压器 TM 释放其储存的能量而设的。为了获得触发脉冲波形中的强脉

冲部分，还需适当附加其他电路环节。

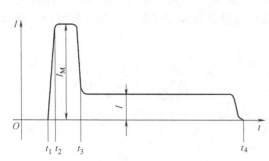

图 2-25　理想的晶闸管触发脉冲的电流波形

$t_1 \sim t_2$—脉冲前沿上升时间（<1μs）　$t_1 \sim t_3$—强脉冲的宽度

I_M—强脉冲的幅值（$3I_{GT} \sim 5I_{GT}$）　$t_1 \sim t_4$—脉冲的宽度

I—脉冲的平顶幅值（$1.5I_{GT} \sim 2I_{GT}$）

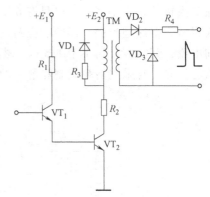

图 2-26　常见的晶闸管触发电路

（三）典型全控型器件的驱动电路

1. 电流驱动型器件的驱动电路

GTO 晶闸管和 GTR 均是电流驱动型器件。GTO 晶闸管的开通控制与普通晶闸管相似，但对触发脉冲前沿的幅值和陡度要求高，且一般需在整个导通期间施加正门极电流。使 GTO 晶闸管关断需施加负门极电流，对其幅值和陡度的要求更高：幅值需达阳极电流的 1/3 左右，陡度需达 50A/μs，强负脉冲宽度约为 30μs，负脉冲总宽约为 100μs。GTO 晶闸管关断后还应在门极施加约 5V 的负偏压，以提高抗干扰能力。推荐的 GTO 晶闸管门极电压电流波形如图 2-27 所示。

GTO 晶闸管一般用于大容量电路的场合，其驱动电路通常包括开通驱动电路、关断驱动电路和门极反偏电路 3 个部分，可分为脉冲变压器耦合式和直接耦合式两种类型。直接耦合式驱动电路可避免电路内部的相互干扰和寄生振荡，可得到较陡的脉冲前沿，因此目前应用较广，但其功耗大，效率较低。图 2-28 所示为典型的直接耦合式 GTO 晶闸管驱动电路。该电路的电源由高频电源经二极管整流后提供，二极管 VD_1 和电容 C_1 构成的电路可以提供 5V 电压，VD_2、VD_3、C_2、C_3 构成倍压整流电路可以提供 15V 电压，VD_4 和电容 C_4 构成的

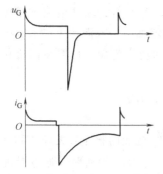

图 2-27　推荐的 GTO 晶闸管门极
电压电流波形

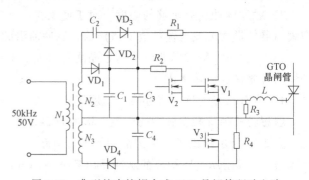

图 2-28　典型的直接耦合式 GTO 晶闸管驱动电路

电路可以提供 −15V 电压。当场效应晶体管 V_1 开通时，输出正强脉冲；当 V_2 开通时输出正脉冲平顶部分；当 V_2 关断而 V_3 开通时，输出负脉冲；当 V_3 关断后，电阻 R_3 和 R_4 可以提供门极负偏压。

使 GTR 开通的基极驱动电流应使其处于准饱和导通状态，使其不进入放大区和深饱和区。当关断 GTR 时，施加一定的负基极电流有利于减小关断时间和关断损耗。关断后，同样应在基射极之间施加一定幅值（6V 左右）的负偏压。GTR 的基极驱动电流的前沿上升时间应小于 1μs，以保证它能快速开通和关断。理想的 GTR 的基极驱动电流的波形如图 2-29 所示。

图 2-30 所示给出了 GTR 的一种驱动电路，包括电气隔离和晶体管放大电路两部分。其中二极管 VD_2 和电位补偿二极管 VD_3 构成所谓的贝克钳位电路，也就是一种抗饱和电路，可使 GTR 导通时处于临界饱和状态。当负载较轻时，如果 VT_5 的发射极电流全部注入 VT_7，会使 VT_7 过饱和，造成关断时退饱和时间延长。有了贝克钳位电路之后，当 VT_7 因过饱和使得集电极电位低于基极电位时，VD_2 就会自动导通，使多余的驱动电流流入集电极，维持 $U_{bc} \approx 0$，这样，就使得 VT_7 导通时始终处于临界饱和状态。图中，C_2 为加速导通过程的电容。导通时，R_5 被 C_2 短路，这样可以实现驱动电流的过冲，并能增加前沿脉冲的陡度，加快导通过程。

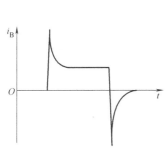

图 2-29　理想的 GTR 的
基极驱动电流的波形

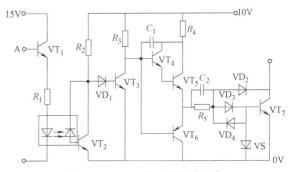

图 2-30　GTR 的一种驱动电路

在 GTR 的集成驱动电路中，THOMSON 公司的 UAA4002 和三菱公司的 M57215L 较为常见。

2. 电压驱动型器件的驱动电路

电力 MOSFET 和 IGBT 均是电压驱动型器件。电力 MOSFET 的栅源极之间和 IGBT 的栅射极之间都有数千皮法的极间电容，为快速建立驱动电压，要求驱动电路具有较小的输出电阻。使电力 MOSFET 导通的栅源极间驱动电压一般取 10~15V，使 IGBT 导通的栅射极间驱动电压一般取 15~20V。同样，关断时施加一定幅值的负驱动电压（一般取 −15~−5V）有利于减小关断时间和关断损耗。在栅极串入一只低值电阻（数十欧）可以减小寄生振荡，该电阻阻值应随被驱动器件电流额定值的增大而减小。

图 2-31 所示给出了电力 MOSFET 的一种驱动电路，它也包括电气隔离和晶体管放大电路两部分。当无输入信号时，高速放大器 A 输出负电平，VT_3 导通输出负驱动电压。当有输入信号时，高速放大器 A 输出正电平，VT_2 导通输出正驱动电压。

常见的专为驱动电力 MOSFET 而设计的混合集成电路有三菱公司的 M57918L，其输入信号电流幅值为 16mA，输出最大脉冲电流为 2A 和 -3A，输出驱动电压为 15V 和 -10V。

IGBT 的驱动多采用专用的混合集成驱动器。常用的有三菱公司的 M579 系列（如 M57962L 和 MS7959L）和富士公司的 EXB 系列（如 EXB840、EXB841、EXB850 和 EXB851）。同一系列的不同型号，其引脚和接线基本相同，只是对被驱动器件的容量、开关频率以及输入电流幅值等参数的要求有所不同。图 2-32 给出了 M57962L 型 IGBT 驱动器的原理和接线图。这些混合集成驱动器内部都具有退饱和检测和保护环节，当发生过电流时能快速响应，慢速关断 IGBT，并向外部电路给出故障信号。M57962L 输出的正驱动电压均为 15V 左右，负驱动电压为 -10V。

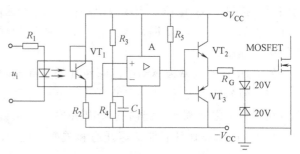

图 2-31　电力 MOSFET 的一种驱动电路

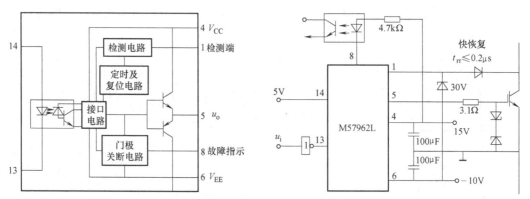

图 2-32　M57962L 型 IGBT 驱动器的原理和接线图

六、电力电子器件的保护

在电力电子电路中，除了电力电子器件的参数选择要合适、驱动电路的设计要良好外，采用合适的过电压保护、过电流保护、du/dt 保护和 di/dt 保护也是必要的。

（一）过电压的产生及过电压保护

电力电子装置中可能发生的过电压分为外因过电压和内因过电压两类。外因过电压主要来自雷击和系统中的操作过程等外部原因，包括：

1）操作过电压：由分闸、合闸等开关操作引起的过电压。电网侧的操作过电压会由供电变压器电磁感应耦合，或由变压器绕组之间存在的分布电容静电感应耦合。

2）雷击过电压：由雷击引起的过电压。

内因过电压主要来自电力电子装置内部器件的开关过程，包括：

1）换相过电压：由于晶闸管或者与全控型器件反并联的续流二极管在换相结束后不能立刻恢复阻断能力，因而会有较大的反向电流流过，使残存的载流子恢复，而当其恢复了阻断能力时，反向电流急剧减小，这样的电流突变会因线路电感而在晶闸管阴阳极之间或与续流二极管反并联的全控型器件两端产生过电压。

2）关断过电压：全控型器件在较高频率下工作，当器件关断时，因正向电流的迅速降低而由线路电感在器件两端感应出的过电压。

图 2-33 给出了各种过电压的抑制措施及其配置位置，各电力电子装置可视具体情况只采用其中的几种。其中，RC_3 和 RCD 为抑制内因过电压而采取的措施，其功能已属于缓冲电路的范畴。

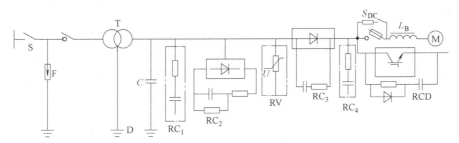

图 2-33　过电压的抑制措施及其配置位置

F—避雷器　D—变压器静电屏蔽层　C—静电感应过电压抑制电容　RC_1—阀侧浪涌过电压抑制用 RC 电路

RC_2—阀侧浪涌过电压抑制用反向阻断式 RC 电路　RV—压敏电阻过电压抑制器　RC_3—阀器件换相

过电压抑制用 RC 电路　RC_4—直流侧 RC 抑制电路　RCD—阀器件关断过电压抑制用 RCD 电路

在抑制外因过电压的措施中，采用 RC 过电压抑制电路是最为常见的，其典型连接方式如图 2-34 所示。RC 过电压抑制电路可接于供电变压器的两侧（通常供电网一侧称网侧，电力电子电路一侧称阀侧），或电力电子电路的直流侧。对于大容量的电力电子装置，可采用图 2-35 所示的反向阻断式 RC 电路。有关保护电路的参数计算可参考相关的工程手册。采用雪崩二极管、金属氧化物压敏电阻、硒堆和转折二极管（BOD）等非线性元器件来限制或吸收过电压也是较常用的措施。

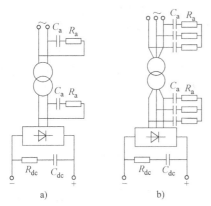

图 2-34　RC 过电压抑制电路连接方式

a）单相　b）三相

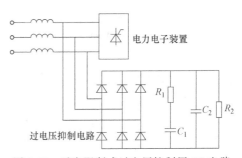

图 2-35　反向阻断式过电压抑制用 RC 电路

（二）过电流保护

电力电子电路运行不正常或者发生故障时，可能会发生过电流。过电流分过载和短路两种情况。图 2-36 给出了各种过电流保护措施及其配置位置，其中采用快速熔断器、直流快速断路器和过电流继电器是较为常用的措施。一般电力电子装置同时采用几种过电流保护措施，以提高保护的可靠性和合理性。在选择各种保护措施时应注意相互协调。通常，电子电路作为第一保护措施，快速熔断器仅作为短路时的部分区段的保护，直流快速断路器整定在电子电路动作之后实现保护，是电力电子装置中最有效、应用最广的一种过电流保护措施。在选择快速熔断器时应考虑：

1）电压等级应根据熔断后快速熔断器实际承受的电压来确定。

2）电流容量应按其在主电路中的接入方式和主电路的联结形式确定。快速熔断器一般与电力半导体器件串联，在小容量装置中也可串接于阀侧交流母线或直流母线中。

3）快速熔断器的 I^2t 值应小于被保护器件的允许 I^2t 值。

4）为保证熔体在正常过载情况下不熔化，应考虑其时间-电流特性。

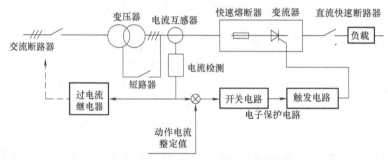

图 2-36　过电流的保护措施及其配置位置

快速熔断器对器件的保护方式可分为全保护和短路保护两种。全保护是指不论过载还是短路均由快速熔断器进行保护，此方式只适用于小功率装置或器件使用裕度较大的场合。短路保护方式是指快速熔断器只在短路电流较大的区域内起保护作用，此方式需与其他过电流保护措施相配合。快速熔断器电流容量的具体选择方法可参考有关的工程手册。

对一些重要的且易发生短路的晶闸管设备，或者工作频率较高、很难用快速熔断器的全控型器件，需要采用电子电路进行过电流保护。对于电动机起动的冲击电流等变化较慢的过电流，除了可以利用控制系统本身的调节器对过电流进行限制作用之外，还需设置专门的过电流保护电子电路，检测到过电流之后直接调节触发或驱动电路，或者关断被保护器件。

此外，通常在全控型器件的驱动电路中设置过电流保护环节，这对器件过电流的响应是最快的。

（三）缓冲电路

缓冲电路（Snubber Circuit）又称为吸收电路。其作用是抑制电力电子器件的内因过电压、du/dt 或者过电流、di/dt，减小器件的开关损耗。缓冲电路可分为关断缓冲电路和开通缓冲电路。关断缓冲电路又称为 du/dt 抑制电路，用于吸收器件的关断过电压和换相过电压，抑制 du/dt，减小关断损耗。开通缓冲电路又称为 di/dt 抑制电路，用于抑制器件开通时的电流过冲和 di/dt，减小器件的开通损耗。可将关断缓冲电路和开通缓冲电路结合在一起，称其为复合缓冲电路。还可以用另外的分类方法：缓冲电路中储能元件的能量如果消耗在其吸收电阻上，则称其为耗能式缓冲电路；如果缓冲电路能将其储能元件的能量回馈给负载或电源，则称其为馈能式缓冲电路，或称为无损吸收电路。

如无特别说明，通常缓冲电路专指关断缓冲电路，而将开通缓冲电路叫作 di/dt 抑制电路。图 2-37a 给出的是一种缓冲电路和 $\mathrm{d}i/\mathrm{d}t$ 抑制电路的电路图，图 2-37b 所示是开关过程集电极电压 u_{CE} 和集电极电流 i_{C} 的波形，其中虚线表示无 $\mathrm{d}i/\mathrm{d}t$ 抑制电路和无缓冲电路时的波形。

在无缓冲电路的情况下，绝缘栅双极晶体管 V 开通时电流迅速上升，$\mathrm{d}i/\mathrm{d}t$ 很大，关断时 $\mathrm{d}u/\mathrm{d}t$ 很大，并出现很高的过电压。在有缓冲电路的情况下，V 开通时缓冲电容 C_{s} 先通过 R_{s} 向 V 放电，使电流 i_{C} 先上一个台阶，然后因为有 $\mathrm{d}i/\mathrm{d}t$ 抑制电路的 L_{i}，i_{C} 的上升速度减慢。R_{i}、VD_{i} 是在 V 关断时为 L_{i} 中的磁场能量提供放电回路而设置的。在 V 关断时，负载电流通过 VD_{s} 为 C_{s} 分流，减轻了 V 的负担，抑制了 $\mathrm{d}u/\mathrm{d}t$ 和过电压。因为关断时电路中（含布线）电感的能量要释放，所以还会出现一定的过电压。

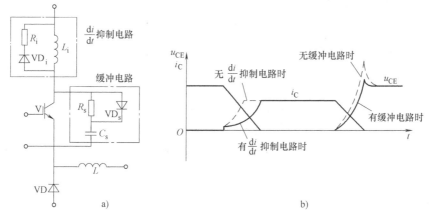

图 2-37　$\mathrm{d}i/\mathrm{d}t$ 抑制电路的电路图和充放电型 RCD 缓冲电路及波形

a）电路　b）波形

图 2-38 给出了关断时的负载曲线。关断前的工作点在 A 点。无缓冲电路时，u_{CE} 迅速上升，在负载 L 上的感应电动势使续流二极管 VD 开始导通，负载线从 A 点移动到 B 点，之后 i_{C} 才下降到漏电流的大小，负载线随之移动到 C 点。有缓冲电路时，由于 C_{s} 的分流使 i_{C} 在 u_{CE} 开始上升的同时就下降，因此负载线经过 D 点到达 C 点。可以看出，负载线在到达 B 点时很可能超出安全区，使 V 受到损坏，而负载线 ADC 是很安全的。而且，ADC 经过的都是小电流、小电压区域，器件的关断损耗也比无缓冲电路时大大降低。

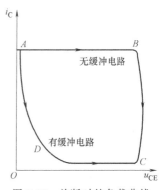

图 2-38　关断时的负载曲线

图 2-37 所示的缓冲电路被称为充放电型 RCD 缓冲电路，适用于中等容量的场合。

缓冲电容 C_{s} 和吸收电阻 R_{s} 的取值可用实验方法确定，或参考有关的工程手册。吸收二极管 VD_{s} 必须选用快恢复二极管，其额定电流应不小于主电路器件额定电流的 $1/10$。此外，应尽量减小线路电感，且应选用内部电感小的吸收电容。在中小容量场合，若线路电感较小，可只在直流侧总的设一个 $\mathrm{d}u/\mathrm{d}t$ 抑制电路，对 IGBT 甚至可以仅并联一个吸收电容。

晶闸管在实际应用中一般只承受换相过电压，没有关断过电压问题，关断时也没有较大的 $\mathrm{d}u/\mathrm{d}t$，因此一般采用 RC 吸收电路即可。

七、电力电子器件的串联和并联使用

对较大型的电力电子装置，当单个电力电子器件的电压或电流定额不能满足要求时，往往需要将电力电子器件串联或并联起来工作，或者将电力电子装置串联或并联起来工作。本节将先以晶闸管为例简要介绍电力电子器件串、并联应用时注意的问题和处理措施，然后概要介绍应用较多的电力 MOSFET 并联以及 IGBT 并联的一些特点。

（一）晶闸管的串、并联使用

由于晶闸管承受过电压和过电流的能力较差，在高电压和大电流的晶闸管变流装置中，往往单个晶闸管的电压和电流定额不能满足需要，必须将晶闸管串联或并联起来使用，或将晶闸管装置串联或并联使用。

1. 晶闸管的串联

当电路电压较高，晶闸管的额定电压小于实际要求时，可以用两个以上同型号器件相串联。如果相互串联的晶闸管特性完全一致，那么使用中就不会出现因串联而产生的电压不均的问题。但是，晶闸管特性的分散性很大，在串联电路中电流是一致的，对于特性不一致的器件就会出现分压不均，如图 2-39a 所示，从而不能充分发挥所有器件的性质，甚至严重时会损坏晶闸管。因此，串联使用晶闸管时必须考虑在一定范围内保持电压均衡，否则将导致后导通（先关断）的器件因过电压而损坏从而引起联锁反应。

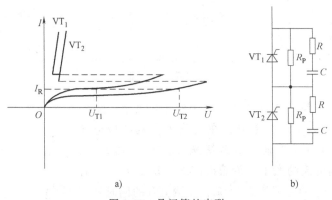

图 2-39　晶闸管的串联

a）串联后的反向电压　b）串联均压电路

图 2-39b 是晶闸管串联时保证稳态和动态过程电压均匀分配的保护线路。稳态时高阻值的并联电阻 R_P 决定了晶闸管的电压分配，对此适应适当选择 R_P 的阻值，使流过 R_P 的电流比晶闸管的反向漏电流大一个数量级。RC 保护线路则起着导通和关断的动态过程中使电压均匀分配的作用。R 的作用是防止晶闸管导通瞬间电容 C 对晶闸管放电，造成过大的 $\mathrm{d}i/\mathrm{d}t$。动态的均压 RC 还可兼作晶闸管关断过电压的保护。

2. 晶闸管的并联

大功率晶闸管装置中，常用多个器件并联来承担较大的电流。当晶闸管并联时就会分别因静态和动态特性参数的差异而存在电流分配不均匀的问题。有的器件电流不足，有的过载，有碍提高整个装置的输出，甚至造成器件和装置的损坏。

均流的首要措施是挑选特性参数尽量一致的器件。此外，还可以采用均流电抗器。同

样，采用门极强脉冲触发也有助于动态均流。

当需要同时串联和并联晶闸管时，通常采用先串后并的方法连接。

（二）IGBT 的串、并联使用

当单个 IGBT 器件的容量不能满足要求时，也需要器件串、并联使用，或整个电力电子装置串联或并联起来工作。

1. IGBT 不串联使用

因 IGBT 在高频开、关电路中工作，由于分布参数的影响，很难做到解决动态均压，故不串联使用。

2. IGBT 并联使用

IGBT 的通态压降一般在 1/3~1/2 额定电流以下的区段具有负的温度系数，在以上区段具有正的温度系数，因而 IGBT 在并联应用时，具有一定的电流自动均衡能力，易于并联使用。但要注意以下事项：

1）并联时，应选同型号、同规格、一个生产厂家的器件，选取同一等级 U_{CES} 参数。

2）并联时，各 IGBT 之间的集电极电流 I_C 不平衡度 ≤18%。

3）并联时，各 IGBT 的开启电压要一致，否则会引起电流不均匀。

4）尽可能减小接线电感，主电路采用低电感如铜排连线；控制回路使用双芯线或屏蔽线；串入的栅极电阻 R_G 之间误差值要小。上述接线电感也起"动态均流电抗器"作用。

第二节　电气检测传感器

一、电流检测传感器

常用的电流检测传感器为霍尔式电流传感器。

霍尔式电流传感器可以分为霍尔直测式电流传感器和霍尔磁补式电流传感器两类，其共同特点是可以实现对直流、交流、脉冲（冲击）电流的隔离测量。

1. 霍尔直测式电流传感器

霍尔直测式电流传感器的原理如图 2-40 所示。按照安培环路定理，只要有电流 I_C 流过导线，导线周围会产生磁场，磁场的大小与流过的电流 I_C 成正比，由电流 I_C 产生的磁场可以通过软磁材料来聚集产生磁通 $\Phi = BS$，那么加有励磁电流的霍尔片会产生霍尔电压 U_H。由于 U_H 通常是毫伏级信号，通过放大检测获得，已知 K_H、$H = B/\mu$、磁心面积 S、磁路长度 L 以及匝数 N，由 $U_H = K_H IB$，就可获得磁感应强度 B 的大小；再由安培环路定律 $HL = NI_C$，可直接计算出被测电流 I_C。注意 K_H 值是与温度有关的。由于这种霍尔式电流传感器准确度不高，目前较少使用。

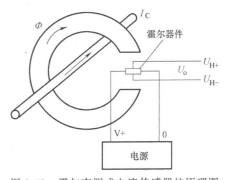

图 2-40　霍尔直测式电流传感器的原理图

2. 霍尔磁补式电流传感器

霍尔磁补式电流传感器的原理如图 2-41 所示。被测电流 I_P 产生的磁场 H_P 作用于加有激励电流的霍尔元器件上，使霍尔器件产生霍尔电压 U_H。U_H 大于零时，放大后会控制功率放大模块的输出电流 I_S 不断增加，并产生磁场 H_S，H_S 与 H_P 相反，使得霍尔器件的输出 U_H 减小，直到 $H_S = H_P$ 时 U_H 为 0，I_S 不再增加，这时霍尔器件就达到零磁通检测。

在磁平衡时，$N_P I_P = I_S N_S$，因此只要测得 I_S 便可计算出被测电流 I_P。图 2-41 中外接电源用于为霍尔元器件提供激励电流和功率放大所需电源，外接测量电阻 R_m 用于 I_S 的测量。

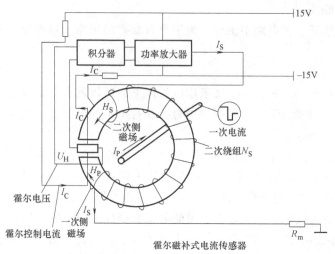

图 2-41　霍尔磁补式电流传感器的原理图

二、速度检测传感器

在伺服系统中，机械的运动速度控制是最基本的控制内容，当对速度的稳定精度提出较高要求时，就需要对驱动电动机实行速度的闭环控制。因此速度检测元件的正确选择和构成速度负反馈控制的电路形式，是否能满足系统的要求就变得十分重要。

（一）电磁式转速传感器的动作原理

外配检测齿轮型电磁式转速传感器，通常是将传感器头靠近安装在旋转轴上检测齿轮的齿顶端，当旋转轴带着齿轮旋转时，传感器就会感应出与转速成比例的频率信号。因为传感器是由永久磁铁、线圈和 U 形磁钢组成的，当磁性物体靠近 U 形磁钢时，线圈内的磁通量就会发生变化，在线圈两端建立起一个频率与磁通量成比例变化的诱导电压。磁通量随着频率的变化而波动，作为传感器的转速信号被输出来。频率的计算公式为

$$f(\text{Hz}) = 转速(\text{r/min}) \times 齿数/60$$

这种传感器的特点是构造简单、不要电源、体积小不占地方、不需维修保养，测量的可靠性高，因此被大量地应用在各种工业场所。

内装检测齿轮型电磁式转速传感器，是通过联轴节与旋转机械的轴连接在一起，旋转时产生其频率与转速成比例的信号。传感器由永久磁铁、检测齿轮、内齿轮等构成，形成一个封闭的检测磁场回路。当检测齿轮随着传感器的轴做旋转运动时，磁通量就发生变化，在线圈两端建立起一个频率与磁通量成比例变化的诱导电压。磁通量随着频率的变化而波动，作为传感器的转速信号被输出来。频率的计算公式为

$$f(\text{Hz}) = 转速(\text{r/min}) \times 齿数/60$$

（二）磁电式转速传感器的动作原理

图 2-42 所示为磁电式转速传感器的结构原理图，它由永久磁铁、线圈、磁盘等组成。在永久磁铁组成的磁路中，若改变磁阻（如空气隙）的大小，则磁通量随之改变。磁路通过感应线圈，当磁通量发生突变时，感应出一定幅度的脉冲感应电动势，该脉冲感应电动势的频率等于磁阻变化的频率。为了使气隙变化，在被测轴上装一个由软磁材料做成的磁盘（通常采用 60

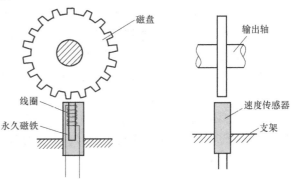

图 2-42　磁电式转速传感器的结构原理图

个齿）。当被测轴转动时，磁盘也跟随转动，磁盘中的齿和齿隙交替通过永久磁铁的磁场，从而不断改变磁路中的磁阻，使铁心中的磁通量不断发生突变，在线圈内产生一个又一个脉冲感应电动势，其频率与被测轴的转速成正比。线圈内所产生的脉冲感应电动势的频率为

$$f = \frac{nz}{60} \tag{2-1}$$

式中　n——转速（r/min）；

　　　f——频率（Hz）；

　　　z——磁盘的齿数。

当磁盘的齿数 $z = 60$ 时，则

$$f = n \tag{2-2}$$

即只要测量出频率 f，就可测得被测转速。而只要将线圈尽量靠近齿轮外缘安放，那么，线圈内产生的感应电动势就是正弦波形。

（三）光电式转速传感器的动作原理

1. 直射式光电转速传感器

图 2-43 所示为直射式光电转速传感器的结构图，它由开孔圆盘、光源、光电器件及缝隙板等组成。开孔圆盘的输入轴与被测轴相连接，光源发出的光通过开孔圆盘和缝隙板照射到光电器件上被光电器件所接收，然后将光信号转换为电信号输出。开孔圆盘上有许多小孔，开孔圆盘旋转一周，光电器件输出的电脉冲的个数等于开孔圆盘的开孔数，因此可通过测量光电器件输出的脉冲频率得知被测轴转速，即

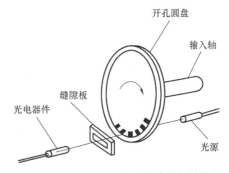

图 2-43　直射式光电转速传感器的结构图

$$n = \frac{f}{N} \tag{2-3}$$

式中　N——开孔圆盘开孔数；

　　　n——被测轴转速；

　　　f——脉冲频率。

2. 反射式光电转速传感器

图 2-44 所示为反射式光电转速传感器的结构图，它由红外发射管、红外接收管、光学系统等组成；光学系统由透镜及半透镜构成。红外发射管由直流电源供电，工作电流为 20mA，可发射出红外线。半透镜既能使红外发射管发射的红外线射向旋转的物体，又能使从旋转物体反射回来的红外线穿过半透镜射向红外接收管。测量转速时需要在被测物体上粘贴一小块红外反射纸，这种纸具有定向反射作用。

当被测物体旋转时，粘贴在物体上的红外反射纸和物体一起旋转，红外接收管则随感受到反射光的强弱而产生相应变化的信号，该信号经电路处理后便可以由显示电路显示出被测物体转速的大小。

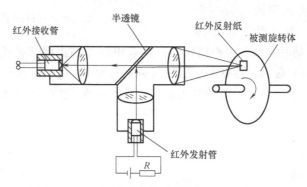

图 2-44 反射式光电转速传感器的结构图

（四）交、直流测速发电机

1. 交流（异步）测速发电机

交流测速发电机的结构和空心杯形转子伺服电动机相似，其原理图如图 2-45 所示。

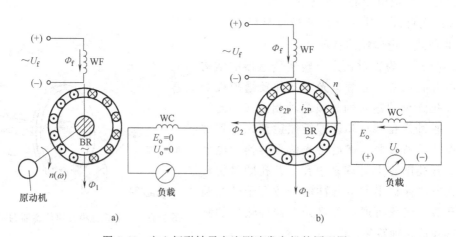

图 2-45 空心杯形转子交流测速发电机的原理图

a）转子静止时 b）转子转动时

在定子上安放两套彼此相差 90°的绕组。WF 作为励磁绕组，接于单相额定交流电源；WC 作为工作绕组（又称输出绕组），接入测量仪器作为负载。交流电源以旋转的杯形转子为媒介，在工作绕组上感应出数值与转速成正比、频率与电网频率相同的电动势。

下面分析输出电压 U_o 与转速 n 成正比。

为方便起见，杯形转子可看成一个导条数目非常多的笼型转子。当频率为 f_1 的励磁电压 U_f 加在励磁绕组 WF 上以后，在测速发电机内、外定子间的气隙中，产生一个与 WF 轴线一致、频率为 f_1 的脉动磁通 Φ_f，即 $\Phi_f = \Phi_{fm} \sin \omega t$。如果转子静止不动，则因为磁通 Φ_f 只在杯形转子中产生感应电动势和电涡流，且电涡流产生的磁通阻碍 Φ_f 的变化，其合成磁通 Φ_1 的轴线仍与励磁绕组的轴线重合，而与输出绕组 WC 的轴线垂直，故不会在输出绕组上感应出电动势，所以，输出电压 $U_o = 0$，如图 2-45a 所示。但如果转子以 n 的转速沿顺时针方向旋转，则杯形转子就要切割磁通 Φ_1 而产生切割电动势 e_{2P} 及电流 i_{2P}，如图 2-45b 所示。因 $e = BLv$，故 e_{2P} 的有效值 E_{2P} 与 Φ_{1m} 及 n 正比，即 $E_{2P} \propto \Phi_{1m} n$。当励磁电压 U_f 一定时，Φ_{1m} 基本不变（$U_f = 4.44 f_1 n_1 \Phi_{1m}$），所以

$$E_{2P} \propto n \tag{2-4}$$

由 e_{2P} 产生的电流 i_{2P} 也会产生一个脉动磁通 Φ_2，其方向正好与输出绕组 WC 轴线重合，且穿过 WC，所以在输出绕组 WC 上感应出电动势 e_o，其有效值 E_o 与磁通 Φ_2 成正比，即

$$E_o \propto \Phi_2 \tag{2-5}$$

而

$$\Phi_2 \propto E_{2P} \tag{2-6}$$

将式（2-6）及式（2-4）代入式（2-5），可得

$$E_o \propto n \quad \text{或} \quad U_o \propto E_o \propto Kn \tag{2-7}$$

式（2-7）说明：在励磁电压 U_f 一定的情况下，当输出绕组的负载很小时，异步测速发电机的输出电压 U_o 与转子转速 n 成正比。异步测速发电机的输出特性如图 2-46 所示。输出特性的线性度如图 2-47 所示。

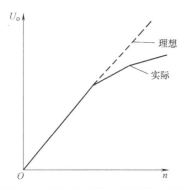

图 2-46　异步测速发电机的输出特性

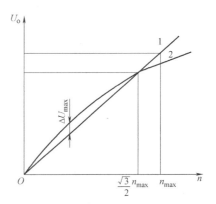

图 2-47　输出特性的线性度

1—工程上选取的理想输出特性曲线　2—实际输出特性曲线

2. 直流测速发电机

直流测速发电机是一种用来测量转速的小型他励直流发电机，其工作原理如图 2-48 所示。

空载时，电枢两端电压

$$U_{a0} = E = C_e n \tag{2-8}$$

由此看出，空载时测速发电机的输出电压与它的转速成正比。

有负载时，直流测速发电机的输出电压将满足

$$U_o = E - I_a R_a \tag{2-9}$$

式中 R_a——包括电枢电阻和电刷接触电阻。

电枢电流

$$I_a = U_a / R_L \tag{2-10}$$

式中 R_L——负载电阻。

将式（2-8）及式（2-9）代入式（2-10）可得

$$U_a = C_e n / (1 + R_a / R_L) \tag{2-11}$$

式（2-11）就是有负载时直流测速发电机的输出特性方程，由此可作出如图 2-49 所示的输出特性曲线。

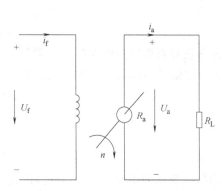

图 2-48 直流测速发电机的工作原理

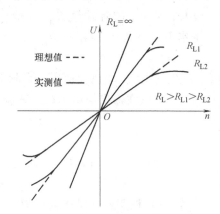

图 2-49 输出特性曲线

由式（2-11）看出，若 C_e、R_a 和 R_L 都能保持常数（即理想状态），则直流测速发电机在有负载时的输出电压与转速之间是线性关系。但实际上，由于电枢反应及温度变化的影响，输出特性曲线不完全是线性的。同时还看出，负载电阻越小和转速越高，输出特性曲线弯曲得越厉害，因此，在精度要求高的场合，负载电阻必须选得大些，转速也应工作在较低的范围内。

3. 直流测速发电机与交流测速发电机的性能比较

交流测速发电机的主要优点是：不需要电刷和换向器，因而结构简单，维护容易，惯量小，无滑动接触，输出特性稳定，精度高，摩擦转矩小，不产生无线电干扰，工作可靠，正、反向旋转时输出特性对称。其主要缺点是：存在剩余电压和相位误差，且负载的大小和性质会影响输出电压的幅值和相位。

直流测速发电机的主要优点是：没有相位波动，没有剩余电压，输出特性的斜率比交流测速发电机的大。其主要缺点是：由于有电刷和换向器，因而结构复杂，维护不便，摩擦转矩大，有换向火花，产生无线电干扰信号，输出特性不稳定，且正、反向旋转时输出特性不对称。

实际选用时，应注意以上特点。在自动控制系统中，测速发电机常用来做调速系统、位置伺服系统中的校正元件，用来检测和自动调节电动机的转速，它产生的速度反馈电压可以提高控制系统的稳定性和精度。

（五）数字脉冲编码式速度传感器

在闭环伺服控制系统中，根据脉冲数来测量转速的方法有 M 法测速、T 法测速和 M/T

法测速 3 种。

M 法测速是指在规定的时间间隔 T_g 内，通过测量所产生的脉冲数 m_1 来获得被测速度值 $n_M(\text{r/min})$。

T 法测速是指测量相邻两个脉冲的时间间隔 T_{tach} 来确定被测速度值。

M/T 法测速是指同时测量检测时间（$T=T_g+\Delta T$）和在此检测时间内脉冲发生器发送的脉冲数 m_1 来确定被测速度值 n_M。表 2-1 给出了 3 种测量法的原理及技术参数。

表 2-1　数字脉冲测速的计算公式

方法	M 法	T 法	M/T 法
原理	（图示 f_{tach}、m_1、T_g）	（图示 f_{tach}、T_{tach}、高频时钟在相邻两个脉冲间的个数、f_c 时钟脉冲的频率、m_2）	（图示 f_{tach}、m_1、T_g、ΔT、T、f_c、m_2）
被测速度 n_M /(r/min)	$60\dfrac{m_1}{PT_g}$	$60\dfrac{f_c}{Pm_2}$	$60\dfrac{f_c m_1}{Pm_2}$
检测时间 T/s	T_g	$T_{tach}=\dfrac{60}{n_M P}$	$\dfrac{60}{Pn_M}\left(\dfrac{Pn_M T_g}{60}+1\right)$
分辨率 Q	$\dfrac{60}{PT_g}$	$\dfrac{n_M^2 P}{60f_c+n_M P}$	$\dfrac{n_M}{m_2-1}$
精度 g	$\dfrac{1}{m_2}$	$t_p+\dfrac{1}{m_2}$	$\dfrac{t_p}{m_2}+\dfrac{1}{m_2-1}\times100\%$

注：P 为电动机每转一圈产生的脉冲数。

由表 2-1 可见，对分辨率而言，T 法测速时较高，随着速度的增大，分辨率变差。M 法则相反，高速时较高，随着速度的降低，分辨率变差。M/T 法的 Q/n_M 是常数，与速度无关，因此它比前面两种方法都好。

（六）霍尔式速度传感器

图 2-50 所示是几种不同结构的霍尔式速度传感器。磁性转盘的输入轴与被测轴相连，当被测轴转动时，磁性转盘随之转动，固定在磁性转盘附近的霍尔式传感器便可在每一个小磁铁通过时产生一个相应的脉冲，只要检测出单位时间的脉冲数，便可知被测转速。

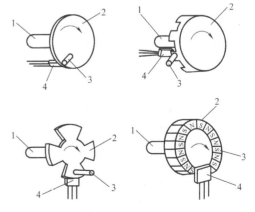

图 2-50　几种不同结构的霍尔式速度传感器
1—输入轴　2—转盘　3—小磁铁　4—霍尔式传感器

磁性转盘上小磁铁数目的多少决定了霍尔式传感器测量转速的分辨率。

三、位移检测传感器

（一）增量式位移传感器

1. 脉冲编码器

脉冲编码器是一种旋转式脉冲发生器，能把机械转角变成电脉冲，是数控机床上使用很广泛的位置检测装置。脉冲编码器可分为增量式与绝对式两类。增量式编码器也称脉冲盘式编码器，能把机械转角变成电脉冲，是一种在数控机床中使用最广泛的位置检测装置，经过变换电路也用于速度检测。这种传感器结构上有直线式和圆盘式两种，直线式用于直线位移测量，圆盘式用于角位移测量，其中圆盘式使用较为广泛。

（1）单码道脉冲盘式编码器　最简单的增量式编码数字传感器的典型结构如图 2-51 所示，它实际上就是一种脉冲盘式数字传感器。图 2-51 中，发光二极管和光电二极管之间由旋转码盘隔开，在码盘上刻有栅缝。当旋转码盘转动时，光电二极管断断续续地接受发光二极管发出的光，并输出方波信号，再由计数器（数字电路或微处理器）对其输出的方波进行

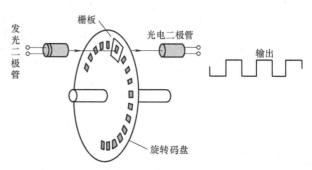

图 2-51　增量式编码数字传感器的典型结构

计数，就可实现单一方向运动的位置检测或速度检测。

这种脉冲盘式传感器的结构简单，成本低，但只适用于单一方向运动的位置检测，应用上受到一定的限制，仅用于简单检测场合。为了能对频繁往返运动对象进行位置检测，通常采用三码道（双码道）脉冲盘式编码器。

（2）双码道（三码道）脉冲盘式编码器　双码道（三码道）脉冲盘式编码器的典型结构如图 2-52 所示，在圆盘上开有两圈相等角距的缝隙，外圈 A 为增量码道，内圈 B 为辨向码道，内外圈的相邻两缝隙之间的距离错开半条缝宽，使 A 相与 B 相的相位相差 90°。利用 B 相的上升沿触发检测 A 相的状态，从而判断旋转方向。若按图 2-52 中所示的顺时针方向旋转，则 B 相上升沿对应 A 相的通状态；若按逆时针方向旋转，则 B 相上升沿对应 A 相的

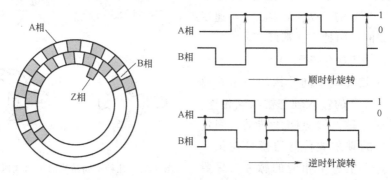

图 2-52　双码道（三码道）脉冲盘式编码器的典型结构

断状态。另外，在内外圈之外的某一径向位置开有一缝隙，也叫零位码道，表示原点信号。这一相称为 Z 相。码盘随被测物体工作轴转动，每转过一个缝隙，Z 相就发生一次信号的变化。每个码道上的缝隙数等于其光电器件每转输出的脉冲数。

由于只要保证 A、B 两相脉冲相位差 90°就可以实现辨向，增量编码器还可采用如图 2-53 所示的结构形式，同样可以保证光电器件所产生的 A、B 相信号彼此相差 90°相位角，用于辨向。光电脉冲盘式编码器旋转码盘旋转的方向是根据两个光电二极管的明暗变化的相位差确定的。当码盘正转时，A 相信号超前 B 相信号 90°；当码盘反转时，B 相信号超前 A 相信号 90°。图 2-53 中的编码器比图 2-52 少了一环，但栅板上有 3 个孔，输出信号为一串脉冲，每一个脉冲对应一个分辨角，对脉冲进行计数得到的 N，就是对 α 的累加，即角位移 $\theta = \alpha N$。

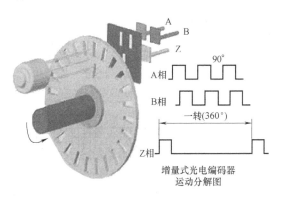

图 2-53 增量式码盘位移传感器原理结构图

增量式编码器不能直接产生几位编码输出，不具有绝对码盘码的含义，码盘无论正转还是反转，计数器每次反映的都是相对于上次角度的增量，因此这种测量方法称为增量法。

光电增量式编码器结构简单，精度高，分辨率高，可靠性好，脉冲数字输出，测量范围无限，但速度不高（最高每分钟几千转），振动还可能引起丢数。除了光电增量式编码器外，目前还有光纤增量式传感器和霍尔效应增量式传感器等，它们都得到了广泛的应用。这也是脉冲盘式编码器与绝对编码器的不同之处。

2. 旋转变压器

旋转变压器主要用于运动伺服控制系统中，用于角度位置的传感和测量。早期的旋转变压器用于计算解析装置中，作为模拟计算机中的主要组成部分之一。其输出是随转子的转角做某种函数变化的电气信号，这些函数通常是正弦、余弦、线性等。如果对绕组做专门设计，也可产生某些特殊函数的电气输出，但这样的函数只用于特殊的场合，并不是通用的。

与编码器类似，旋转变压器也是将机械运动转化为电信号的转动式机电装置。但与编码器不同的是，旋转变压器传输的是模拟信号而非数字信号。在结构方面，旋转变压器由 1 个一次绕组和 2 个相位在机械上成 90°的二次绕组组成，如图 2-54 所示。其中二次绕组如图 2-55 所示，旋转变压器的输出需要能够转换模拟信号的信号转换电路。

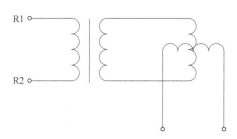

图 2-54 旋转变压器

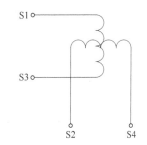

图 2-55 旋转变压器的二次绕组

旋转变压器的参数之一为磁极数。图 2-56 所示为单转速旋转变压器的输出。磁极数等于旋转变压器转动一圈的已调幅正弦周期数。多级转速旋转变压器是通过在转子和定子中相等地增加磁极数来实现的。最大转速受旋转变压器的尺寸影响，一般是用来提高精度的。而一个单转速旋转变压器本质上是一个低精度的单圈绝对式机电装置。随着转速输出的增加，旋转变压器容易失去绝对位置信息。如果空间允许，在一个多级转速旋转变压器上再加一个单转速旋转变压器，既可提高精度，又可获得绝对位置输出。

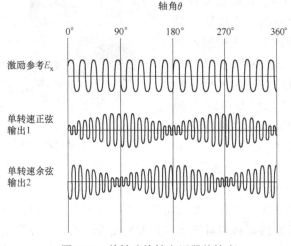

图 2-56　单转速旋转变压器的输出

由于具有和电动机相似的结构（绕组、叠片、轴承和支架），旋转变压器可用于超重载场合。因为不带电路硬件，它能够在更加极端的温度下运行。因为不带光学器件以及不需精密对准，它能耐受更多的冲击和振动。因为不带光学器件和电路硬件，它能够用于高辐射环境。旋转变压器已经经过了时间的考验，但是模拟信号输出限制了其使用范围。旋转变压器常应用于伺服控制系统和角度、位置检测系统中。

设加到定子绕组上的励磁电压为 $U_1 = U_M \sin\omega t$，通过电磁耦合，转子绕组将产生感应电动势 E_2。

1）当转子绕组的磁轴与定子绕组的磁轴相互垂直时，转子绕组的感应电动势 $E_2 = 0$。

2）当转子绕组的磁轴自垂直位置转过 90° 时，此时转子绕组的感应电动势为最大，感应电动势 $E_2 = KU_M \sin\omega t$。

3）当转子绕组的磁轴自垂直位置转过一定角度 θ 时，定子磁通在转子绕组平面投影，则转子绕组因定子磁通变化而产生的感应电动势为

$$E_2 = KU_M \sin\omega t \sin\theta \tag{2-12}$$

于是对于旋转变压器可以得到两种工作方法：鉴相工作法和鉴幅工作法。

（1）鉴相工作法　如果定子的两相正交绕组分别通以频率和幅值都相等而相位差为 90° 的励磁交流电压，即

$$E_{1s} = E_{M1} \sin\omega t$$
$$E_{1c} = E_{M1} \cos\omega t \tag{2-13}$$

此时转子绕组产生的感应电动势为定子两相磁通所产生的感应电动势之和，即

$$E_2 = KE_{1s}\sin\theta + KE_{1c}\cos\theta$$
$$= KE_{M1}\sin\omega t\sin\theta + KE_{M1}\cos\omega t\cos\theta$$
$$= KE_{M1}\cos(\omega t - \theta)$$
$$= E_{M2}\cos(\omega t - \theta) \tag{2-14}$$

转子绕组的输出电压信号与定子绕组的输入电压信号的相位差与转子的偏角相等。通过检测这个相位差值，就可以测量出与转子轴相连的机械轴的转角。

（2）鉴幅工作法 定子两相正交绕组分别通以频率和相位都相等而幅值分别与电气角 α 的正弦和余弦成正比的励磁交流电压，即

$$E_{1s} = E_{M1}\sin\alpha\sin\omega t$$
$$E_{1c} = E_{M1}\cos\alpha\sin\omega t \tag{2-15}$$

此时转子绕组产生的感应电动势为

$$E_2 = KE_{1s}\sin\theta + KE_{1c}\cos\theta$$
$$= KE_{M1}\sin\omega t\sin\alpha\sin\theta + KE_{M1}\sin\omega t\cos\alpha\cos\theta$$
$$= KE_{M1}\cos(\alpha - \theta)\sin\omega t$$
$$= E_{M2}\cos(\alpha - \theta)\sin\omega t \tag{2-16}$$

3. 圆感应同步器

圆感应同步器的定子、转子都采用不锈钢、硬铝合金等材料作基板，呈环形辐射状。定子和转子相对的一面均有导电绕组，绕组用厚 0.05mm 的铜箔构成。基板和绕组之间有绝缘层。绕组表面还加有一层与绕组绝缘的屏蔽层，材料为铝箔或铝膜。转子绕组为连续绕组；定子上有两相正交绕组（sin 绕组和 cos 绕组），做成分段式，两相绕组分布的电角度相差 90°，如图 2-57 所示。

4. 圆光栅

在玻璃圆盘的外环端面上，做成黑白间隔条纹，如图 2-58 所示。根据不同的使用要求，在圆周内线纹数也不相同。圆光栅一般有 3 种形式：

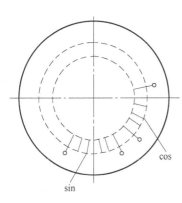

图 2-57 圆感应同步器

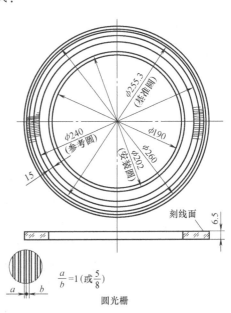

图 2-58 圆光栅

1）六十进制，如 10800、21600、32400、64800 等。

2）十进制，如 1000、2500、5000 等。

3）二进制，如 512、1024、2048 等。

为了辨别运动方向，需要配置两个彼此错开 1/4 纹距的光电器件，使输出的电信号彼此在相位上差 90°，若以其中的一个为参考信号，则另一个信号将超前或滞后参考信号 90°，由此来确定运动方向。

辨向的另一种方法是将指示光栅的线纹部分分成两相，每一部分的栅距和长光栅的栅距完全一致。当两相的指示（短）光栅线纹彼此错开 1/4 栅距，再配置两相物镜和光电器件，使输出的电信号彼此在相位上差 90°，采用参考电信号法即可辨向。

在光栅位移的数字转换系统中，还有八倍频、十倍频、二十倍频等。例如，刻线密度为 100 线/mm 的光栅尺，其最小读数为 $0.1\mu m$，可用于精密机床的测量。

（二）直线型——直线式感应同步器、光栅尺、磁栅尺

1. 直线式感应同步器

直线式感应同步器主要用于测量直线位移，由定尺（固定导轨）和滑尺两部分组成。考虑到接长和安装，通常，定尺绕组做成连续式的单相绕组，滑尺做成分段式的两相正交绕组，定尺比滑尺长，它们之间存在磁耦合，如图 2-59 所示。定尺和滑尺可利用印制电路板的生产工艺，用覆铜板制成。

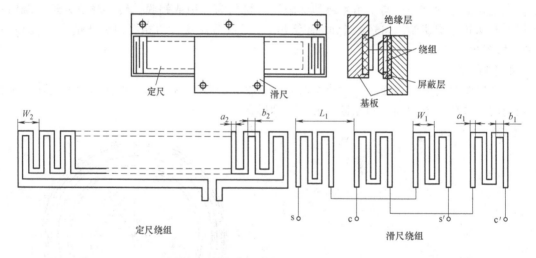

图 2-59 直线式感应同步器位移测量

图 2-59 中，极距 W_2 表示定尺绕组相邻两个有效导体间的距离，$W_2 = 2(a_2 + b_2)$，其中 a_2 为导电片宽，b_2 为片间间隙；滑尺绕组分为正弦（sin）绕组和余弦（cos）绕组两部分，节距 W_1 表示滑尺绕组相邻两个有效导体间的距离，两绕组的节距均为 $W_1 = 2(a_1 + b_1)$，其中 a_1 为导电片宽，b_1 为片间间隙，一般取 $W_1 = W_2 = W$。当定尺通电时，滑尺绕组产生感应电动势。定尺绕组的感应电动势与滑尺绕组励磁信号频率相同，大小与定尺和滑尺的相对位置有关。滑尺上 sin 绕组和 cos 绕组在空间位置上相差 1/4 节距，如图 2-60a 所示。若滑尺移动一个节距，则感应电动势变化一个周期，且滑尺和定尺重合时感应电动势为正向最大；相差 1/4 节距时，感应电动势为 0；相差 1/2 节距时，感应电动势为负值最大，呈余弦函数。

如图 2-60b 所示。

当滑尺移动一个节距 W，则感应电动势变化一个周期 2π。当滑尺移动距离为 x，则感应电动势变化的相位角为 θ，从而有 $\dfrac{\theta}{2\pi}=\dfrac{x}{W}$，即 $\theta=\dfrac{2x\pi}{W}$。

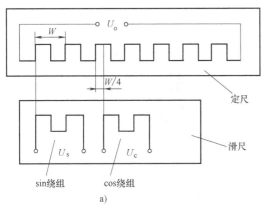

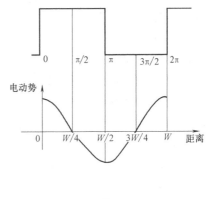

图 2-60　直线感应同步器的工作原理

a）定尺、滑尺绕组原理图　b）定尺绕组产生的感应电动势的原理图

当滑尺上一个绕组的励磁电压为 $U_s=U_m\sin\omega t$ 时，定尺绕组的感应电动势为
$$U_o=KU_s\cos\theta=KU_m\cos\theta\sin\omega t \tag{2-17}$$
式中，U_m 为励磁电压 U_s 的幅值；K 为与耦合系数有关的常数。

根据感应同步器滑尺绕组通入的励磁信号不同，感应同步器可分为鉴相方式和鉴幅方式两种。

（1）鉴相方式　当给滑尺两绕组分别通以幅值相等、频率相同、相位差为 90° 的交流电流时，定尺的感应电电势为 $U_s=U_m\sin\omega t$，$U_c=U_m\cos\omega t$。根据电磁感应及叠加原理，励磁信号可产生移动的磁场，故该励磁信号切割定尺导电片感应出的电动势 U_o 为
$$
\begin{aligned}
U_o &=KU_m\cos\omega t\cos\theta+KU_m\sin\omega t\sin\theta\\
&=KU_m\cos(\omega t-\theta)\\
&=KU_m\cos\left(\omega t-\frac{2\pi}{W}x\right)
\end{aligned} \tag{2-18}
$$

可见，通过定尺输出的感应电动势 U_o 就能测得滑尺相对于定尺的位移 x。

（2）鉴幅方式　当给滑尺两绕组通以频率相同、相位相同，但幅值不相等的交流电流时，定尺的感应电动势为
$$U_s=U_m\sin\alpha_{电}\ \cos\omega t,\quad U_c=U_m\cos\alpha_{电}\ \cos\omega t \tag{2-19}$$
式中　$\alpha_{电}$——励磁电压的给定相位角。

根据电磁感应及叠加原理，励磁信号可产生移动的磁场，故该励磁信号切割定尺导电片感应出电动势 U_o 为
$$
\begin{aligned}
U_o &=KU_m\sin\alpha_{电}\ \cos\omega t\cos\theta+KU_m\cos\alpha_{电}\ \cos\omega t\sin\theta\\
&=KU_m(\sin\alpha_{电}\ \cos\theta-\cos\alpha_{电}\ \sin\theta)\cos\omega t\\
&=KU_m\sin(\alpha_{电}-\theta)\cos\omega t\\
&=KU_m\sin\left(\alpha_{电}-\frac{2\pi}{W}x\right)\cos\omega t
\end{aligned} \tag{2-20}
$$

2. 光栅尺

光栅由标尺光栅（又称长光栅）和光栅读数头两部分组成。标尺光栅一般安装在机床活动部件上（如工作台上），光栅读数头安装在机床固定部件上（如机床底座上）。指示光栅（又称短光栅）装在光栅读数头中。当光栅读数头相对于标尺光栅移动时，指示光栅便在标尺光栅上相对移动。标尺光栅和指示光栅构成了光栅尺。

图 2-61 所示为一光栅尺的简单示意图，标尺光栅和指示光栅上均匀刻有很多条纹，从局部放大部分看，黑的部分为不透光缝隙，宽度为 a，白的部分为透光刻线，宽度为 b，设栅距为 d，则 $d = a+b$。通常情况下，光栅尺条纹的不透光和透光宽度是一样的，即 $a=b$。在安装光栅尺时，要严格保证标尺光栅和指示光栅的平行度以及两者之间的间隙（一般取 0.05mm 或 0.1mm）。

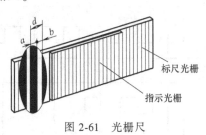

图 2-61 光栅尺

3. 磁栅尺

通过录磁头在磁性尺（或盘）上录制出间隔严格相等的磁波的过程称为录磁。已录制好磁波的磁性尺称为磁栅尺。磁栅尺上相邻栅波的间隔距离称为磁栅的波长，又称为磁栅的节距（栅距）。

磁栅尺是磁栅数显系统的基准元件。显然，波长就是磁栅尺的长度计量单位。任一被测长度都可用与其对应的若干磁栅波长之和来表示。

磁栅的一个重要特点是磁栅尺与磁头处于接触式的工作状态。磁栅的工作原理是磁电转换，为保证磁头有稳定的输出信号幅度，考虑到空气的磁阻很大，故磁栅尺与磁头之间不允许存在较大和可变的间隙，最好是接触式的。为此，带形磁栅在工作时，磁头是压入磁带上的，这样即使带面有些不平整，磁头与磁带也能良好的接触。线形磁栅的磁栅尺和磁头之间约有 0.01mm 的间隙，由于装配和调整不可能达到理想状态，故实际上线形磁栅也处于准接触式的工作状态。磁栅的另一个重要特点是磁栅尺处于一定的张紧状态。

磁栅尺分平面型直线磁尺和同轴型线状磁尺两种。

（1）平面型直线磁尺　这种磁尺有一种和金属刻线尺的结构相似，一种和钢带光圈相似。带状磁尺是用专用的金属框架安装。金属支架将带状磁尺以一定的预应力绷紧在框架或支架中间，使磁性标尺的热膨胀系数和框架或机床的热膨胀系数相接近。工作时磁头和磁尺接触，因为带状磁尺有弹性，允许有一定的变形。这种磁尺可以做得比较长，一般做到 1m 以上的长度。

（2）同轴型线状磁尺　这是一根由直径 2mm 的圆棍做成的磁尺，磁头也是特殊结构的，它把磁尺包在中间，是一种多间隙的磁道响应型的磁头。这种结构的优点是输出信号大，精度高，抗干扰性好，缺点是不易做得很长（一般在 1.5m 以下），热膨胀系数较大，通常适用于小型精密机床及测量机。

（三）绝对式位移传感器

1. 多极旋转变压器

旋转变压器（Resolver）又称解算器或分算器，是有二次旋转绕组的变压器，定子绕组为变压器一次绕组，转子绕组为变压器二次绕组。普通变压器输出电压与输入电压之比为常数，而旋转变压器定子上的励磁绕组和转子上的输出绕组的电压关系不是常数，其输出电压

随转子位置 α 而定。

旋转变压器实质上是一种小型交流发电机，由定子、转子、转轴、轴承、电刷、机壳等组成，定子和转子的齿槽中都置有正交、互相垂直的两相绕组，如图 2-62a 所示。

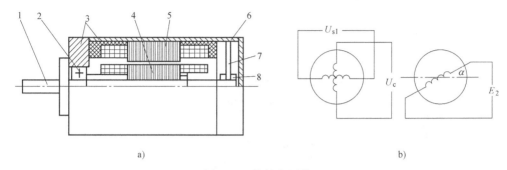

图 2-62　旋转变压器

a）旋转变压器结构示意　b）定子两相绕组励磁

1—转轴　2—轴承　3—机壳　4—转子　5—定子　6—端盖　7—电刷　8—集电环

旋转变压器的二次绕组一相绕组为工作绕组，另一相绕组用来补偿电枢反应。旋转变压器可以组成用作角度数据测量的控制方式、随动方式和位置控制方式。数控系统中旋变作为位置检测和反馈元件，工作在位置控制的相位、幅值工作方式。

当定子绕组（一次绕组）加上励磁电压（频率为 2～4kHz），通过电磁耦合，转子绕组（二次绕组）产生感应电动势。转子绕组输出电压取决于定子和转子两个绕组轴线在空间的相对位置，感应电动势随转子偏转的角度呈正（余）弦规律变化。

如图 2-62b 所示，当励磁绕组上加交流励磁电压 U_{s1} 时，则输出的感应电动势与角度之间的关系如式（2-21）所示。

转子绕组的感应电动势为

$$E_2 = KU_{s1}\cos\alpha = KU_m\sin\omega t\cos\alpha \tag{2-21}$$

式中　K——电压比（匝数比）；

$\quad\quad\alpha$——定子转子绕组轴线间的夹角；

$\quad U_{s1}$——定子绕组的励磁电压；

$\quad U_m$——电压信号的幅值。

旋转变压器按一次两相绕组的通电方式可分为鉴相方式和鉴幅方式两种。

（1）鉴相方式　当给定子两相绕组通以幅值相等、频率相同、相位差为 90° 的交流电流时，定子绕组输入电压为 $U_s = U_m\cos\omega t$，$U_c = U_m\cos\omega t$。

转子工作绕组的感应电动势由式（2-22）确定。

$$\begin{aligned}
E_2 &= KU_s\cos\alpha - KU_c\sin\alpha \\
&= KU_m(\sin\omega t\cos\alpha - \cos\omega t\sin\alpha) \\
&= KU_m\sin(\omega t - \alpha)
\end{aligned} \tag{2-22}$$

式中　α——定子正弦绕组轴线与转子工作绕组轴线之间的夹角。

由此可见，旋转变压器感应电动势与定子绕组中的励磁电压同频同幅，但相位不同，其相位差为 α，若把定子正弦绕组交流励磁电压的相位作为基准相位，此相位差角 α 就是转子相对于定子的空间转角。

（2）鉴幅方式　当给定子两绕组通以频率相同、相位相同但幅值不相等（幅值分别按正弦、余弦变化）的交流电压时，$U_s = U_m \sin\alpha_电 \sin\omega t$，$U_c = U_m \cos\alpha_电 \sin\omega t$，其中，$\alpha_电$为励磁交变电压的相位角（电气角）。

转子的感应电动势由式（2-23）确定为

$$E_2 = KU_s \cos\alpha_机 - KU_c \sin\alpha_机$$
$$= KU_m \sin\omega t (\sin\alpha_电 \cos\alpha_机 - \cos\alpha_电 \sin\alpha_机) \qquad (2\text{-}23)$$
$$= KU_m \sin(\alpha_电 - \alpha_机)\sin\omega t$$

式中　$\alpha_机$——机械角；

$\quad\quad\alpha_电$——励磁交变电压的相位角（电气角）。

若电气角已知，则只要测出转子线圈电压幅值，就可测出机械角，从而测得被测角位移。

实际应用时，利用幅值为零的特殊情况进行测量。不断调整电气角，当感应电动势幅值为零时，由于此时机械角等于电气角，通过电气角测量就能获得机械角大小。

2. 绝对脉冲编码器

绝对式编码器如图 2-63 所示，可直接把检测转角用数字代码表示出来，每一个角度均有其对应的代码，它把被测转角转换成相应的代码指示绝对位置，没有积累误差。

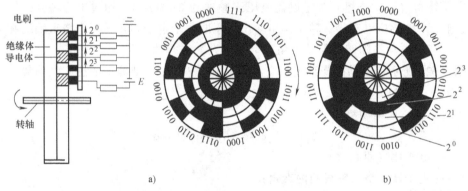

图 2-63　绝对式编码器

a）二进制码盘　b）格雷码盘

在一个不导电的基体上，用同心圆形码道和周向等分扇区进行分割。图 2-63 中涂黑的部分为导电区，没涂黑的部分为不导电区。这样在每个扇区，都可由一个 4 位二进制数表示。最里面一圈是公共区，它和各码道所有导电部分连接在一起，经电刷和电阻接到电源的正极。除公共区外，4 位二进制码盘的 4 圈码道上装有电刷，电刷经由电阻接地。

由于码盘与被检测轴连接在一起，而电刷位置是固定的，则当码盘随被测轴一起旋转时，电刷和码盘的位置发生相对变化。若电刷接触的是导电区，则经电刷、码盘、电阻和电源形成回路，此回路中的电阻上有电流流过；反之，如果电刷接触的是绝缘区，则不能形成导电回路，电阻中没有电流流过。

码道的圈数就是二进制的位数，且高位在内、低位在外。显然，数位 n 越大，所能分辨的角度越小，测量精度就越高。若要求的测量精度越高，码盘的道数就越多，即提高二进制的位数。目前常用光电绝对式编码盘（见图 2-64）的道数为 8~14。若要求更高精度的码盘，则采用组合码盘和即一个粗计码盘和一个精计码盘，精计码盘转一圈，粗计码盘依次转一格，结构却比较复杂。对码盘制作和电刷安装的要求十分严格。特别是二进制码盘，会产生非单值性误差。若电刷恰好位于两位码的中间，或电刷接触不良，则电刷的检测读数可能会是任意的数字。为了消除这种误差一般采用循环码，即格雷码。

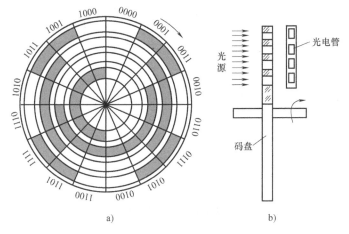

图 2-64　光电绝对式编码器

通过对比格雷码的 4 位码盘（见图 2-63b）与二进制码盘（见图 2-63a）可以看出，任何两个相邻数码间只有一位是变化的，所以每次只切换一位数，把误差控制在最小的范围内。格雷码盘在使用过程中，需要将其转换成二进制后，再进行位置计算。将二进制码右移一位并将末位舍去，然后将其与原码进行不进位加法，则会得到与之相对应的格雷码。接触式码盘体积小，输出功率大，但易磨损，其使用寿命短，转速也不能太高。光电式码盘即是将接触式码盘的导电与不导电式区域用透明和不透明区域代替；电磁式码盘则是用有磁和无磁替换接触式码盘的导电和不导电区域。

3. 磁性编码器

磁性编码器主要由磁阻传感器（磁阻器件）、磁鼓、信号处理电路等组成，如图 2-65 所示。将磁鼓刻录成等间距的小磁极，磁极被磁化后，旋转时产生周期分布的空间漏磁场。磁传感器探头通过磁电阻效应将变化着的磁场信号转化为电阻阻值的变化，在外加电动势的作用下，变化的电阻值转化成电压的变化，经过后续信号处理电路的处理，模拟的电压信号转化成计算机可以识别的数字信号，实现磁旋转编码器的编码功能。

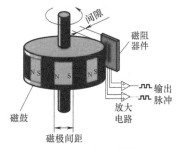

图 2-65　磁性编码器结构图

磁鼓充磁的目的是使磁鼓上的一个个小磁极被磁化，这样在磁鼓随着电动机旋转时，磁鼓能产生周期变化的空间漏磁，作用于磁电阻之上，实现编码功能。磁鼓磁极的个数决定着编码器的分辨率，磁鼓磁极的均匀性和剩磁强弱是决定编码器结构和输出信号质量的重要参数。

磁阻传感器由磁阻器件做成，磁阻器件可以分为半导体磁阻器件和强磁性磁阻器件。为了提高信号采样的灵敏度，同时考虑到差动结构对磁阻器件温度特性的补偿效应，一般在充磁间距 λ 内，刻蚀 2 个相位差为 λ/2 的条纹，构成半桥串联网络，如图 2-66 所示。同时，为了提高编码器的分辨率，可以在磁头上并列多个磁阻器件，在加电压的情况下，磁阻器件通过磁鼓旋转输出相应正弦波。

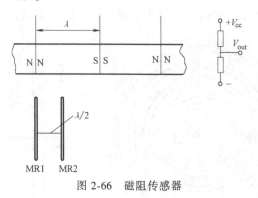

图 2-66　磁阻传感器

习题和思考题

2-1　维持晶闸管导通的条件是什么？怎么才能使晶闸管由导通变为关断？

2-2　GTO、GTR、电力 MOSFET 和 IGBT 的驱动电路各有什么特点？

2-3　说明 GTO、GTR、电力 MOSFET 和 IGBT 的优缺点。

2-4　在电力电子电路中，有哪些保护电力电子器件的措施？

2-5　常用的电流检测传感器有哪几种？

2-6　常用的速度检测传感器有哪几种？

2-7　磁电式传感器是速度传感器，它如何通过测量电路来获取相应的位移和加速度信号？

2-8　常用的位移检测传感器有哪几种。

2-9　简述光栅尺的工作原理。

2-10　用光电式转速传感器测量转速，已知测量孔数为 60，频率计的读数为 4kHz，问转轴的转速是多少？

第三章

步进电动机的控制

步进电动机主要用于开环控制系统，也可用于闭环控制系统。步进电动机是工业过程控制及仪表中的主要控制元件之一，由于它可以直接接收计算机输出的数字信号，不需要进行D/A 转换，所以步进电动机广泛应用于数字控制系统中。步进电动机的角位移与控制脉冲间精确同步，若将角位移的改变转变为线性位移、位置、体积、流量等物理量的变化，便可实现对步进电动机的控制。例如，在机械结构中，可以用丝杠把角位移变成直线位移，也可以用它带动螺旋定位器，通过调节电压和电流，实现对执行机构的控制。

因为步进电动机具有快速起停、精确步进以及能直接接收数字量的特点，所以使其在定位场合中得到了广泛的应用。如在绘图机、打印机及光学仪器中，采用步进电动机来定位绘图笔、印字头或光学镜头。特别是在工业过程控制的位置控制系统中，其应用越来越广泛。

本章介绍步进电动机的结构与工作原理，步进电动机的开环控制，步进电动机的最佳点-位控制及目前使用较广的微机控制与程序的设计方法。

第一节 步进电动机的工作原理及驱动方法

步进电动机是一种将电脉冲信号变换成相应的角位移或直线位移的机电执行元件。步进电动机实际上是一个数字/角度转换器，也是一个串行的 D/A 转换器。输入一个电脉冲信号，电动机就转动一个固定的角度，称为"一步"，这个固定的角度称为步距角。步进电动机的运动状态是步进形式的，故称为"步进电动机"。从步进电动机定子绕组所加的电源形式来看，与一般交流和直流电动机也有区别，既不是正弦波，也不是恒定直流，而是脉冲电压、电流，所以有时也称为脉冲电动机。

步进电动机有如下特点：

1）步进电动机输出轴的角位移与输入脉冲数成正比；转速与脉冲频率成正比；转向与通电相序有关。它每转一周后，没有累积误差，具有良好的跟随性。

2）由步进电动机与驱动电路组成的开环控制系统，既非常简单、廉价，又非常可靠。同时，它也可以与角度反馈环节组成高性能的闭环控制系统。

3）步进电动机的动态响应快，易于起停、正反转及变速。

4）步进电动机存在振荡和失步现象，必须对控制系统和机械负载采取相应的措施。

5）步进电动机自身的噪声和振动较大，带惯性负载的能力较差。

控制输入脉冲的数量、频率及电动机各相绕组的通电顺序，可得到各种需要的运行特性。

一、步进电动机的种类

1）按运动方式来分：分为旋转运动、直线运动、平面运动和滚切运动式步进电动机。

2）按工作原理来分：分为反应式（磁阻式）、电磁式、永磁式和永磁感应子式（混合式）步进电动机。

3）按其工作方式来分：分为功率式和伺服式。前者输出转矩较大，能直接带动较大的负载；后者输出转矩较小，只能带动较小的负载，对于大负载需通过液压放大元件来传动。

4）按结构来分：分为单段式（径向式）、多段式（轴向式）和印制绕组式。

5）按相数来分：分为三相、四相、五相和六相等。

6）按使用频率来分：分为高频步进电动机和低频步进电动机。

不同类型的步进电动机，其工作原理、驱动装置也不完全一样，但其工作过程基本是相同的。

二、步进电动机的工作原理

步进电动机的工作是基于电磁感应原理进行的。步进电动机和一般旋转电动机一样，分为定子和转子两大部分。定子由硅钢片叠成，装上一定相数的控制绕组，输入电脉冲信号对多相定子绕组轮流进行励磁。转子用硅钢片叠成或用软磁性材料做成凸极结构。转子本身没有励磁绕组的称为反应式步进电动机，用永久磁铁做转子的称为永磁式步进电动机。目前以反应式步进电动机用得较多。下面以三相反应式步进电动机为例，来说明反应式步进电动机的工作原理。

（一）反应式步进电动机的结构

图 3-1 所示为单段式三相反应式步进电动机的结构原理图。定子铁心上有 6 个均匀分布的磁极，定子上沿直径相对的两个磁极用导线相连，构成一相励磁绕组。极与极之间的夹角为 60°，每个定子磁极上均匀分布 5 个齿，齿槽距相等，齿距角为 9°。转子铁心上无绕组，只有均匀分布的 40 个齿，齿槽距相等，齿距角为 $360°/40 = 9°$。三相（A、B、C）定子上的磁极是沿定子的径向排列的，所以单段式（一个定子）也称为径向式。三相定子磁极上的齿依次错开 1/3 齿距，即 3°。

反应式步进电动机的另一种结构是多段式（轴向分相式）。图 3-2 所示即为三段式三相反应式步进电动机的结构原理图。其有 3 个定子铁心，每个定子铁心有一相励磁绕组，3 个定子是沿转子的轴向排列的，转子铁心也相应地分成 3 段，与定子相对应，每段一相，依次为 A、B、C 相，每相是独立的。定子铁心由硅钢片叠成，转子由整块硅钢制成。同样，定、转子上有 40 个齿，齿槽距相等，齿距角为 9°。转子上三段齿是一样的，没有错齿，即从轴向看过去，齿与槽均是对齐的。三段定子齿彼此错开 1/3 齿距，即 3°。

（二）反应式步进电动机的工作原理

分析反应式步进电动机的工作原理要抓住两点：磁力线力图走磁阻最小的路径，从而产生反应力矩；各相定子齿之间彼此错开 $1/m$ 齿距，m 为相数，举例中 $m = 3$。图 3-3 所示为一台三相反应式步进电动机的工作原理图。它的定子有 6 个极，构成"三相"。转子是 4 个均匀分布的齿，上面没有绕组。步进电动机的工作原理近似于电磁铁的工作原理。当 A 相绕组通电时，B 相、C 相都不通电。磁通有总是要沿着磁阻最小的路径通过的特点，将使转子齿 1、3

的轴线与定子 A 极的轴线对齐，即在电磁吸力作用下，将转子 1、3 齿吸引到 A 极下。此时，因转子只受到径向力而无切向力，故转矩为零，转子被自锁在这个位置，如图 3-3a 所示。当 A 相断电、B 相控制绕组通电时，则转子将在空间转过 30°，使转子齿 2、4 与 B 相（定子）齿对齐，如图 3-3b 所示。再使 B 相断电，C 相通电，转子又将在空间转过 30°，使转子齿 1、3 与 C 相定子齿对齐，如图 3-3c 所示。可见，当通电顺序为 A→B→C→A 时，电动机的转子便一步一步按逆时针方向转动，每步转过的角度均为 30°。步进电动机每步转过的角度称为步距角。电流换接 3 次，磁场旋转一周。图中转子有 4 个齿，齿距角为 90°。若按 A→C→B→A 的顺序通电，则电动机就反向转动。因此改变通电顺序，就可改变电动机的旋转方向。

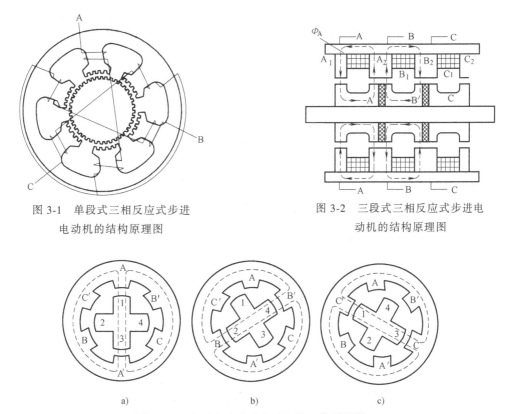

图 3-1　单段式三相反应式步进
电动机的结构原理图

图 3-2　三段式三相反应式步进电
动机的结构原理图

a)　　　　　　　　　b)　　　　　　　　　c)

图 3-3　三相反应式步进电动机的工作原理图

1. 通电方式

从一相通电改换成另一相通电，即通电方式改变一次叫"一拍"。步进电动机有单相轮流通电、双相轮流通电和单双相轮流通电的方式。"单"是指每次切换前后只有一相绕组通电；"双"就是指每次切换前后有两相绕组通电。

现以三相步进电动机为例说明步进电动机的通电方式。

（1）三相单三拍通电方式　其通电顺序为 A→B→C→A。"三相"即是三相步进电动机，每次有一相绕组通电，而每一个循环有三次通电，故称为三相单三拍运行。

单三拍通电方式每次只有一相控制绕组通电吸引转子，容易使转子在平衡位置附近产生振荡，运行稳定性较差。另外，在切换时一相控制绕组断电而另一相控制绕组开始通电，容易造成失步，因而实际上很少采用这种通电方式。

（2）双三拍通电方式 其通电顺序为 AB→BC→CA→AB。这种通电方式由两相同时通电，转子受到的感应转矩大，静态误差小，定位精度高。另外，切换时始终有一相的控制绕组通电，所以工作稳定，不易失步。

（3）三相六拍通电方式 其通电顺序为 A→AB→B→BC→C→CA→A。这种通电方式是单、双相轮流通电。它具有双三拍的特点，且通电状态增加一倍，而使步距角减少一半。三相六拍步距角为 15°。这种反应式步进电动机的步距角较大，不适合一般用途的要求。实际的步进电动机是一种小步距的步进电动机。

2. 小步距角步进电动机

图 3-1 所示为三相反应式步进电动机。设 m 为相数，z 为转子的齿数，则齿距

$$t_b = \frac{360°}{z} \tag{3-1}$$

因为每通电一次（即运行一拍），转子就走一步，各相绕组轮流通电一次，转子就转过一个齿距，故步距角 θ_b 为

$$\theta_b = \frac{齿距}{拍数} = \frac{齿距}{Km} = \frac{360°}{Kmz} \tag{3-2}$$

式中 K——状态系数，K＝拍数/m。

若步进电动机的转子齿数 z＝40，按三相单三拍通电方式时，则 K＝1，m＝3，有

$$\theta_b = \frac{360°}{1 \times 3 \times 40} = 3°$$

若按五相十拍通电方式时，则 K＝2，m＝5，z＝40，有

$$\theta_b = \frac{360°}{2 \times 5 \times 40} = 0.9°$$

可见，步进电动机的相数和转子齿数越多，步距角就越小，控制越精确。故步进电动机可以做成三相，也可以做成二相、四相、五相、六相或更多相数。

若步进电动机通电的脉冲频率为 f（脉冲数/s），步距角用弧度表示，则步进电动机的转速 n（r/min）为

$$n = \frac{\theta_b}{2\pi} 60f = \frac{\frac{2\pi}{Kmz} 60f}{2\pi} = \frac{60f}{Kmz} \tag{3-3}$$

由式（3-3）可知，步进电动机在一定脉冲频率下，步进电动机的相数和转子齿数越多，转速就越低。而且相数越多，驱动电源也越复杂，成本也就越高。

步进电动机应用在机床上一般是通过减速器和丝杠螺母副带动工作台移动。所以，步距角 θ_b 对应工作台的移动量便是工作台的最小运动单位，也称为脉冲当量 δ（mm/脉冲）。

$$\delta = \frac{\theta_b t}{360 i} \tag{3-4}$$

式中 t——丝杠导程（mm）；

θ_b——步距角（°）；

i——减速装置传动比。

工作台的进给速度 v（mm/min）

$$v = 60\delta f \tag{3-5}$$

式中　f——频率（Hz）。

反应式步进电动机具有控制方便、步距角小、价格低廉的优点，但也有带负载能力差、高速时易失步、断电后无定位转矩的缺点。

例 3-1　一台三相反应式步进电动机，采用三相六拍通电方式，转子有 40 个齿，脉冲频率为 600Hz，求：（1）写出一个循环的通电程序；（2）步进电动机的步距角；（3）步进电动机的转速。

解　（1）脉冲分配方式有两种：

A→AB→B→BC→C→CA　　或　　A→AC→C→CB→B→BA

（2）根据式（3-2）（其中 $K=2$，$m=3$，$z=40$）得

$$\theta_b = 360° / (40 \times 2 \times 3) = 1.5°$$

（3）根据式（3-3）（其中 $f=600Hz$）得

$$n = [(60 \times 600) / (2 \times 3 \times 40)] \text{r/min} = 150 \text{r/min}$$

3. 步进电动机的主要技术指标与运行特性

（1）主要技术指标与运行特性

1）步距角和静态步距误差。步距角也称为步距。它的大小由式（3-2）决定。目前我国步进电动机的步距角为 0.36°~90°。常用的为 7.5°/15°（半步/整步）、3°/6°、1.5°/3°、0.9°/1.8°、0.75°/1.5°、0.6°/1.2°、0.36°/0.72°等几种。

不同的应用场合，对步距角大小的要求不同。步距角的大小直接影响步进电动机的起动和运行频率，因此在选择步进电动机的步距角时，若通电方式和系统的传动比已初步确定，则步距角应满足

$$\theta_b \leqslant i\alpha_{min} \tag{3-6}$$

式中　i——传动比；

α_{min}——负载轴要求的最小位移增量（即每一个脉冲所对应的负载轴的位移增量）。

步距角 θ_b 也可用分辨率来表示。分辨率 b_s 等于 360° 除以步距角（$360°/\theta_b$），即每转步进了多少步。如 $\theta_b = 15°$，其分辨率 b_s 为每转 24 步。若需要进行 15° 的步进运动，则需选用小于或等于 15° 步距角的步进电动机。若选用 3° 步距角的步进电动机，则需走 5 步来实现 15° 的步进运动，这样运动时的振动会减小，位置误差也减小，但要求的运行频率提高了，控制成本也提高了。

当步进电动机拖动的机械需做直线运动时，可用丝杠作为运动转换器，步进电动机的步距角可按式（3-7）进行换算：

$$\theta_b = \frac{360\delta}{t} \tag{3-7}$$

式中　δ——线性增量运动当量（mm/步）；

t——丝杠的螺距（mm）。

例如，所用丝杠的螺距为 12.7mm，线性增量为 0.529mm/步，所需步进电动机的步距角为

$$\theta_b = \frac{360° \times 0.529}{12.7} = 15°$$

可知，需要一台每转 24 步的步进电动机。

从理论上讲，每一个脉冲信号应使步进电动机转子转过相同的步距角。但实际上，由于定、转子的齿距分布不均匀，定、转子之间的气隙不均匀或铁心分段时的错位误差等，实际步距角与理论步距角之间会存在偏差，这个偏差称为静态步距角误差。累积误差是指在一圈范围内，从任意位置开始，经任意步后转子角位移误差的最大值。在多数情况下，采用累积误差来衡量精度。步距精度 $\Delta\theta_b$ 应满足

$$\Delta\theta_b = i(\Delta\theta_L) \tag{3-8}$$

2）最大静态转矩。步进电动机的静特性是指步进电动机在稳定状态（即步进电动机处于通电状态不变，转子保持不动的定位状态）时的特性，包括静态转矩、矩角特性及静态稳定区。

静态转矩是指步进电动机处于稳定状态下的电磁转矩，它是绕组内电流和失调角的函数。在稳定状态下，如果在转子轴上加一负载转矩使转子转过一个角度 θ，并能稳定下来，这时转子受到的电磁转矩与负载转矩相等，该电磁转矩即为静态转矩，而角度 θ 即为失调角。对应于某个失调角时，静态转矩最大，称为最大静态

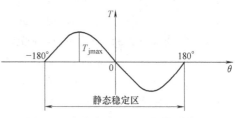

图 3-4　步进电动机的矩角特性曲线

转矩 T_{jmax}。可从矩角特性曲线上反映 T_{jmax}，如图 3-4 所示，当失调角 $\theta = 90°$ 时，将有最大静态转矩。

从矩角特性曲线可知，当失调角 $-\pi < \theta < \pi$ 时，若去掉负载，转子仍能回到初始稳定平衡位置。区域 $-\pi < \theta < \pi$ 称为步进电动机的静态稳定区。但是，若失调角 θ 超出这个范围，转子则不可能自动回到初始零位。当 $\theta = \pm\pi$、$\pm3\pi$、$\cdots$ 时，此时的转矩为零，这些点称为不稳定点。

多相通电时的矩角特性和最大静态转矩，是按照叠加原理根据各相通电时的矩角特性叠加起来求出的，例如，三相步进电动机常用单-双相通电的方式。当两相通电时，由于正弦量可以用相量相加的方法求和，因此两相通电时的最大静态转矩可用相量图求取。用相量 T_A 和 T_B 分别表示 A 相和 B 相单独通电时的最大静态转矩，两相通电时的最大静态转矩 T_{AB} 为

$$T_{AB} = 2T_{max}\cos\frac{\pi}{m} \tag{3-9}$$

式中　$T_{max} = T_A = T_B$。

从式（3-9）可知，对于三相步进电动机，$T_{AB} = T_A = T_B$，即两相通电时的最大静态转矩值与单相通电时的最大静态转矩值相等。此时的三相步进电动机不能靠提高通电相数来提高转矩。

三相通电时的最大静态转矩 T_{ABC} 为

$$T_{ABC} = \left(1 + 2\cos\frac{2\pi}{m}\right)T_{max} \tag{3-10}$$

式中　$T_{max} = T_A = T_B = T_C$。

由式（3-9）和式（3-10）可知，由于采用了二-三相通电方式，最大静态转矩提高了，而且

矩角特性曲线相同，对步进电动机运行的稳定性有利。

在使用步进电动机时，一般电动机轴上的负载转矩应满足 $T_L = (0.3 \sim 0.5)T_{max}$，起动转矩 T_S（即最大负载转矩）总是小于最大静态转矩 T_{jmax}。

3）矩频特性。当步进电动机的控制绕组的电脉冲信号时间间隔大于电动机机电过渡过程所需的时间时，步进电动机进入连续运行状态，这时电动机产生的转矩称为动态转矩。步进电动机的动态转矩和脉冲频率的关系，即 $T_{dm} = F(f)$，称为矩频特性，如图 3-5 所示。由图 3-5 可知，步进电动机的动态转矩随着脉冲频率的升高而降低。

步进电动机的控制绕组是一个电阻电感元件，其电流按指数函数增长。当电脉冲频率低时，电流可以达到稳定值，如图 3-6a 所示。随着脉冲频率升高，达到稳定值的时间缩短，如图 3-6b 所示。当脉冲频率高到一定值时，电流就达不到稳定值，如图 3-6c 所示，故电动机的最大动态转矩小于最大静态转矩，而且脉冲频率越高，动态转矩也就越小。对于某一脉冲频率，只有当负载转矩小于它在该频率时的最大动态转矩时，电动机才能正常运转。

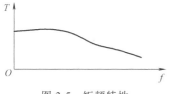

图 3-5　矩频特性

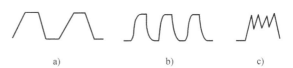

图 3-6　不同脉冲频率时的控制绕组中的电流波形

为了提高步进电动机的矩频特性，人们必须设法减小控制绕组的电气时间常数 τ（$\tau = L/R$）。为此，要尽量减小它的电感，使控制绕组的匝数减少。所以步进电动机控制绕组的电流一般都比较大。有时也在控制绕组回路中串接一个较大的附加电阻，以降低回路的电气时间常数。但这样就增加了在附加电阻上的功率损耗，导致步进电动机及系统的效率降低。这时可以采用双电源供电，即在控制绕组电流的上升阶段由高压电源供电，以缩短达到稳定值的时间，然后再改为低压电源供电以维持其电流值，这样可大大提高步进电动机的矩频特性。

4）起动频率和连续运行频率。步进电动机的工作频率一般包括起动频率、制动频率和连续运行频率。对同样的负载转矩来说，正、反向的起动频率和制动频率是一样的，所以一般技术数据中只给出起动频率和连续运行频率。

失步包括丢步和越步。丢步是指转子前进的步距数小于脉冲数；越步是指转子前进的步距数多于脉冲数。丢步严重时，转子将停留在一个位置上或围绕一个位置振动。

步进电动机的起动频率 f_{st} 是指在一定负载转矩下能够不失步地起动的最高脉冲频率。f_{st} 的大小与驱动电路和负载大小有关。步距角 θ_b 越小，负载（包括负载转矩与转动惯量）越小，起动频率越高。

步进电动机的连续运行频率 f_c 是指步进电动机起动后，当控制脉冲频率连续上升时，能不失步运行的最高频率。它的值也与负载有关。步进电动机的连续运行频率比起动频率高得多，这是因为在起动时除了要克服负载转矩外，还要克服轴上的惯性转矩。起动时转子的角加速度大，它的负担要比连续运行时重。若起动时脉冲频率过高，步进电动机就可能发生丢步或振荡。所以起动时，脉冲频率不宜过高。起动以后，再逐渐升高脉冲频率。由于这时的角加速度较小，就能随之正常升速。这种情况下，步进电动机的连续运行频率就远大于起动频率。

5) 步进电动机的技术指标实例。步进电动机的型号表示方法举例如下（不同生产厂家其表示方法也有所不同）。

反应式步进电动机（如 150BF003）：

混合式步进电动机（如 42BYG008）：

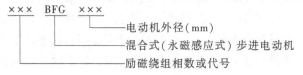

永磁式步进电动机：

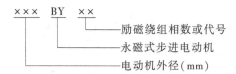

(2) 步进电动机的振荡、失步及解决方法　步进电动机的振荡和失步是一种普遍存在的现象，它影响系统的正常运行，因此要尽力避免。下面对振荡和失步的原因进行分析，并给出解决方法。

1) 振荡。步进电动机的振荡现象主要发生于以下几个时段：步进电动机工作在低频区；步进电动机工作在共振区；步进电动机突然停车时。

当步进电动机工作在低频区时，由于励磁脉冲间隔的时间较长，步进电动机表现为单步运行。当励磁开始时，转子在电磁力的作用下加速转动。在到达平衡点时，电磁驱动转矩为零，但转子的转速最大，由于惯性，转子冲过平衡点。这时电磁力产生负转矩，转子在负转矩的作用下，转速逐渐为零，并开始反向转动。当转子反转过平衡点后，电磁力又产生正转矩，迫使转子又正向转动，形成转子围绕平衡点的振荡。由于有机械摩擦和电磁阻尼的作用，这个振荡表现为衰减振荡，最终稳定在平衡点。

当步进电动机工作在共振区时，步进电动机的脉冲频率接近步进电动机的振荡频率 f 或振荡频率的分频或倍频，这会使振荡加剧，严重时造成失步。步进电动机的振荡频率 f 可由式（3-11）求出：

$$f_0 = \frac{1}{2\pi}\sqrt{\frac{zT_{\max}}{J}} \tag{3-11}$$

式中　J——转动惯量；

　　　z——转子齿数；

　　$T_{\max}$——最大转矩。

振荡失步的过程可描述如下：在第一个脉冲到来后，转子经历了一次振荡。当转子回摆到最大幅值时，恰好第二个脉冲到来，转子受到负电磁转矩的作用，使转子继续回摆。接着第三个脉冲到来，转子受正电磁转矩的作用回到平衡点。这样，转子经过三个脉冲仍然回到原来的位置，也就是丢了三步。

当步进电动机工作在高频区时，由于换相周期短，转子来不及反冲。同时绕组中的电流尚未上升到稳定值，转子没有获得足够的能量，所以在这个工作区中不会产生振荡。减小步距角可以减小振荡幅值，以达到削弱振荡的目的。

2）失步。步进电动机的失步原因有两种。第一种是转子的转速慢于旋转磁场的速度，或者说慢于换相速度。例如，步进电动机在起动时，如果脉冲频率较高，由于步进电动机来不及获得足够的能量，使其无法令转子跟上旋转磁场的速度，所以引起失步。因此步进电动机有一个起动频率，当超过起动频率起动时，就会产生失步。需要注意的是，起动频率不是一个固定值。提高步进电动机的转矩、减小步进电动机的转动惯量、减小步距角，都可以提高步进电动机的起动频率。第二种是转子的平均速度大于旋转磁场的速度。这主要发生在制动和突然换相时，转子获得过多的能量，产生严重的过冲，引起失步。

3）阻尼方法。消除振荡是通过增加阻尼的方法来实现的，主要有机械阻尼法和电子阻尼法两大类。机械阻尼法比较单一，就是在步进电动机轴上加阻尼器；电子阻尼法有多种，主要有多相励磁法、变频变压法、细分步法和反相阻尼法等。

三、步进电动机的驱动方法

步进电动机的运行特性，不仅与步进电动机本身的特性和负载有关，而且与配套使用的驱动电源（即驱动电路）有着十分密切的关系。选择性能优良的驱动电源对于充分发挥步进电动机的性能是十分重要的。

步进电动机的驱动方法与驱动电源有关。驱动电源按供电方式分类，有单电压供电、双电压供电和调频调压供电；按功率驱动部分所用元器件分类，有大功率晶体管驱动、快速晶闸管驱动、门极关断晶闸管驱动和混合驱动。图3-7所示为步进电动机驱动系统的原理图。

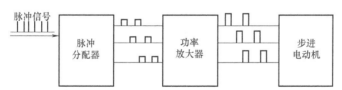

图3-7　步进电动机驱动系统的原理图

步进电动机的控制方法可归纳为两点：第一，按预定的工作方式分配各相控制绕组的通电脉冲；第二，控制步进电动机的速度，使它始终遵循加速→匀速→减速的运动规律工作。控制绕组是按一定的通电方式工作的。为了实现这种轮流通电，必须依靠环形分配器将控制脉冲按规定的通电方式分配到各相控制绕组上。环形分配器分配控制脉冲可以用硬件电路来实现，也可以由微机通过软件来实现。

经环形分配器输出的脉冲，未经放大时，其驱动功率很小，而步进电动机绕组需要相当大的功率，即需要较大的电流才能工作，所以由环形分配器输出的脉冲还需进行功率放大才能驱动步进电动机进行工作。

四、步进电动机驱动电源的设计

驱动电源主要包括脉冲发生器（变频信号源）、环形分配器（又称脉冲分配器）和功率放大器几个基本部分。变频信号源是一个频率可从几十赫到几万赫连续变化的脉冲发生器。在经济型数控系统中，脉冲的产生和分配均由微机来完成。下面主要介绍环形分配器和功率放大器。

（一）环形分配器

步进电动机的每相绕组不是恒定地通电，而是按照一定的规律轮流通电。环形分配器的作用是控制脉冲按规定的通电方式分配到各相控制绕组上。环形分配器是根据步进电动机的相数和要求通电的方式来设计的。环形分配器有硬件环形分配器和软件环形分配器。

1. 硬件环形分配器

硬件环形分配器由门电路、触发器等基本逻辑功能元器件组成，按一定的顺序导通和截止功率放大器，使相应的绕组通电或断电。硬件环形分配器可分为分立元件的、集成触发器的、单块 MOS 集成块的和可编程门阵列芯片等。集成元器件的使用使环形分配器的体积大大缩小，可靠性和抗干扰能力得到提高，并具有较好的响应速度。

（1）触发器型环形分配器　环形分配器种类有很多，可以由 D 触发器或 JK 触发器组成。图 3-8 所示为一个由 3 只 JK 触发器及 12 个与非门组成的三相六拍环形分配器。3 只触发器的 Q 输出端分别经各自的功率放大电路与步进电动机的 A、B、C 三相绕组相连。当 $Q_A = 1$ 时，A 相绕组通电；当 $Q_B = 1$ 时，B 相绕组通电；当 $Q_C = 1$ 时，C 相绕组通电。$W_{+\Delta x}$、$W_{-\Delta x}$ 是步进电动机的正、反转控制信号。正转时，$W_{+\Delta x} = 1$，$W_{-\Delta x} = 0$；反转时，$W_{+\Delta x} = 0$，$W_{-\Delta x} = 1$。

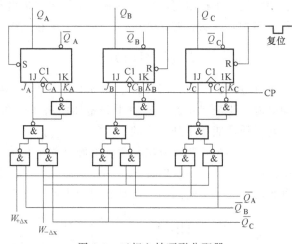

图 3-8　三相六拍环形分配器

正转时各相通电顺序为 A→AB→B→BC→C→CA。反转时各相通电顺序为 A→AC→C→CB→B→BA。根据图 3-8 可知，各触发器 J 端的控制信号为

$$J_A = W_{+\Delta x}\overline{Q}_B + W_{-\Delta x}\overline{Q}_C$$

$$J_B = W_{+\Delta x}\overline{Q}_C + W_{-\Delta x}\overline{Q}_A$$

$$J_C = W_{+\Delta x}\overline{Q}_A + W_{-\Delta x}\overline{Q}_B$$

各触发器 K 端的控制信号为：$K_A = \overline{J}_A$，$K_B = \overline{J}_B$，$K_C = \overline{J}_C$。

在进给脉冲到来之前，环形分配器处于复位状态，$Q_A = 1$，$Q_B = 0$，$Q_C = 0$。要实现步进电动机的正转，则要使 $W_{+\Delta x} = 1$，$W_{-\Delta x} = 0$。当第一个 CP 脉冲到来时，C_A、C_B、C_C 与该 J 端信号一致，即 $Q_A = 1$，$Q_B = 1$，$Q_C = 0$，使得 A、B 两相通电。完成一个循环共 6 种状态，见表 3-1。

（2）环形分配器集成芯片　目前市场上有很多可靠性高、尺寸小、使用方便的集成环形分配器供选择。按其电路结构不同可分为 TTL 集成电路和 CMOS 集成电路。国产 TTL 集成环形分配器有三相（YBO13）、四相（YBO14）、五相（YBO15）和六相（YBO16），均为 18 个

引脚的直插式封装。CMOS 集成环形分配器也有不同型号，如 CH250 型是专为三相反应式步进电动机设计的环形分配器。封装形式为 16 引脚直插式封装。图 3-9 所示为三相六拍工作时的接线图。

表 3-1　正转环形分配器的工作状态表

移位脉冲	控制信号状态			输出状态			导电绕组
	J_A	J_B	J_C	Q_A	Q_B	Q_C	
0	1	1	0	1	0	0	A
1	0	1	0	1	1	0	AB
2	0	1	1	0	1	0	B
3	0	0	1	0	1	1	BC
4	1	0	1	0	0	1	C
5	1	0	0	1	0	1	CA
6	1	1	0	1	0	0	A

（3）EPROM 可编程式　步进电动机按类型、相数等划分，种类繁多，相应地就需要有不同种类的环形分配器。用 EPROM 设计的环形分配器，用一种电路可实现多种通电方式的分配，硬件电路不需变动，只需改变软件内存储器的地址。图 3-10 所示为含有 EPROM 的环形分配器。根据驱动要求，求出环形分配器的输出状态表，以二进制码的形式依次存入 EPROM 中，在电路中只要依照地址的正向或反向顺序依次取出地址的内容，即可实现各相绕组正、反向通电的顺序。对不同的通电方式，输出状态表也不同，可将存储器地址划分为若干区域，每个区域储存一个输出状态表。运行时，用 EPROM 的高位地址线选通这些不同区域，这样，用同样的计数器输出就可以运行不同的通电状态。

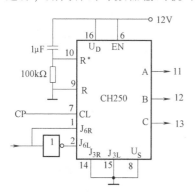

图 3-9　CH250 三相六拍工作时的接线图

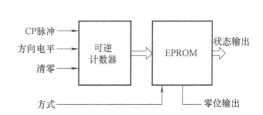

图 3-10　含有 EPROM 的环形分配器

目前市场上出售的环形分配器的种类很多，功能也十分齐全，有的还具有其他许多功能，如斩波控制等。常见的环形分配器有用于两相步进电动机两相控制的 L297（L297A）、PMM8713 和用于五相步进电动机的 PMM8714 等。

这里介绍一种 8713 集成电路芯片。8713 有几种型号，如三洋公司的 PMM8713、富士通公司的 MB8713、国产的 5G8713 等，它们的功能一样，可以互换。

8713 属于单极性控制，用于控制三相和四相步进电动机，可以选择不同的工作方式。

三相步进电动机可选单三拍、双三拍和六拍；四相步进电动机可选单四拍、双四拍和八拍。

8713 可以选择单时钟输入或双时钟输入；具有正反转控制、初始化复位、工作方式和输入脉冲状态监视等功能；所有输入端内部都设有施密特整形电路，提高了抗干扰能力；使用 4～18V 直流电源作为供电电源，输出电流为 20mA。8713 有 16 个引脚，各引脚功能见表 3-2。

表 3-2 8713 中各引脚的功能

引　脚	功　能	说　明
1	正转脉冲输入端	1、2 脚为双时钟输入端
2	反转脉冲输入端	
3	脉冲输入端	3、4 脚为单时钟输入端
4	转向控制端：0 为反转；1 为正转	
5、6	工作方式选择：00 为双三（四）拍；01、10 为单三（四）拍；11 为六（八）拍	
7	三/四相选择：0 为三相；1 为四相	
8	地	
9	复位端，低电平有效	
10～13	输出端：四相用 13、12、11、10 脚，分别代表 A、B、C、D 相；三相用 13、12、11 脚，分别代表 A、B、C 相	
14	工作方式监视：0 为单三（四）拍；1 为双三（四）拍；2 为六（八）拍	
15	输入脉冲状态监视，与时钟同步	
16	电源	

8713 环形分配器与单片机接口的连接图如图 3-11 所示。本例选用单时钟输入方式。8713 的 3 脚为步进脉冲输入端，4 脚为转向控制端，这两个引脚的输入均由单片机提供和控制。本例选用对四相步进电动机进行八拍方式控制，所以 5、6、7 脚均接高电平。

由于本例采用了环形分配器，单片机只需提供步进脉冲进行速度控制和转向控制，脉冲分配的工作交给环形分配器来自动完成，因而 CPU 的负担减轻了许多。

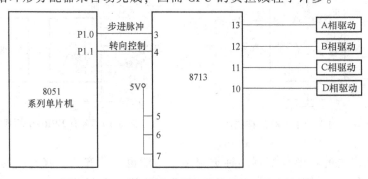

图 3-11 8713 环形分配器与单片机接口的连接图

2. 软件环形分配器

软件环形分配器是指完全用软件的方式进行脉冲分配，按照给定的通电换相顺序，通过单片机的 I/O 口向驱动电路发出控制脉冲的分配器。采用不同的计算机及接口器件就会有不同的形式。图 3-12 所示为软件实现控制五相步进电动机的脉冲分配的接口示意图，利用

8051 系列单片机的 P1.0~P1.4 这 5 条 I/O 线，向五相步进电动机传送控制信号。

下面以五相步进电动机工作在十拍方式为例，说明如何设计软件环形分配器。

五相十拍工作方式的正序为：AB→ABC→BC→BCD→CD→CDE→DE→DEA→EA→EAB，共有 10 个通电状态。如果 P1 口输出的控制信号中，0 代表使绕组通电，1 代表使绕组断电，则可用 10 个控制字来对应这 10 个通电状态。这 10 个控制字见表 3-3。

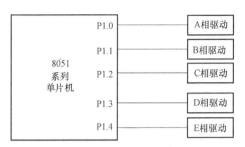

图 3-12 用软件实现控制五相步进电动机的脉冲分配的接口示意图

表 3-3 五相十拍工作方式的控制字

通电状态	P1.4(E)	P1.3(D)	P1.2(C)	P1.1(B)	P1.0(A)	控 制 字
AB	1	1	1	0	0	FCH
ABC	1	1	0	0	0	F8H
BC	1	1	0	0	1	F9
BCD	1	0	0	0	1	F1H
CD	1	0	0	1	1	F3H
CDE	0	0	0	1	1	E3H
DE	0	0	1	1	1	E7H
DEA	0	0	1	1	0	E6H
EA	0	1	1	1	0	EEH
EAB	0	1	1	0	0	ECH

在程序中，只要依次将这 10 个控制字送到 P1 口，每送一个控制字，就完成一拍，步进电动机转过一个步距角。程序就是根据这个原理设计的。用 R0 作为状态计数器，来指示第几拍，按正转时加 1、反转时减 1 的操作规律，则正转程序如下：

```
CW:     INC     R0                          ;正转加1
        CJNE    R0,#0AH,ZZ                   ;如果状态计数器等于10修正为0
        MOV     R0,#00H
ZZ:     MOV     A,R0                         ;状态计数器值送A
        MOV     DPTR,#ABC                    ;指向数据存放的首地址
        MOVC    A,@A+DPTR                    ;取控制字
        MOV     P1,A                         ;送控制字到P1口
        RET
ABC:    DB      0FCH,0F8H,0F9H,0F1H,0F3H     ;10个控制字
        DB      0E3H,0E7H,0E6H,0EEH,0ECH
```

反转程序如下：

```
CCW:    DEC     R0                          ;反转减1(反序)
```

```
        CJNE    R0,#0FFH,FZ          ;如果状态计数器等于 FFH 修正为 9
        MOV     R0,#09H
FZ:     MOV     A,R0
        MOV     DPTR,#ABC            ;指向数据存放的首地址
        MOVC    A,A+DPTR             ;取控制字
        MOV     P1,A                 ;送 P1 口
        RET
```

由于软件法在步进电动机运行中要不停地产生控制脉冲，占用了大量的 CPU 时间，可能使单片机无法同时进行其他工作（如监测等），所以人们更喜欢用硬件法或软硬件相结合的方法。

（二）功率放大器

功率放大器的输出直接驱动步进电动机的控制绕组，因此功率放大器的性能对步进电动机的运行状态有很大影响。对驱动电路要求的核心问题是如何提高步进电动机的快速性和平稳性。目前国内步进电动机的驱动电路主要有以下几种。

1. 单电压恒流功率放大电路

图 3-13 所示为步进电动机单电压恒流功率放大电路。L 是步进电动机的绕组，晶体管 VT 可以认为是一个无触点开关，它的理想工作状态应使电流流过绕组 L 的波形尽可能接近矩形波。由于绕组电感中的电流不能突变，接通电源后绕组中的电流按指数规律上升，其时间常数 $\tau = L/R_L$，须经 3τ 时间后才达到稳态电流（L 为绕组电感，R_L 为绕组电阻）。由于步进电动机绕组本身的电阻很小（零点几欧），所以时间常数很大，从而严重影响了步进电动机的起动频率。为了减小时间常数，在励磁绕组中串以电阻 R，这样时间常数 $\tau = L/(R_L+R)$ 就会大大减小，缩短了绕组中电流上升的过渡过程，从而提高了工作速度。

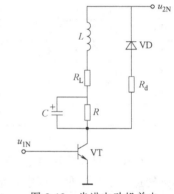

图 3-13　步进电动机单电压恒流功率放大电路

在电阻 R 两端并联电容 C，是由于电容上的电压不能突变，在绕组由截止到导通的瞬间，电源电压全部降落在绕组上，使电流上升更快，所以 C 又称为加速电容。

二极管 VD 在晶体管 VT 截止时起续流和保持作用，以防止晶体管截止瞬间绕组产生的反电动势造成管子击穿。串联电阻 R_d 使电流下降更快，从而使绕组电流波形后沿变陡。

这种电路的特点是电阻 R 上有功率损耗。为了提高快速性，需加大 R 的阻值。但随着阻值的加大，电源电压也必须提高，功率消耗也进一步加大，这使单电压基本功率放大电路的使用受到了限制。这种单电压电路，因其电路简单，常被用于驱动电流较小的伺服步进电动机。

2. 高低压（双电压）功率放大电路

图 3-14a 所示为步进电动机单相的双电压功率放大电路。图 3-14b 为波形图。这种电路的特点是：绕组通电开始时接通高压以保证步进电动机绕组中有较大的冲击电流流过。然后

再截断高压，由低压维持绕组中的电流，以保证步进电动机绕组中的稳定电流等于额定值。高压 U_1 为 80～150V，低压 U_2 为 5～20V。

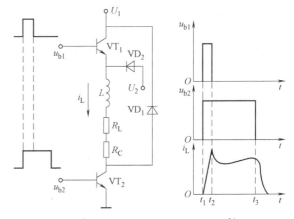

当 VT_1、VT_2 的基极电压 U_{b1} 和 U_{b2} 都为高电平时，则在 t_1～t_2 时间内，VT_1 和 VT_2 均饱和导通，二极管 VD_2 反向偏置而截止。高压电源 U_1 经 VT_1 和 VT_2 加到步进电动机绕组 L 上，使其电流迅速上升，提高了步进电动机绕组电流和电流前沿的上升率，从而提高步进电动机的工作频率和高频时的转矩。

图 3-14 步进电动机单相的双电压功率放大电路
a）电路图 b）波形图

在用高压电源 U_1 时，流入绕组的稳态电流为

$$i_L = \frac{U_1}{R_C + R_L}(1 - e^{t/T_j}) \tag{3-12}$$

式中 T_j——回路时间常数；

      R_L——绕组电阻；

      R_C——外接电阻。

当时间到达 t_2 时（可采用定时方式）或电流上升到某一数值时（可采用定流方式），U_{b1} 为低电平，U_{b2} 为高电平，VT_1 截止，VT_2 导通。步进电动机绕组的电流由低压电源 U_2 经二极管 VD_2 和晶体管 VT_2 来维持。

在 t_2～t_3 时，绕组电流保持一定的稳态电流，从而使步进电动机在这段时间内能保持相同的转动转矩，以完成步进过程。绕组内稳态电流 $I = U_2/(R_C + R_L)$。

在 t_3 时，U_{b2} 为低电平，VT_2 截止。这时高压电源 U_1 和低压电源 U_2 都被关断，无法向步进电动机绕组供电。绕组因电源关断而产生反电动势。在电路中，二极管 VD_1、VD_2 组成反电动势泄放的回路。绕组的反电动势通过 R_L、R_C、VD_1、U_1、U_2、VD_2 回路泄放，绕组中的电流迅速下降，其波形形成较好的电流下降沿。

可见，高低压功率放大电路比单电压恒流功率放大电路的波形好，有十分明显的高速率上升和下降沿，所以高频特性好，电源效率也较高。它的不足之处是：高压产生的电流上冲作用在低频时会使输入能量过大，引起步进电动机的低频振荡加重。另外，在高、低压衔接处的电流有谷点，不够平稳，影响步进电动机运行的平稳性。

高低压功率放大电路具有功耗低，高频工作时有较大的转动转矩的特点，所以常用于中功率和大功率步进电动机中。

斩波型功率放大电路克服了高低压功率放大电路出现的谷点现象，并且提高了步进电动机的效率和转矩。斩波型功率放大电路有两种：一种是斩波恒流功率放大电路；另一种是斩波平滑功率放大电路。斩波恒流功率放大电路应用广泛。它是利用斩波的方法使电流恒定在额定值附近，这种电路也称为定电流驱动电路或波峰补偿电路。

3. 调频调压功率放大电路

前面介绍的高低压功率放大电路和斩波型功率放大电路，都能使流入步进电动机的电流有较好的上升沿和幅值，并且提高了步进电动机的高频工作能力。但在低频时，有较高的低频振荡。所以需要采用调频调压的控制方法，即在低频时工作在低压状态，减少能量的流入，从而抑制了振荡；在高频时工作在高压状态，使步进电动机有足够的驱动能力。

调频调压的控制方法有很多，最简单的方法是分频段调压。一般把步进电动机的工作频率分成几段，每段的工作电压不同。在理想条件下，保持步进电动机的转矩不变，这样电源电压会随工作频率的升高而升高，随工作频率的下降而下降。

图 3-15 所示为调频调压功率放大电路，整个电路分成三部分：开关调压、调频调压控制和功率放大。

调频调压控制部分由单片微型机组成。根据要求，由 I/O_1 输出步进控制信号，然后再到功率放大电路；I/O_2 输出调压信号到开关调压部分。

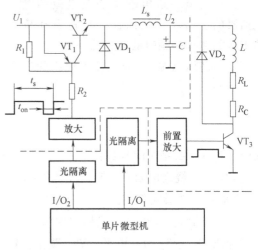

图 3-15　调频调压功率放大电路

开关调压部分可进行电压调节。当晶体管 VT_1 基极有负脉冲输入时，VT_1 和 VT_2 导通；同时 U_1 经过电感 L_s 向电容 C 进行谐振充电。随着电容 C 上的电压 U_2 上升，绕组 L 上的电流也逐步上升。充电时间由 t_{on} 决定。当负脉冲输入过后，VT_1、VT_2 截止，这时的电容 C 储能元件通过 L、R_L、R_C、VT_3 放电，电流逐渐减小。这时电感 L_s 中储存了磁场能量，由于自感效应，将产生一个感应电动势，使 U_2 处为正，电流从 U_2 流向 L、R_L、R_C、VT_3，然后通过二极管 VD_1 返回 L_s。这样在负载上就可以得到一个顶部呈锯齿形的电压。当 L_s 和 C 足够大时，电压峰波波动很小，这时的 U_2 为一平滑稳定的直流电压。

电压 U_2 的大小可以通过改变 t_{on} 获得。单片微型机控制从 I/O_1 输出步进控制信号和从 I/O_2 输出脉冲时间。若步进控制信号频率高，则从 I/O_2 输出的负脉冲 t_{on} 会变大，U_2 也随着变大，这样就起到了调频调压的作用，使步进电动机工作在平滑性良好的工作状态。

五、步进电动机与微机的接口技术

由于步进电动机的驱动电流比较大，所以单片微型机与步进电动机的连接都需要专门的接口电路及驱动电路。接口电路可以由缓冲器和锁存器组成，也可以选用 LSI 并行 I/O 接口芯片，如 8255、8155 等。其中 A 口接步进电动机驱动器，向步进电动机提供各相的励磁电流；B 口用来检测步进电动机的类型及工作方式的选择，开关的状态可根据需要来设置，如图 3-16 所示。

驱动器可用大功率复合管，也可以是专门的驱动器。为了抗干扰，或避免一旦驱动电路发生故障造成功率放大器中的高电平信号进入单片微型机而烧坏器件，在驱动器与单片微型机之间增加一级达林顿型光耦合器，其原理接口电路如图 3-17、图 3-18 所示。

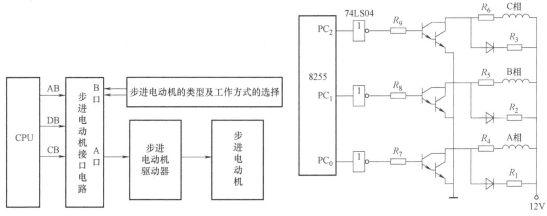

图 3-16 步进电动机的接口框图　　　　图 3-17 步进电动机与单片微型机接口电路之一

在图 3-17 中，当 PC 口的某一位（如 PC_0）输出为 0 时，经反相驱动器变为高电平，使得达林顿管导通，A 相绕组通电。反之，当 $PC_0 = 1$ 时，A 相绕组不通电。由 PC_1 和 PC_2 控制的 B 相和 C 相绕组亦然。总之，只要按一定的顺序改变 $PC_0 \sim PC_2$ 三位通电的顺序，则可控制步进电动机按一定的方向步进。图 3-18 中，在单片微型机与驱动器之间增加一级达林顿型光耦合器。当 PC_0 输出为 1 时，发光二极管不发光，因此光电晶体管截止，从而使达林顿管导通，A 相绕组通电。反之，当 PC_0 输出为 0 时，经反相后，使发光二极管发光，光电晶体管导通，从而使达林顿管截止，A 相绕组不通电。现在，已经生产出许多专门用于步进电动机的接口器件，用户可根据需要选用。

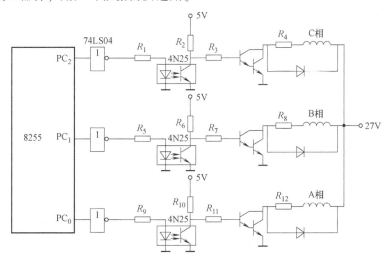

图 3-18 步进电动机与单片微型机接口电路之二

第二节　步进电动机的开、闭环控制

一、步进电动机的开环控制

步进电动机开环控制系统结构简单、使用维护方便、可靠性高、制造成本低，适用于经济型数控机床和现有机床的数控化改造，且在中、小型机床和速度、精度要求不是很高的场合得到了广泛的应用。

步进电动机开环控制系统主要由步进控制器、功率放大器及步进电动机等组成。步进控制器是由缓冲寄存器、环形分配器、控制逻辑及正、反转控制门等组成。典型的步进电动机控制系统的组成如图 3-19 所示。在这种开环控制方式中，由于步进控制器电路复杂、成本高，因而限制了它的使用。

图 3-19　典型的步进电动机控制系统的组成

随着电子技术的发展，除功率驱动电路之外，其他硬件电路均可通过软件实现。采用计算机控制系统，由软件代替步进控制器，不仅简化了电路，降低了成本，而且可靠性也大为提高，根据系统的需要可灵活地改变步进电动机的控制方案，使用起来也更方便。典型的用单片微型机控制步进电动机的原理图如图 3-20 所示。每当步进电动机脉冲输入线上得到一个脉冲，它便沿着转向控制线信号所确定的方向走一步。只要负载是在步进电动机允许的范围之内，那么，每个脉冲将会使步进电动机转动一个固定的角度，根据步距角的大小及实际走的步数，只要知道初始位置，便可预知步进电动机的最终位置。使用单片微型机对步进电动机进行控制有串行和并行两种方式。

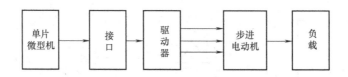

图 3-20　典型的用单片微型机控制步进电动机的原理图

（一）串行控制

具有串行控制功能的单片微型机系统与步进电动机驱动电源之间具有较少的连线将电脉冲信号送入步进电动机驱动电源，所以在这种系统中，驱动电源中必须含有环形分配器，这种串行控制方式的示意图如图 3-21 所示。

（二）并行控制

用单片微型机系统的数个端口直接去控制步进电动机的各相驱动电路的方法称为并行控制。

该系统实现脉冲分配功能的方法有两种：一种是纯软件方法，即完全用软件来实现相序的分配，直接输出各相导通或截止的信号；另一种是软、硬件相结合的方法，有专门设计的一种编程器接口，计算机向编程器接口输入简单形式的代码数据，而编程器接口输出的是步进电动机各相导通或截止的信号。并行控制的示意图如图 3-22 所示。

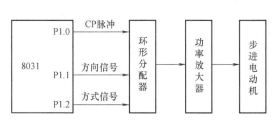

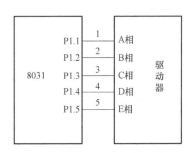

图 3-21　串行控制的示意图　　　　　　图 3-22　并行控制的示意图

（三）步进电动机的开环变速控制

步进电动机的速度控制是通过控制单片微型机发出的步进脉冲频率来实现的。控制步进电动机的运行速度，实际上就是控制单片微型机发出的步进脉冲的频率或者换相的周期。若是软脉冲分配方式，可以采用调整两个步进控制字之间的时间间隔来实现调速；若是硬脉冲分配方式，可以通过控制步进脉冲的频率来实现调速。系统可用两种方法来确定步进脉冲的周期。一种是通过软件延时的方法，软件延时的方法是通过调用延时子程序的方法来实现的，它占用大量 CPU 时间，因此没有实用价值。另一种是通过定时器中断的方法，定时器中断的方法是通过设置定时时间常数来实现的。当定时时间到，定时器产生溢出时发生中断，在中断子程序中改变 P1.0 的电平状态，改变定时常数，就可改变方波的频率，得到一个给定频率的方波输出，从而实现调速。接线图如图 3-11 所示。

将用于改变速度的定时常数存放在内部 RAM 30H（低 8 位）和 31H（高 8 位）中，使用定时器 T0，工作方式 1，则定时器中断服务子程序如下：

```
AA:     CPL     P1.0            ;改变 P1.0 的电平状态
        PUSH    ACC             ;累加器 A 进栈
        PUSH    PSW
        CLR     C
        CLR     TR0             ;停止定时器
        MOV     A,TL0           ;取 TL0 当前值
        ADD     A,#08H          ;加 8 个机器周期
        ADD     A,30H           ;加定时常数(低 8 位)
        MOV     TL0,A           ;重装定时常数(低 8 位)
        MOV     A,TH0           ;取 TH0 当前值
        ADDC    A,31H           ;加定时常数(高 8 位)
        MOV     TH0,A           ;重装定时常数(高 8 位)
        SETB    TR0             ;打开定时器
        POP     PSW
        POP     ACC
        RETI                    ;返回
```

T0 的初始化程序和定时常数计算程序略。

本例采用精确定时的方法。因为中断过程和中断服务程序执行过程都要花一定的时间，

这些时间造成的延时，会影响步进脉冲的频率精度。定时器在溢出后，如果没接到停止的指令，会继续从0000H开始加1。因此，在本程序中，取T0的当前值与定时常数相加，是因为T0的当前值包含了在定时器停止之前中断服务程序执行过程所花的时间。另外，在本程序中，定时器从停止到重新打开，CPU执行了8条单周期的指令，这8个机器周期也要计算在内。

调速指令是通过输入界面由外界输入的，可通过键盘程序或A/D转换程序接收，通过这些程序将外界给定的速度值转换成相应的定时常数，并存入30H和31H，这样就可以在定时器中断后改变步进脉冲的频率，达到调速的目的。

二、步进电动机的闭环控制

在步进电动机开环控制系统中，其输入的脉冲不依赖转子的位置，而是事先按一定的规律安排的。步进电动机的输出转矩在很大程度上取决于驱动电源和控制方式。对于不同的步进电动机或同一种步进电动机的不同负载，励磁电流和失调角会发生改变，输出转矩也会随之发生改变，很难找到通用的控速规律，因此也难以提高步进电动机的技术性能指标。

闭环控制系统是直接或间接地检测转子的位置和速度，然后通过反馈和适当处理自动给出驱动脉冲串。因此采用闭环控制可以获得更加精确的位置控制和高得多、平稳得多的转速，从而提高步进电动机的性能指标，可以在步进电动机的许多其他领域获得更大的通用性。

步进电动机的闭环控制有不同的方案，主要有核步法、延迟时间法和使用位置检测元件的闭环控制系统等。采用光电脉冲编码器作为位置检测元件的闭环控制原理框图如图3-23所示。其中编码器的分辨力必须与步进电动机的步距角相匹配。步进电动机由单片微型机发出的一个初始脉冲起动，后续的控制脉冲由编码器产生。编码器直接反映切换角这一参数。

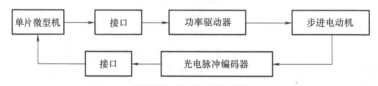

图 3-23　步进电动机闭环控制原理框图

编码器相对于步进电动机的位置是固定的，因此发出的换相信号具有相同的固定切换角。改变切换角（采用时间延时方法可获得不同切换角）可使步进电动机产生不同的平均转速。在闭环控制系统中，为了扩大切换角的范围，有时还要插入或删去切换脉冲。通常在加速时要插入脉冲，在减速时要删除脉冲，从而实现步进电动机的迅速加减速控制。

在固定切换角的情况下，增加负载，步进电动机转速将下降。要实现匀速控制，可用编码器测出步进电动机的实际转速（采用编码器两次发生电脉冲信号的时间间隔的方法），以此作为反馈信号不断地调节切换角，补偿由负载变化所引起的转速变化。

第三节　步进电动机的最佳点-位控制

对于点-位控制系统，从起点至终点的运行频率（速度）都有一定要求。如果要求的运行频率（速度）小于系统的极限起动频率（速度），则系统可以按要求的频率（速度）直接起动，运行至终点后可立即停发脉冲串令其停止。系统在这样的运行方式下其速度可认为是恒定的。但在一般情况下，系统的极限起动频率是比较低的，而要求的运行速度往往较高。如果系统以要求的频率直接起动，因为该频率已超过极限起动频率而导致系统不能正常起动，可能发生丢步或根本不能起动的情况。系统运行起来之后，如果到达终点时突然停发脉冲串，令步进电动机立即停止，则因为系统的惯性原因，步进电动机会发生冲过终点的现象，使点-位控制精度发生偏差。因此，在点-位控制过程中，运行速度都需要有一个加速—恒速—减速—低恒速—停止的过程，如图 3-24 所示。系统在工作过程中要求加减速过程的时间尽量短，而

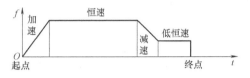

图 3-24　点-位控制中的加减速控制

恒速时间尽量长。特别是在要求快速响应的工作中，从起点至终点运行的时间要求最短，这就必须要求升速、减速的过程最短，且恒速时的速度最高。

升速规律一般可有两种选择：一是按直线规律升速，二是按指数规律升速。按直线规律升速时加速度为恒值，因此要求步进电动机产生的转矩为恒值。从步进电动机本身的矩-频特性来看，在转速不是很高的范围内，输出的转矩可基本认为恒定。但实际上步进电动机转速升高时，输出转矩将有所下降。如按指数规律升速，加速度是逐渐下降的，接近步进电动机输出转矩随转速变化的规律。

用单片微型机对步进电动机进行加减速控制，实际上就是改变输出步进脉冲的时间间隔。升速时使脉冲串逐渐加密，减速时使脉冲串逐渐稀疏。单片微型机用定时器中断的方式来控制步进电动机变速时，实际上就是不断地改变定时器装载值的大小。一般用离散的办法来逼近理想的升降速曲线。为了减少每步计算装载值的时间，系统设计时就把各离散点的速度所需的装载值固化在系统的 EPROM 中，系统运行中用查表的方法查出所需的装载值，从而大大减少占用 CPU 的时间，提高系统的响应速度。系统在执行升降速的控制过程中，对加减速的控制还需准备下列数据：①加减速的斜率；②升速过程的总步数；③恒速运行的总步数；④减速运行的总步数。

要想使步进电动机按一定的速率精确地到达指定的位置（角度或线位移），步进电动机的步数 N 和延时时间 t 是两个重要的参数。前者用来控制步进电动机的精度，后者用来控制步进电动机的速率。如何确定这两个参数是步进电动机控制程序设计中十分重要的问题。

1. 步进电动机步数的确定

步进电动机常用来控制角度和位移。例如，用步进电动机控制旋转变压器或多圈电位器的转角及穿孔机的进给机构、软盘驱动系统、光电阅读机、打印机、数控机床等的精确定位。若用步进电动机带动一个 10 圈的多圈定位器来调整电压，假定其调节范围为 $0 \sim 10V$，现在需要把电压从 2V 升到 2.1V，此时，步进电动机的行程角度为

$$10V : 3600° = (2.1V - 2V) : X \qquad X = 36°$$

如果用三相三拍的通电方式，由步距角公式可定出步距角为 3°，由此可计算出步进电动机的步数 $N = 36°/3° = 12$。如果用三相六拍的通电方式，则步距角为 1.5°，其步数 $N = 36°/1.5° = 24$。由此可见，改变步进电动机的通电方式，可以提高精度，但在同样的脉冲周期下，步进电动机的速度将减慢。同理，可求出任意位移量与步数之间的关系。

2. 步进电动机控制速度的确定

步进电动机的步数是精确定位的重要参数之一。在某些场合，不但要求能精确定位，而且还要求在一定的时间内到达预定的位置，这就要求控制步进电动机的速度。

步进电动机速度控制的方法就是改变每个脉冲的时间间隔，亦即改变速度控制程序中的延时时间。例如，步进电动机转动 10 圈需要 2000ms，则每转动一圈需要的时间为 $t = 2000\text{ms}/10 = 200\text{ms}$，每进一步需要的时间为

$$t = \frac{T}{mzk} = \frac{200\text{ms}}{3 \times 40 \times 2} = 833\mu\text{s}$$

所以，只要在输出一个脉冲后，延时 $833\mu\text{s}$，即可达到上述目的。

3. 步进电动机的变速控制

前面两种计算，在整个控制过程中，步进电动机是以恒定的转速进行工作的。然而，对于大多数任务而言，希望能尽快地达到控制终点，即要求步进电动机的速度尽可能快一些。但如果速度太快，则可能产生失步。此外，一般步进电动机对空载最高起动频率有所限制。所谓空载最高起动频率，是指步进电动机空载时，转子从静止状态不失步地起动的最大控制脉冲频率。当步进电动机带有负载时，它的起动频率要低于最高空载起动频率。根据步进电动机矩-频特性可知，起动频率越高，起动转矩越小。变速控制的基本思想是：起动时，以低于响应速度的速度慢慢加速，到一定速度后恒速运行，快要到达终点时慢慢减速，以低于响应速度的速度运行，直到走完规定的步数后停机。这样，步进电动机便可以最快的速度走完所规定的步数，而又不出现失步。变速控制过程如图 3-24 所示。变速控制的方法有：

1）改变控制方式的变速控制。最简单的变速控制可利用改变步进电动机的控制方式实现。例如，在三相步进电动机中，起动或停止时，用三相六拍控制，大约在 0.1s 以后，改用三相三拍控制，在快达到终点时，再度采用三相六拍控制，以达到减速控制的目的。

2）均匀地改变脉冲时间间隔的变速控制。步进电动机的加速（或减速）控制，可以用均匀地改变脉冲时间间隔来实现。例如，在加速控制中，可以均匀地减少延时时间间隔；在减速控制中，则可均匀地增加延时时间间隔。具体说，就是均匀地减少（或增加）延时程序中的延时时间常数。由此可见，所谓步进电动机控制程序，实际上就是按一定的时间间隔输出不同的控制字。所以，改变传送控制字的时间间隔，即可改变步进电动机的控制频率。这种方法的优点是，由于延时的长短不受限制，因此，使步进电动机的工作频率变化范围较宽。

3）采用定时器的变速控制。在单片微型机控制系统中，用单片微型机内部的定时器来提供延时时间。方法是将定时器初始化后，每隔一定的时间，由定时器向 CPU 申请一次中断，CPU 响应中断后，便发出一次控制脉冲。此时，只要均匀地改变定时器的时间常数，即可达到均匀加速（或减速）的目的。这种方法可以提高控制系统的效率。

步进电动机的速度控制就是控制步进电动机产生步进动作的时间，使步进电动机按照接近给定的速度规律工作。步进电动机的工作过程是"走一步停一步"，也就是说步进电动机的步进时间是离散的。

如何计算相邻两步之间的时间间隔？由于计算比较复杂，故一般不采用在线计算的方法来控制速度，而是采用离线计算求得各个 T_i，通过一张延时时间表把 T_i 编入程序，然后按

照表地址依次取出下一步进给的 T_i 值，通过延时程序或者实时时钟控制器产生给定的时间间隔，发出相应的步进命令。若采用延时程序来获得进给时间，那么 CPU 在控制步进电动机期间不能做其他工作。CPU 读取 T_i 值后，就进入延时程序，延时时间到，便调用脉冲分配子程序，等返回后重复此过程，等到全部完毕为止。若采用实时时钟控制器，速度控制程序应在进给一步后，把下一步的 T_i 值送入定时计数器的时间常数寄存器，然后 CPU 就进入等待中断状态或者处理其他事务，当定时计数器的定时时间一到，就向 CPU 发出中断请求，CPU 接收中断后立即响应，转入脉冲分配的中断服务程序。

步进电动机的减速过程与加速过程相似，程序处理过程也基本一致，只是读取的 T_i 值按由小到大的顺序进行。匀速进给的控制就是以加速过程的最后一个 T_i 值作为定时周期的进给过程。

步进电动机的速度控制曲线如图 3-25 所示。此图是按匀加速原理画出来的。对于某些场合，也可采用变加速原理来实现速度控制。

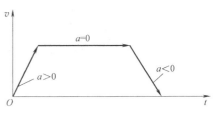

图 3-25 步进电动机的速度控制曲线

第四节 步进电动机控制的程序设计

步进电动机控制的程序设计一般分为如下几个步骤：根据总体设计，确定程序设计的功能要求（如速度控制：加速、匀速、减速；方向控制等）；设计程序的算法流程图；程序的设计、调试和测试；系统的联调。

在步进电动机的单片微型机控制系统中，单片微型机代替了步进控制器。用单片微型机控制步进电动机，主要解决如下几个问题：

1）用软件的方法产生脉冲序列。

2）步进电动机的方向控制。

3）步进电动机控制程序的设计。

一、步进电动机控制信号的产生

在步进电动机控制软件中，必须解决一个重要的问题，就是产生一个如图 3-26 所示的周期性脉冲序列。

从图 3-26 可以看出，脉冲是用周期、脉冲高度、接通与断开电源的时间来表示的。脉冲高度是由使用的数字元件的电平来决定的，如一般 TTL 电平为 0 ~ 5V，CMOS 电平为 0 ~ 10V 等。在用的接口电路中，多为 0 ~ 5V。接通和断开电源的时间可用延时的办法来控制。例如，当向步进电动机相应的数字线送高电平（表示接通时）时，步进电动机便开始步进。但由于步进电动机的步进是需要一定时间的，所以在送一高脉冲后，需要延长一段时间，以使步进电动机达到指定的位置。由此可见，由计算机控制步进电动机实际上就是由计算机产生一系列脉冲波。

由软件实现脉冲波的方法是先输出一高电平，然后再利用软件延时一段时间，然后输出低电平，再延时。延时时间的长短由步进电动机的工作频率来决定。

二、步进电动机的运行控制及程序设计

从步进电动机的工作原理可知，步进电动机的旋转方向由其内部绕组的通电相序决定（方向控制），转速与脉冲频率成正比（速度控制），转动角度大小与脉冲个数有关（位置控制）。

步进电动机程序设计的主要任务是：判断旋转方向；按顺序传送控制脉冲；判断所要求的控制步进数是否传送完毕。

步进电动机的速度控制程序前面已介绍。下面主要介绍位置控制和加、减速控制程序。

1. 步进电动机的位置控制程序设计

步进电动机的位置控制程序就是完成环形分配器的任务，控制步进电动机的转动，以达到控制转动角度和相位的目的。首先要进行旋转方向的判别，然后转到相应的控制程序。正、反向控制程序为分别按要求输出相应的控制模型，再加上脉冲延时程序即可。脉冲的个数可以用寄存器 CL 进行计数。控制模型可以以立即数的形式给出。下面给出一个例子说明这类程序的设计。其硬件连接仍如图 3-11 所示。所有的操作仍然都发生在定时中断程序中，而且每次中断仍然改变一次 P1.0 的状态。也就是说，每两次中断步进电动机才走一步。设 30H、31H 存放定时常数，低位在前；32H～34H 存放绝对位置参数（假设用 3B），低位在前；35H、36H 存放步数（假设最大值占 2B），低位在前。位置控制程序流程图如图 3-27 所示。

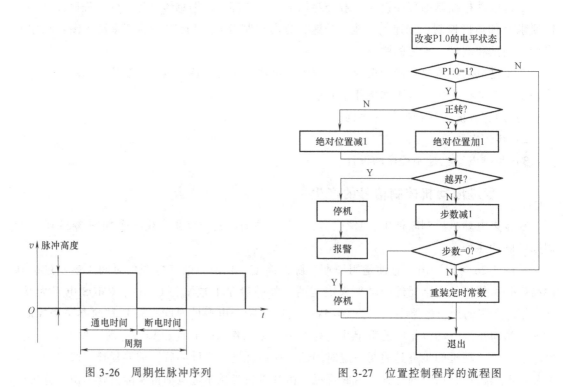

图 3-26　周期性脉冲序列　　　　　图 3-27　位置控制程序的流程图

根据图 3-27，可写出如下步进电动机控制程序：

```
POS:    CPL     P1.0                    ;改变 P1.0 的电平状态
        PUSH    ACC                     ;累加器 A 进栈
```

```
            PUSH      PSW
            PUSH      R0                  ;R0 进栈
            JNB       P1.0,POS4           ;当 P1.0＝0 时,半个脉冲,转到 POS4
            CLR       EA                  ;关中断
            JNB       P1.1,POS1           ;反转,转到 POS1
            MOV       R0,#32H             ;正转,指向绝对位置低位 32H
            INC       @ R0                ;绝对位置加 1
            CJNE      @ R0,#00H,POS2,     ;无进位则转向 POS2
            INC       R0                  ;指向 33H
            INC       @ R0                ;(33H)+1
            CJNE      @ R0,#00H,POS2      ;无进位则转向 POS2
            INC       R0                  ;指向 34H
            INC       @ R0                ;(34H)+1
            CJNE      @ R0,#00H,POS2      ;无越界则转向 POS2
            CLR       TR0                 ;发生越界,停止定时器(停止电动机)
            LCALL     BAOJING             ;调报警子程序
    POS1:   MOV       R0,#32H             ;反转,指向绝对位置低位 32H
            DEC       @ R0                ;绝对位置减 1
            CJNE      @ R0,#0FFH,POS2     ;无借位则转向 POS2
            INC       R0                  ;指向 33H
            DEC       @ R0                ;(33H)-1
            CJNE      @ R0,#0FFH,POS2     ;无借位则转向 POS2
            INC       R0                  ;指向 34H
            DEC       @ R0                ;(34H)-1
            CJNE      @ R0,#0FFH,POS2     ;无越界则转向 POS2
            CLR       TR0                 ;发生越界,停止定时器(停止电动机)
            LCALL     BAOJING             ;调报警子程序
    POS2:   MOV       R0,#35H             ;指向步数低位 35H
            DEC       @ R0                ;步数减 1
            CJNE      @ R0,#0FFH,POS3,    ;无借位则转向 POS3
            INC       R0                  ;指向 36H
            DEC       @ R0                ;(36H)-1
    POS3:   SETB      EA                  ;开中断
            MOV       A,35H               ;检查步数＝0
            ORL       A,36H
            JNZ       POS4                ;不等于零,转向 POS4
            CLR       TR0                 ;等于零,停止定时器
            SJMP      POS5                ;退出
    POS4:   CLR       C
```

CLR	TR0	;停止定时器
MOV	A,TL0	;取 TL0 当前值
ADD	A,#08H	;加 8 个机器周期
ADD	A,30H	;加定时常数(低 8 位)
MOV	TL0,A	;重装定时常数(低 8 位)
MOV	A,TH0	;取 TH0 当前值
ADDC	A,31H	;加定时常数(高 8 位)
MOV	TH0,A	;重装定时常数(高 8 位)
SETB	TR0	;打开定时器
POS5: POP	R0	
POP	PSW	
POP	ACC	
RET1		;返回

步进电动机的正、反转控制在主程序中实现。如果正转,使 P1.1 = 1;如果反转,使 P1.1 = 0。所以,不管在正转还是反转情况下,上面的程序都能适用。

2. 步进电动机的加、减速控制程序设计

步进电动机的驱动执行机构从起点到终点时,要经历升速、恒速和减速的过程,如图 3-24、图 3-25 所示。速度离散后并不是一直上升的,而是每升一级都要在该级上保持一段时间,因此实际加速轨迹呈阶梯状。如果速度是等间距分布,那么在该速度级上保持的时间不一样长。为了简化,用速度级数 N 与一个常数 C 的乘积来模拟,并且保持的时间用步数代替。因此速度每升一级,步进电动机都要在该级上走 NC 步,如图 3-28 所示。减速过程是加速过程的逆过程。

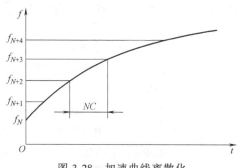

图 3-28 加速曲线离散化

本程序的参数有速度级数 N 和级步数 NC、加速过程的总步数、恒速过程的总步数、减速过程的总步数。本程序的资源分配如下:R0——中间寄存器;R1——存储速度级数;R2——存储级步数;R3——加减速状态指针,加速时指向 35H,恒速时指向 37H,减速时指向 3AH;32H~34H——存放绝对位置参数(假设用3B),低位在前;35H、36H——存放加速总步数(假设用2B),低位在前;37H~39H——存放恒速总步数(假设用3B),低位在前;3AH、3BH——存放减速总步数(假设用2B),低位在前。定时常数序列存放在以 ABC 为起始地址的 ROM 中。初始 R3 = 35H,R1、R2 都有初始值。加、减速控制程序框图如图 3-29 所示。

控制程序如下:

JAJ:	CPL P1.0	;改变 P1.0 的电平状态
	PUSH ACC	;保存现场
	PUSH PSW	
	PUSH B	

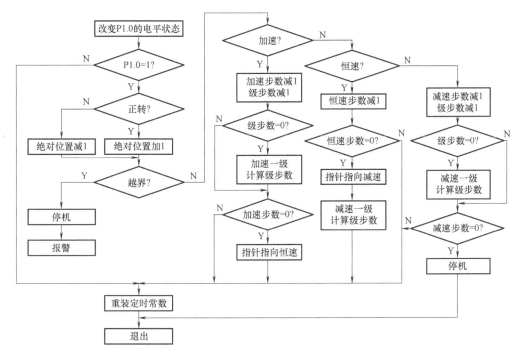

图 3-29　加、减速控制程序框图

	PUSH	DPTL	
	PUSH	DPTH	
	SETB	RS0	;选用工作寄存器 1
	JNB	P1.0,JAJ10	;当 P1.0 = 0 时,半个脉冲,转到 JAJ10
	CLR	EA	;关中断
	JNB	P1.1,JAJ1	;反转,转到 JAJ1
	MOV	R0,#32H	;正转,指向绝对位置低位 32H
	INC	@ R0	;绝对位置加 1
	CJNE	@ R0,#00H,JAJ2	;无进位则转向 JAJ2
	INC	R0	;指向 33H
	INC	@ R0	;(33H) +1
	CJNE	@ R0,#00H,JAJ2	;无进位则转向 JAJ2
	INC	R0	;指向 34H
	INC	@ R0	;(34H) +1
	CJNE	@ R0,#00H,JAJ2	;无越界则转向 JAJ2
	CLR	TR0	;发生越界,停止定时器(停止电动机)
	LCALL	BAOJING	;调报警子程序
JAJ1:	MOV	R0,#32H	;反转,指向绝对位置低位 32H
	DEC	@ R0	;绝对位置减 1
	CJNE	@ R0,#0FFH,JAJ2	;无借位则转向 JAJ2
	INC	R0	;指向 33H

```
          DEC      @ R0                  ;(33H)-1
          CJNE     @ R0,#0FFH,JAJ2       ;无借位则转向 JAJ2
          INC      R0                    ;指向 34H
          DEC      @ R0                  ;(34H)-1
          CJNE     @ R0,#0FFH,JAJ2       ;无越界则转向 JAJ2
          CLR      TR0                   ;发生越界,停止定时器(停止电动机)
          LCALL    BAOJING               ;调报警子程序
JAJ2:     SETB     EA                    ;开中断
          CJNE     R3,#35H,JAJ5          ;不是加速则转向 JAJ5
          MOV      R0,#35H               ;指向加速步数低位 35H
          DEC      @ R0                  ;加速步数减 1
          CJNE     @ R0,#0FFH,JAJ3       ;无借位则转向 JAJ3
          INC      R0                    ;指向 36H
          DEC      @ R0                  ;(36H)-1
JAJ3:     DJNZ     R2,JAJ4               ;判断该级步数是否走完
          INC      R1                    ;走完,速度升一级
          MOV      A,R1                  ;计算级步数
          MOV      B,#N                  ;立即数 N
          MUL      AB
          MOV      R2,A                  ;保存级步数
JAJ4:     MOV      A,35H                 ;检查加速步数=0
          ORL      A,36H
          JNZ      JAJ10                 ;不等于 0,转向 JAJ10
          MOV      R3,#37H               ;等于 0,加速结束,指针指向恒速
          SJMP     JAJ10
JAJ5:     CJNER3,  #37H,JAJ7             ;不是恒速则转 JAJ7
          MOV      R0,#37H               ;指向恒速位置低位 37H
          DEC      @ R01                 ;恒速步数减 1
          CJNE     @ R0,#0FFH,JAJ6
          INC      R0
          DEC      @ R0
          CJNE     @ R0,#0FFH,JAJ6
          INC      R0
          DEC      @ R0
JAJ6:     MOV      A,37H                 ;检查恒速步数=0
          ORL      A,38H
          ORL      A,39H
          JNZ      JAJ10                 ;不等于 0,转向 JAJ10
          MOV      R3,#3AH               ;等于 0,恒速结束,指针指向减速
```

	DEC	R1	;减速一级
	MOV	A,R1	;计算级步数
	MOV	B,#N	
	MUL	AB	
	MOV	R2,A	;保存级步数
	SJMP	JAJ10	
JAJ7:	MOV	R0,#3AH	;指向减速步数低位 3AH
	DEC	@ R0	;减速步数减 1
	CJNE	@ R0,#0FFH,JAJ8	
	INC	R0	
	DEC	@ R0	
JAJ8:	DJNZ	R2,JAJ9	;判断该级步数是否走完
	DEC	R1	;走完,速度降一级
	MOV	A,R1	;计算级步数
	MOV	B,#N	
	MUL	AB	
	MOV	R2,A	;保存级步数
JAJ9:	MOV	A,3AH	;检查减速步数＝0
	ORL	A,3BH	
	JNZ	JAJ10	;不等于 0,转向 JAJ10
	CLR	TR0	;等于 0,停止定时器
	SJMP	JAJ11	;退出
JAJ10:	MOV	DPTR,#ABC	;指向定时常数存放的首地址
	MOV	A,R1	;取速度级数
	RL	A	;每级定时常数占 2B,乘 2
	MOV	B,A	;暂存
	MOVC	A,@ A+DPTR	;取定时常数(低 8 位)
	CLR	C	
	ADD	A,#09H	;加 9 个机器周期
	CLR	TR0	;停止定时器
	ADD	A,TL0	;加定时常数(低 8 位)
	MOV	TL0,A	;重装定时常数(低 8 位)
	MOV	A,B	
	INC	A	
	MOVC	A,@ A+DPTR	;取定时常数(高 8 位)
	ADDC	A,TH0	;加定时常数(高 8 位)
	MOV	TH0,A	;重装定时常数(高 8 位)
	SETB	TR0	;打开定时器
JAJ11:	POP	DPTH	;恢复现场

```
        POP     DPTL
        POP     B
        POP     PSW
        POP     ACC
        RET1                        ;返回
ABC:    DB…                         ;定时常数序列表
```

习题和思考题

3-1 简述反应式步进电动机的工作原理。

3-2 若一台 BF 系列四相反应式步进电动机，其步距角为 1.8°/0.9°。试问：（1）1.8°/0.9°表示什么意思？（2）转子齿数为多少？（3）写出四相八拍通电方式的一个通电顺序。（4）在 A 相测得电源频率为 400Hz 时，其转速为多少？

3-3 步进电动机连续运行时，为什么频率越高，步进电动机所能带动的负载越小？

3-4 步进电动机的驱动电路主要有哪几种？各有什么特点？

3-5 简述步进电动机升降速控制的方法。

3-6 如何减小或消除步进电动机的振荡现象？如何改善步进电动机的高频性能和低频性能？

3-7 利用 8713 环形分配器，用 8051 单片微型机控制三相步进电动机，试分别画出当步进电动机工作在双三拍和六拍通电方式时的接口电路。

3-8 某三相步进电动机接口电路如图 3-30 所示。（1）说明图中达林顿型光耦合器 4N25 的作用。（2）说明图中 R_1、R_2、R_3 以及 VD_1、VD_2、VD_3 的作用。（3）画出三相步进电动机所有通电方式的通电顺序图。（4）假设用此步进电动机带动一个滚珠丝杠副，每转动一周（正向）相对位移为 4mm，试编写一移动 8mm 三相单三拍的控制程序。

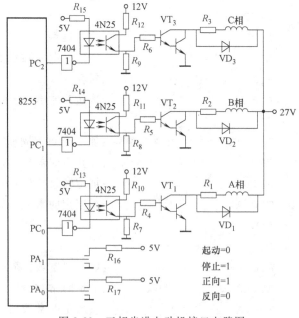

图 3-30 三相步进电动机接口电路图

第四章

直流电动机调速系统

第一节　直流电动机概述

一、直流电动机的基本结构

直流电动机具有良好的起动、制动和调速特性，可以很方便地在较宽范围内实现无级调速，故多使用在对电动机的调速性能要求较高的生产设备中。

直流电动机的结构如图 4-1 所示，主要包括三大部分：

（1）定子　定子磁极磁场由定子的磁极产生。根据产生磁场的方式，可分为永磁式和他励式。永磁式磁极由永磁材料制成，他励式磁极由冲压硅钢片叠压而成，外绕线圈，通以直流电流便产生恒定磁场。

（2）转子　又叫电枢，由硅钢片叠压而成，表面嵌有线圈，通以直流电时，在定子磁场作用下产生带动负载旋转的电磁转矩。

（3）电刷与换向片　为使所产生的电磁转矩保持恒定方向，转子能沿固定方向均匀地连续旋转，电刷与外加直流电源相接，换向片与电枢导体相接。

二、永磁直流伺服电动机及工作原理

在伺服系统中使用的直流伺服电动机，按转速的高低可分为两类：高速直流伺服电动机和低速大扭矩宽调速电动机。目前在数控机床进给驱动中采用的直流电动机，主要是 20 世纪 70 年代研制成功的大惯量宽调速直流伺服电动机。这种电动机分为电励磁式和永久磁铁励磁式两种，占主导地位的是永久磁铁励磁式（永磁式）电动机。

图 4-2 所示为直流伺服电动机的工作原理示意图。由于电刷和换向器的作用，使得转子绕组中的任何一根导体，只要一转过中性线，由定子 S 极下的范围进入了定子 N 极下的范围，那么这根导体上的电流一定要反向；反之，由定子 N 极下的范围进入了定子 S 极下的范围，导体上的电流也要发生反向。因此转子的总磁动势（主磁极磁动势与电枢磁动势）正交。转子磁场与定子磁场相互作用产生了电动机的电磁转矩，从而使电动机转动。

1. 电动机转矩平衡方程式

电动机的电磁转矩 T_e 计算公式为

$$T_e = K_m \Phi I_a \tag{4-1}$$

对于永磁直流伺服电动机，K_m（直流电动机转矩的结构常数）和 Φ（磁通）都是常数，所以式（4-1）又可写成

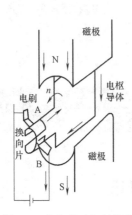

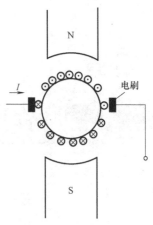

图 4-1 直流电动机的结构　　　　图 4-2 直流伺服电动机的工作原理示意图

$$T_e = C_m I_a \qquad (4\text{-}2)$$

当电动机转子旋转时，转子本身由于风阻、轴承摩擦等原因有一些损耗，称之为空载损耗，用空载转矩 T_0 表示。因此电动机的输出转矩 T_r 比电磁转矩 T_e 小，相差一个空载转矩 T_0。其转矩平衡方程式表示为

$$T_r = T_e - T_0 = T_L \qquad (4\text{-}3)$$

电动机负载运行时，一般情况下 $T_L \gg T_0$，可以忽略 T_0，认为 $T_e = T_L$。

电动机的转轴与生产机械的工作机构直接相连，构成了机电伺服系统，其系统框图如图 4-3 所示。系统中电磁转矩 T_e、负载转矩 T_L 与转速变化的关系用转动方程式来描述，为

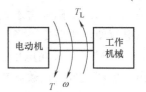

图 4-3 单轴机电伺服系统

$$T_e - T_L = \frac{J\mathrm{d}\omega}{\mathrm{d}t} \qquad (4\text{-}4)$$

在实际工程计算中，经常用转速 n 代替角速度 ω，用飞轮力矩 GD^2 代替转动惯量 J。ω 与 n 的关系，GD^2 与 J 的关系为

$$\omega = \frac{2\pi n}{60}$$

$$J = m\rho^2 = \frac{GD^2}{4g}$$

式中　m——系统转动部分的质量（kg）；

　　　G——系统转动部分的重力（N）；

　　　ρ——系统转动部分的转动惯性半径（m）；

　　　D——系统转动部分的转动惯性直径（m）；

　　　g——重力加速度。

将上面两式代入式（4-4）中，可得

$$T_e - T_L = \left(\frac{GD^2}{375}\right)\frac{\mathrm{d}n}{\mathrm{d}t} \qquad (4\text{-}5)$$

式中，$T_e - T_L$ 为动转矩。当动转矩等于零时，系统处于恒转速运行的稳态；当动转矩大于零时，

系统处于加速运行的过渡过程中；当动转矩小于零时，系统处于减速运行的过渡过程中。

2. 电动机的电压平衡方程式

当电枢在电磁转矩的作用下一旦转动后，电枢导体就要切割磁力线，产生感应电动势。根据法拉第电磁感应定律可知：感应电动势的方向与电流方向相反，它有阻止电流流入电枢绕组的作用，因此电动机的感应电动势是一种反电动势。反电动势 E 的计算公式为

$$E = K_e \Phi n \tag{4-6}$$

对于永磁式直流电动机，K_e（直流电动机电动势的结构常数）和 Φ 都是常数，式（4-6）可写成

$$E = C_e n \tag{4-7}$$

直流电动机中各电量的参考方向如图 4-4 所示。

当外加电压为 U_d 时，有

$$U_d = E + I_a R_a \tag{4-8}$$

式（4-8）就是直流电动机的电压平衡方程式。它表明了外加电压与反电动势及电枢内阻压降的平衡关系。或者说，外加电压一部用来抵消反电动势，一部分消耗在电枢电阻上。

3. 电动机转速与转矩的关系

如果把 $E = C_e n$ 代入式（4-8），便可得出电枢电流 I_a 的表达式为

$$I_a = \frac{U - C_e n}{R_a} \tag{4-9}$$

式中　C_e——直流电动机在额定磁通下的电动势系数。

由式（4-9）可见，直流电动机和一般的直流电路不一样，它的电流不仅取决于外加电压和自身电阻，并且还取决于与转速成正比的反电动势（当 Φ 为常数）。将式（4-1）代入式（4-9），可得

$$n = \frac{U}{C_e} - \frac{R_a T_e}{C_e C_m} \tag{4-10}$$

式中　C_m——直流电动机在额定磁通下的转矩系数，$C_m = K_m \Phi$。

式（4-10）称为直流电动机的机械特性，它描述了直流电动机的转速与转矩之间的关系。

图 4-5 所示为机械特性曲线族。在这一曲线族中，不同的电枢电压对应于不同的曲线，各曲线是彼此平行的。n_0（即 U/C_e）称为理想空载转速，而 Δn（即 $R_a T_e/C_e C_m$）称为转速降落。

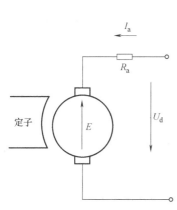

图 4-4　直流电动机中各电量的参考方向

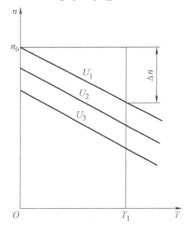

图 4-5　机械特性曲线族

第二节　直流电动机的单闭环调速系统

由晶闸管-直流电动机（V-M）组成的直流伺服调速系统是较早普遍应用的一种自动控制系统。它在理论和实践上都比较成熟，而且从闭环控制理论的角度，它又是交流调速系统的基础。

一、调速的定义

所谓调速，是指在某一负载下通过改变电动机或电源参数来改变机械特性曲线，从而使电动机转速发生变化或保持不变。调速包含两方面：其一，在一定范围内"变速"，如图 4-6 所示，当电动机负载不变时，转速可由 n_a 变到 n_b 或 n_c；其二，保持"稳速"。在某一速度下运行的生产机械受到外界干扰（如负载增加），为了保证电动机工作速度不受干扰的影响而下降，需要进行调速，使速度接近或等于原来的转速，如在图 4-6 中，n_d 即为负载由 T_1 增加至 T_2 后的速度，与 n_a 基本一致。

二、直流电动机的调速方法

直流电动机转速表达式如式（4-10）所示。由该式可知，直流伺服电动机有两种调速方法：改变电枢电压 U_d 及改变电枢附加电阻 R。两种调速方法的人为机械特性曲线如图 4-7 所示。

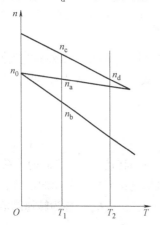

图 4-6　调速与 $n=f(T)$ 的关系

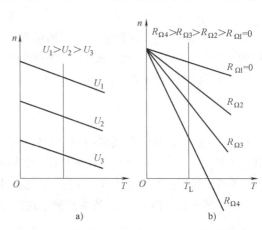

图 4-7　直流伺服电动机人为机械特性曲线

a）改变电枢电压　b）改变电枢附加电阻

改变电枢电压 U_d 所得的机械特性是一组平行变化的曲线，如图 4-7a 所示。此种方法一般在额定转速以下调速，其最低转速取决于电动机低速时的稳定性。此种方法具有调速范围宽、机械特性硬、动态性能好的特点。在连续改变电枢电压时，此种方法能实现无级平滑调速，是目前主要调速方法之一。

改变电枢附加电阻即在电枢回路中串接不同的附加电阻，以调节转速。观察图 4-7b 会发现，外接电阻越大，电阻功耗越大，机械特性越软，稳定性越差，是有级调速。此法在实际中已很少应用。

三、调速指标

对于不同的生产机械，其工艺上要求电气控制系统具有不同的调速性能指标，概括为静态和动态调速指标。

（一）静态调速指标

1. 调速范围

在额定负载下，电动机运行的最高转速 $n_{\max}$ 与最低转速 $n_{\min}$ 之比称为调速范围，用 D 表示，即

$$D = \frac{n_{\max}}{n_{\min}} \tag{4-11}$$

需要注意的是：对于非弱磁的调速系统，电动机运行的最高转速 $n_{\max}$ 即为额定转速 n_{nom}。

2. 转差率

转差率是指当电动机稳定运行，且负载由理想空载增加至额定负载时，对应的额定转差 Δn_{nom} 与理想空载转速 n_0 之比，用百分数表示为

$$s = \frac{\Delta n_{\mathrm{nom}}}{n_0} \times 100\% = \frac{n_0 - n_{\mathrm{nom}}}{n_0} \times 100\% \tag{4-12}$$

转差率反映了电动机转速受负载变化的影响程度，它与机械特性有关，机械特性越硬，转差率越小，转速的稳定性越好。但并非机械特性一致，转差率就相同，其还与理想空载转速有关。如图 4-8 所示，A 点的转差率为 1%，B 点的转差率为 10%，那么若能满足最低转速时的转差率，其他转速时的转差率也必然能满足。

3. 调速范围与转差率的关系

在调压调速系统中，以额定转速作为最高转速，转差率为最低转速时的转差率，则最低转速为

$$n_{\min} = n_{0\min} - \Delta n_{\mathrm{nom}} = \frac{\Delta n_{\mathrm{nom}}}{s} - \Delta n_{\mathrm{nom}} = \frac{(1-s)\Delta n_{\mathrm{nom}}}{s}$$

则调速范围与转差率满足

$$D = \frac{n_{\max}}{n_{\min}} = \frac{n_{\mathrm{nom}} s}{(1-s)\Delta n_{\mathrm{nom}}} \tag{4-13}$$

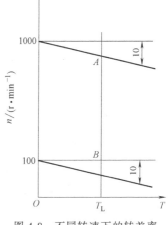

图 4-8　不同转速下的转差率

由式（4-13）可知，当一个调速系统的机械特性硬度（Δn_{nom}）一定时，对转差率要求越高（即转差率越小），允许的调速范围也越小。

（二）动态调速指标

动态调速指标包括跟随性能指标和抗干扰性能指标两类。

1. 跟随性能指标

在给定信号（或称参考输入信号）$r(t)$ 的作用下，系统输出量 $c(t)$ 的变化情况可用跟随性能指标来描述。通常以输出量的初始值为零、给定信号阶跃变化下的过渡过程作为典型的跟随过程，这时的动态响应又称为阶跃响应。

（1）上升时间 t_r　输出量从零起第一次上升到稳态值 C_∞ 所经过的时间称为上升时间，它表示动态响应的快速性，上升时间 t_r 如图 4-9 所示。

（2）超调量 $\sigma\%$　在典型的阶跃响应跟随过程中，输出量超出稳态值的最大偏离量与稳

态值之比，用百分数表示，称为超调量，其计算公式为

$$\sigma\% = \frac{C_{\max}-C_{\infty}}{C_{\infty}} \times 100\% \tag{4-14}$$

超调量反映系统的相对稳定性。超调量越小，则相对稳定性越好，即动态响应比较平稳。

（3）调节时间 t_s　调节时间又称为过渡过程时间，它用于衡量系统整个调节过程的快慢。理论上要到 $t=\infty$ 才可以真正稳定。但在工程实际中，取 $\pm5\%$（或 $\pm2\%$）的范围作为允许误差带，把响应曲线达到并不再超出该允许误差带所需的最短时间定义为调节时间，调节时间 t_s 如图4-9所示。

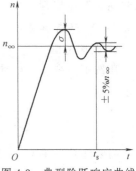

图4-9　典型阶跃响应曲线和跟随性能指标

2. 抗干扰性能指标

一般是指在系统稳定运行中，突加负载的阶跃扰动后的动态过程作为典型的抗干扰过程，并由此定义抗干扰性能指标，如图4-10所示。

（1）动态降落 $\Delta C_{\max}\%$　系统稳定运行时，突加一定数值的扰动后引起转速的最大降落值 $\Delta C_{\max}\%$ 叫作动态降落，用输出量原稳态值 $C_{\infty 1}$ 的百分数来表示。输出量在动态降落后逐渐恢复，达到新的稳态值 $C_{\infty 2}$，$C_{\infty 1}-C_{\infty 2}$ 是系统在该扰动作用下的稳态降落。动态降落一般都大于稳态降落（即静差）。调速系统突加额定负载扰动时的动态降落称作动态速降。

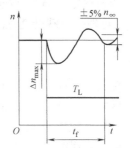

图4-10　突加负载时的动态过程和抗干扰性能指标

（2）恢复时间 t_f　从阶跃扰动作用开始，到被调量进入离稳态值的 $\pm5\%$ 或 $\pm2\%$ 的区域内为止所需要的时间。

（3）振荡次数 k　振荡次数为在恢复时间内被调量在稳态值上下摆动的次数，它代表系统的稳定性和抗干扰能力强弱。

四、单闭环直流调速系统

采用调压调速的直流调速系统框图如图4-11所示，该系统为开环控制系统。通过改变参考电压 U_c 的大小，即可改变触发脉冲的控制角 α，从而使直流伺服电动机的电枢电压变化，以达到改变电动机转速的目的，但这样的开环调速系统动、静态性能较差。

开环控制系统不满足静态调速指标，原因是静态速降太大，根据反馈控制原理，要稳定哪个物理量，就引入那个物理量的负反馈，以构成闭环系统。

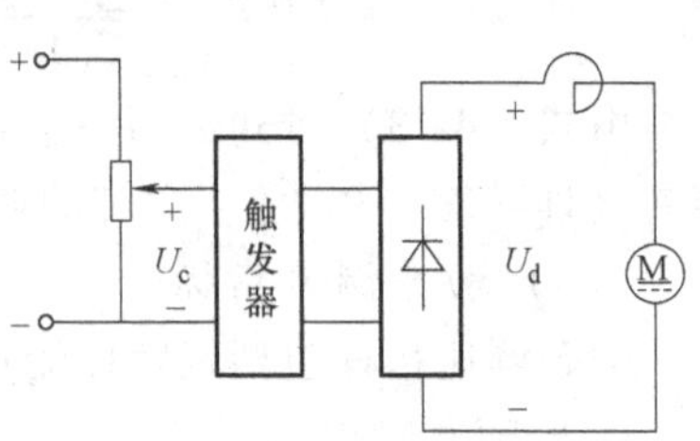

（一）单闭环有静差调速系统

图4-11　直流调速系统框图

1. 系统的组成及原理

由上面内容可知，为满足调速系统的性能指标，在开环控制系统的基础上，引入转速负反馈构成单闭环有静差调速系统。

在电动机轴上安装一台测速发电机TG，引出与转速成正比的电压信号 U_{fn}，以此作为反馈信号与给定电压信号 U_n 比较，所得差值电压 ΔU_n，经放大器产生控制电压 U_{ct}，用以控制电动机的转速，从而构成了转速负反馈调速系统，其控制原理图如图4-12所示。

反馈控制的闭环调速系统是按被调量的偏差进行控制的系统，只要被调量出现偏差，它就会自动启动调速系统来纠正偏差。转速降落是由负载引起的，因而，反馈控制的闭环调速系统能够大大减少转速的降落。其调节过程如下：

$$T_L \uparrow \rightarrow n \downarrow \rightarrow U_{fn} \downarrow \rightarrow \Delta U_n (=U_n - U_{fn}) \uparrow \rightarrow$$
$$U_{ct} \uparrow \rightarrow U_d \uparrow \rightarrow n \uparrow$$

2. 系统的静特性及静态结构图

为分析系统的静特性，突出主要矛盾，做如下假设：

1）各典型环节输入输出呈线性关系。

2）系统在电流连续段工作。

3）忽略直流电源和电位器的内阻。

由此，系统各环节输入、输出量的静态关系如下：

电压比较环节： $\Delta U_n = U_n - U_{fn}$

放大器： $U_{ct} = K_p \Delta U_n$

触发器与晶闸管整流装置： $U_{d0} = K_s U_{ct}$

测速发电机： $U_{fn} = \alpha n$

系统的开环机械特性为

$$n = (U_{d0} - I_d R)/C_e = n_{0op} - \Delta n_{op} \tag{4-15}$$

式中 K_p——放大器的电压放大倍数；

K_s——触发器与晶闸管整流装置的电压放大倍数；

α——测速反馈系数；

U_{d0}——理想空载整流电压的平均值；

R——主回路总的等效电阻；

n_{0op}——开环系统的理想空载转速；

Δn_{op}——开环系统的静态转速降落。

可得闭环系统的静特性方程如下：

$$n = K_p K_s U_n /[C_e(1+K)] - I_d R/[C_e(1+K)] = n_{0c1} - \Delta n_{c1} \tag{4-16}$$

式中 $K = K_p K_s \alpha / C_e$——闭环系统的开环放大系数；

n_{0c1}——闭环系统的理想空载转速；

Δn_{c1}——闭环系统的静态转速降落。系统的静态结构图如图 4-13 所示。

3. 系统的反馈控制规律

（1）应用比例调节器的闭环控制系统是有静差的控制系统 有静差的控制系统的实际转速不等于给定转速，因为闭环控制系统的静态速降为

$$\Delta n_{c1} = RI_d/[C_e(1+K)]$$

可见，开环放大倍数 K 越大，Δn_{c1} 越小，静特性越硬。由于 K 是有限值，故静态速降不可能为零。且具有比例调节器的闭环控制系统是依靠偏差

图 4-12 转速负反馈调速系统的控制原理图

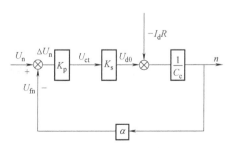

图 4-13 系统静态结构图

电压 ΔU_n 来维持输出电压 U_{d0} 的。所以应用比例调节器的调速系统一定存在静差。

（2）闭环系统对于给定输入绝对服从　给定电压 U_n 为参考输入量，它的微小变化会直接引起输出量转速的变化。在调速系统中，改变给定电压就是在调整转速。

（3）转速闭环系统的抗扰动性能　反馈控制系统具有良好的抗扰动性能，它对于负反馈环内前向通道上的一切扰动作用都能有效加以抑制。在闭环系统中，当给定电压 U_n 不变时，使电动机转速偏离设定值的所有因素统称为系统的扰动。实际上除了负载之外，还有许多因素会引起转速的变化，如交流电源电压波动、励磁电流变化、调节器放大倍数漂移等。所有这些扰动对转速的影响都会被测速装置检测出来，再通过反馈控制系统作用，减小它们对稳态转速的影响。图 4-14 标出了各种扰动因素对系统的作用。

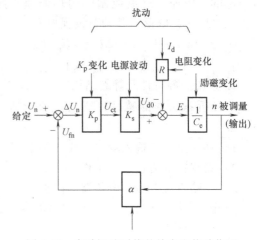

图 4-14　自动调速系统的给定和扰动作用

现以交流电源电压波动为例，定性说明闭环系统对扰动作用的抑制过程：

$$U\downarrow\rightarrow U_{d0}\downarrow\rightarrow n\downarrow\rightarrow U_{fn}\downarrow\rightarrow\Delta U_n\uparrow\rightarrow n\uparrow$$

闭环系统对检测和给定本身的扰动无抑制能力，若测速发电机磁场不稳定，引起反馈电压 U_{fn} 变化，使转速偏离原值，这种由测速发电机本身误差引起的转速变化，闭环系统无抑制能力。所以对测速发电机选择及安装必须特别注意，确保反馈检测元件的精度对闭环系统的稳速精度至关重要，起决定性的作用。

4. 单闭环调速系统的动态特性

在单闭环有静态差调速系统中，引入转速负反馈且有了足够大开环放大系数 K 后，就可以满足系统的稳态性能要求。由自动控制理论可知，K 值过大时，会引起闭环系统的不稳定，须采取校正措施才能使系统正常工作。另外，系统还必须满足各种动态性能指标。为此，必须进一步分析系统的动态特性。

（1）转速闭环调速系统的动态数学模型　为了对调速系统的稳定性和动态品质进行分析，建立系统的动态数学模型。根据系统中各环节的物理规律，列写描述每个环节动态过程的微分方程，求出各环节的传递函数，组成系统的动态结构图，进而可得系统的传递函数。

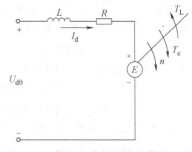

图 4-15　直流电动机回路的等效电路

1）直流电动机的传递函数。直流电动机回路的等效电路如图 4-15 所示，在额定磁通且电枢电流连续的条件下，直流电动机电枢回路电压平衡方程式为

$$U_{d0}-E=I_dR+\frac{L\mathrm{d}I_d}{\mathrm{d}t}=R\left(I_d+\frac{T_1\mathrm{d}I_d}{\mathrm{d}t}\right) \tag{4-17}$$

式中　T_1——电枢回路的电磁时间常数，$T_1=L/R$。

对式（4-17）两边取拉普拉斯变换，整理得到整流电压与电枢电流之间的传递函数为

$$\frac{I_d(s)}{U_{d0}(s)-E(s)}=\frac{1}{R(T_1 s+1)} \tag{4-18}$$

忽略黏性摩擦，电动机的转矩与转速之间的转矩平衡方程式为

$$T_e-T_L=\left(\frac{GD^2}{375}\right)\left(\frac{dn}{dt}\right) \tag{4-19}$$

式中　T_L——负载转矩。

由式（4-19）可得电流与感应电动势之间的传递函数为

$$\frac{E(s)}{I_d(s)-I_{dL}(s)}=\frac{R}{T_m s} \tag{4-20}$$

式中　T_m——电动机的机电时间常数，$T_m=\dfrac{GD^2}{375 C_m C_e \Phi^2}$。

由式（4-18）和式（4-20）可得直流伺服电动机在额定励磁下的动态结构图如图 4-16 所示。

2）晶闸管触发器和整流器的传递函数。全控型整流器在稳态下，触发器控制电压 U_{ct} 与整流输出电压的关系为

$$U_{d0}=AU_2\cos\alpha=AU_2\cos(KU_{ct}) \tag{4-21}$$

由式（4-21）可知，晶闸管触发器与整流器的输入-输出关系是非线性余弦关系。由于一般触发延迟角在 30°~150° 范围内的非线性偏差不大，在工程上常常用线性环节来近似处理，即触发与整流环节的放大倍数为

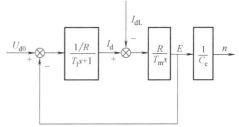

图 4-16　直流伺服电动机在额定励磁下的动态结构图

$$K_s=\frac{U_{d0}}{U_{ct}} \tag{4-22}$$

触发与整流环节可看作一个具有纯滞后作用的放大环节，其滞后作用是晶闸管装置的失控时间引起的。失控时间是指当某一相晶闸管触发导通后，至下一相晶闸管触发导通之前的一段时间，也称滞后时间，用 T_s 表示。

由此可见，晶闸管整流器的传递函数为

$$W(s)=\frac{U_{d0}(s)}{U_{ct}(s)}=K_s e^{-T_s s} \tag{4-23}$$

忽略其高次项，则晶闸管触发器和整流器的传递函数可近似成一阶惯性环节：

$$\frac{U_{d0}(s)}{U_{ct}(s)}\approx\frac{K_s}{T_s s+1} \tag{4-24}$$

其动态结构图如图 4-17 所示。

3）放大器及转速反馈环节。放大器为比例调节器。

输入信号：$\Delta U_n(s)=U_n(s)-U_{fn}(s)$

输出信号：$U_{ct}(s)=K_p\Delta U_n(s)$

测速发电机反馈信号：$U_{fn}(s)=\alpha n(s)$

则该环节传递函数为 $\qquad U_{\text{ct}}(s)/[U_{\text{n}}(s)-\alpha n(s)]+K_{\text{p}}$ （4-25）

其动态结构如图 4-18 所示。

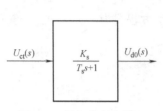

图 4-17 晶闸管触发器和
整流器的动态结构图

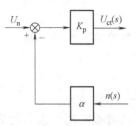

图 4-18 放大器及转速反
馈环节的动态结构图

（2）单闭环调速系统的动态结构图和传递函数 知道了各环节的传递函数后，按它们在系统中输入、输出的相互关系，可画出如图 4-19 所示的单闭环调速系统的动态结构图。

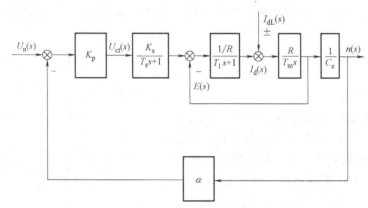

图 4-19 单闭环调速系统的动态结构图

把直流电动机等效成一个环节，其输入与输出关系为

$$n(s)=E(s)/C_{\text{e}}=U_{\text{d0}}(s)/[C_{\text{e}}(T_1 T_{\text{m}} s^2+1)]+R(T_1 s+1)I_{\text{dL}}(s)$$

图 4-19 可简化成图 4-20。

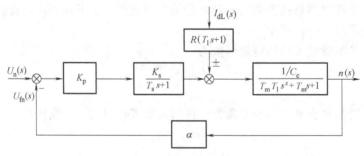

图 4-20 转速反馈系统的简化动态结构图

由图 4-20 可见，单闭环系统就是一个三阶线性系统，其开环传递函数为

$$W_{\text{op}}(s)=\frac{K}{[(T_{\text{s}}s+1)(T_{\text{m}}T_1 s^2+T_{\text{m}}s+1)]}$$ （4-26）

闭环传递函数为

$$W_{cl}(s) = \cfrac{\cfrac{K_p K_s / C_e}{1+K}}{\cfrac{T_m T_s T_1}{1+K}s^3 + \cfrac{T_m(T_1+T_s)}{1+K}s^2 + \cfrac{T_m+T_s}{1+K}s+1} \qquad (4\text{-}27)$$

（3）转速负反馈单闭环系统的稳定性分析　由式（4-27）得单闭环调速系统的特征方程为

$$\frac{T_m T_1 T_s}{1+K}s^3 + \frac{T_m(T_1+T_s)}{1+K}s^2 + \frac{T_m+T_s}{1+K}s+1 = 0 \qquad (4\text{-}28)$$

根据三阶系统的劳斯稳定判据，系统稳定的充分必要条件为

$$\frac{T_m(T_1+T_s)(T_m+T_s)}{(1+K)^2} - \frac{T_m T_s T_1}{1+K} > 0$$

即

$$K < \frac{T_m(T_1+T_s)+T_s^2}{T_1 T_s} \qquad (4\text{-}29)$$

由式（4-29）表明，当系统参数 T_m、T_1、T_s 已定的情况下，为保证系统稳定，其开环放大系数 K 值不能太大，必须满足式（4-29）的稳定条件。

通过前面的稳态分析可知，为提高静特性硬度，希望系统的开环放大倍数 K 大些，但 K 大到一定值时会引起系统的不稳定。因此，由系统稳态误差要求所计算的 K 值还必须按系统稳定性条件进行校核，必须兼顾静态和动态两种特性。

（二）单闭环无静差调速系统

为了消除静差，实现转速无静差调节，根据自动控制理论，可以在调速系统中引入积分控制规律，用积分调节器或比例积分调节器代替比例调节器，利用积分对偏差的积累产生控制电压 U_{ct}，以实现静态的无偏差。

1. 积分、比例积分控制规律

（1）积分调节器及积分控制规律　由集成运算放大器构成的积分（I）调节器原理图如图 4-21 所示，其输入输出关系如图 4-22 所示，积分调节器的传递函数为

$$W(s) = \frac{U_{sc}}{U_{sr}} = \frac{1}{\tau s} \qquad (4\text{-}30)$$

式中　τ——积分时间常数，$\tau = R_0 C$。

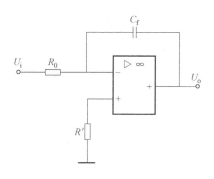

图 4-21　积分调节器原理图

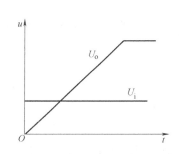

图 4-22　积分调节器的输入输出关系

在积分调节器中，输出电压是输入电压的积分，当输入量为零时，输出量保持不变，这就是积分器的记忆作用或保持作用。比例调节器的输出只取决于输入偏差量的现状，而积分调节器的输出则包含了输入偏差量的全部历史，只要历史上有偏差，就有足够的控制电压，保证系统的稳定运行。

（2）比例积分调节器及控制规律　积分控制虽然最终能消除稳态误差，但快速性不如比例控制。如把两种控制规律结合起来，使比例部分能快速响应输入，而积分部分实现无静差调节。

由集成运算放大器构成的比例积分（PI）调节器的原理图如图 4-23 所示，其输入输出关系如图 4-24 所示，比例积分调节器的传递函数为

$$W(s) = \frac{U_{sc}}{U_{sr}} = \frac{K_p \tau s + 1}{\tau s} \tag{4-31}$$

式中　τ——积分时间常数，$\tau = R_0 C_1$；

$\quad\quad$ K_p——比例放大系数，$K_p = R_1 / R_0$。

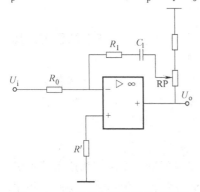

图 4-23　比例积分调节器的原理图

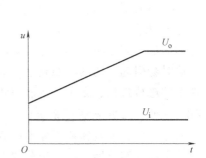

图 4-24　比例积分调节器输入输出关系

2. 电流截止负反馈环节

很多生产设备需要直接加阶跃给定信号，以实现快速起动的目的。起动时由于系统的机械惯性较大，电动机转速不能立即建立起来，转速反馈信号 $U_{fn} = 0$，加在比例调节器输入端的转速偏差信号 $\Delta U_n = U_n$，是稳态时的（$1+K$）倍，造成电动机的满电压起动。直流电动机直接起动的电流是额定电流的几十倍，过电流继电器会使系统跳闸，电动机无法正常起动。此外，当电流上升率过大时，对直流电动机的换向及晶闸管器件的安全都是不允许的。因此必须引入电流保护环节，以限制起动电流，使其不超出电动机的过载能力。

要限制起动电流，可在系统中引入电流负反馈。但电流负反馈在限流的同时，会使系统的特性变软。为解决限流保护与静特性变软之间出现的矛盾，可在系统加入电流截止负反馈环节，该环节由电枢电流的检测环节（直流电流互感器）和基准值（稳压二极管）两部分组成，如图 4-25 所示。

设 I_{dcr} 为临界的截止电流，当电流大于 I_{dcr} 时，将电流负反馈信号加到调节器的输入端；当电流小于 I_{dcr} 时，将电流负反馈切断。

3. 带电流截止负反馈环节的单闭环无静差调速系统

图 4-26 所示为带电流截止负反馈环节的单闭环无静差调速系统的原理图，系统中采用 PI 调节器，以获得良好的动、静态性能；采用电流截止负反馈环节，以保证系统的正常工作。

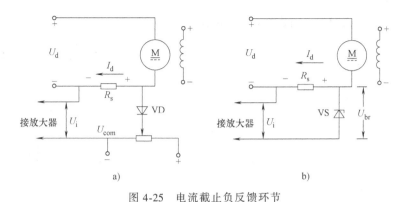

图 4-25　电流截止负反馈环节

a）利用独立电源作比较电压　b）利用稳压二极管获得比较电压

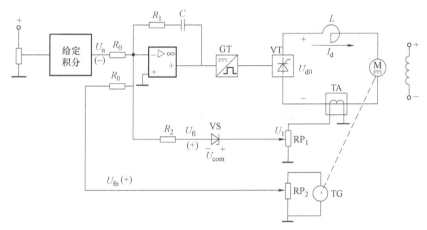

图 4-26　带电流截止负反馈环节的单闭环无静差调速系统的原理图

　　系统中的电流检测反馈信号 $U_{\mathrm{fi}}=\beta I_{\mathrm{d}}$，$\beta$ 为检测环节的比例系数；允许电枢电流截止反馈的临界值 $I_{\mathrm{dcr}}=U_{\mathrm{com}}/\beta$（$U_{\mathrm{com}}$ 为比较电压）。当 $I_{\mathrm{d}} \leqslant I_{\mathrm{dcr}}$（即 $U_{\mathrm{fi}} \leqslant U_{\mathrm{com}}$）时，电流负反馈被截止，不起作用，此时系统仅存在转速负反馈。当负载电流增大使 $I_{\mathrm{d}}>I_{\mathrm{dcr}}$（即 $U_{\mathrm{fi}}>U_{\mathrm{w}}$，$U_{\mathrm{w}}$ 为稳压二极管稳压电压），稳压二极管被反向击穿，允许电流反馈信号通过，转速负反馈与电流负反馈同时起作用，使调节器输出 U_{ct} 下降，迫使 U_{d0} 迅速减小，限制了电枢电流随负载增大而增加的速度，有效抑制了电枢电流的增加。

第三节　双闭环直流电动机调速系统

　　带电流截止负反馈环节、采用 PI 调节器的单闭环调速系统，既保证了电动机的安全运行，又具有较好的动、静态性能。然而仅靠电流截止环节来限制起动和升速时的冲击电流，性能并不令人满意。为充分利用电动机的过载能力来加快起动过程，专门设置一个电流调节器，从而构成电流、转速双闭环调速系统，实现在最大电枢电流约束下的转速过渡过程最快的"最优"控制。本节介绍双闭环调速系统。

一、转速、电流双闭环调速系统的组成

在双闭环调速系统中，设置了两个调节器，分别控制转速和电流，并且将两个调节器进行串级连接。转速调节器（ASR）的输出作为电流调节器的输入，而电流调节器（ACR）的输出则去控制晶闸管整流器的触发装置。从系统结构上看，电流调节环在里面，称为内环；转速调节环在外面，称为外环。其原理图如图 4-27 所示，两个调节器作用互相配合，相辅相成。

为了使转速、电流双闭环调速系统具有良好的静、动态性能。电流、转速两个

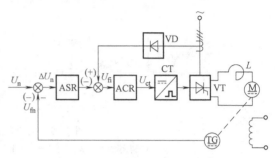

图 4-27　双闭环调速系统的原理图

调节器一般采用输出带限幅的 PI 调节器。ASR 的输出限幅（饱和）电压为 U_{im}，它决定了 ACR 给定电压的最大值；ACR 的输出限幅电压是 U_{ctm}，它限制了晶闸管整流器输出电压的最大值。考虑触发装置的控制电压为正电压，运算放大器又具有倒相作用，图中标出了相应信号的实际极性。

二、转速、电流双闭环调速系统的工作原理

双闭环系统采用 PI 调节器，则其稳态时输入偏差信号一定为零，即给定信号与反馈信号的差值为零，属无静差调节。

1. 电流调节环

电流环的给定信号是 ASR 的输出信号 U_i，电流环的反馈信号采自交流电流互感器及整流电路或霍尔式电流传感器，其值 $U_{fi} = \beta I_d$，β 为电流反馈系数，则

$$\Delta U_i = U_i - U_{fi} = 0 \qquad (4\text{-}32)$$

$$U_i = U_{fi} = \beta I_d$$

所以

$$I_d = \frac{U_i}{\beta} \qquad (4\text{-}33)$$

在 U_i 一定的条件下，在 ACR 的作用下，输出电流保持为 U_i/β，而由电网电压波动引起电流波动将被有效抑制。此外，由于限幅的作用，ASR 的最大输出只能是限幅值 $-U_{im}$，调整反馈环节的反馈系数 β，可使电动机的最大电流对应的反馈信号等于输入限幅值，即

$$U_{fm} = \beta I_{dm} = U_{im}$$

I_{dm} 取值应考虑电动机允许过载能力和系统允许最大加速度，一般为额定电流的 1.5~2 倍。

2. 速度调节环

速度环给定信号 U_n，反馈信号 $U_{fn} = \alpha n$，则稳态时

$$\Delta U_n = U_n - U_{fn} = 0$$

所以

$$U_n = U_{fn} = \alpha n$$

即

$$\alpha = \frac{U_n}{n} \qquad (4\text{-}34)$$

ASR 的给定输入由稳压电源提供，其幅值不可能太大，一般为十几伏或更小，当给定为最大值 U_{nmax} 时，电动机应达到最高转速，一般为电动机的额定转速 n_{nom}。

$$\alpha = \frac{U_{nmax}}{n_{nom}}$$

ACR 输出为触发装置的控制电压 U_{ct}，且

$$U_{ct} = \frac{U_{d0}}{K_s} = \frac{C_e n + I_d R}{K_s} = \frac{C_e \dfrac{U_n}{\alpha} + I_d R}{K_s} \tag{4-35}$$

当 U_n 为定值时，由 ASR 可使电动机转速恒定，克服负载扰动的影响，其调节过程如下：

$$I_{dL} \uparrow \to n \downarrow \to \Delta U_n \ (= U_n - \alpha n \downarrow) > 0 \to U_i \uparrow \to |\Delta U_i| \uparrow \to U_{ct} \uparrow \to U_{d0} \uparrow \to I_d \uparrow \to n \uparrow$$

双闭环系统的正常工作段静特性如图 4-28 中的 $n_0 - A$ 段。

当负载过大时，电动机发生堵转，转速下降至零，ASR 输入偏差 $\Delta U_n = U_n$ 为最大值，ASR 饱和，输出为限幅值 U_{im}，ASR 失去调节作用，系统仅靠电流调节器的限流作用，使 $I_d = U_{im}/\beta$ 恒流调节，呈下垂特性，如图 4-28 中的 AB 段。

双闭环调速系统的静特性在负载电流小于 I_{dm} 时转速无静差，转速负反馈起主要调节作用，工作段静特性很硬，而在负载达到 I_{dm} 时，转速

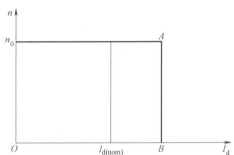

图 4-28　双闭环系统的正常工作段静特性

调节器饱和，系统表现为电流无静差调节系统，具有过电流的自动保护，静特性为下垂特性。双闭环系统的稳态结构图如图 4-29 所示。

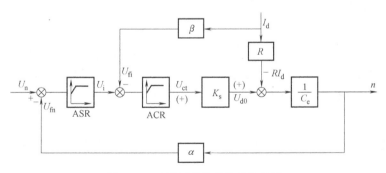

图 4-29　双闭环系统的稳态结构图

3. 双闭环系统起动过程分析

双闭环调速系统突加给定电压 U_n 后，其转速和电流在起动过程中的波形如图 4-30 所示，其中第 Ⅰ、Ⅱ 阶段 ASR 饱和，第 Ⅲ 阶段 ASR 退出饱和发挥线性调节作用。

第 Ⅰ 阶段 $0 \sim t_1$ 是电流上升阶段。系统突加给定电压 U_n 后，由于电动机的机械惯性较大，转速和转速反馈量增长较慢，则 ASR 的输入偏差电压 $\Delta U_n = U_n - U_{fn}$ 的数值较大，ASR 的放大倍数较大，其输出很快达到饱和输出限幅值 U_{im}。该电压加在 ACR 的输入端，作为

最大电流的给定值，使 ACR 的输出 U_{ct} 首先靠比例部分 $K_p\Delta U_i$ 的作用（$\Delta U_i = U_{im} - U_{fi}$）迅速增大，触发脉冲从 90° 初始位置快速前移，强迫电枢电流 I_d 迅速上升。随着电流反馈信号 U_{fi} 的上升，ΔU_i 逐渐减小，ACR 的输出信号 U_{ct} 的比例部分随之减少，而积分部分逐渐积累增加。在比例、积分两部分共同作用下，形成了如图 4-30 中所示的 U_{ct} 波形。U_{ct} 的上升使整流电压 U_{d0} 成比例增加，从而保证电流 I_d 迅速增大，直到最大值 I_{dm}。当 $I_d \approx I_{dm}$，$U_{fi} \approx U_{im}$，ACR 的作用使 I_d 不再增加，保持动态平衡。这一阶段的特点是 ASR 因阶跃给定作用而迅速饱和，而 ACR 一般为不饱和，以保证电流环的调节作用，强迫电流 I_d 上升，并达到 I_{dm}。

第 II 阶段 $t_1 \sim t_2$ 是恒流升速阶段，即升速时保持最大电流给定。该阶段从电流上升到 I_{dm} 开始，直至转速上升到给定值对应的转速额定值为止，是起动的主要阶段。期间，$U_{fn} < U_n$，ASR 一直处于饱和状态，输出限幅 U_{im} 不变，相当于转速环开环，系统表现为在恒值最大电流给定 U_{im} 作用下的电流调节系统，基本上保持电流 I_{dm} 恒定。t_1 时刻，当 I_d 升至 I_{dm} 值时，$\Delta U_i = 0$，但由于 $\dfrac{dn}{dt} > 0$，转速继续上升，反电动势也随之上升，这使得电枢电流 $I_d = \dfrac{U_{d0} - E}{R}$ 下降，当 I_d 略小于 I_{dm}，$|-\Delta U_i| > 0$，又使 U_{ct} 上升，U_{d0} 也上升，力图维持 $I_d = I_{dm}$。在 U_{im} 的恒值控制下，内环恒定 I_{dm} 的自动调节过程是：

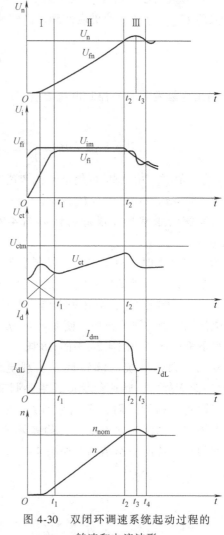

图 4-30　双闭环调速系统起动过程的转速和电流波形

$$n \uparrow \rightarrow E \uparrow \rightarrow I_d \downarrow \rightarrow U_{fi} \downarrow \rightarrow |-\Delta U_i| > 0 \rightarrow U_{ct} \uparrow \rightarrow U_{d0} \uparrow \rightarrow I_d \uparrow \dashv$$
$$n \uparrow \dashleftarrow \dashleftarrow \dashleftarrow \dashleftarrow \dashleftarrow \dashleftarrow \dashleftarrow \dashleftarrow \dashleftarrow \dashleftarrow \dashleftarrow \dashleftarrow \dashleftarrow \dashleftarrow \dashleftarrow \dashleftarrow \dashleftarrow \dashleftarrow \dashleftarrow \dashv$$

调节作用使 I_d 略小于 I_{dm} 而维持不变，转速线性上升，相应的 E、U_{d0}、U_{ct} 也都是线性上升，t_2 时刻 n 上升达给定转速，如图 4-30 所示。

第 III 阶段为 t_2 以后的转速调节阶段。t_2 时刻，转速已达给定值，ASR 的给定电压与反馈电压相平衡，输入偏差为零，$\Delta U_n = U_n - U_{fn} = 0$，但其输出由于 PI 的积分作用还维持在限幅值 U_{im}，电动机仍在最大电流下继续加速，使转速产生超调，同时 ASR 的输入端出现负偏差电压（$U_{fn} > U_n$，$\Delta U_n < 0$），使 ASR 退出饱和状态，ASR 输出电压也为 ACR 的给定电压 U_i 从限幅值降下来，主电路电流 I_d 也随之迅速减小。但是，由于 I_d 仍大于负载电流 I_{dL}，转速继续上升，直至 $I_d = I_{dL}$，转

矩 $T=T_L$，则 $\mathrm{d}n/\mathrm{d}t=0$，转速 n 达到峰值（$t=t_3$）。此后在负载力矩 T_L 作用下，电动机开始减速。当 n 达到给定值（t_4 时刻），$I_d=I_{dL}$，系统进入稳态运行状态。

在这一阶段中，ASR 和 ACR 都不饱和，共同担当调节作用。转速调节处于外环，起主导作用，促使转速迅速趋于给定值，并使系统稳定；ACR 的作用则是力图使 I_d 尽快跟随 ASR 的输出 U_i 的变化，也就是说，电流内环的调节过程由速度外环支配，形成了一个电流伺服系统。系统起动后进入稳态时，转速等于给定值，电流等于负载电流，ASR 和 ACR 的输入偏差电压均为零。

综上所述，双闭环系统起动过程的特点如下：

1）转速环出现饱和开环和退饱和闭环两种状态。转速开环时，系统为恒值电流调节单环系统。转速闭环时，系统为无静差调速系统，电流内环为电流伺服系统。

2）转速环从开环到闭环发挥调节作用，其转速一定出现超调，只有靠超调才能使 ASR 退饱和，才能进行线性调节。

3）恒电流转速上升阶段，取 $I_d=I_{dm}$，充分发挥了电动机的过载能力，实现了电流受限制条件下的最短时间控制，即"时间最优控制"。

4. 双闭环调速系统的动态抗扰动性能

在前一节中已经了解，单闭环调节系统对于被包在反馈环内的一切扰动量都有抑制作用。这些扰动量最终要反映到被调量，由测出被调量的偏差而进行调节，根据系统的静态特性，扰动才会被抑制。但从系统的动态特性上看，对于作用点离被调量较远的扰动量，还存在不能及时调节的问题。

根据单闭环调速系统的动态抗扰图（见图 4-31），由于电网电压波动所引起的扰动作用，先要经受电磁惯性的阻挠才能影响电枢电流，再经过机电惯性的滞后才能反映到转速上来，等到转速反馈产生调节作用，时间已经比较晚。而在双闭环调速系统中，由于电网电压扰动被包围在电流环之内，如图 4-32 所示，当电压波动时，可以通过电流反馈得到及时调节，不必等到影响到转速后才在系统中有所反应。因此，在双闭环调速系统中，由电网电压波动引起的动态速降会比单闭环系统中小得多。

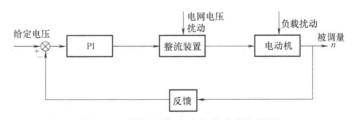

图 4-31 单闭环调速系统的动态抗扰图

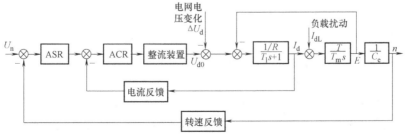

图 4-32 双闭环调速系统的动态结构图

至于负载变化引起的扰动，从图 4-32 可知，负载扰动作用在电流环之后，只能靠 ASR 来产生抗扰动作用。因此，在突加（减）负载时，必然会引起动态速降（升）。为了减小动态速降（升），必须在设计 ASR 时，要求系统具有良好的抗扰动指标。

双闭环系统突加负载扰动时的动态过程如图 4-33 所示。其调节过程为

$$(T_e - T_L \uparrow) < 0 \to n \downarrow \to \Delta U_n = (U_n - U_{fn} \downarrow) > 0 \to U_i \uparrow \to U_{ct} \uparrow \to U_{d0} \uparrow \to I_d \uparrow \to T_e \uparrow$$

当 $T_e = T_L$ 时，转速不再下降，但转速仍小于 n_1，$\Delta U_n = U_n - U_{fn} > 0$，上述调节过程还将进行，使 $T_e \geq T_L$，电动机转速 n 才开始回升，在 n 回升到 n_1 值之前，有 $\Delta U_n > 0$，使 $U_i \uparrow \to I_d \uparrow \to n \uparrow$，当 $n > n_1$，产生超调后，$\Delta U_n < 0$，使 $U_i \downarrow \to I_d \downarrow$，当 $I_d < I_L$ 时，n 下降，依次重复，使系统稳定下来。只要过程为衰减的，最终一定能达到 $n = n_1$、$I_d = I_{dL}$、$T_e = T_L$ 的稳定状态。

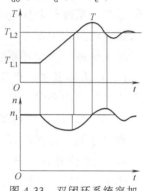

图 4-33 双闭环系统突加负载扰动时的动态过程

对于双闭环系统，扰动对系统的影响与扰动的作用点有关，扰动作用于内环的主通道中，将不会明显地影响转速，如电网电压扰动；扰动作用于外环主通道中，则必须通过 ASR 调节才能克服扰动引起的影响，如负载扰动；扰动如果作用于反馈通道中，如测速发电机励磁电流变化引起的扰动，调节系统（包括单闭环）是无法克服它引起的偏差的。

5. 双闭环调速系统中两个调节器的作用

（1）ASR 的作用

1）使转速 n 跟随给定电压 U_n 变化，实现转速无静差调节。

2）对负载变化起抗扰作用。

3）其饱和输出限幅值作为系统允许最大电流的给定，起饱和非线性控制作用，以实现系统在最大电流约束下的起动过程。

（2）ACR 的作用

1）起动时，实现最大允许电流条件下的恒流升速调节时间最优。

2）在转速调节过程中，使电流跟随其给定电压 U_n 变化。

3）对电网电压波动及时起抗扰动作用。

4）当电动机过载甚至于堵转时，限制电枢电流的最大值，从而起到快速的安全保护作用。如果故障消失，系统能自动恢复正常。

第四节 直流 PWM 调速控制系统

一、概述

晶闸管变流器构成的直流调速系统，由于其线路简单、控制灵活、体积小、效率高以及没有旋转噪声和磨损等优点，在一般工业应用，特别是大功率系统中一直占据主要地位。但是当系统运行在较低速时，晶闸管的导通角很小，系统的功率因数相应也很小，并产生较大的谐波电流，使转矩脉动大，限制了调速范围。要克服上述问题，必须加大平波电抗器的电感量，但电感大又限制了系统的快速性。此外，功率因数低、谐波电流大，还将引起电网电

压波形畸变，变流器设备容量大，还将造成所谓的"电力公害"，在这种情况下必须增设无功补偿和谐波滤波装置。

随着电力电子技术的发展，出现了自关断电力电子器件——全控式器件，如电力晶体管（GTR）、门极关断（GTO）晶闸管、电力 MOS 场效应晶体管（Power MOSFET）、绝缘栅双极晶体管（IGBT）、MOS 晶体管（MCT）等。采用全控型开关器件很容易实现脉冲宽度调制（简称脉宽调制，Pulse Width Modulation，PWM），与半控型开关器件晶闸管变流器相比，体积可缩小 30% 以上，装置效率高，功率因数高。同时由于开关频率的提高，直流脉宽调制伺服控制系统与 V-M 伺服控制系统相比，电流容易连续，谐波少，电动机损耗和发热都较小，低速性能好，稳速精度高，系统通频带宽，快速响应性能好，动态抗扰能力强。可采用新的拓扑结构，将脉宽调制的拓扑结构与谐振型拓扑结构组合在一起。首先利用脉宽调制提供方波电压、电流，对于同样的电流而言，它比谐振的正弦波传输更多的功率，并可保持低的正向导通损耗；其次，谐振开关意味着开关损耗的降低，可以利用零电压、零电流谐振技术在开关管上电压或电流到达零后再行转换。那么，直流 PWM 调速控制系统将会有更广阔的市场前景。

各种全控型器件构成的直流脉宽调制型调速控制系统的原理是一样的，只是不同器件具有各自不同的驱动、保护及其他器件使用的问题。本节以 IGBT 为例介绍直流脉宽调制系统的工作原理及特性，并介绍直流脉宽调制型调速控制系统的电路。

（一）脉宽调制的理论

许多工业传动系统都是由公共直流电源或蓄电池供电的。在多数情况下，都要求把固定的直流电源电压变换为不同的电压等级，例如地铁列车、无轨电车或由蓄电池供电的机动车辆等，它们都有调速的要求，因此，要把固定电压的直流电源变换为直流电动机电枢用的可变电压的直流电源。

由脉宽调制变换器向直流电动机供电的系统称为脉宽调制型调速控制系统，简称 PWM 调速系统。

图 4-34 是 PWM 调速控制系统的原理图及输出电压波形。

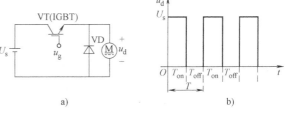

图 4-34　PWM 调速系统
a）原理图　b）输出电压波形

在图 4-34a 中，假定 VT（IGBT）先导通 T_{on}（忽略 VT 的管压降，这期间电源电压 U_s 全部加到电枢上），然后关断 T_{off}，电枢失去电源，经二极管 VD 续流。如此周而复始，则电枢端电压波形如图 4-34b 所示。电动机电枢端电压 U_a 为其平均值

$$U_a = \frac{T_{on}}{T_{on} + T_{off}} U_s = \frac{T_{on}}{T} U_s = \rho U_s \tag{4-36}$$

式中

$$\rho = \frac{T_{on}}{T_{on} + T_{off}} = \frac{T_{on}}{T} \tag{4-37}$$

ρ 为一个周期 T 中，VT（IGBT）导通时间的比率，称为负载率或占空比。使用下面三种方法中的任何一种，都可以改变 ρ 的值，从而达到调压的目的，实现电动机的平滑调速。

（1）定宽调频法　T_{on} 保持一定，使 T_{off} 在 0~∞ 范围内变化。

（2）调宽调频法 T_{off} 保持一定，使 T_{on} 在 $0 \sim \infty$ 范围内变化。

（3）定频调宽法 $T_{on} + T_{off} = T$ 保持一定，使 T_{on} 在 $0 \sim T$ 范围内变化。

下面将着重论述 IGBT 组成的不可逆和可逆的 PWM 变换器以及包含 PWM 脉冲产生等内容的控制电路。

（二）不可逆 PWM 变换器

图 4-35 是简单的不可逆 PWM 变换器的主电路原理图，它实际上就是所谓的直流斩波器。电源 U_s 一般由不可控整流电源提供，采用大电容滤波，脉宽调制器的负载为电动机电枢，它可被看成是电阻-电感-反电动势负载。二极管在 IGBT 关断时为电枢回路提供释放电感储能的续流回路。

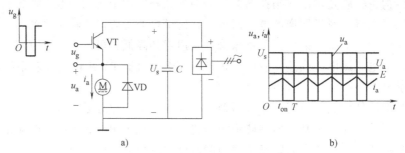

图 4-35 简单的不可逆 PWM 变换器

a）原理图 b）电压、电流波形

IGBT 的栅极由频率不变而脉冲宽度可调的脉冲电压 u_g 驱动。在一个开关周期内，当 $0 \leq t \leq t_{on}$ 时，u_g 为正，IGBT 饱和导通，电源电压通过 IGBT 加到电动机电枢两端。当 $t_{on} \leq t \leq T$ 时，u_g 为负，IGBT 截止，电枢失去电源，经二极管 VD 续流，电动机可得到的平均端电压为式（4-36），亦即

$$U_a = \frac{t_{on}}{T} U_s = \rho U_s$$

改变 $\rho (0 \leq \rho \leq 1)$ 即可改变电枢两端电压，从而实现调速。

图 4-35b 给出了稳态时的脉冲端电压 u_a、电枢平均电压 U_a 和电枢电流 I_a 的波形。由图可见，稳态电流是脉动的，其平均值等于负载电流 $I_L = T_L/(C_m\Phi)$。

设连续的电枢脉动电流 i_a 的平均值为 I_a，与稳态转速相应的反电动势为 E，电枢回路总电阻为 R，则由回路平衡电压方程

$$U = E + I_a R$$

可推导得机械特性方程

$$n = \frac{E}{K_e\Phi} = \frac{\rho U_s}{K_e\Phi} - \frac{I_a R}{K_e\Phi} \tag{4-38}$$

令 $n_0 = \dfrac{\rho U_s}{K_e\Phi}$，$\Delta n = \dfrac{I_a R}{K_e\Phi}$，则有

$$n = n_0 - \Delta n \tag{4-39}$$

式中 n_0——调速系统的空载转速，与占空比成正比；

Δn——由负载电流造成的转速降。

电流连续时，调节占空比 ρ，便可得到一簇平行的机械特性曲线，这与晶闸管变流器供电的调速系统且电流连续的情况是一样的。

图 4-35 所示的简单不可逆变换器中，电流 i_a 不能反向，因此不能产生制动作用，只能单象限运行。需要制动时，必须具有反向电流 i_a 的通路，因此应该设置控制反向通路的第二个 IGBT，如图 4-36a 所示。这种电路组成的 PWM 伺服系统可在第一、第二两个象限运行。

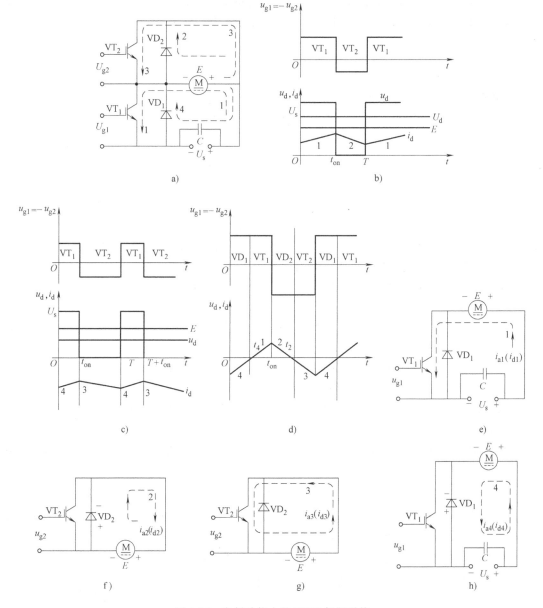

图 4-36　有制动能力的 PWM 伺服系统

VT$_1$ 和 VT$_2$ 的驱动电压大小相等、方向相反，即 $U_{g1} = -U_{g2}$。当电动机在电动状态下运行时，平均电压应为正值，一个周期内分两段变化。在 $0 \leqslant t \leqslant t_{on}$ 期间（t_{on} 为 VT$_1$ 导通时间），U_{g1} 为正，VT$_1$ 饱和导通；U_{g2} 为负，VT$_2$ 截止。此时，电源电压 U_s 加到电枢两端，

电流 i_a 沿回路 1 流通，如图 4-36e 所示。此时，有

$$U_s = Ri_{a1} + L\frac{di_{a1}}{dt} + E \tag{4-40}$$

在 $t_{on} \le t < T$ 期间，U_{g1} 和 U_{g2} 都变换极性，VT_1 截止，但 VT_2 却不能导通，因为 i_{a2} 沿回路 2 经二极管 VD_2 续流，在 VD_2 两端产生的电压降给 VT_2 施加反压，使它失去导通的可能。因此，实际上是 VT_1、VD_2 交替导通，而 VT_2 始终不导通，其电压和电流波形如图 4-36b 所示。虽然多了一个 VT_2，但它并没有作用，波形和图 4-35b 所示的情况一样。此时，有

$$Ri_{a2} + L\frac{di_{a2}}{dt} + E = 0 \tag{4-41}$$

如果在电动运行中要降低转速，则应减小控制电压，使 U_{g1} 的正脉冲变窄，负脉冲变宽，从而使平均电枢电压 U_a 降低。但由于惯性的作用，转速和反电动势还来不及立即变化，造成 $E > U_a$ 的局面。这时 VT_2 就在电动机制动中发挥作用。先来分析 $t_{on} \le t < T$ 这一阶段，如图 4-36c 所示，由于此时 U_{g2} 变正，VT_2 导通，$E - U_a$ 产生的反向电流 i_{a3} 沿回路 3 通过 VT_2 流通，产生能耗制动，直到 $t = T$ 为止。在 $t_{on} \sim T$ 期间，反电动势为

$$E = Ri_{a3} + L\frac{di_{a3}}{dt} \tag{4-42}$$

在 $T \le t < T + t_{on}$（即 $0 \le t < t_{on}$）期间，VT_2 截止，$-i_{a4}$ 沿回路 4 通过 VD_1 续流，对电源回馈制动，同时在 VD_1 上的压降使 VT_1 不能导通。在整个制动过程中，VT_2、VD_1 轮流导通，而 VT_1 始终截止，电压和电流波形示于图 4-36c。在此期间，有

$$E - U_s = Ri_{a4} + L\frac{di_{a4}}{dt} \tag{4-43}$$

反向电流的制动作用使电动机转速下降，直到达到新的稳态。最后应该指出，当直流电源采用半导体整流装置时，在回馈制动阶段电能不可能通过它送回电网，只能向滤波电容 C 充电，从而造成瞬间的电压升高，称作泵升电压。如果回馈能量大，泵升电压升高，将危及 IGBT 和整流二极管，必须采取措施加以限制。

还有一种特殊情况，在轻载电动状态中，负载电流较小，以致当 VT_1 关断后 i_a 的续流很快就衰减到零，如图 4-36d 中 $t_{on} \sim T$ 期间的 t_2 时刻。这时二极管 VD_2 截止，使 VT_2 得以导通，反电动势 E 沿回路 3 流过反向电流 $-i_{a3}$，产生局部时间的能耗制动作用。到了 $t = T$，VT_2 关断，$-i_{a4}$ 又开始沿回路 4 经 VD_1 续流，直到 $t = t_4$ 时 $-i_{a4}$ 衰减到零，VT_1 才开始导通。这种在一个开关周期内，VT_1、VD_2、VT_2、VD_1 四个管子轮流导通的电流波形示于图 4-36d。

综上所述，带制动回路的不可逆变换器电路中的电枢电流始终是连续的。因此，简单不可逆电路在电流连续时导出的公式对于这种电路是完全适用的。

由式（4-38）可绘出具有制动作用的不可逆 IGBT-M 系统的开环机械特性，如图 4-37 所示，显然，由于电流可以反向，因而可实现两象限运行，故系统在减速和停车时具有较好的动态性能和经济性。

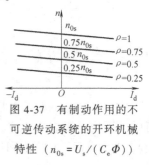

图 4-37 有制动作用的不可逆传动系统的开环机械特性（$n_{0s} = U_s / (C_e \Phi)$）

（三）可逆 PWM 变换器

可逆 PWM 变换器电路的结构形式有 H 形和 T 形等，这里主要讨论常用的 H 形变换器，它是由 4 个 IGBT（VT$_1$~VT$_4$）和 4 个续流二极管（VD$_1$~VD$_4$）组成的桥式电路，如图 4-38a 所示。H 形电路在控制方式上分双极式和单极式两种工作制。下面着重分析双极式工作制，然后再简述单极式工作制的特点。

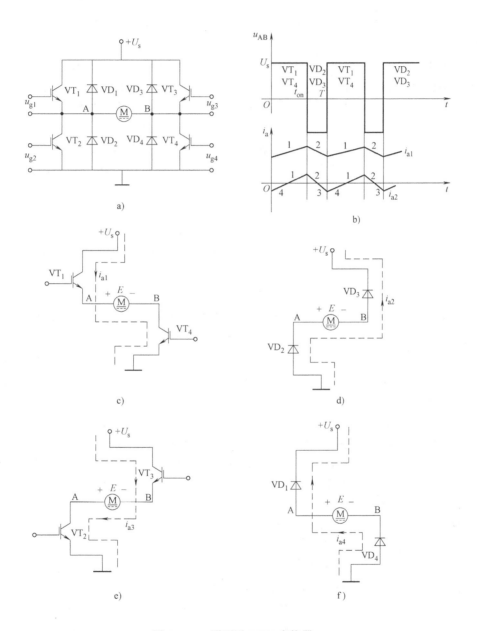

图 4-38　H 形可逆 PWM 变换器

1. 双极式可逆 PWM 变换器

双极式工作制的特点是，4 个 IGBT 的栅极驱动电压分为两组。VT$_1$ 和 VT$_4$ 同时导通和关断，其栅极驱动电压 $U_{g1}=U_{g4}$；VT_2 和 VT_3 同时导通和关断，其栅极驱动电压 $U_{g2}=U_{g3}$。

在一个开关周期内，当 $0\le t<t_{on}$ 时，U_{g1} 和 U_{g4} 为正，VT_1 和 VT_4 饱和导通，而 U_{g2} 和 U_{g3} 为负，VT_2 和 VT_3 截止。这时 $+U_s$ 加在电枢 A、B 两端，$U_{AB}=U_s$，电枢电流 i_{a1} 沿回路 1 流通。当 $t_{on}\le t<T$ 时，U_{g1} 和 U_{g4} 变负，VT_1 和 VT_4 截止，U_{g2} 和 U_{g3} 变正，但 VT_2 和 VT_3 并不能立即导通，因为在电枢电感释放储能的作用下，i_{a2} 沿回路 2 经 VD_2、VD_3 续流，如图 4-38d 所示，在 VD_2、VD_3 上的电压降使 VT_2 和 VT_3 的集电极-发射极承受着反压，这时，$U_{AB}=-U_s$。U_{AB} 在一个周期内正负相间，这是双极式工作制的特征，其电压、电流波形示于图 4-38b。

由于电压 U_{AB} 的正、负变化，使电流波形存在两种情况，如图 4-38b 中的 i_{a1} 和 i_{a2}。i_{a1} 相当于电动机负载较重的情况，这时平均负载电流大，在续流阶段，电流仍维持正方向，电动机始终工作在第一象限的电动状态。i_{a2} 相当于负载很轻的情况，平均电流小，在续流阶段电流很快衰减到零，于是 VT_2 和 VT_3 的集电极-发射极两端失去反压，在负的电源电压（$-U_s$）和电枢反电动势的合成作用下导通，电枢电流反向，沿回路 3 流通，如图 4-38e 所示。电动机处于制动状态。与此相仿，在 $0\le t<t_{on}$ 期间，当负载轻时，电流也有一次倒相。

双极式可逆 PWM 变换器电动机电枢平均端电压表示为

$$U_a=\frac{t_{on}}{T}U_s-\frac{T-t_{on}}{T}U_s=\left(\frac{2t_{on}}{T}-1\right)U_s \tag{4-44}$$

仍以 $\rho=U_a/U_s$ 来定义 PWM 电压的占空比，则 ρ 与 t_{on} 的关系与前面不同，现在

$$\rho=\frac{2t_{on}}{T}-1 \tag{4-45}$$

调速时，ρ 的变化范围变成 $-1\le\rho\le1$。当 ρ 为正值时，电动机正转；当 ρ 为负值时，电动机反转；当 $\rho=0$ 时，电动机停止。当 $\rho=0$ 时，虽然电动机不动，但是电枢两端的瞬时电压和瞬时电流却都不是零，而是交变的。这个交变电流平均值为零，不产生平均转矩，徒然增大电动机的损耗。但它的好处是使电动机带有高频的微振，起着"动力润滑"的作用，消除正、反向时的静摩擦死区。

双极式工作制的优点是：①电流一定连续；②可使电动机在 4 个象限运行；③电动机停止时有微振电流，能消除摩擦死区；④低速时，每个 IGBT 的驱动脉冲仍较宽，有利于保证 IGBT 可靠导通；⑤低速平稳性好，调速范围很宽。双极式 PWM 传动系统的缺点是：在工作过程中，4 个 IGBT 都处于开关状态，开关损耗大，而且容易发生上、下两管直通（即同时导通）的事故，降低了装置的可靠性。为了防止上、下两管直通，在一管关断和另一管导通的驱动脉冲之间，应设置逻辑延时。

2. 单极式可逆 PWM 变换器

为了克服双极式变换器的上述缺点，对于静、动态性能要求低一些的系统，可采用单极式 PWM 变换器。其电路图仍和双极式的一样，如图 4-38a 所示，不同之处仅在于驱动脉冲信号。在单极式变换器中，左边两个管子的驱动脉冲 $U_{g1}=-U_{g2}$，具有与双极式一样正负交替的脉冲波形，使 VT_1 和 VT_2 交替导通。右边两个管子 VT_3 和 VT_4 的驱动信号就不同了，改成因电动机的转向而施加不同的直流控制信号。

当电动机正转时，使 U_{g3} 恒为负，U_{g4} 恒为正，则 VT_3 截止而 VT_4 导通。在一个开关周期内，当 $0\le t<t_{on}$ 时，VT_1 和 VT_4 导通，VT_2 和 VT_3 截止，$U_{AB}=+U_s$，电枢电流 i_{a1} 沿回路

1 流通。当 $t_{on} \leqslant t < T$ 时，VT_1 截止，电动机电源被切断，电枢电流 i_a 沿着续流二极管 $VD_2 \to$ 电枢 $\to VT_4$ 回路流通，以释放回路中的磁场能量。$U_{AB} = 0$，由于 VD_2 续流而使 VT_2 不通。当电动机反转时，U_{g3} 恒为正，U_{g4} 恒为负，使 VT_3 导通而 VT_4 截止。在一个开关周期内，当 $t_{on} \leqslant t < T$ 时，VT_2 和 VT_3 导通，VT_1 和 VT_4 截止，$U_{AB} = -U_s$，电枢电流 i_{a3} 沿回路流通。

当 $T \leqslant t < t_{on} + T$ 时，VT_2 截止，电枢电流 i_a 沿着续流二极管 $VD_1 \to VT_3 \to$ 电枢构成的回路续流，$U_{AB} = 0$，由于 VD_1 续流而使 VT_1 不通。这相当于两个图 4-36a 所示的带制动能力的不可逆 PWM 电路。在电动机朝一个方向旋转时，电路输出单一极性的脉冲电压，电动机正转时为正脉冲电压，电动机反转时为负脉冲电压，所以称为单极式控制方式。正因为如此，它的输出电压波形和占空比公式和不可逆电路一样，如图 4-35b 和式（4-37）所示。

由于单极式 PWM 变换器的 VT_3 和 VT_4 两者之中总有一个常导通、一个常截止，运行中无须频繁交替导通，因此它与双极式 PWM 变换器相比，开关损耗可以减少，装置的可靠性有所提高。图 4-39 所示为单极式 PWM 变换器输出电压和电流时的稳态过程波形图。

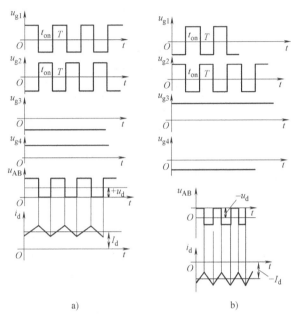

图 4-39　单极式 PWM 变换器输出电压和电流时的稳态过程波形图

a）电动机正转　b）电动机反转

表 4-1 列出了三种可逆 PWM 变换器在负载较重因而电流不变时各管的开关情况和电枢电压。

表 4-1　三种可逆 PWM 变换器的比较（当负载较重时）

控制方式	电动机转向	$0 \leqslant t < t_{on}$ 开关状况	U_{AB}	$t_{on} \leqslant t < T$ 开关状况	U_{AB}	占空比调节范围
双极式	正转	VT_1、VT_4 导通 VT_2、VT_3 截止	$+U_s$	VT_1、VT_4 截止 VD_2、VD_3 续流	$-U_s$	$0 \leqslant \rho \leqslant 1$
	反转	VD_1、VD_4 续流 VT_2、VT_3 截止	$+U_s$	VT_1、VT_4 截止 VT_2、VT_3 导通	$-U_s$	$-1 \leqslant \rho \leqslant 0$
单极式	正转	VT_1、VT_4 导通 VT_2、VT_3 截止	$+U_s$	VT_4 导通、VD_2 续流 VT_1、VT_3 截止 VT_2 不通	0	$0 \leqslant \rho \leqslant 1$
	反转	VT_3 导通、VD_1 续流 VT_2、VT_4 截止 VT_1 不通	0	VT_2、VT_3 导通 VT_1、VT_4 截止	$-U_s$	$-1 \leqslant \rho \leqslant 0$

（续）

控制方式	电动机转向	$0 \leqslant t < t_{on}$		$t_{on} \leqslant t < T$		占空比调节范围
		开关状况	U_{AB}	开关状况	U_{AB}	
受限单极式	正转	VT$_1$、VT$_4$ 导通 VT$_2$、VT$_3$ 截止	$+U_s$	VT$_4$ 导通、VD$_2$ 续流 VT$_1$、VT$_2$、VT$_3$ 截止	0	$0 \leqslant \rho \leqslant 1$
	反转	VT$_2$、VT$_3$ 导通 VT$_1$、VT$_4$ 截止	$-U_s$	VT$_3$ 导通、VD$_1$ 续流 VT$_1$、VT$_2$、VT$_4$ 截止	0	$-1 \leqslant \rho \leqslant 0$

（四）PWM 伺服系统的开环机械特性

在稳态情况下，PWM 伺服系统中电动机承受的电压仍为脉冲电压，因此尽管有高频电感的平波作用，电枢电流和转速还是脉动的。所谓稳态，是指电动机的平均电磁转矩与负载转矩相平衡的状态，电枢电流实际上是周期性变化的，只能算作是"准稳态"。PWM 调速系统在准稳态下的机械特性是其平均转速与平均转矩（电流）的关系。

前节分析表明，不论是带制动电流通路的不可逆 PWM 电路，还是双极式和单极式的可逆 PWM 电路，其准稳态的电压、电流波形都是相似的。由于电路中具有反向电流通路，在同一转向下电流可正可负，无论是重载还是轻载，电流波形都是连续的，这就使得机械特性的关系式简单得多。只有受限单极式可逆电路例外。

对于有制动能力的不可逆电路和单极式可逆电路，其电压方程式为

$$\begin{cases} U_s = Ri_a + L\dfrac{di_a}{dt} + E & (0 \leqslant t < t_{on}) \\ 0 = Ri_a + L\dfrac{di_a}{dt} + E & (t_{on} \leqslant t < T) \end{cases} \tag{4-46}$$

对于双极式可逆电路，可将式（4-46）中第二个方程中的电源电压改为 $-U_s$，其余不变，即

$$\begin{cases} U_s = Ri_a + L\dfrac{di_a}{dt} + E & (0 \leqslant t < t_{on}) \\ -U_s = Ri_a + L\dfrac{di_a}{dt} + E & (t_{on} \leqslant t < T) \end{cases} \tag{4-47}$$

无论是上述哪一种情况，一个周期内电枢两端的平均电压都是 $U_a = \rho U_s$，只是 ρ 值与 t_{on} 和 T 的关系不同，分别如式（4-44）和式（4-45）所示，平均电流用 I_a 表示，平均电磁转矩为 $T_e = C_m \Phi I_a$，而电枢回路电感两端电压 $L di_a/dt$ 的平均值为零。式（4-46）或式（4-47）的平均值方程都可以写成

$$\rho U_s = RI_a + E = RI_a + K_e \Phi n \tag{4-48}$$

则机械特性方程式为

$$n = \frac{\rho U_s}{K_e \Phi} - \frac{RI_a}{K_e \Phi} = n_0 - \frac{R}{K_e \Phi} I_a \tag{4-49}$$

或用转矩表示为

$$n = \frac{\rho U_s}{K_e \Phi} - \frac{R}{K_e K_m \Phi^2} T_e = n_0 - \frac{R}{K_e K_m \Phi^2} T_e \tag{4-50}$$

其中，理想空载转速 $n_0 = \rho U_s / (K_e \Phi)$，与占空比 ρ 成正比。图 4-40 给出的是第一、二象限的机械特性，它适用于有制动能力的不可逆电路。可逆电路的机械特性与此相仿，只是扩展到第三、四象限而已。

二、PWM 调速系统的控制电路

PWM 开环调速系统的简单原理图如图 4-41 所示，其控制电路主要由脉宽调制器、功率开关器的驱动电路和保护电路组成，其中最关键的部件是脉宽调制器。

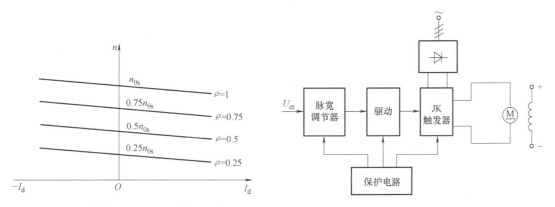

图 4-40　简单不可逆 PWM 伺服系统
开环机械特性

图 4-41　PWM 开环调速系统的简单原理图

（一）脉宽调制器

脉宽调制器是一个电压-脉冲变换装置。由控制电压 U_{ct} 进行控制，为 PWM 变换器提供所需的脉冲信号。

脉宽调制器的基本原理是将直流信号和一个调制信号比较，调制信号可以是三角波，也可以是锯齿波。锯齿波脉宽调制器电路如图 4-42 所示，由锯齿波发生器和电压比较器组成。锯齿波发生器采用最简单的单结晶体管多谐振荡器，如图 4-42a 所示，为了控制锯齿波的线性度，使电容器 C_1 充电电流恒定，由晶体管 VT_1 和稳压二极管 VS 构成恒流源。

锯齿波信号 U_{sa} 的频率就是主电路所需要的开关频率，一般为 1~4kHz，若主电路开关器件选用 IGBT，则开关频率可选 10~20kHz，具体数值为

$$f = \frac{1}{T} = I_C / (CU_P)$$

式中　I_C——电容器的充电电流；

　　　U_P——单结晶体管的峰值电压。

将直流控制电压 U_c 在比较器的输入端与 U_{sa} 相加，如图 4-42b 所示，同时进行比较的还有负的偏移电压 U_b。当 $U_c = 0$ 时，调节 U_b，使比较器的输出端得到正、负半周脉冲宽度相等的调制输出电压 u_{PWM}（供双极式 PWM 变换器用），如图 4-42c 所示。

电压比较器由有正反馈的运算放大器构成，可提高输出脉冲前后沿的陡度。

当 $U_c > 0$ 时，使输入端合成电压为正的宽度增大，即锯齿波过零的时间提前，经比较器倒相后，在输出端得到正半波比负半波窄的调制输出电压，如图 4-42d 所示。

当 $U_c < 0$ 时，输入端合成电压被降低，正的宽度减小，锯齿波过零的时间后移，经倒相

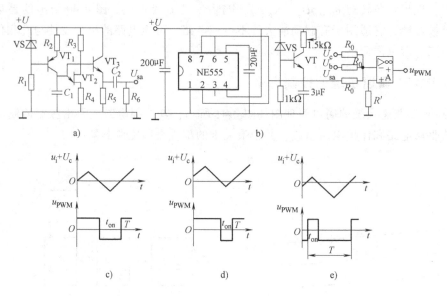

图 4-42 锯齿波脉宽调制器原理和波形图

a) 由单结晶体管组成的多谐振荡器 b) 由 NE555 组成的锯齿波发生器

c) $U_c=0$ 时的输出电压波形 d) $U_c>0$ 时的输出电压波形 e) $U_c<0$ 时的输出电压波形

后，得到正半波比负半波宽的输出电压，如图 4-42e 所示。

改变直流控制电压 U_c 的大小，就能改变输出脉冲的宽度，从而改变电动机的转向。

（二）集成 PWM 控制器

前面以一种模拟脉宽调制器为例介绍了其基本原理。脉宽调制信号也可方便地由数字方法来产生，目前有许多专用集成 PWM 控制电路，它们为脉宽调制传动系统的设计提供了方便，而且提高了系统的可靠性。这里对 SG3525、IR2110、TL494、TL594 集成电路及其应用做简单介绍。

1. 系统框图

开环直流 PWM 可逆调速系统由 PWM 控制电路及 PWM 主电路两块电路板组成，每块电路板包含的环节如图 4-43 所示。直流 PWM 可逆调速系统与采用晶闸管的可逆调速系统比较，具有线路简单、元器件少、调速范围宽等诸多优点。

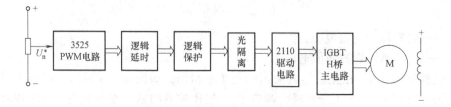

图 4-43 开环直流 PWM 可逆调速系统框图

2. 线路简介

现结合 PWM 控制电路（见图 4-44）及 PWM 主电路原理图（见图 4-45），对电路做一简单介绍。

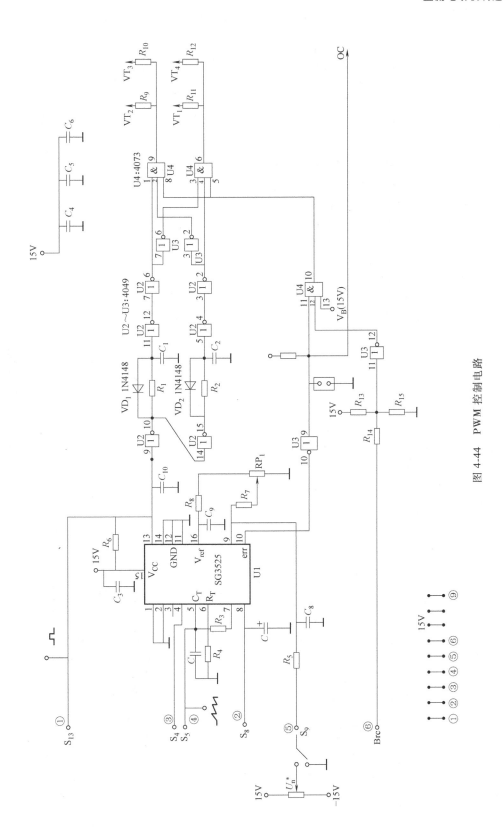

图 4-44 PWM 控制电路

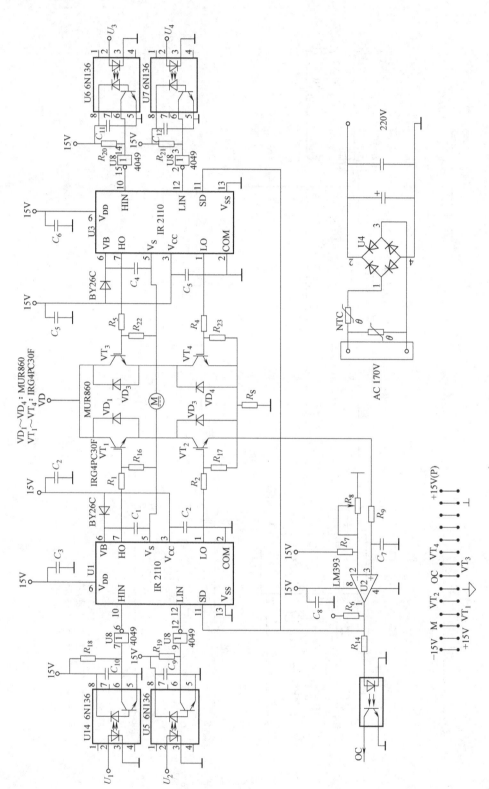

图 4-45 PWM 主电路原理图

1）在 PWM 控制电路中，PWM 波形的产生是由 SG3525 电路给出的。3525 芯片的介绍可参阅相关资料。调试时可在 3525 的 5 脚观察芯片产生的锯齿波，改变 R_T、C_T 的值可改变锯齿波振荡频率 f_s，f_s 一般可选在 8~10kHz。

转速给定电压 U_n^* 是通过⑤端经 R_5 加入到 3525 的 9 脚，当 $U_n^*=0$ 时，调整电位器 RP，使 3525 输出的 PWM 波的占空比为 50%（观察 3525 的 13 脚），这样，送入双极性的 H 桥电路后，电动机电枢的平均电压即为零。若改变 U_n^* 的符号及大小时，3525 的 PWM 输出的占空比就会在大于 50%（相当于电动机电枢电压 $U_d>0$）或小于 50%（相当于电动机电枢电压 $U_d<0$）间变化了。

2）在 PWM 控制电路中，由反相器 CD4049，二极管 VD_1、VD_2，电阻 R_1、R_2，电容 C_1、C_2 组成了典型的逻辑延时电路，以使 H 桥电路上、下两个晶体管交替导通时可产生一个死区时间，防止上、下两管直通短路现象。它也被称为先关后开。死区时间的大小可通过改变 R、C 的大小来改变，一般可取 4~5μs。从 U4 的两个输出引脚（6 脚及 9 脚）可观察死区时间。

3）在 PWM 主电路板中，采用了快速光耦合器 6N137（或 6N136）进行强、弱电间的隔离，以提高可靠性。对 IGBT 的驱动采用了美国国际整流器（International Rectifier，IR）公司的 IR2110 驱动集成电路。IR2110 的最大特点是采用了自举技术，它的内部为自举操作设计了悬浮电源。同一集成电路可同时输出两个驱动信号给逆变桥中的上、下晶体管。这样，两个桥臂若用常规电路需要 3 组独立电源，而采用 IR2110 只需一组电源即可，大大简化了线路。IR2110 的详细说明请参阅相关资料。

在 PWM 主电路中，当控制电路的信号未送入时，4 个光耦合器 6N137 的输出均为高电平，经反相器 CD4049 送入 IR2110 的输入端，HIN、LIN 均为低电平，2110 的输出 HO、LO 也均为低电平，保证了无信号时，桥路的上、下两个 IGBT 处于关断状态。

4）4 个 IGBT VT_1~VT_4、4 个快速恢复二极管 VD_1~VD_4 组成了一典型的 H 桥电路。由于 IGBT 是电压控制器件，输入阻抗高，为防止静电感应损坏管子，在 IGBT 的门极与发射极间并联 150kΩ 的电阻。门极回路串联的 22Ω 电阻，是为了防止门极回路产生振荡。

3. IR2110 高性能 MOSFET 和 IGBT 驱动集成电路

IR2110 是 IR 公司利用自身独有的高压集成电路及无闩锁 CMOS 技术于 1990 年前后开发并投放市场至今独家生产的大功率 MOSFET 和 IGBT 专用驱动集成电路。目前，IR 公司已批量推出 IR21 系列几十种功率 MOS 器件的驱动集成电路，其技术处于世界先进行列。IR2110 使 MOSFET 和 IGBT 的驱动电路设计大为简化，加之它可实现对 MOSFET 和 IGBT 的最优驱动，又具有快速完整的保护功能，因而它的应用可极大地提高控制系统的可靠性并极大缩小电路板的尺寸。

（1）主要设计特点和性能

1）IR2110 的一大特点是采用了自举技术，它的内部为自举操作设计了悬浮电源。同一集成电路可同时输出两个驱动信号给逆变桥中的上、下晶体管。悬浮电源保证了 IR2110 直接可用于母线电压为 -4~500V 的系统中来驱动功率管 MOSFET 或 IGBT。同时器件本身容许驱动信号的电压上升率达 ±50V/ms，故保证了芯片自身有整形功能，实现了不论其输入信号前后沿的陡度如何，都可保证加到被驱动的 MOSFET 或 IGBT 栅极上的驱动信号前后沿很陡，因而可极大地减少被驱动功率器件的开关时间，降低开关损耗。

2）IR2110 的功耗很小，当其工作电压为 15V 时，功耗仅为 1.6mW。这就减少了栅极驱动电路的电源容量、体积和尺寸。

3）IR2110 的合理设计，使其输入级电源与输出级电源可有不同的电压值，因而保证了其输入与 CMOS 或 TTL 电平兼容，而输出具有较宽的驱动电压范围，容许的工作电压范围为 5~20V。同时，容许逻辑地与工作地之间有 -5~5V 的电位差。

4）在 IR2110 内部不但集成有独立的逻辑电源与逻辑信号相连接来实现与用户脉冲形成部分的匹配，而且还集成有滞后和下拉特性的施密特触发器的输入级，及对每个都有上升或下降沿触发的关断逻辑和两个通道上的延时及欠电压封锁单元，这就保证了当驱动电压不足时封锁驱动信号，防止被驱动电力晶体管 MOSFET 退出饱和区进入放大区而损坏。

5）IR2110 完善的设计，使它可对输入的两个通道信号之间产生合适的延时（即死区时间，但较小），因而防止了被驱动逆变桥中的两个功率 MOS 器件切换时同时导通。

6）由于 IR2110 是应用无闩锁 CMOS 技术制造的，因而决定了其输入输出可承受大于 2A 的反向电流。它的工作频率高，对信号延时小。对两个通道来说，典型开通延时为 120ns，关断延时为 94ns，两个通道之间的延时误差不超过 ±10ns，因而 IR2110 可用来实现工作频率大于 1MHz 的栅极驱动。

（2）封装、引脚、功能及用法　如图 4-46 所示，IR2110 的封装形式为双列直插 14 脚。10 脚（HIN）及 12 脚（LIN）分别为驱动逆变桥中同桥臂上下两个功率 MOS 器件的驱动信号输入端，应用中接用户脉冲形成部分的两路输出，范围为 $V_{SS} - 0.5V \sim V_{DD} + 0.5V$，这里 V_{SS} 和 V_{DD} 分别为 13 脚（V_{SS}）及 9 脚（V_{DD}）的电压值。

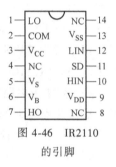

图 4-46　IR2110 的引脚

11 脚（SD）为保护信号输入端。当该脚为高电平时，IR2110 的输出被封锁，输出端 HO（7 脚）、LO（1 脚）恒为低电平。而当该脚为低电平时，输出跟随输入端变化。应用中接用户故障（过电压、过电流）保护电路。

6 脚（V_B）及 3 脚（V_{CC}）分别为上下通道互锁输出级电源输入端。应用中接用户提供的输出级电源正极，且通过一个较高品质的电容接 2 脚。3 脚还通过一高反压快速恢复二极管与 6 脚相连。

（3）工作原理简介　IR2110 的原理框图如图 4-47 所示。两个输出通道的控制脉冲通过逻辑电路与输入信号相对应，当保护信号输入端为低电平时，同相输出的施密特触发器 SM 输出为低电平，两个 RS 触发器的位置信号无效，则两个或非门的输出跟随 HIN 及 LIN 变化，控制信号有效；而当 SD 端输入高电平时，因 SM 端输出为高电平，两个 RS 触发器置位，两个或非门的输出恒为低电平，控制信号无效，此时即使 SD 变为低电平，但由于 RS 触发器的 Q 端维持高电平，所以两个或非门的输出将保持低电平，直到两个施密特触发器 SMH 和 SML 输出脉冲的上升沿到来，两个或非门才因 RS 触发器翻转为低电平而跟随 HIN 及 LIN 变化，由于逻辑输入级中的施密特触发器具有 $0.1V_{DD}$ 滞后带，因而整个输入级具有良好的抗干扰能力，并可接收上升时间较长的输入信号。而逻辑电路以其自身的逻辑电源为基准，这就决定了逻辑电源可用比输出工作电源低得多的电源电压。为了将逻辑信号电平转为输出驱动信号电平，片内有两个抗干扰性能好的 V_{DD}/V_{CC} 电平转换电路，该电路的逻辑地电位（V_{SS}）和功率地电位（COM）之间容许有 ±5V 的额定偏差，因此决定了逻辑电路不

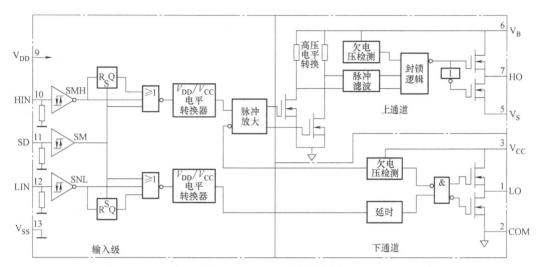

图 4-47　IR2110 的原理框图

受由于输出驱动开关动作而产生的耦合干扰的影响。集成与片内下通道内的延时网络实现了两个通道的传输延时，简化了控制电路时间上的要求。两个通道分别应用了两个相同的交替导通的推挽式连接的低阻 MOS 晶体管，它们分别由两个 N 沟道的 MOSFET 驱动，因而其输出的峰值可达 2A 以上。由于这种推挽式结构，所以驱动容性负载时上升时间比下降时间长。对于上通道，很窄的开通和关断脉冲由脉冲发生器产生，并分别由 HIN 的上升沿和下降沿触发，脉冲发生器产生的两路脉冲用以驱动两个高压 DMOS 电平转换器，这两个转换器接着又对工作于悬浮电位的 RS 触发器进行置位或复位，这便是以地电位为基准的 HIN 信号的电平转换为悬浮电位的过程。由于每个高压 DMOS 电平转换器仅在 RS 触发器置位或复位时开通一段很短的开关脉冲时间，因而使功耗达到最小。再则，V_S 端快速 dV/dt 瞬变产生的 RS 触发器误触发可通过一个鉴别电路与正常的下拉脉冲有效区别开来。这样，上通道基本上可承受任意幅值的 dV/dt 值，并保证了上通道的电平转换电路即使在 V_S 的电压降到比 COM 端还低 4V 时仍能正常工作。对下通道，由于正常时 SD 为低电平，V_{CC} 不欠电压，所以施密特触发器 SML 的输出使下通道中的或非门输出跟随 LIN 而变化，此变化的逻辑信号经下通道中 V_{DD}/V_{CC} 电平转换器转换后加给延时网络，由延时网络延时一定的时间后加到与非门电路，其同相和反相输出分别用来控制两个互补输出级中的低阻场效应晶体管驱动级中的 MOS 晶体管，当 V_{CC} 低于电路内部整定值时，下通道中的欠电压检测环节输出，在封锁下通道输出的同时封锁上通道的脉冲产生环节，使整个芯片的输出被封锁；而当 V_B 欠电压时，则上通道中的欠电压检测环节输出仅封锁上通道的输出脉冲。

（4）应用注意事项　IR2110 独特的结构决定了它通常可用于驱动单管斩波、单相半桥、三相全桥逆变器或其他电路结构中的两个相串联或以其他方式连接的高压 N 沟道功率 MOSFET 或 IGBT，其下通道的输出直接用来驱动逆变器（或以其他方式连接）中的功率 MOSFET 或 IGBT，而它的上通道输出则用来驱动需要高电位栅极驱动的高压侧的功率 MOSFET 或 IGBT，在它的应用中需注意下述问题。

1）IR2110 的典型应用连接如图 4-48 所示。通常，它的输出级的工作电源是一悬浮电源，这是通过一种自举技术由固定的电源得来的。充电二极管 VD 的耐压能力必须大于高压母线的峰值电压，为了减小功耗，推荐采用一个快恢复的二极管。自举电容 C_1 的值依赖于开关频率、占空比和功率管 MOSFET 或 IGBT 栅极的充电需要。应注意的是，电容两端耐压不允许低于欠电压封锁临界值，否则将产生保护性关断。对于 5kHz 以上的开关应用，通常采用 $0.1\mu F$ 的电容是合适的。

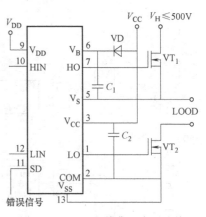

2）为了向需要开关的容性负载提供瞬态电流，应用中应在 V_{CC} 和 COM 间、V_{DD} 和 V_{SS} 间连接两个旁路电容。这两个电容及 V_B 和 V_S 间的储能动电容都要与器件就近连接。建议 V_{CC} 上的旁路电容用一个 $0.1\mu F$ 的陶瓷电容并联，而逻辑电源 V_{DD} 上有一个 $0.1\mu F$ 陶瓷电容就够了。

图 4-48 IR2110 的典型应用连接

3）大电流的 MOSFET 或 IGBT 相对需要较大的栅极驱动能动力，IR2110 的输出即使对这些器件也可进行快速驱动。为了尽量减小栅极驱动电路的电感，每个 MOSFET 应分别连接到 IR2110 的 2 脚和 5 脚作为栅极驱动信号的反馈。对于较小功率的 MOSFET 或 IGBT 可在输出处串一个栅极电阻，栅极电阻的值依赖于电磁兼容（EMI）的需要、开关损耗及最大允许 $\mathrm{d}V/\mathrm{d}t$ 值。

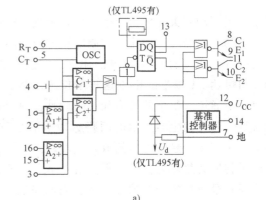

a)

4. TL494、TL495 集成电路及其应用简单介绍

TL494 和 TL495 是美国德州仪器（TI）公司的产品，原是为开关电源设计的脉冲宽度调制器作为双端输出类型的脉冲宽度调制器，国标规定为 CW494。图4-49 所示为 TL494、TL495 单片 PWM 集成电路的等效框图和引脚排列图。

它有一个独立的死区时间比较器 CMP1，控制比较器输入端（4 脚）的电位，除可以改变调制器的死区时间之外，还可以用它设计电源的软起动电路，或者欠电压保护电路。

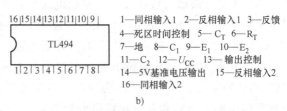

1—同相输入1 2—反相输入1 3—反馈
4—死区时间控制 5—C_T 6—R_T
7—地 8—C_1 9—E_1 10—E_2
11—C_2 12—U_{CC} 13—输出控制
14—5V基准电压输出 15—反相输入2
16—同相输入2

b)

图 4-49 TL494 等效电路与引脚排列图
a) 等效电路 b) 引脚排列图

TL494 中的两个误差放大器（A_1、A_2）可以分别控制输出电压 V_o 稳定和进行输出过电流保护一类的功能。若接在 R_T 与 C_T 端的电阻为 R_T（kΩ），电容为 C_T（μF），则三角波的振荡频率为

$$f_{osc} = \frac{1.1}{R_T C_T}$$

式中 R_T 和 C_T 取值范围分别为：$R_T = 5\sim100\mathrm{k\Omega}$，$C_T = 0.001\sim0.1\mu F$。输出控制端（13 脚）控

制 TL494 的应用方式。当该端为高电平时，两路输出分别由触发器的 Q 和 $\overline{Q}$ 端控制，形成双端输出式；当 13 脚为低电平时，触发器失去作用，两路输出同时由 PWM 比较器后的或门输出控制，同步地工作。两路并联输出时，输出驱动电流较大（达 400mA），控制原理如图 4-50 所示。

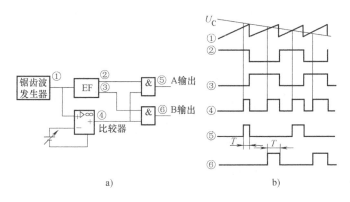

图 4-50　用比较器控制脉宽的原理

a）控制框图　b）波形图

触发电路采用 D 触发器，如图 4-51 所示，与脉冲输入上升沿同步工作。输出控制端（13 脚）是这触发器的电源端，该端子接地时触发器不加电源则不工作，Q 与 $\overline{Q}$ 为同相输出。该端子加 5V 电压时，VT_1 与 VT_2 组成的触发器工作，Q 与 $\overline{Q}$ 交互输出。

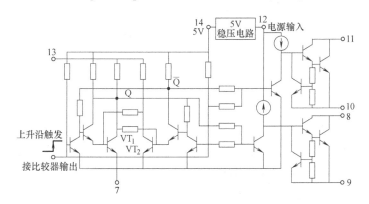

图 4-51　TL494 的触发器及其输出电路

TL495（CW495）是 TL494（CW494）的增强型，其电路原理框图如图 4-52 所示。它比 TL494 增加了一个齐纳二极管和 V_Z 电压输出端（15 脚）。在触发器上设置一个 VD 输入端并引出作为掌舵控制端（13 脚）。其结构为双列直插式 18 脚。

TL494 在有刷或无刷直流电动机速度控制系统中应用时如图 4-53 所示，利用其中一个误差放大器从 2 脚输入转速给定电压信号，1 脚输入转速反馈电压信号，此放大器作速度调节器使用，2、3 脚之间引入阻容校正。另一个误差放大器用作限流保护比较器，从 16 脚引入电动机电流检测信号，从 15 脚输入规定限流值信号，此信号可从 14 脚内部基准电压源经电阻分压得到，使电动机起动、过载或故障时的过电流限制在安全范围之内，以保护电动机

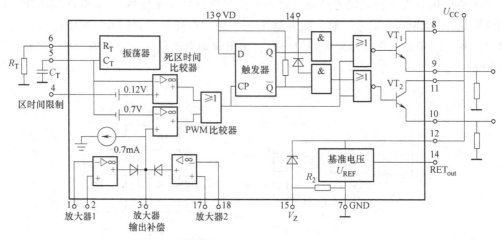

图 4-52   TL495 的电路原理框图

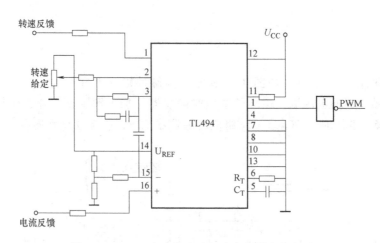

图 4-53   TL494 在直流电动机速度控制中的应用

和功率开关管。在芯片内,由速度调节器输出控制得到 PWM 信号,此信号用来控制外接的功率级电路,以维持电动机的转速为恒值。

在直流电动机(含无刷直流电动机)的双闭环调速控制系统中,速度调节器的输出为转矩(或电流)给定信号 I_o^*。可利用 TL494 作为电流调节器如图 4-54 所示。电流反馈检测信号 I_o 从 1 脚输入,指令电流 I_o^* 从 2 脚输入,此误差放大器连接成 PI 调节器方式工作,产生 PWM 信号。这里用锯齿波作为比较波,其效果比三角波要好些,因为锯齿波后沿十分陡,避免由于开关时刻电流的波动而引起 PWM 信号发生多次通断的现象。

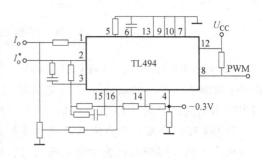

图 4-54   TL494 作为电流调节器的应用

作为电流调节器使用时,不希望 TL494 存在死区时间。如果 4 脚接地,PWM 信号的最大占空比为 96%，即功率开关不可能完全导通，这对于电流跟踪控制应用不利。因为当系统突加给定时，若受控电流在一个脉冲周期内不能跟踪给定值，在电流上升过程中，每个周期都有 4% 的时间要强迫关断。如果调制频率较高，则此关断时间极短（如 $f = 20\text{kHz}$，$T = 50\mu\text{s}$，$4\%T = 2\mu\text{s}$），虽然对电流响应速度影响不大，但却造成了不必要的开关损耗。而且当开关器件在 $4\%T$ 的时间内还没有完全关断又被强迫导通时，其损耗更严重，甚至影响逆变器的工作安全。因此，要采取措施消除此死区。实验表明，在 4 脚加 -0.3V 电平时，即可将 PWM 信号最大占空比扩展到 100%。

为了得到两象限控制，还需从速度调节器产生反映转矩极性的信号，和 PWM 信号一起控制功率开关桥的换相，供给电动机正向或反向电流。

第五节　转速、电流双闭环调速系统的工程设计法

一、工程设计方法的基本思路

一般直流调速系统动态参数的工程设计，包括确定预期典型系统、选择调节器形式和计算调节器参数。设计结果应满足生产机械工艺要求提出的静态与动态性能指标。

双闭环直流调速系统是目前直流调速系统中最常用、最典型的一种，也是构成各种可逆调速系统或高性能调速装置的核心。因此，双闭环系统的设计具有很重要的实际意义。

具有转速反馈和电流反馈的双闭环系统，属于多环控制系统，双环系统的动态结构如图 4-55 所示。目前都采用由内向外、一环包围一环的系统结构。每一闭环都设有本环的调节器，构成一个完整的闭环系统。这种结构为工程设计及调试工作带来了极大的方便。设计多环系统的一般方法是由内环向外环、一环一环地设计。对双闭环的调速系统而言，先从内环（电流环）开始，根据电流控制要求，确定把电流环设计为哪种典型系统，按照调节对象选择调节器及其参数。设计完电流环之后，就把电流环等效成一个小惯性环节，作为转速环的一个组成部分，然后用同样方法再完成转速环设计。

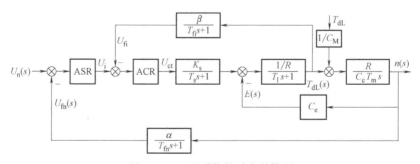

图 4-55　双环系统的动态结构图

二、典型系统及其参数与性能指标的关系

（一）典型 I 型系统及其参数与性能指标的关系

1. **典型 I 型系统**

典型 I 型系统的开环传递函数如式（4-51）和图 4-56 所示。

$$W(s) = \frac{K}{s(Ts+1)} \qquad (4\text{-}51)$$

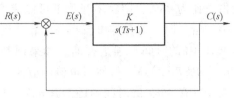

图 4-56　典型 I 型系统

由图可见, 典型 I 型系统是由一个积分环节和一个惯性环节串联组成的闭环反馈系统。在开环传递函数中, 时间常数 T 往往是控制对象本身所固有的, 唯一的可变参数只有开环增益 K。因此, 可供设计选择的参数只是 K, 一旦 K 值选定, 系统的性能就被确定了。

2. I 型系统的稳态跟随性能

I 型系统的稳态跟随性能是指在给定输入信号下的稳态误差。由控制理论误差分析可知, I 型系统对阶跃给定信号的稳态误差为零; 对单位斜坡输入信号的稳态误差不为零, 即有跟踪误差。

$$e(\infty) = \lim_{s \to 0} sE(s)\frac{1}{s^2} = \lim_{s \to 0} s \frac{1}{1+W(s)} \frac{1}{s^2} = \frac{1}{K} \qquad (4\text{-}52)$$

式(4-52)表明, 当开环增益 K 增大时, 跟踪误差将减小。

3. I 型系统的动态性能

由图 4-56 可得 I 型系统的闭环传递函数为

$$W_{cl}(s) = \frac{W(s)}{1+W(s)} = \frac{K/T}{s^2+\dfrac{1}{T}s+\dfrac{K}{T}} = \frac{\omega_n^2}{s^2+2\xi\omega_n s+\omega_n^2} \qquad (4\text{-}53)$$

式中　ω_n——自然振荡频率, $\omega_n = \sqrt{K/T}$;

ξ——阻尼比, $\xi = \dfrac{1}{2\sqrt{KT}}$。

当阻尼比为 $0 < \xi < 1$ 时, 在零初始条件下的阶跃响应动态性能指标计算公式为

超调量
$$\sigma\% = \frac{e^{-\pi\xi}}{\sqrt{1-\xi^2}} \times 100\% \qquad (4\text{-}54)$$

调节时间
$$t_s \approx \frac{3}{\xi\omega_n} = 6T \; (5\%C_\infty) \quad (\xi < 0.9 \; 时) \qquad (4\text{-}55)$$

截止频率
$$\omega_c = \frac{(\sqrt{4\xi^4+1}-2\xi^2)^{1/2}}{2\xi T} \qquad (4\text{-}56)$$

相位裕度
$$\gamma = \arctan \frac{2\xi}{(\sqrt{4\xi^4+1}-2\xi^2)^{1/2}} \qquad (4\text{-}57)$$

式中　C_∞——系统输出量稳态值。

其动态指标与 K 和 ξ 的关系列于表 4-2。

表 4-2　典型 I 型系统动态性能指标与系统参数的关系

K	$\dfrac{1}{4T}$	$\dfrac{1}{2.56T}$	$\dfrac{1}{2T}$	$\dfrac{1}{1.44T}$	$\dfrac{1}{T}$
ξ	1.0	0.8	0.707	0.6	0.5
σ	0	1.5	4.3	9.5	16.3

（续）

K	$\dfrac{1}{4T}$	$\dfrac{1}{2.56T}$	$\dfrac{1}{2T}$	$\dfrac{1}{1.44T}$	$\dfrac{1}{T}$
$t_s(5\%)$	$9.5T$	$5.4T$	$4.2T$	$6.3T$	$5.3T$
$\gamma(\omega_c)$	$>6.3°$	$69.9°$	$65.5°$	$59.2°$	$51.8°$
ω_c	$0.243/T$	$0.367/T$	$0.455/T$	$0.596/T$	$0.786/T$

由表 4-2 的数据可以看出，随着开环放大倍数 K 增加，阻尼比 ξ 减小，超调量 $\sigma\%$ 增大，调节时间 t_s 减小。但 K 值过大，调节时间 t_s 反而增加。当取 $K=1/(2T)$ 时，性能指标中的超调量 $\sigma\%$ 不大，调节时间 t_s 也较小。

4. Ⅰ型系统的典型参数

对Ⅰ型系统进行工程设计时，通常选用 $K=1/(2T)$ 或 $\xi=0.707$ 为典型参数，称为Ⅰ型系统工程最佳参数。其传递函数为

开环
$$W_{op}(s)=\frac{1}{2T}\frac{1}{s(Ts+1)} \tag{4-58}$$

闭环
$$W_{cl}(s)=\frac{1}{2T^2s^2+2Ts+1} \tag{4-59}$$

单位阶跃输入时，系统输出为

$$c(t)=1-\sqrt{2}\,\mathrm{e}^{-\frac{1}{2T}}\sin\left(\frac{t}{2T}+45°\right) \tag{4-60}$$

其阶跃响应曲线如图 4-57 所示，其性能指标为

$$\sigma\%=4.3\%,\quad t_s=4.2T(5\%)$$

实践表明，上述典型参数对应的性能指标适合于响应快而又不允许过大超调量的系统，一般情况下都能满足工程设计要求。

5. Ⅰ型系统的频率特性

典型Ⅰ型系统的开环对数频率特性如图 4-58 所示。当 $\omega_c<1/T$ 时，对数幅频特性以 $-20\mathrm{dB/dec}$ 的斜率通过 0dB 线，其截止频率 $\omega_c=K$，其相位裕度 γ 为

$$\gamma(\omega_c)=90°-\arctan\omega_c T>45° \tag{4-61}$$

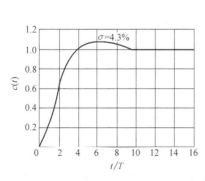

图 4-57　典型Ⅰ型系统最佳参数时的单位阶跃响应

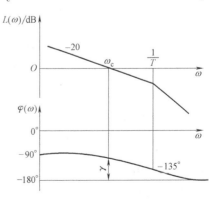

图 4-58　典型Ⅰ型系统开环对数频率特性

从上述分析可知，与系统快速性相关的截止频率 ω_c 取决于开环增益 K，增益 K 值可提高系统的快速性，但另一方面又会使相位裕度 γ 减小，超调量增大，所以 ω_c 不能随意增大。如果既要提高快速性，又要保持相位裕度不变，就应在增加 ω_c 的同时减小时间常数 T，保持它们之间的比值不变。但时间常数 T 往往是系统的固有参数，较难改变，故在确定 K 值时，要兼顾快速性和超调量两项指标。

（二）典型Ⅱ型系统及其参数与性能指标的关系

1. 典型Ⅱ型系统

典型Ⅱ型系统的开环传递函数为

$$W_{op}(s) = \frac{K(\tau s + 1)}{s^2(Ts+1)} \quad (\tau > T) \tag{4-62}$$

其闭环系统结构图和开环对数幅频特性如图 4-59 所示。图中，$\omega_1 = \dfrac{1}{\tau}$ 为低频转折频率，$\omega_2 = \dfrac{1}{T}$ 为高频转折频率，且有 $\omega_2 > \omega_c > \omega_1$。

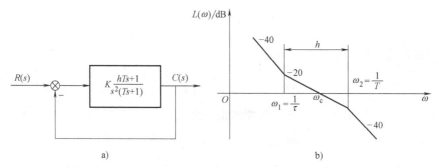

图 4-59 典型Ⅱ型系统结构图和开环对数幅频特性

a）结构图 b）对数幅频特性

与典型Ⅰ型系统相比，不同的是有两个参数 K 和 τ 需确定，为方便起见，引入一个新变量 h，令

$$h = \frac{\tau}{T} = \frac{\omega_2}{\omega_1} \tag{4-63}$$

h 表示了在对数坐标中斜率为 $-20\mathrm{dB/dec}$ 的中频段的宽度，称作中频宽。由于中频段的状况对控制系统的动态品质起决定性的作用，因此 h 值是一个很关键的参数。

在图 4-59 中，若设 $\omega = 1$ 点处是 $-40\mathrm{dB/dec}$ 特性段，则

$$20\lg K = 40\lg\omega_1 + 20\lg\frac{\omega_c}{\omega_1} = 20\lg\omega_1\omega_c$$

因此

$$K = \omega_1\omega_c \tag{4-64}$$

从频率特性可见，由于 T 一定，改变 τ 就等于改变了中频宽 h；在 τ 确定以后，再改变 K 相当于使开环对数幅频特性上下平移，从而改变了截止频率 ω_c。因此在设计调节器时，选择两个参数 h 和 ω_c，就相当于选择参数 τ 和 K。

2. 性能指标与参数关系

典型 II 型系统的性能指标通常用以下三种方法描述：①以相位裕度为基准的最大 $\gamma(\omega_c)$ 法；②以闭环谐振峰值为基准的最小谐振峰值 M_p 法；③在第一种方法中令 $h = 4$ 或在第二种方法中令 $h = 5$ 时得到的三阶工程最佳设计法。

按最大 $\gamma(\omega_c)$ 法选择参数时，截止频率

$$\omega_c = \sqrt{\omega_1 \omega_2} = \sqrt{h}\,\omega_1 \tag{4-65}$$

它处于对数幅频特性横轴上 ω_1 与 ω_2 的几何中点，由式（4-63）~式（4-65）可得最大 $\gamma(\omega_c)$ 法的参数关系，为

$$\begin{cases} K = \omega_1 \omega_c = \omega_1 \sqrt{\omega_1 \omega_2} = \omega_1 \sqrt{h \omega_1^2} = \omega_1^2 \sqrt{h} = \dfrac{\sqrt{h}}{\tau^2} = \dfrac{1}{h\sqrt{h}\,T^2} \\ \tau = hT \end{cases} \tag{4-66}$$

若取 $h = 4$，则

$$\begin{cases} K = \dfrac{1}{8T^2} \\ \tau = 4T \end{cases} \tag{4-67}$$

式（4-67）是三阶工程最佳的结论。

最小 M_p 法是根据最小振荡指标，由闭环频率特性推导的。

反馈控制系统的闭环幅频特性如图 4-60 所示，其中振荡峰值用 M_p 表示。可以证明对于典型 II 型系统，当截止频率 ω_c 符合下列关系式时，对应的 M_p 最小，称为最佳频比，此时系统相对稳定性最好。

$$\frac{\omega_2}{\omega_c} = \frac{2h}{h+1} \tag{4-68}$$

或

$$\frac{\omega_c}{\omega_1} = \frac{h+1}{2}$$

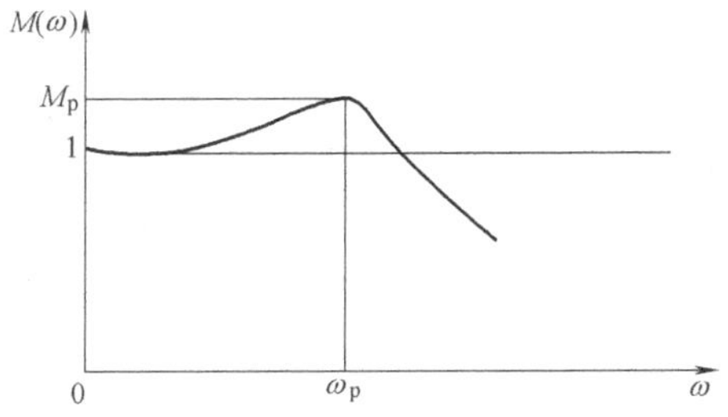

即

$$\omega_c = \frac{h+1}{2}\omega_1 \tag{4-69}$$

图 4-60　闭环系统的幅频特性

这时最小的 M_p 值与 h 有简单的关系：

$$M_{pmin} = \frac{h+1}{h-1} \tag{4-70}$$

开环放大倍数

$$K = \omega_1 \omega_c = \frac{1}{h}\,\frac{1}{T}\,\frac{h+1}{2hT} = \frac{h+1}{2h^2 T^2}$$

则按最小 M_p 法设计的典型 II 型系统时的参数关系为

$$\begin{cases} K = \dfrac{h+1}{2h^2 T^2} \\ \tau = hT \end{cases} \tag{4-71}$$

若取 $h=5$，则

$$\begin{cases} K = \dfrac{1}{8.3T^2} \\ \tau = 5T \end{cases}$$ (4-72)

被称为按最小 M_{p} 法设计的三阶工程最佳参数。

由式（4-69）可知，按最小 M_{p} 法设计的系统参数与按最大 $\gamma(\omega_{\mathrm{c}})$ 法设计的系统参数区别在于 ω_{c} 的位置不同。最小 M_{p} 法对应的截止频率 ω_{c} 不在中频段的几何中点，而是稍偏右。实际工程应用与分析均证明最小 M_{p} 法计算公式较简单，参数调整的趋势明确，而且系统的动态性能也较优越。

按最小 M_{p} 法设计的典型 II 型系统的开环传递函数为

$$W_{\mathrm{op}}(s) = \frac{K(\tau s+1)}{s^2(Ts+1)} = \frac{h+1}{2h^2T^2} \cdot \frac{hTs+1}{s^2(Ts+1)}$$

闭环传递函数为

$$W_{\mathrm{cl}}(s) = \frac{W_{\mathrm{op}}(s)}{1+W_{\mathrm{op}}(s)} = \frac{hTs+1}{\dfrac{2h^2T^2}{h+1}s^2(Ts+1)+(hTs+1)}$$ (4-73)

$$= \frac{hTs+1}{\dfrac{2h^2}{h+1}T^3s^3+\dfrac{2h^2}{h+1}T^2s^2+hTs+1}$$

对式（4-73）取不同的 h 值，求单位阶跃响应，得表 4-3 所示的典型 II 型系统的跟随性能指标。

表 4-3 典型 II 型系统的跟随性能指标（最小 M_{p}）

h	3	4	5	6	7	8	9	10
K	$\dfrac{1}{4.5T}$	$\dfrac{1}{6.4T^2}$	$\dfrac{1}{8.3T^2}$	$\dfrac{1}{10.3T^2}$	$\dfrac{1}{12.3T^2}$	$\dfrac{1}{14.2T^2}$	$\dfrac{1}{16.2T^2}$	$\dfrac{1}{18.2T^2}$
t_{s}	$12T$	$11T$	$9T$	$10T$	$11T$	$12T$	$13T$	$14T$
σ	52.6	43.6	37.6	33.2	29.8	27.2	25	23.3

从表 4-3 可知：

当 $h=4$ 时

$$\begin{cases} \text{调节时间 } t_{\mathrm{s}} = 11T \\ \text{超调量 } \sigma\% = 43.6\% \end{cases}$$ (4-74)

当 $h=5$ 时

$$\begin{cases} \text{调节时间 } t_{\mathrm{s}} = 9T \\ \text{超调量 } \sigma\% = 37.6\% \end{cases}$$ (4-75)

h 值越大，超调量越小，但当 $h>5$ 后调节时间又将增加。因此，除非对快速性没有要求，否则只能取 $h=4$ 或 $h=5$。一般把 $h=5$ 定义为按最小 M_{p} 法设计的三阶工程最佳参数配置。

（三）工程设计中的近似处理

1. 高频段小惯性环节的近似处理

在图 4-61 所示的系统中，T_1 和 T_2 是两个小惯性环节，系统的开环传递函数为

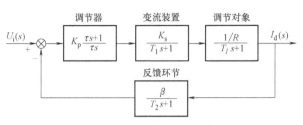

图 4-61　电流控制系统结构图

$$W_{op}(s) = K_p \frac{\tau s + 1}{\tau s} \frac{K_s}{T_1 s + 1} \frac{1/R}{T_l s + 1} \frac{\beta}{T_2 s + 1}$$

$$(4\text{-}76)$$

若按典型 I 型系统进行校正，取调节器参数 $\tau = T_l$，则系统的开环传递函数为

$$W_{op1}(s) = \frac{K}{s(T_1 s + 1)(T_2 s + 1)} \qquad (4\text{-}77)$$

式中

$$K = \frac{K_p K_s \beta}{\tau R}$$

显然，$W_{op1}(s)$ 比典型 I 型系统的开环传递函数多了一个小惯性环节。为此需要将两个小惯性环节用一个等效惯性环节代替，并保持等效前后相位裕度不变，便可得到等效的典型 I 型系统的开环传递函数

$$W(s) = \frac{K}{s(Ts + 1)} \qquad (4\text{-}78)$$

根据等效前后相位裕度保持不变的条件，可推出各时间常数 T、T_1、T_2 之间的关系。等效前后的开环对数幅频特性如图 4-62 所示，图中 W_{opA} 是包含两个小时间常数环节的开环对数幅频特性，W_{opB} 是以等效时间常数 T 表示的典型 I 型系统。它们在 ω_c 处的相位裕度分别为

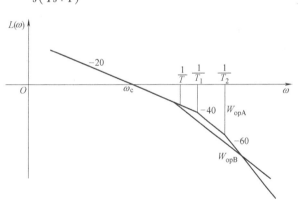

$$\gamma_A(\omega_c) = 90° - \tan T_2 \omega_c - \tan T_1 \omega_c$$

$$= 90° - \tan \frac{-(T_1 + T_2)\omega_c}{1 - T_1 T_2 \omega_c^2}$$

$$(4\text{-}79)$$

图 4-62　等效前后的开环对数幅频特性

$$\gamma_B(\omega_c) = 90° - \tan T \omega_c \qquad (4\text{-}80)$$

若保持等效前后在 ω_c 处的相位裕度不变，即 $\gamma_A(\omega_c) = \gamma_B(\omega_c)$，则要求

$$\tan \frac{(T_1 + T_2)\omega_c}{1 - T_1 T_2 \omega_c^2} = \tan T \omega_c \qquad (4\text{-}81)$$

当 $T_1 T_2 \omega_c^2 \ll 1$ 时，近似有

$$\tan(T_1 + T_2)\omega_c = \tan T \omega_c \qquad (4\text{-}82)$$

由此得

$$T_1 + T_2 = T \qquad (4\text{-}83)$$

即两个小时间常数为 T_1 和 T_2 的惯性环节，当它们对应的频率 $\omega_1 = \dfrac{1}{T_1}$、$\omega_2 = \dfrac{1}{T_2}$ 都远大于截止频率 ω_c 的高频段时，可以用一个等效的小时间常数 $T = T_1 + T_2$ 的惯性环节来代替。依次类推，当高频段有多个小时间常数 T_1、T_2、T_3、$\cdots$ 的环节时，可以等效地用一个小时间常数 T 的环节来代替，其等效时间常数 T 为

$$T = T_1 + T_2 + T_3 + \cdots \tag{4-84}$$

若使稳定裕量不受较大影响，应保证

$$\frac{1}{T},\ \frac{1}{T_1},\ \frac{1}{T_2},\ \frac{1}{T_3},\ \cdots \gg \omega_c \tag{4-85}$$

需要注意，上述等效只是近似的，实际的相位裕度 $\gamma_A(\omega_c)$ 总是小于等效后的相位裕度 $\gamma_B(\omega_c)$。但只要 ω_c 选择合适，这个近似等效所产生的相位误差可以控制在工程允许的范围内。

2. 低频段大惯性环节的近似处理

在把系统校正成典型 Ⅱ 型系统时，有时需要将系统中的大惯性环节近似用积分环节来代替。图 4-63 所示系统若校正成典型 Ⅱ 型系统，在把两个小惯性环节等效成一个小时间常数 T 的惯性环节的同时，还需把大惯性环节近似等效成积分环节。

近似等效前，系统的开环传递函数为

$$W_{\mathrm{opA}}(s) = \frac{K(\tau s + 1)}{s(T_1 s + 1)(T s + 1)}$$

$$\tag{4-86}$$

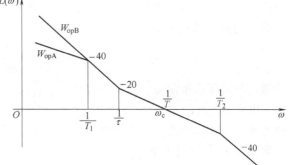

图 4-63　大惯性环节近似为积分环节

式中　$K = K_p K_s \beta / (\tau R)$，且 $T_1 > \tau > T$。

若把大惯性环节用积分环节来近似，即

$$\frac{1}{T_1 s + 1} \approx \frac{1}{T_1 s} \tag{4-87}$$

则 $W_{\mathrm{opA}}(s)$ 就成为典型 Ⅱ 型系统的形式

$$W_{\mathrm{opB}}(s) = \frac{K}{T} \frac{(\tau s + 1)}{s^2 (T s + 1)} \tag{4-88}$$

$W_{\mathrm{opA}}(s)$、$W_{\mathrm{opB}}(s)$ 对应的开环对数幅频特性如图 4-63 所示。图中两条线差别仅在低频段。$W_{\mathrm{opA}}(s)$ 在截止频率 ω_c 处的相位裕度为

$$\gamma_A(\omega_c) = 90° - \tan T_1 \omega_c + \tan \tau \omega_c - \tan T \omega_c = \tan \frac{1}{T_1 \omega_c} + \tan \tau \omega_c - \tan T \omega_c \tag{4-89}$$

$W_{\mathrm{opB}}(s)$ 在截止频率 ω_c 处的相位裕度为

$$\gamma_B(\omega_c) = \tan \tau \omega_c - \tan T \omega_c \tag{4-90}$$

显然，$\gamma_A(\omega_c) > \gamma_B(\omega_c)$，两者之差为

$$\Delta \gamma(\omega_c) = \gamma_A(\omega_c) - \gamma_B(\omega_c) = \arctan \frac{1}{T_1 \omega_c} \tag{4-91}$$

为了尽量保持近似处理前后的相位裕度不变，则应满足

$$\Delta\gamma(\omega_c) = \arctan\frac{1}{T_1\omega_c} \approx 0 \tag{4-92}$$

其条件是

$$T_1\omega_c \gg 1 \text{ 或 } \omega_c \gg \frac{1}{T_1} \tag{4-93}$$

上述条件表明，低频段的大惯性环节在 $\omega_c \gg 1/T$ 调节下，可以近似地处理成具有该时间常数 T_1 的积分环节。因为近似处理前系统的相位裕度大于处理后的典型 II 型系统的相位裕度，因此系统的实际性能指标只会比设计值好，而不会变差。

3. 高阶系统的降阶处理

在一般情况下，当系统特征方程高次项的系数小到一定程度便可以忽略不计，将高阶系统近似用低阶系统代替。现以三阶系统为例，设

$$W(s) = \frac{K}{as^3 + bs^2 + cs + 1} \tag{4-94}$$

其中 a、b、c 都是正系数，$c \gg a$ 或 b，且有 $bc > a$，即系统是稳定的。若忽略高次项，则

$$W(s) \approx \frac{K}{cs + 1} \tag{4-95}$$

4. 近似处理的条件

（1）小惯性环节的近似条件 由式（4-77）可得小惯性的频率特性为

$$\frac{1}{(j\omega T_1 + 1)(j\omega T_2 + 1)} = \frac{1}{(1 - T_1 T_2\omega^2) + j\omega(T_1 + T_2)} \approx 1/[1 + j\omega(T_1 + T_2)] \tag{4-96}$$

由式（4-96）可得近似条件为

$$T_1 T_2\omega^2 \ll 1 \tag{4-97}$$

工程计算中一般允许 10% 以内误差，因此近似条件可以写成

$$T_1 T_2\omega^2 \leqslant \frac{1}{10}$$

或允许频带为

$$\omega \leqslant \sqrt{\frac{1}{10 T_1 T_2}}$$

考虑到开环频率特性的截止频率 ω_c 与闭环频率特性的通频带 ω_{cl} 一般比较接近，而 $\sqrt{10} \approx 3.16 \approx 3$，则近似处理条件是

$$\omega_c = \frac{1}{3}\sqrt{\frac{1}{T_1 T_2}} \tag{4-98}$$

同理，式（4-84）表示的三个小惯性环节，近似条件为

$$\omega_c \leqslant \frac{1}{3}\sqrt{\frac{1}{T_1 T_2 + T_2 T_3 + T_1 T_3}} \tag{4-99}$$

（2）大惯性环节的近似条件 大惯性环节的频率特性为

$$\frac{1}{j\omega T + 1} = \frac{1}{\sqrt{\omega^2 T^2 + 1}} \angle -\tan\omega T$$

若将其近似成一个积分环节，其幅值应近似为

$$\frac{1}{\sqrt{\omega^2 T^2 + 1}} \approx \frac{1}{\omega T}$$

近似条件是 $\omega^2 T^2 \gg 1$，或按工程惯例，$\omega T \geqslant \sqrt{10}$。和前面一样，将 ω 换成 ω_c，并取整数，

得

$$\omega_c \geqslant \frac{3}{T} \tag{4-100}$$

而相位的近似关系是 $\tan \omega T \approx 90°$；当 $\omega T = \sqrt{10}$ 时，$\tan \omega T = \tan \sqrt{10} = 72.45°$，似乎误差较大。实际上，将这个惯性环节近似成积分环节后，相位滞后得更多，相当于稳定裕量更小。这就是说，实际系统的稳定裕量比近似系统更大，按近似系统设计好以后，实际系统的稳定性应该更强。

（3）高阶系统的降阶处理条件 由式（4-94）和式（4-95）能导出频率特性表达式为

$$\frac{K}{a(j\omega)^3 + b(j\omega)^2 + c(j\omega) + 1} = \frac{K}{(1-b\omega^2) + j\omega(c-a\omega^2)} \approx \frac{K}{1+j\omega c} \tag{4-101}$$

近似条件是 $b\omega^2 \leqslant \dfrac{1}{10}$，$a\omega^2 \leqslant \dfrac{c}{10}$，仿照前述的方法，近似条件可写成

$$\begin{cases} \omega_c \leqslant \dfrac{1}{3} \min \left[\sqrt{\dfrac{1}{b}} \sqrt{\dfrac{c}{a}} \right] \\ bc > 0 \end{cases} \tag{4-102}$$

三、电流调节器设计

在设计之前，需了解系统由生产机械和工艺要求选择的电动机、测速发电机、整流器等器件的固有参数。

已知固有参数：

电动机：P_{nom}，U_{nom}，I_{nom}，n_{nom}，R_a，L_a；

变压器：L_B，R_B；

整流器：m（相数），U_{d0}；

负载及电动机转动惯量：GD^2。

预置参数：ACR 输出限幅值 U_{ctm}，它对应于最大整流电压 $U_{dom} = 1.05 U_{nom}$，一般 U_{ctm} 取 5~10V；

ASR 输出限幅值 U_{im}，一般取 5~10V；

速度给定最大值 U_{nm}，它对应于电动机转速额定值 n_{nom}，一般取 5~10V；

电流反馈滤波时间常数 T_{oi}，一般取 1~3ms；

速度反馈滤波时间常数 T_{on}，一般取 5~20ms；

起动电流 I_{dm}，一般取 $(1.5~2)I_{nom}$。

计算的参数：

$$R = R_a + \frac{mX_B}{2\pi} + R_L + R_B；\quad L = L_a + L_B + L_p \ (L_p \text{ 为平波电抗器电感})$$

$$T_s = \frac{1}{2}\frac{1}{mf} \ (f \text{ 为电源频率})；\quad C_e = \frac{U_{nom} - I_{nom} R_a}{n_{nom}}；\quad C_m = C_e/1.03；\quad T_1 = L/R；$$

$$T_m = \frac{GD^2 R}{375 C_e C_m}; \quad \beta = \frac{U_{im}}{I_{dm}}; \quad \alpha = U_{im}/I_{dm} K_s = U_{dom}/U_{ctm} = 1.05 U_{nom}/U_{ctm}$$

（一）电流调节器（ACR）

最常用的 ACR 是 PI 调节器。由于电流反馈滤波环节（惯性环节）折算到前向通道上表现为微分环节，电流超调将会增大（实质上滤波环节对电流反馈信号起延迟作用），为此，在给定通道上也加一滤波环节（给定滤波器），以抵消电流反馈环节的影响。具有给定和反馈滤波器的 ACR 如图 4-64 所示。对 PI 调节器，其输出表达式为

$$U_{cl}(s) = \frac{K_i(\tau_i s + 1)}{\tau_i s}\left(\frac{1}{T_{oi} s + 1}U_i - \frac{1}{T_{fi} s + 1}\beta I_d\right) \quad (4\text{-}103)$$

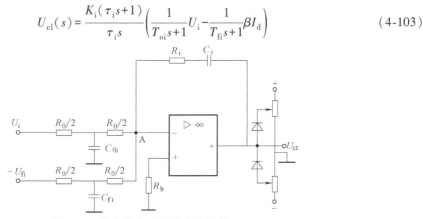

图 4-64　具有给定和反馈滤波器的 ACR

其动态结构图如图 4-65 所示，其中

$$K_i = \frac{R_i}{R_0}; \quad \tau_i = R_i C_i; \quad T_{oi} = \frac{R_0 C_{0i}}{4}; \quad T_{fi} = \frac{R_0 C_{fi}}{4}$$

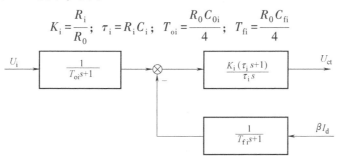

图 4-65　ACR 的动态结构图

（二）电流环的动态结构图

双闭环直流调速系统中电流调节过程比转速调节过程快得多，因此在电流环设计时，可忽略电动机反电动势的影响。这样近似处理的条件是

$$\omega_{ci} \geqslant 3\sqrt{\frac{1}{T_m T_l}} \quad (4\text{-}104)$$

式中　ω_{ci}——电流环的截止频率。

去掉电动势环以后，由图 4-55 和图 4-66a 可得，ACR 采用 PI 调节器时电流环的动态结构图如图 4-67 所示。考虑到一般电动机电磁时间常数要比晶闸管整流器的等效时间常数 T_s 和反馈滤波时间常数 T_{fi} 大得多，设计时可把 T_s 和 T_{fi} 合并为小惯性群，即

$$T_{\Sigma i} = T_s + T_{fi}$$

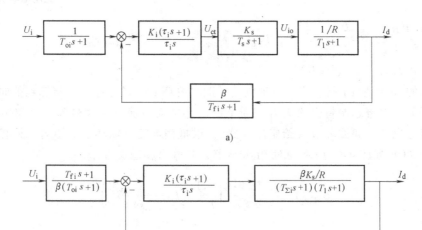

图 4-66 电流环的等效结构图

a) 等效前   b) 等效后

从而使电流环结构简化，如图 4-66b 所示。这种近似处理的条件为

$$\omega_{ci} \leqslant \frac{1}{3}\sqrt{\frac{1}{T_s T_{fi}}} \qquad (4\text{-}105)$$

（三）ACR 参数和电流闭环传递函数

1. 电流环校正为典型 I 型系统

取工程最佳参数，结果如下：

$$\begin{cases} \tau_i = T_l \text{（抵消大惯性）} \\[2mm] K_I = \dfrac{\beta K_i K_s}{\tau_i R} \\[2mm] T_{oi} = T_{fi} \end{cases}$$

由此得调节器参数为

$$\begin{cases} \tau_i = T_l \\[2mm] K_i = \dfrac{RT_l}{2\beta K_s T_{\Sigma i}} \\[2mm] T_{oi} = T_{fi} \end{cases} \qquad (4\text{-}106)$$

性能指标如下：

$$\sigma\% = 4.3\%$$

$$t_s = 4.14 T_{\Sigma i}$$

校正后的电流环动态结构图如图 4-67 所示，等效闭环传递函数为

$$W_{cli}(s) = \frac{I_d(s)}{U_i(s)} = \frac{\dfrac{1}{2\beta T_{\Sigma i}}}{T_{\Sigma i}s^2 + s + \dfrac{1}{2T_{\Sigma i}}} = \frac{\dfrac{1}{\beta}}{2T_{\Sigma i}^2 s^2 + 2T_{\Sigma i}s + 1} \approx \frac{\dfrac{1}{\beta}}{2T_{\Sigma i}s + 1} \qquad (4\text{-}107)$$

上面忽略高次项的近似处理条件可由式（4-102）求出

$$\omega_{cn} \leqslant \frac{1}{3\sqrt{2}\,T_{\Sigma i}} = \frac{1}{4.24\,T_{\Sigma i}}$$

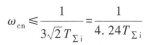

取整数

$$\omega_{cn} \leqslant \frac{1}{5T_{\Sigma i}} \qquad (4\text{-}108)$$

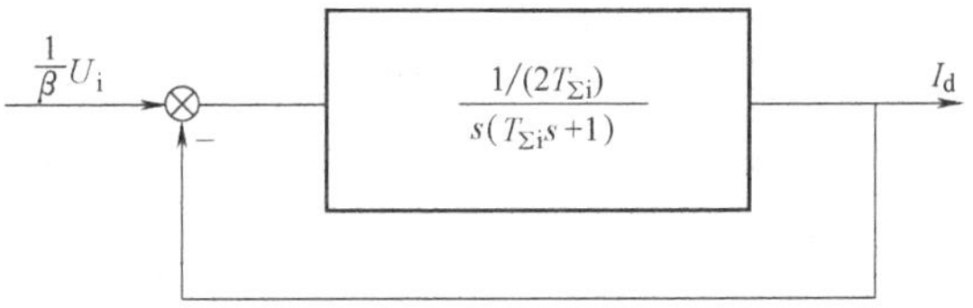

图 4-67　按典型 I 型系统设计的电流环结构图

式中　ω_{cn}——转速环截止频率。

2. 电流环校正为典型 II 型系统

从图 4-66 中可知，若把电流环校正为

典型 II 型系统，应把最大的惯性环节 $\dfrac{1}{T_1 s+1}$ 近似处理为积分环节。当满足式（4-107）要求

$\left(\omega_c \geqslant \dfrac{3}{T_1}\right)$ 时

$$\frac{1}{T_1 s+1} \approx \frac{1}{T_1 s}$$

对应的电流环近似结构图如图 4-68 所示。

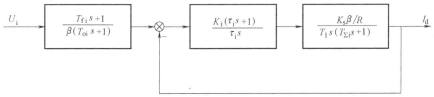

图 4-68　大惯性环节近似处理后的电流环近似结构图

按最小 M_p 法取

$$\begin{cases} \tau_i = hT_{\Sigma i} \\ K_{II} = \dfrac{\beta K_s K_i}{\tau_i R T_1} = \dfrac{h+1}{2h^2 T_{\Sigma i}^2} \end{cases}$$

并且，为了抵消闭环传递函数中出现的微分项

$$(T_{fi}s+1)(hT_{\Sigma i}s+1) \approx (T_{fi}+hT_{\Sigma i})s+1$$

取滤波环节时间常数 $T_{oi} = T_{fi}+hT_{\Sigma i}$，则调节器参数为

$$\begin{cases} \tau_i = hT_{\Sigma i} \\ K_i = \dfrac{(h+1)RT_1}{2hK_s\beta T_{\Sigma i}} \\ T_{oi} = T_{fi}+hT_{\Sigma i} \end{cases} \qquad (4\text{-}109)$$

校正后的电流环结构图如图 4-69 所示，等效闭环传递函数为

$$W_{cli}(s) = \frac{I_d(s)}{U_i(s)} = \frac{T_{fi}s+1}{\beta(T_{oi}s+1)}\,\frac{hT_{\Sigma i}s+1}{\dfrac{1}{K_i}s^2(T_{\Sigma i}s+1)+(hT_{\Sigma i}s+1)}$$

$$= \frac{1/\beta}{\dfrac{2h^2}{h+1}T_{\Sigma i}^3 s^3 + \dfrac{2h}{h+1}T_{\Sigma i}^2 s^2 + hT_{\Sigma i}s+1} \approx \frac{1/\beta}{hT_{\Sigma i}s+1} \qquad (4\text{-}110)$$

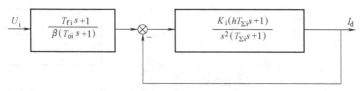

图 4-69 按典型 II 型设计的电流环结构图

最后，还有一点需要说明：由于电流环的一项重要作用就是保持电枢电流动态过程中不超过允许值，因而在突加控制作用时不希望有超调，或者超调量越小越好。从这个观点出发，应该把电流环校正成典型 I 型系统。但电流环还有对电网电压波动及时调节的作用，为了提高其抗干扰性能，又希望把电流环校正成典型 II 型系统。在设计时究竟应该如何选择，要根据实际系统的具体要求来决定取舍。在一般情况下，当控制对象的两个时间常数之比 $T_1/T_{\Sigma i} \leqslant 10$ 时，典型 I 型系统的抗扰恢复时间还是可以接受的，因此一般多按典型 I 型系统来设计电流环。

四、转速环设计

（一）ASR 结构的选择

用电流环的等效传递函数代替图 4-55 中的电流闭环后，整个转速调节系统的动态结构图变成如图 4-70a 所示。其中

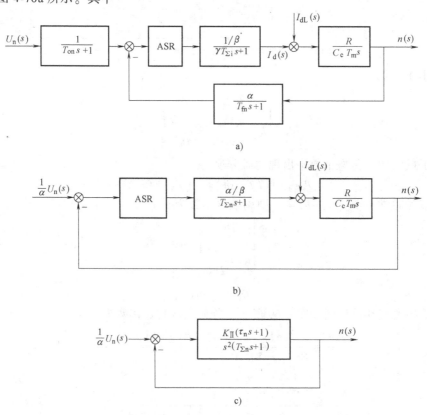

图 4-70 转速环的动态结构图

a）近似处理前 b）近似处理后 c）按典型 II 型系统校正后

$$\gamma = \begin{cases} 2, & \text{电流环校正成典型 I 型时，见式 (4-107)} \\ h, & \text{电流环校正成典型 II 型时，见式 (4-110)} \end{cases}$$

如果把给定滤波和反馈滤波环节等效地移到环内，同时将给定信号变为 $\dfrac{1}{\alpha}U_n(s)$，再取时间常数 $T_{\Sigma n} = T_{fn} + \gamma T_{\Sigma i}$，则转速环可简化成图 4-70b 的形式。

转速环应该校正成典型 II 型系统是比较明确的，这首先是基于稳态无静差的要求。由图 4-70b 可以看出，在负载扰动作用点后已经有了一个积分环节。为了实现转速无静差，还必须在扰动作用点前设置一个积分环节，因此前向通道中将有两个积分环节，为典型 II 型系统。再从动态性能看，调速系统首先应具有良好的抗扰性能，典型 II 型系统恰好能满足这个要求。至于典型 II 型系统阶跃响应超调量大的问题，是在线性条件下的计算数据，实际系统的转速调节器很多情况下是阶跃给定，因此，调节器会很快饱和，这个非线性作用会使超调量大大降低。因此，大多数调速系统的转速环都按典型 II 型系统进行设计。

由图 4-70b 可明显地看出，把转速环校正成典型 II 型系统，ASR 应该采用 PI 调节器，其传递函数为

$$W_{ASR}(s) = K_n \frac{\tau_n s + 1}{\tau_n s}$$

这样调速系统的开环传递函数为

$$W_n(s) = \frac{K_n \alpha R(\tau_n s + 1)}{\tau_n \beta C_e T_m s^2 (T_{\Sigma n} s + 1)} = \frac{K_{II}(\tau_n s + 1)}{s^2(T_{\Sigma n} s + 1)}$$

式中　K_{II}——转速环开环增益，$K_{II} = \dfrac{K_n \alpha R}{\tau_n \beta C_e T_m}$。

上述结果需要服从的假设条件为

$$\omega_{cn} \leqslant \frac{1}{5T_{\Sigma i}}$$

$$\omega_{cn} \leqslant \frac{1}{3}\sqrt{\frac{1}{2T_{\Sigma i}T_{on}}}$$

（二）ASR 及其参数选择

与 ACR 相同，含有给定滤波和反馈滤波的 PI 型转速调节器原理图如图 4-71 所示。图

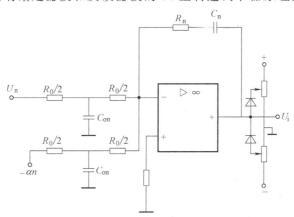

图 4-71　含有给定滤波和反馈滤波的转速调节器原理图

中 $C_n = C_{on}$。

按最小 M_p 法及典型 II 型系统关系式得

$$\tau_n = hT_{\Sigma n}$$

$$K_{II} = \frac{K_n \alpha R}{\tau_n \beta C_e T_m} = \frac{h+1}{2h^2 T_{\Sigma n}^2}$$

则调节器参数为

$$\begin{cases} \tau_n = hT_{\Sigma n} \\ K_n = \frac{h+1}{2h} \frac{\beta C_e T_m}{\alpha T_{\Sigma n} R} \\ T_{on} = T_{fn} \\ T_{\Sigma n} = T_{fn} + 2T_{\Sigma i} \end{cases} \qquad (4\text{-}111)$$

取工程最佳参数时，$h = 5$，则

$$\begin{cases} \tau_n = 5T_{\Sigma n} \\ K_n = \frac{0.6\beta C_e T_m}{\alpha T_{\Sigma n} R} \\ T_{on} = T_{fn} \\ T_{\Sigma n} = T_{fn} + 2T_{\Sigma i} \end{cases} \qquad (4\text{-}112)$$

五、ASR 饱和限幅时的超调量和计算

ASR 的设计应考虑两种情况：一种情况是阶跃输入下调节器很快饱和，属于非线性调节；另一种情况是在斜坡函数信号输入下，调节器不饱和，此时应按上述的线性调节器的设计方法进行。下面是 ASR 限幅输出情况下的设计方法。ASR 限幅输出时，其过渡过程要比线性工作时慢得多，这是由于电动机电流受到了限制（$I_d = I_{dm} = U_{im}/\beta$），但这是防止电动机过电流所必需的。

从图 4-72 所示的双闭环调速系统起动波形可以发现，只有当转速 n 上升到大于稳态值后，出现负的转速偏差值时，才有可能使 ASR 退出饱和状态，进入线性区。调节器刚退出饱和时，由于电动机电流仍大于负载电流，转速必然继续上升而产生超调。但这不是线性系统的超调而是经历饱和非线性之后产生超调，故称之为退饱和超调。退饱和超调指标是 ASR 设计的依据。

在退饱和超调过程中，调速系统重新进入线性范围内工作，其结构图及描述系统的微分

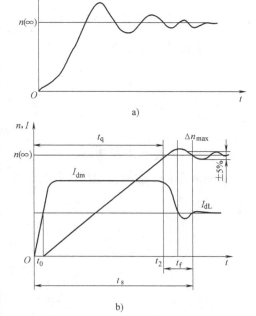

图 4-72 转速环按 II 型系统设计时的起动过程

方程和前面分析系统的跟随性能指标及系统对扰动输入响应指标时的结构图和微分方程完全一样，只不过初始条件不同。退饱和超调时，$n(0)=n(\infty)$，$I_d(0)=I_{dm}$，$I(\infty)=I_{dL}$。这和调速系统带着相当于 I_{dm} 的负载稳定运行时，负载突然从 I_{dm} 减小到 I_{dL}，转速经历一个动态升高和恢复的过程一样。因为描述系统动态速升过程的微分方程及初始条件 $n(0)=n(\infty)$，$I_d(0)=I_{dm}$，与退饱和超调过程一样。所以 ASR 退饱和时的性能指标可用抗扰性能指标来计算，一般转速环都按Ⅱ型系统来设计以便获得较好的退饱和超调指标和抗扰指标。由于描写系统的微分方程只有一个，突卸负载 $I_{dm} \rightarrow I_{dL}$ 时的动态速升和突加负载 $I_{dL} \rightarrow I_{dm}$ 时的动态速降过程是大小相等、符号相反（Δn 的大小和符号）。

对图 4-55 所示系统，转速环按典型Ⅱ型系统特性设计后，取不同的 h 求其单位阶跃扰动响应 $\left(I_{dL}=\dfrac{1}{s}\right)$ 得表 4-4。

表 4-4   转速环按典型Ⅱ型设计时退饱和超调量和 h 的关系

h	3	4	5	6	7	8
$\sigma\%$	72.2%Z	77.5%Z	81.2%Z	84%Z	86.3%Z	88%Z
t_f	13.3$T_{\Sigma n}$	10.5$T_{\Sigma n}$	8.8$T_{\Sigma n}$	13$T_{\Sigma n}$	17$T_{\Sigma n}$	20$T_{\Sigma n}$

表 4-4 中，

$$Z=\frac{2T_{\Sigma n}R}{n(\infty)T_m C_e}(I_{dm}-I_{dL}) \tag{4-113}$$

系统的调节时间 $t_s=t_q+t_f$，其中，t_f 为恢复时间；t_q 为起动时间。其计算如下：

由

$$T_{dm}-T_{dL}=\frac{GD^2}{375}\frac{dn}{dt}$$

得

$$I_{dm}-I_{dL}=\frac{C_e T_m}{R}\frac{dn}{dt}$$

即

$$\frac{dn}{dt}=(I_{dm}-I_{dL})\frac{R}{C_e T_m}=\frac{n(\infty)}{t_q}$$

因此，起动时间

$$t_q=\frac{C_e T_m n(\infty)}{R(I_{dm}-I_{dL})} \tag{4-114}$$

从式（4-113）和式（4-114）可以看出，ASR 饱和时的性能指标 $\sigma\%$ 和 t_q 都和稳态转速 $n(\infty)$ 有关，这与线性条件下性能指标的计算是不一样的。

第六节   伺服控制系统的计算机辅助设计

伺服控制系统的计算机辅助设计（Computer Aided Design，CAD）是指利用计算机作为辅助工具，进行伺服控制系统的设计。

众所周知，计算机不仅能实现高速运算、大容量存储，而且具有极强的信息处理和逻辑推理能力，还能进行文字、图形等人机交互。在计算机如此普及的今天，人们当然希望利用它的高速精确数值计算和辅助分析决策的能力，在充分发挥设计者分析和决策能力的同时，提高设计精度和系统可靠性，缩短设计周期。另外，通过多次仿真及结果比较，还可以选择最佳方案，进行系统优化设计，大大地节省实物设计的高额费用。对于某些控制系统（如火箭发射系统、热连轧控制系统等）直接进行物理设计和实验存在很大危险，甚至是不允许的，而采用CAD技术可以有效地降低危险程度。近年来，由于CAD技术具有经济、安全、快捷等优点，使得它在伺服控制系统的工程设计、理论研究、产品开发等方面发挥重要作用，已成为不可或缺的系统分析和设计工具。CAD技术也为新理论、新方法的研究开辟了一条捷径。

近年来，CAD软件大量涌现，有通用的，也有专为某一类系统而设计的。通用的仿真及CAD软件当数目前国际上流行的MATLAB软件包，其中的Simulink更是为用户提供了非常方便的仿真平台。通用软件的优点是大而全，但对于不同用户都需要自己构建所仿真的系统，用户需要了解MATLAB的使用方法，要求用户有较高的编程水平。

一、伺服控制系统计算机辅助设计的基本原理

CAD系统通常由CAD应用软件、计算机及其输入输出设备（显示器、键盘、鼠标和打印机等）和设计者（即用户）共同组成。应该强调的是，CAD系统不是简单的用计算机代替人的手工设计（画图、计算），而是进行深度的数据挖掘，为设计者提供丰富的信息支持，从本质上激发设计者的创造力和想象力，最终达到提高设计水平的目的。在系统中设计者起着不可或缺的作用。CAD应用软件是CAD系统的核心内容，不同的应用领域有不同的CAD专用软件，例如AutoCAD软件主要用于机械设计等。

伺服控制系统CAD应包括4部分内容：被控系统数学模型的建立、系统控制器设计、系统仿真和结果评价，其流程图如图4-73所示。

（一）数学模型的建立

建立数学模型就是以一定的理论为依据，把系统的行为概括为数学的函数关系。这一过程包括两个步骤：首先确定模型的结构以及系统的约束条件，然后确定与模型相关的参数。由于仿真是以数学模型为基础的，所以数学模型的准确性直接影响仿真结果的正确性。

针对不同的系统特点，模型建立的方法有所不同，通常有以下三种：

1）对内部结构和特点清楚的系统，即所谓白箱系统，可以利用已知的一些基本定律，经过分析和演绎推导出系统模型。直流电动机模型就是利用此方法建立的。

2）对内部结构和特点不清楚的系统，

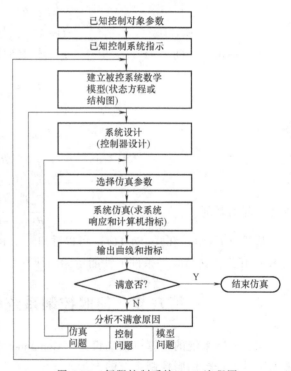

图4-73 伺服控制系统CAD流程图

即所谓黑箱系统，如果允许直接进行实验观测，则可以假设模型结构，通过实验验证，修改模型，即利用辨识的方法建立模型，包括模型结构的辨识和模型参数的辨识。模型结构的辨识比较复杂，而参数的辨识是在已知结构的基础上进行的。

3）介于前两种之间的系统，即对内部结构和特点有所了解，但又不够准确，称为灰箱系统。对于这样的系统，一般先用演绎法得到模型结构，再用辨识法辨识模型参数。人们知道交流电动机的参数是时变的，交流电动机相当于一个灰箱系统，可以通过分析得到电动机模型的结构和参数初始值，再用辨识方法得到模型的动态参数。

（二）系统控制器的设计

控制器也包括结构和参数两项，所用的设计方法不同，得到的控制器的结构和参数也不同。工程设计方法通常采用 PID 控制器，自适应设计方法构造自适应控制器，模糊设计方法设计模糊控制器等。控制器的最终结构和参数要通过对系统仿真结果的评价以及多次修改后方能确定。

（三）系统仿真

系统仿真可分为三大类：模拟仿真、数字仿真和混合仿真。这里讲的系统仿真仅指只采用计算机的纯数字仿真，即用软件实现系统模型，选择一定形式的输入，计算系统输出。这种方法具有灵活多变、构成简单等特点。另外，在数字仿真技术中可方便地应用各种最优化原理与方法，实现系统的最优设计（或次最优设计），也可应用各种预测方法实现系统的预测控制。总之，各种新的复杂的控制方法易于仿真实现，有利于新理论的研究。

（四）系统评价

系统评价就是根据系统的性能指标要求，评价仿真结果的好坏，并据此决定改进意见：修改模型，修改控制器，还是修改仿真步长等参数。评价的过程也就是系统优化的过程。这一过程可以完全由程序自动完成，也可以由人介入，经评判后，手动调整。

伺服控制系统 CAD 软件可以按照上述结构由通用的软件包 MATLAB 仿真平台构成。

二、MATLAB /Simulink 在伺服控制系统 CAD 中的应用

MATLAB 是美国 Math Works 公司推出的一套高性能的数值计算和可视化软件，集数值分析、矩阵运算、信号处理和图形显示于一体，构成了一个方便的、界面友好的系统仿真和 CAD 平台。MATLAB 的推出得到了各个领域的广泛关注，其强大的扩展功能为各个领域的应用提供了基础。各个领域的专家学者相继推出了 MATLAB 工具箱，其中主要有信号处理、控制系统、神经网络、图像处理、鲁棒控制、非线性控制系统设计、系统辨识、最优化分析与综合、模糊逻辑和小波变换等。人们可直观、方便地进行分析、计算及设计工作，从而大大节省了时间。

MATLAB 是命令式的交互语言，同时也支持程序运行。用户可以根据需要按照 MATLAB 的使用规范编写仿真程序，作为 MATLAB 的外部命令来使用。虽然这一方法功能强大，适应性广，但对于控制工作者来说，需要花费大量的时间来学习 MATLAB 的程序设计方法和技巧；而且，MATLAB 调试程序的功能不强，使得程序调试费时较多。

MATLAB 提供的图形界面仿真手段 Simulink 既保留了编程方式的优点，又克服了编程方式的缺点，用户只要从模块库中拖放合适的模块，并组合在一起即可实现系统仿真，方便易学。Simulink 为用户提供了用方框图建模的图形接口，由于是在 Windows 平台下工作，因此可以很方便地利用鼠标在模型窗口上"画"出仿真模型，然后利用 Simulink 提供的功能来对系统进行分析和仿真。这样做的优点是，可以将一个复杂模型的输入变得相当容易且直观，它与系统的仿真软件包用微分方程和差分方程建模相比，具有更直观、方便、灵活的优

点。Simulink 包含有 Sinks（输出方式）、Source（输入源）、Linear（线性环节）、Nonlinear（非线性环节）、Connection（连接器）、Discrete（离散环节）和 Extra（其他环节）子模型库，而且每个子模型库中包含有相应的功能模块。人们可根据需要混合使用各库中的功能模块，也可封装自己的模块、自定义模块库，从而实现全图形化仿真，可以说 Simulink 是实现动态建模与仿真的一个集成环境。

MATLAB 工具箱实际上是一些高度优化并且是面向专门应用领域的函数的集合，可支持信号和图像处理、控制系统设计、最优化、神经网络等。正是由于 MATLAB 的各种优势和特点，它已逐步成为大学生应掌握的基本技能。在设计、研究单位，MATLAB 已成为研究和解决各种具体工程问题的一种优秀软件。

三、MATLAB 的一些工具箱函数简介

（一）控制系统的模型

系统的表示可用 3 种模型：传递函数、零极点和状态空间。每种模型均有连续、离散之分，它们各有特点，有时需在各种模型之间转换。

1. 连续系统

（1）传递函数　$H(s) = \dfrac{\text{num}(s)}{\text{den}(s)} = \dfrac{b_m s^m + b_{m-1} s^{m-1} + \cdots b_0}{a_n s^n + a_{n-1} s^{n-1} + \cdots a_0}$

在 MATLAB 中表示为　$\text{num} = [b_m, b_{m-1}, \cdots, b_0]$；$\text{den} = [a_n, a_{n-1}, \cdots, a_0]$ 　　　　(4-115)

（2）零极点形式　$H(s) = k \dfrac{(s-z_1)(s-z_2)\cdots(s-z_m)}{(s-p_1)(s-p_2)\cdots(s-p_n)}$

在 MATLAB 中表示为　$z = [z_1, z_2, \cdots, z_m]$；$p = [p_1, p_2, \cdots, p_n]$；$k = [k]$ 　　　(4-116)

（3）状态空间　$\begin{cases} x = a\dot{x} + bu \\ y = cx + du \end{cases}$ 　　　　　　　　　　　　　　　(4-117)

在 MATLAB 中表示为　(a, b, c, d)

2. 离散系统

$$H(s) = \dfrac{b_m s^m + b_{m-1} s^{m-1} + \cdots + b_0}{a_n z^n + a_{n-1} z^{n-1} + \cdots + a_0}$$

类似地有　$H(s) = k \dfrac{(z-z_1)(z-z_2)\cdots(z-z_m)}{(z-p_1)(z-p_2)\cdots(z-p_n)}$ 　　　　　(4-118)

3. 模型之间的转换（见图 4-74）

例 4-1　将零极点传递函数转换成多项式形式：

$$\frac{10(s+4)(s+5)}{(s+1)(s+2)(s+3)}$$

z = [0, -4, -5];
p = [-1, -2, -3];
k = [10];
[num, den] = zp2tf(z, p, k)

按下<Enter>键后，屏幕显示

num =

  10 90 200 0

den =

  1 6 11 6

4. 模型建立

（1）并联：parallel（见图 4-75）

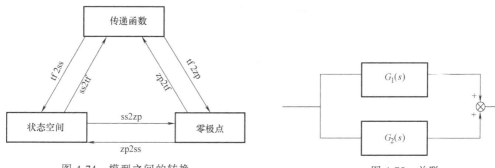

图 4-74 模型之间的转换   图 4-75 并联

例 4-2 $G_1(s) = \dfrac{3}{s+4}$，$G_2(s) = \dfrac{2s+4}{s^2+2s+3}$，求并联后的传递函数。

num1 = 3;

den1 = [1,4];

num2 = [2,4];

den2 = [1,2,3];

[num,den] = parallel(num1,den1,num2,den2)

显示结果：

num =

  0 5 18 25

den =

  1 6 11 12

即 $G(s) = \dfrac{5s^2+18s+25}{s^3+6s^2+11s+12}$。

（2）串联：series（只适宜两个串联）

例 4-3 $G_1(s) = \dfrac{3}{s+4}$，$G_2(s) = \dfrac{4}{s+3}$，如图 4-76 所示，求串联后的传递函数。

num1 = 3；den1 = [1,4]；num2 = 4；den2 = [1,3]；

[num,den] = series(num1,den1,num2,den2)

显示结果：

num =

  0 0 12

den =

$$1 \quad 7 \quad 12$$

即 $G(s) = \dfrac{12}{s^2 + 7s + 12}$。

（3）反馈：feedback（见图 4-77）

例 4-4 $G_1(s) = \dfrac{2s^2 + 5s + 1}{s^2 + 2s + 3}$，$G_2(s) = \dfrac{5(s+2)}{s+10}$，求反馈后的传递函数。

num1 = [2, 5, 1]；den1 = [1, 2, 3]；num2 = [5, 10]；den2 = [1, 10]；

[num, den] = feedback(num1, den1, num2, den2)

显示结果：

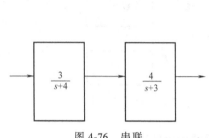

图 4-76 串联

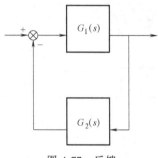

图 4-77 反馈

num =

    2   25   51   10

den =

    11   57   78   40

即 $G(s) = \dfrac{2s^3 + 25s^2 + 51s + 10}{11s^3 + 57s^2 + 78s + 40}$。

注：若为正反馈，则可使用 [num, den] = feedback(num1, den1, num2, den2, +1)。

（4）产生二阶系统：ord2

例 4-5 已知 $\xi = 0.4$，$\omega_n = 2.4 \text{rad/s}$，构建二阶系统。

[num, den] = ord2(2.4, 0.4)

显示结果：

num =

    1

den =

    1   1.92   5.76

（二）时域响应

1. 求连续系统的单位阶跃响应——step

格式：[y, x] = step(num, den)

若前面变量参数没有，即为 step(num, den) 则直接输出图像，否则输出数据。

例 4-6 num = 4；

      den = [1, 2, 4]；

step(num,den)

2. 求离散系统单位阶跃响应——dstep

格式：[x,y]=dstep(num,den) 或 dstep(num,den)

例 4-7 $H(s)=\dfrac{2z^2-3.4z+1.5}{z^2-1.6z+0.8}$

num=[2,-3.4,1.5];

den=[1,-1.6,0.8];

dstep(num,den)

3. 求连续系统的单位冲激响应——impulse

格式：[y,x,t]=impulse(num,den) 或 impulse(num,den)

4. 求离散系统的单位冲激响应——dimpulse

格式：dimpulse(num,den)

（三）频域响应

1. 求连续系统 Bode（伯德）频率响应

格式：[mag,phase,w]=bode(num,den)

若前面变量参数没有，则输出图形为默认。

例 4-8 num=4;

den=[1,2,4];

bode(num,den)

2. 幅值、相位裕度——margin

格式：margin(mag,phase,w)

例 4-9 $G(s)=\dfrac{40}{s(s+2)}$

num=40;den=[1,2,0];

[mag,phase,w]=bode(num,den)

margin(mag,phase,w)

可绘出图形，并有幅值、相位裕度显示。

3. 求离散系统 Bode 图 dbode

格式：[mag,phase,w]=dbode(num,den,T_s)   （T_s 即采样频率）

例 4-10 $H(s)=\dfrac{2z^2-3.4z+1.5}{z^2-1.6z+0.8}$

num=[2,-3.4,1.5]; den=[1,-1.6,0.8];

dbode(num,den,0.1)

4. 求 Nyquist 曲线

格式：[re,im,w]=nyquist(num,den)

例 4-11 num=4;

den=[1,2,4];

nyquist(num,den)

四、运用 MATLAB 的 Simulink 仿真

（一）Simulink 简介

Simulink 是 MATLAB 软件的扩展，它主要用于动态系统的仿真。它与 MATLAB 的主要区别在于，它与用户交互接口是基于 Windows 图形编制的。Simulink 功能丰富，用较短的章节来描述是不可能的。下面简要介绍有关的基本内容、概念及仿真，以帮助同学能掌握基本使用的分析方法解决一些实际问题。

（二）模型的建立及仿真的基本步骤

在 MATLAB Windows 环境下键入 simulink，按<Enter>键即进入 Simulink 环境。Simulink 的主要子模型库将显示在一个新的窗口中，双击某一子模型库的图标即打开此图库窗口。用户需要做的工作只是选择自己所需子模型的种类，将它们连接起来，并设定每一个子模型内的参数，即可进行仿真。

例 4-12 某二阶系统如图 4-78 所示，确定其单位阶跃输出（$\omega_n = 2$，$\xi = 0.5$）。

在建立数学模型前，选择"File"→"New"，这将新建一个窗口，其窗口名为"Untitledl"，可以在该窗口内构造系统模型，并称这个窗口为工作窗口。

本例中的单位阶跃响应可以由两个传递函数、一个和点、一个输入源及一个输出观察点等 5 部分组成。

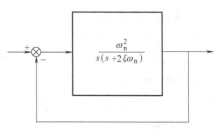

图 4-78 二阶系统

1）打开 Sources 库。选择 Step fcn（阶跃函数）并用鼠标器拖曳到"Untitledl"工作窗口。关闭 Sources 库窗口，以使屏幕清晰。

2）打开 Linear 库。用同样方法，将该库中的 Sum、Integrator、Transfer fcn 图形拖曳到"Untitledl"工作窗口，然后关闭 Linear 库窗口。

3）使用一陷点可以得到仿真的输出结果。在 Sinks 库中有 3 个功能块可用于显示或储存输出结果。Scope 功能块像一台示波器，可以实时地显示仿真结果。To Workspace 功能块可以把输出值以矢量形式储存在 MATLAB 工作空间中，这样可以在 MATLAB 环境下分析与绘制输出结果。To File 功能块可以把数据储存到一个给定名字的文件中。用同样方法，将 Scope 拖曳到工作窗口，并关闭 Sinks 库窗口。

4）方块连接。除 Sources 与 Sinks 功能除外，所有其他种类方块中至少有一个输入点，即在方块左边有一个">"符号指向里面，也至少有一个输出点，即在方块右边有一个">"符号指向外面。Sources 功能块没有输入点，只有输出点，而 Sinks 功能块与此相反。

两个功能块连接如下：将光标指向一个功能块的输出点，按下左键拖曳光标至另一功能块的输入点，然后释放左键，此时">"符号点消失，而在两个功能块之间出现一条带有箭头的连线。采用上述方法将 Step input、Sum、Integrator、Transfer fcn、Scope 正确连接。

最后将反馈环连接。此时，Transfer fcn（1/s+1）输出点与 Scope 块相连，已无">"符号，然后，可以从一个方块中引出多个输出。其方法是用鼠标器在被控方块输出点处单击并拖曳鼠标，在需拐弯处释放左键，然后继续单击拖曳鼠标，最后在 Sum 块的另一输入端释放，完成系统框图的绘制。

5）参数设置。双击任一功能块，即可打开该功能块，且显示那个功能块的参数设定窗

口，窗口中都附带简要的说明，大多数功能块都带有默认值，这些默认值是可以修改的。打开工作窗口功能块输入 Y 作为变量名（Variable Name），对应最大行数项（Maximum Number of Rows）不可动。打开 Step input，有 3 个空白框可以填入参数：

Step Time（阶跃信号初始时间）　　　0

Initial Value（初始值）　　　　　　0

Final Value（终值）　　　　　　　　1

最后单击菜单的"OK"按钮确认，并关闭该窗口。

其他功能块：

Sum：在 List of sign 处输入"+""–"符号。

Integrator：可用默认值

Transfer fcn：在 Numerator（分子）项填入[4]

　　　　　　在 Denominator（分母）项填入[1,2]

完成后的系统框图如图 4-79 所示。

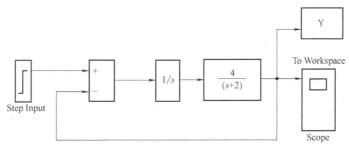

图 4-79　系统框图

人们可以通过 Scope（示波器）观察系统的仿真结果输出，调整好 Scope 的扫描量程（Horizontal Range）与显示的幅值量程（Vertical Range），同时也应调整好 Scope 的窗口位置及大小，以便顺利观察。在此例中 Vertical Range 为 1.1，Horizontal Range 为 7。

最后一步是仿真（Simulation），在 Simulation 菜单下，先选 Parameters（参数）子菜单，对应项分别输入如下参数：

Start Time　　0

Stop Time　　10

Min Step Size　　0.01

Max Step Size　　0.01

参数选择完毕后，单击"OK"按钮，关闭该窗口。

此时可以选择 Simulation 菜单下的 Start 启动仿真过程，并在 Scope 中观察到仿真结果。

使用 Save 命令（在 File 菜单下），可以储存这个框图（例如，以"Example 1"为文件名），这样就建立了一个 MATLAB 的 M 文件，该文件描述这个系统的框图。

在 MATLAB 环境下，可以直接使用仿真算法命令，实现仿真过程，例如，Linsim（Example，10）就可绘出上例的仿真结果，Linsim 标号内的第二个参数 10 表示仿真终了时间。

练习：对一个二阶系统，若 $\omega_n = 2$，试仿真 ξ 在 0.1，0.3，0.5，0.7，0.9，1 情况下的阶跃响应。

（三）伺服控制系统的仿真

1. 伺服控制系统采用计算机仿真的优点

（1）优化设计　能在系统建立之前预测系统的性能和参数，以便所设计的系统达到最优指标。

（2）经济性　对于一个大型系统，直接实验成本十分昂贵，采用仿真实验的方法，成本大大降低。

（3）安全性　对于某些系统直接实验往往是危险的和不容许的。

2. 双闭环调速系统仿真模型的建立

（1）双闭环调速系统的动态结构图　双闭环调速系统的电流环的动态结构图，当按典型 I 型系统校正时可以化简成如图 4-80 所示。

图中　$K_I = K_i K_s \beta / (\tau_i R)$；$T_{\Sigma i} = T_s + T_{oi}$

对于三相桥式电路平均失控时间 $T_s = 0.0017\text{s}$，若取电流滤波时间常数 $T_{oi} = 0.0033\text{s}$，则 $T_i = 0.005\text{s}$。当要求超调量 $\sigma\% \leqslant 5\%$，应取 $K_i = 0.5 / T_{\Sigma i} = 100$，这样，电流环部分用 Simulink 可作出如图 4-81 所示的结构图。

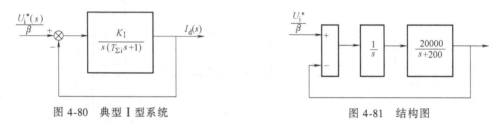

图 4-80　典型 I 型系统　　　　　　　　图 4-81　结构图

（2）ASR 的结构图　转速环是按典型 II 型系统校正的。ASR 也应该采用 PI 调节器，其传递函数为

$$W_{ASR}(s) = K_n \frac{\tau_n s + 1}{\tau_n s} = K_n + K_n / (\tau_n s)$$

式中，$\tau_n = h T_{\Sigma n}$，$T_{\Sigma n} = T_{on} + 2T_{\Sigma i}$，$K_n = \dfrac{(h+1)\beta C_e T_m}{2h\alpha R T_{\Sigma n}}$。

这样，用 Simulink 作出的 ASR 结构图如图 4-82 所示。

由于实际系统应用的积分器具有饱和特性，因此在积分部分及调节器的输出部分都加入了饱和限幅环节，以符合实际情况。

（3）设计举例　某双闭环系统，电流环采用典型 I 型系统设计，其等效时间常数 $2T_{\Sigma i} = 0.01\text{s}$，电动机的 $C_e = 0.2\text{V}_{\min}/\text{r}$，电枢回路总电阻 $R = 0.2\Omega$，机电时间常数 $T_m = 0.12\text{s}$，转速反馈滤波时间常数 $T_{on} = 0.014\text{s}$，电流反馈系数 $\beta = 0.04\text{V/A}$，转速反馈系数 $\alpha = 0.015$。转速环采用典型 II 型系统设计（$h = 5$），试用 MATLAB 仿真。系统动态结构图如图 4-83 所示。MATLAB 的动态结构图如图 4-84 所示。

参数设定（对话框选择）：

Step Input（转速输入）：Step time：0　　　Initial value：0　　　Final value：1

Step Input1（负载电流扰动输入）：Step time：0　　　Initial value：0　　　Final value：1

转速 PI 调节器：Gain 1（K_n）：取 8；Gain2（K_n / τ_n）：取 60；Saturation 1 与 Saturation 2 一样，它们的限幅值决定了电动机最大电流 I_{dm}，可均取 1.5。

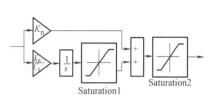

图 4-82　用 Simulink 作出的 ASR 结构图

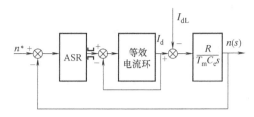

图 4-83　系统动态结构图

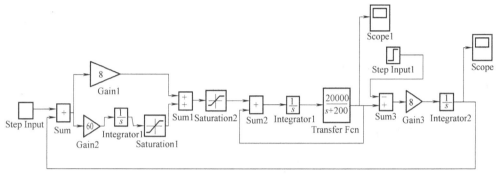

图 4-84　MATLAB 的动态结构图

Gain3（$R/T_m C_e$）：取 8.3

Scope 1（电流波形观察）：Horizontal Range：0.8　　Vertical Range：1.6

由于 ASR 的限幅值为 1.5，即 $I_m^* = 1.5I_{nom}$，因此取 Scope 1 的垂直幅度（Vertical Range）为 1.6，可观察得较清楚。

Scope（转速波形观察）：Horizontal Range：0.8　　Vertical Range：1.2

最后，在 Simulation/Parameters 子菜单下，对应的参数选择如下：

Start time：0　　Stop time：0.8　　Min step size：0.001　　Max step size：0.01

仿真时，选择"Simulation"→"Start"，就可以在 Scope 1 及 Scope 两个示波器中观察到突加给定下的电流、转速波形。

打印波形。Scope 的波形只能观察，若要打印输出波形，应将其转换到 MATLAB 空间。可取 Simulink/Sink 下的 To Workspace 模块，并与对应的 Scope 相连，这样在 MATLAB 空间下，采用 PLOT 命令（如 plot（yout）），即可观察并打印波形。

（四）数字控制系统的仿真

在控制系统中，根据信号的传递和变换方式，控制系统分为连续控制系统和离散控制系统两大类，若系统中各处的信号是时间的连续函数，则称该系统为连续系统。若系统中某一处或几处的信号不是时间的连续函数，而是一系列的脉冲或数码，则称之为离散控制系统，或数字控制系统。一种典型的数字控制系统如图 4-85 所示。

图 4-85　数字控制系统图

1. z 变换

z 变换是分析设计离散系统的重要工具之一，它在离散系统中的作用与拉普拉斯变换在连续系统中的作用是相似的，采样信号的 z 变换定义为

$$F(z) = \sum_{k=0}^{\infty} f(KT) z^{-k}$$

式中，z 定义为 $z = e^{st}$。

z 变换的最重要意义是将微分方程转化为代数差分方程，在零初始条件下，可得

$f[(k+1)T] \longrightarrow zF(z)$

$f[(k+2)T] \longrightarrow z^2F(z)$

$$\vdots$$

$f[(k+n)T] \longrightarrow z^nF(z)$

例如：

$Y_{k+3} + 0.3Y_{k+2} - Y_{k+1} - 0.05Y_k = 5X_{k+1} + X_k$

$(z^3 + 0.3z^2 - z - 0.05)Y(z) = (5z+1)X(z)$

可得 z 变换的传递函数为

$H(z) = Y(z)/X(z) = (5z+1)/(z^3 + 0.3z^2 - z - 0.05)$

2. 带有零阶保持器的 z 变换法

实际上，离散信号从不直接去驱动一个连续系统，离散信号首先经 D/A 转换器产生与离散信号对应的连续输出，即把计算机输出的二进制信号转换成电平电压，并保持此值到计算机输出一个值。这个装置被称为零阶保持器（ZOH）。这样，在开关输出和系统输出之间总的传递函数为

$(1-e^{-st}/s)G(s)$ （其中 $1-e^{-st}/s$ 是零阶保持器的传递函数）

对上式进行 z 变换，得 $G(z)_{ZOH} = (1-z^{-1}) z\{G(s)/s\}$。

在 MATLAB 中可用 c2dm 命令将连续系统的传递函数转换成 z 变换的传递函数，命令格式为

$[numz, denz] = c2dm(num, den, ts, 'method')$

其中参数 ts 是采样周期。Method 允许用户用 5 种转换方法之一：零阶保持器法、一阶保持器法、匹配法、双线性变换法和偏差的预补偿法。假如没有指定的话，则认为是零阶保持器法。

离散系统时域响应的曲线是由 Stairs 命令绘制的，格式为

$Stairs(x,y)$ 或 $[xs,ys] = Stairs(x,y)$

同样，没有等式左边的参数，会自动地绘制响应曲线。

3. 举例

将连续系统 $G(s) = 10/(s+2)(s+5)$ 用零阶保持器法转换成离散系统。

num = 10;

den = [1,7,10];

ts = 0.1;

$[n\_zoh, d\_zoh] = c2dm(num, den, ts)$

结果如下：

n_zoh = 0   0.0398   0.0315

d _ zoh = 1.0000   −1.4253   0.4966

下面求取 $G(s)$ 和 $G(z)$ 的阶跃响应，首先求 $G(s)$ 的阶跃响应，然后用 dstep 命令求 $G(z)$ 的阶跃响应，并用 hold 命令画在同一坐标内。

num = 10；den = [1,7,10]；ts = 0.1；i = [0:35]；time = i * ts；

[n_zoh,d_zoh] = c2dm(num,den,ts)；

yc = step(num,den,time)；

y_zoh = dstep(n_zoh,d_zoh,36)；

[xx,yy] = stairs(time,y_zoh)；

plot(time,yc,'r'),hold

plot(xx,y,'r'),hold；grid

end.

上述最后第二句的 grid 是给输出图形添上格栅。离散系统的仿真系统类似，读者可自行尝试。

习题和思考题

4-1　什么叫调速范围？什么叫转差率？调速范围、静态速降和最小转差率有什么关系？

4-2　某调速系统的调速范围是 150～1500r/min，即 $D = 10$，要求转差率 $s = 3\%$，此时系统允许的静态速降是多少？如果开环系统的静态速降是 100r/min，闭环系统的开环放大系数应有多大？

4-3　直流伺服电动机的调速方案有几种？各有什么特点？

4-4　直流伺服调速系统当改变其给定电压时能否改变电动机的转速？为什么？若给定电压不变，改变反馈系数的大小，能否改变转速？为什么？

4-5　如果转速负反馈系统的反馈信号线断线（或者反馈信号的极性接反）在系统运行中或起动时会有什么结果？

4-6　给定电源和反馈检测元件的精度是否对闭环调速系统的稳态精度有影响？为什么？

4-7　有一晶闸管直流电动机伺服调速系统，已知：

$P_N = 2.8kW$，$U_N = 220V$，$I_N = 15.6A$，$n_N = 1500r/min$，$R_a = 1.5\Omega$，$R_s = 1\Omega$，$K_s = 37$。

1）系统开环工作时，试计算 $D = 30$ 时的 s 值。

2）当 $D = 30$、$s = 10\%$ 时，计算系统允许的静态速降。

3）取转速负反馈有转差系统，仍要在 $U_n = 10V$ 时使电动机在额定点工作，并保持系统的开环放大系数不变，求 $D = 30$ 时系统的转差率。

4-8　为什么用积分控制的调速系统是无静差的？积分调节器输入偏差电压 $\Delta U = 0$ 时，输出电压是多少？

4-9　某调速系统已知数据如下：

电动机：$P_N = 30kW$，$U_N = 220V$，$I_N = 157.8A$，$n_N = 1000r/min$，$R_a = 0.1\Omega$。整流电路为三相桥式，$K_s = 45$，$R_s = 0.3\Omega$。调节器为比例调节器，输入电阻 $R_i = 0.5～2M\Omega$。当主电路电流为最大时，电流检测输出电压为 8V，最大给定电压 $U_n = 10V$，调速系统的指标：$D = 40$，$s < 10\%$，电流截止环节：堵转电流 $I_{bL} \leqslant 1.5I_N$，截止电流 $I_0 \geqslant 1.1I_N$。

1）系统如图 4-86 所示，试在图中标明给定电压和反馈电压的极性，并计算转速反馈系数。

2）画出系统的静态结构图。

3）求出满足调速指标要求的系统开环放大倍数。

4）计算放大器的比例放大倍数 K_p、R_0、R_f 值。

5）确定 U_w 值。

4-10 在单闭环转速负反馈调速系统中，若引入电流负反馈环节，对系统的静特性有何影响？

4-11 PI调节器与I调节器在电路中有何差异？它们输出特性有何不同？为什么用PI调节器或I调节器构成的系统是无静差系统？

4-12 若要改变双闭环系统的转速，应调节什么参数？若要改变系统的起动电流，应调节什么参数？改变这些参数能否改变电动机的负载？

4-13 双闭环调速系统起动过程的恒流升速阶段，两个调节器各起什么作用？如果认为ACR起电流恒值调节作用，而ASR因不饱和不起作用，对吗？为什么？

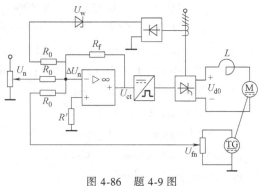

图 4-86 题 4-9 图

4-14 双闭环调速系统中两个调节器的输出限幅值应如何整定？稳态运行时，两个调节器的输入、输出电压各为多少？

4-15 双闭环系统在稳定运行时，如果电流反馈信号线突然断线，系统是否仍然能正常工作？如果电动机突然失磁，最终是否会出现电动机飞车？请给出结果并分析原因。

4-16 某双闭环调速系统，ASR、ACR均采用PI调节器，求：

1）调试中怎样才能做到 $U_{im}=6V$，$I_{dm}=20A$？欲使 $U_{nm}=10V$，$n=1000r/min$，应调什么参数？

2）试画出整个调速系统 $n=f(U_n)$ 关系曲线。当 α 增大，曲线如何变化？

3）系统的下垂特性 $n=f(I_d)$ 呈什么形状？

4）如下垂段特性不够陡或工作段特性不够硬，应调什么参数？

4-17 试从静特性、动态限流特性、起动快速性、抗负载扰动性能、抗电源电压波动等方面比较双闭环调速系统和带电流截止反馈的单环系统。

4-18 在直流调速系统中，闭环数是不是越多越好？环的个数受何限制？

4-19 从系统组成、功用、工作原理、特性等方面比较直流PWM伺服系统与晶闸管直流伺服系统间的异同点。

4-20 什么样的波形称为PWM波形？怎样产生这种波形？

4-21 PWM变换器的开关频率是如何选择的？

4-22 PWM放大器中是否必须设置续流二极管？为什么？

4-23 在直流脉宽伺服系统中，当电动机停止不动时，电枢两端是否还有电压？电路中是否还有电流？为什么？

4-24 试就电流脉动值大小、调速范围、开关器件总功率损耗大小和控制的方便性等指标，对H形单极式和双极式PWM伺服系统做一比较。

4-25 直流PWM-M系统通常要采取哪些保护措施？

4-26 设单位反馈系统的开环传递函数为 $G(s)=4K/[s(s+2)]$。欲使 $K_v=20$，$R\geqslant50°$，$K_g\geqslant10dB$，确定超前校正装置。要求：

1）选择 K 以达到满足需要的误差系数（本例中 $K_v=\lim_{s\to0}sG(s)=2K=20$，得 $K=10$）。

2）用MATLAB画出校正前的Bode图，确定其相位裕度PM及幅值裕量。

3）确定需超前的相位 φ_m，注意应加上5°作为运算的 φ_m。

4）确定校正装置参数 $\alpha=(1-\sin\varphi_m)/(1+\sin\varphi_m)$。

5）找出校正前Bode图上增益为 $-10\lg\alpha$，对应的频率点，该频率点即为校正后的幅值穿越频率 ω_c。

6）计算 $T=1/\sqrt{\alpha}\omega_c$，$\alpha T=\sqrt{\dfrac{\alpha}{\omega_c}}$，校正装置为 $(Ts+1)/(\alpha Ts+1)$。

7）用 MATLAB 画出校正后的 Bode 图，验证设计结果。

8）用 Step（num，den），分别绘出校正前、后的阶跃响应。

9）在 Simulink 环境下，分别绘出校正前、后的系统图，并求阶跃响应。

4-27　如题 4-26 所示的条件：

1）增大转速调节器的比例部分（Gain1），系统有可能发生振荡，为什么？改变积分时间常数（Gain2），对系统有何影响？

2）改变 ASR 的限幅值，例如从 1.5 变成 1.2，会对起动过程产生什么影响？为什么？

3）改变电动机负载，例如将 step input1 的 fine value 改为 0.8，会对起动过程产生什么影响？为什么？

第五章

无刷直流电动机控制系统

三相永磁无刷直流电动机（简称无刷直流电动机）和有刷直流电动机相比，由于去除了滑动接触机构，因而消除了故障的主要根源。有专家认为，无刷直流电动机将作为信息时代的主要执行部件，在各行各业会得到最广泛的应用。

第一节 无刷直流电动机的组成结构和工作原理

无刷直流电动机和一般的永磁有刷直流电动机相比，在结构上有很多相近或相似之处，用装有永磁体的转子取代有刷直流电动机的定子磁极，用具有三相绕组的定子取代电枢，用逆变器和转子位置检测器组成的电子换向器取代有刷直流电动机的机械换向器和电刷，就得到了三相永磁无刷直流电动机。

一、无刷直流电动机的结构特点

无刷直流电动机属于三相永磁同步电动机的范畴，永磁同步电动机的磁场来自电动机转子上的永久磁铁，永久磁铁的特性在很大程度上决定了电动机的特性，目前采用的永磁材料主要有铁淦氧、铝镍钴、钕铁硼以及 $SmCO_5$ 和 Sm_2CO_{17}。

图 5-1 对比了现用的几种永久磁铁的磁特性。由图可知，铝镍钴永磁合金的磁场强度 H 值范围很小。铁淦氧合金则在磁感应强度 B 和磁场强度 H 的小范围内呈线性关系。线性关系范围最大的就是钕铁硼合金，它被称为第三代稀土永磁合金。

铁淦氧合金是压缩而成，耐冲击性差，但价格便宜。而 $SmCO_5$ 和 Sm_2CO_{17} 磁铁是烧结而成，价格贵。钕铁硼合金则具有最大磁能积，但温度系数比较大。

在转子上安置永久磁铁的方式有两种。一种是将成形永久磁铁装在转子表面，即所谓外装式；另一种是将成形永久磁铁埋入转子里面，即所谓内装式，如图 5-2 所示。

根据永久磁铁安装在转子上的方法的不同，

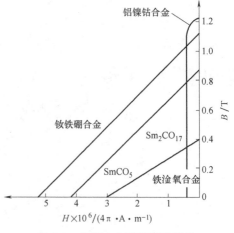

图 5-1 几种永久磁铁的磁特性

永久磁铁的形状可分为扇形和矩形两种，从而有如图 5-3 所示的永久磁铁转子的不同结构。

扇形磁铁构造的转子具有电枢电感小、齿槽效应转矩小的优点。但易受电枢反应的影

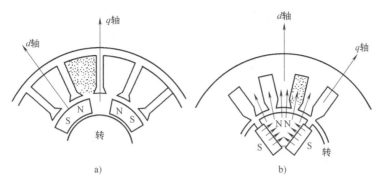

图 5-2　安装永久磁铁的方式

a）外装式　b）内装式

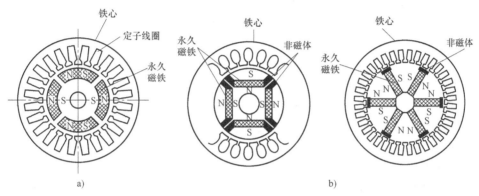

图 5-3　三相永磁同步伺服电动机转子的构造

a）扇形磁铁转子　b）矩形磁铁转子

响，且由于磁通不可能集中，气隙磁密度低，电极呈现凸极特性。

矩形磁铁构造的转子呈现凸极特性，电枢电感大，齿槽效应转矩大。但磁通可集中，形成高磁通密度，故适于大功率电动机。由于电动机呈现凸极特性，可以利用磁阻转矩。此外，这种转子结构的永久磁铁不易飞出，故适合于高速运转。

根据确定的转子结构所对应的每相励磁磁动势分布的不同，三相永磁同步电动机可分为两种类型：正弦波型和方波型，前者每相励磁磁动势分布是正弦波状，后者每相励磁磁动势分布呈方波状，根据磁路结构和永磁体形状的不同而不同。对于径向励磁结构，永磁体直接面向均匀气隙，如果采用稀土永磁材料，由于稀土永磁体的取向性好，可以方便地获得具有较好方波形状的气隙磁场。对于采用非均匀气隙或非均匀磁化方向长度的永磁体的径向励磁结构，气隙磁场波形可以实现正弦分布。

应该指出，稀土永磁方波型电动机属于永磁无刷直流电动机的范畴，而稀土永磁正弦波型电动机则一般作为三相交流永磁同步伺服电动机来使用。但这不是绝对的，究竟是三相永磁无刷直流电动机还是三相交流永磁同步伺服电动机，主要取决于电动机控制系统的控制方式，取决于电动机的转子位置传感器的类型。

二、无刷直流电动机的转子位置传感器

永磁同步电动机的控制系统都属于自控式变频系统，就是说电动机的换向状态是由转子

的位置决定的，电动机的控制频率是由转子的运行速度决定的，这就需要转子的位置检测器。转子的位置检测器有多种，正弦波永磁同步电动机一般采用旋转变压器、绝对式光电脉冲编码器或增量式光电脉冲编码器作为位置检测元件，而在永磁无刷直流电动机（方波电动机）中，一般采用简易型的位置检测器，该器件不能用来检测转子的精确位置，其检测精度通常只有60°（电角度）。其主要作用是为了满足电动机换向的要求。

位置传感器是无刷直流电动机系统的组成部分之一，也是区别于有刷直流电动机的主要标志。其作用是检测主转子在运动过程中的位置，将转子磁钢磁极的位置信号转换成电信号，为逻辑开关电路提供正确的换向信息，以控制它们的导通与截止，使电动机电枢绕组中的电流随着转子位置的变化按次序换向，形成气隙中步进式的旋转磁场，驱动永磁转子连续不断地旋转。

位置传感器的种类很多，有电磁式、光电式、磁敏式等。它们各具特点，然而由于磁敏式霍尔位置传感器具有结构简单、体积小、安装灵活方便、易于机电一体化等优点，目前得到越来越广泛的应用。

以霍尔效应原理构成的霍尔器件、霍尔集成电路、霍尔组件统称为霍尔效应磁敏传感器，简称霍尔式传感器。

1879 年美国霍普金斯大学的霍尔（E. U. Hall）发现，当磁场中的导体有电流通过时，其横向不仅受到力的作用，同时还出现电压。这个现象后来被称为霍尔效应。随后人们又发现，不仅是导体，半导体中也存在霍尔效应，并且霍尔电动势更明显，这是由于半导体有比导体更大的霍尔系数的缘故。

众所周知，任何带电粒子在磁场中沿着与磁力线垂直的方向运动时，都要受到磁场的作用力，该力称为洛伦兹力，其大小可用式（5-1）表示

$$F = qvB \tag{5-1}$$

式（5-1）表明，洛伦兹力的大小与粒子的电荷量 q、粒子的运动速度 v 及磁感应强度 B 成正比。在一长方形半导体薄片上加上电场 E 后，在没有外加磁场时，电子沿外加电场 E 的相反方向运动，形成一股沿电场方向的电流，当加以与外电场垂直的磁场 B 时，运动着的电子受到洛伦兹力的作用将向左边偏移，并在该侧面形成电荷积累，由于该电荷的积累产生了新的电场，称为霍尔电场。该电场使电子在受到洛伦兹力的同时还受到与它相反的电场力的作用。随着半导体横向方向边缘上的电荷积累不断增加，霍尔电场力也不断增大。它逐渐抵消了洛伦兹力，使电子不再发生偏移，从而使电子又恢复到原有的方向无偏移地运动，达到新的稳定状态，这时，在半导体两侧产生了一个电场，从而形成了一个电压，这就是霍尔电压。

根据霍尔效应的原理，可制成霍尔器件。对于一定的半导体薄片，其霍尔电压 U 可用式（5-2）表示：

$$U = R_H \frac{I_H B}{d} \tag{5-2}$$

式中　R_H——霍尔系数（m^3/C）；

　　　I_H——控制电流（A）；

　　　B——磁感应强度（T）；

　　　d——薄片的厚度（m）。

当 R_H、I_H 和 d 都为固定值时，通过测量电压 U 就可测得磁感应强度 B，这就是霍尔式传感器的原理。

霍尔式传感器按其功能和应用可分为线性型、开关型和锁定型三种。

（1）线性型　线性型传感器是由电压调整器、霍尔器件、差分放大器和输出级等部分组成，输入为变化的磁感应强度，得到与磁感应强度呈线性关系的输出电压，可用于磁场测量、电流测量、电压测量等。

（2）开关型　开关型传感器是由电压调整器、霍尔器件、差分放大器、施密特触发器和输出级等部分组成。输入为磁感应强度，输出为开关信号。直流无刷电动机的转子位置检测器属于开关型的传感器。

（3）锁定型　它是开关型霍尔电路的一种。它的特点是，当外加磁场正向增加，达到导通阈值工作点时，电路导通，之后无论磁场增加或减小，甚至将外加磁场除去，电路都保持导通状态，只有达到负向的释放点时，才改变为截止状态，因而称为锁定型。

直流无刷电动机的霍尔式位置传感器和电动机本体一样，也是由静止部分和运动部分组成，即位置传感器定子和位置传感器转子。其转子与电动机主转子一同旋转，以指示电动机主转子的位置，既可以直接利用电动机的永磁转子，也可以在转轴其他位置上另外安装永磁转子。定子由若干个霍尔器件，按一定的间隔，等距离地安装在传感器定子上，以检测电动机转子的位置。

位置传感器的基本功能是在电动机的每一个电周期内，产生出所要求的开关状态数。位置传感器的永磁转子每转过一对磁极（N、S 极）的转角，也就是说每转过 360° 电角度，就要产生出与电动机绕组逻辑分配状态相对应的开关状态数，以完成电动机的一个换向全过程。如果转子的极对数越多，则在 360° 机械角度内完成该换向全过程的次数也就越多。

霍尔式位置传感器必须满足以下两个条件：

1）位置传感器在一个电周期内所产生的开关状态是不重复的，每一个开关状态所占的电角度应相等。

2）位置传感器在一个电周期内所产生的开关状态数应和电动机的工作状态数相对应。

如果位置传感器输出的开关状态能满足以上条件，那么总可以通过一定的逻辑变换将位置传感器的开关状态与电动机的换向状态对应起来，进而完成换向。

对于三相无刷直流电动机，其位置传感器的霍尔器件的数量是 3，安装位置应当间隔 120° 电角度，其输出信号是 H_A、H_B、H_C，波形如图 5-4 所示。

图 5-4　霍尔式传感器的三相波形

三、无刷直流电动机的换向原理

图 5-4 表明，无刷直流电动机转子位置传感器输出信号 H_A、H_B、H_C 在每 360° 电角度内给出了 6 个代码，按其顺序排列，6 个代码是 101、100、110、010、011、001。当然，这一顺序与电动机的转动方向有关，如果转向反了，代码出现的顺序也将倒过来。

图 5-5 是无刷直流电动机的电子换向器主回路，也就是由 6 只功率开关器件组成的三相 H 形桥式逆变电路。

图 5-6 是三相无刷直流电动机的定子绕组的结构示意图。其中线 A-X 表示与 A 相绕组

轴线相正交的位置；线 B-Y 表示与 B 相绕组轴线相正交的位置；线 C-Z 表示与 C 相绕组轴线相正交的位置；显然由 A-X、B-Y、C-Z 交叉形成了 6 个 60°的扇区，也把图 5-6 称作定子空间的扇区图。

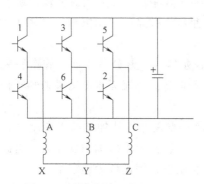

图 5-5 无刷直流电动机的电子换向器主回路

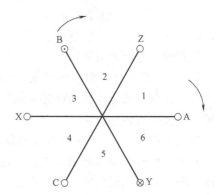

图 5-6 三相无刷直流电动机的定子绕组的结构示意图

可以通过两种不同的途径来分析无刷电动机的换向过程，第一条途径是利用定子空间的扇区图来分析换向过程；第二条途径是通过分析电动机的三相反电动势来理解换向过程。

定子空间的扇区图中共有 6 个扇区，而电动机的转子位置检测器的输出信号顺序地给出了 6 个代码，这 6 个扇区和 6 个代码是一一对应的。也就是说，当电动机的转子位于每一个扇区内时，转子位置检测器发出来的代码是保持不变的，而一旦电动机转子转出了这个扇区，转子位置检测器就发出新的代码，这一新代码和电动机转子处的新扇区相对应。如图5-7a 所示，假定电动机转子正处于 1 号扇区，电动机转向也如图示，为了使电动机转子能获得连续的转矩，定子磁场应当与转子垂直，这时，定子的磁场必须位于与 B-Y 线重合的位置（B 端为 N 极，Y 端为 S 极）。定子的磁场是由定子电流产生的，定子电流的流向应当是：A 相绕组的电流由 A 端流入，由 X 端流出；C 相绕组的电流由 Z 端流入，由 C 端流出；B 相绕组不通电。根据上面的分析，从图 5-5 所示的三相永磁无刷直流电动机的电子换向器主回路中可以看出，这时，应当是 1 号开关管和 2 号开关管导通，其余的开关管都关断。

随着电动机转子的转动，当转子转出 1 号扇区，进入 6 号扇区时，转子位置检测器发出的代码发生了改变，在逻辑电路的控制下，使得 1 号开关管和 6 号开关管导通，其余的开关管都关断，这时定子电流的流向应当是：A 相绕组的电流由 A 端流入，由 X 端流出；B 相绕组的电流由 Y 端流入，由 B 端流出；C 相绕组不通电。这时定子磁场与 C-Z 线重合（Z 端为 N 极，C 端为 S 极），与刚才的情况相比，定子磁场向前跨越了 60°电角度，仍与转子保持近于垂直的位置，如图 5-7b 所示。

当转子进入 5 号扇区时，转子位置检测器发出的代码又发生了改变，在逻辑电路的控制下，使得 6 号开关管和 5 号开关管导通，其余的开关管都关断，这时定子电流的流向应当是：A 相绕组不通电；B 相绕组的电流由 Y 端流入，由 B 端流出；C 相绕组的电流由 C 端流进，由 Z 端流出。这时定子磁场与 A-X 线重合（A 端为 N 极，X 端为 S 极），与刚才的情况相比，定子磁场又向前跨越了 60°电角度，仍与转子保持近于垂直的位置，如图 5-7c 所示。

当转子进入 4 号扇区时，转子位置检测器发出的代码又发生了改变，在逻辑电路的控制下，使得 5 号开关管和 4 号开关管导通，其余的开关管都关断，这时定子电流的流向应当是：A 相绕组的电流由 X 端流入，由 A 端流出；B 相绕组不通电；C 相绕组的电流由 C 端流入，由 Z 端流出。这时定子磁场与 B-Y 线重合（Y 端为 N 极，B 端为 S 极），与刚才的情况相比，定子磁场又向前跨越了 60°电角度，仍与转子保持近于垂直的位置，如图 5-7d 所示。

当转子进入 3 号扇区时，转子位置检测器发出的代码又发生了改变，在逻辑电路的控制下，使得 4 号开关管和 3 号开关管导通，其余的开关管都关断，这时定子电流的流向应当是：A 相绕组的电流由 X 端流入，由 A 端流出；B 相绕组的电流由 B 端流入，由 Y 端流出；C 相绕组不通电。这时定子磁场与 C-Z 线重合（C 端为 N 极，Z 端为 S 极），与刚才的情况相比，定子磁场又向前跨越了 60°电角度，仍与转子保持近于垂直的位置，如图 5-7e 所示。

当转子进入 2 号扇区时，转子位置检测器发出的代码又发生了改变，在逻辑电路的控制下，使得 3 号开关管和 2 号开关管导通，其余的开关管都关断，这时定子电流的流向应当是：B 相绕组的电流由 B 端流入，由 Y 端流出；C 相绕组的电流由 Z 端流入，由 C 端流出；A 相绕组不通电。这时定子磁场与 A-X 线重合（X 端为 N 极，A 端为 S 极），与刚才的情况相比，定子磁场又向前跨越了 60°电角度，仍与转子保持近于垂直的位置，如图 5-7f 所示。

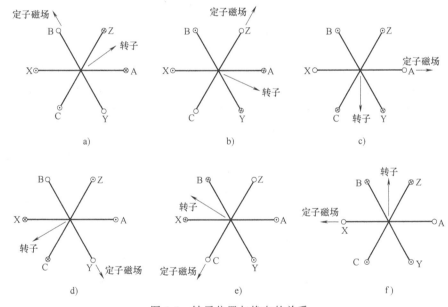

图 5-7　转子位置与换向的关系

上面运用定子空间扇区图分析了三相无刷直流电动机在 360°电角度内的换向过程，从上面的分析可以看出，定子的磁场是步进、跨越地前进的，每步跨越 60°电角度，而转子当然是连续地运行的。

从分析三相无刷直流电动机的三相反电动势的角度，同样也可以理解其换向过程。基本思路是这样的：为了获得最大的转矩，应当使每相的反电动势与该相的电流的相位相同。由于开关管的通电周期为 120°电角度，所以每相电流的宽度为 120°，电流波形的中心位置应当与反电动势的中心位置对应。

如图 5-5 和图 5-6 所示，当转子位置处于 A-X 的位置时（A 端与转子 N 极对应，X 端与转子 S 极对应），定子 A 相绕组中的反电动势达到最大值，因此，这在时间上应该是 A 相绕组中流过的正向电流的中心位置，所谓的正向电流就是指从 A 端流入绕组的电流。A 相正向电流持续的时间，就是转子转过 1 号和 6 号扇区所占用的时间。显然，在此期间，1 号开关管应当是导通的。

当转子位置处于 X-A 的位置时（X 端与转子 N 极对应，A 端与转子 S 极对应），定子 A 相绕组中的反电动势达到负的最大值，因此，这在时间上应该是 A 相绕组中流过的负向电流的中心位置，所谓的负向电流就是指从 X 端流入绕组，由 A 端流出绕组的电流。A 相负向电流持续的时间，就是转子转过 4 号和 3 号扇区所占用的时间。显然，在此期间，4 号开关管应当是导通的。

当转子位置处于 B-Y 的位置时（B 端与转子 N 极对应，Y 端与转子 S 极对应），定子 B 相绕组中的反电动势达到最大值，因此，这在时间上应该是 B 相绕组中流过的正向电流的中心位置，所谓的正向电流就是指从 B 端流入绕组的电流。B 相正向电流持续的时间，就是转子转过 3 号和 2 号扇区所占用的时间。显然，在此期间，3 号开关管应当是导通的。

当转子位置处于 Y-B 的位置时（Y 端与转子 N 极对应，B 端与转子 S 极对应），定子 B 相绕组中的反电动势达到负的最大值，因此，这在时间上应该是 B 相绕组中流过的负向电流的中心位置，所谓的负向电流就是指从 Y 端流入绕组，由 B 端流出绕组的电流。B 相负向电流持续的时间，就是转子转过 6 号和 5 号扇区所占用的时间。显然，在此期间，6 号开关管应当是导通的。

当转子位置处于 C-Z 的位置时（C 端与转子 N 极对应，Z 端与转子 S 极对应），定子 C 相绕组中的反电动势达到最大值，因此，这在时间上应该是 C 相绕组中流过的正向电流的中心位置，所谓的正向电流就是指从 C 端流入绕组的电流。C 相正向电流持续的时间，就是转子转过 5 号和 4 号扇区所占用的时间。显然，在此期间，5 号开关管应当是导通的。

当转子位置处于 Z-C 的位置时（Z 端与转子 N 极对应，C 端与转子 S 极对应），定子 C 相绕组中的反电动势达到负的最大值，因此，这在时间上应该是 C 相绕组中流过的负向电流的中心位置，所谓的负向电流就是指从 Z 端流入绕组，由 C 端流出绕组的电流。C 相负向电流持续的时间，就是转子转过 2 号和 1 号扇区所占用的时间。显然，在此期间，2 号开关管应当是导通的。

无论是从定子空间扇区图还是从电动机定子绕组的反电动势来分析三相无刷电动机的换向过程，所得出的开关管的导通和关断状态与转子位置的关系都是相同的。表 5-1 是对无刷直流电动机换向状态的总结。

表 5-1　无刷直流电动机换向状态

扇区	1 号	6 号	5 号	4 号	3 号	2 号
通电相序	A		C		B	
	C		B		A		C
导通的开关管	2 管和 1 管	6 管和 1 管	5 管和 6 管	4 管和 5 管	3 管和 4 管	2 管和 3 管

前面分析的是电动机转子顺时针运转时的情况，电动机转子逆时针运转时的情况也是类似的。

第二节　无刷直流电动机的基本公式和数学模型

　　无刷直流电动机的基本物理量有电磁转矩、电枢电流、反电动势和转速等。这些物理量的表达式与电动机气隙磁场分布、绕组形式有十分密切的关系。对于永磁无刷直流电动机，其气隙磁场波形可以为方波，也可以实现正弦波或梯形波，对于采用稀土永磁材料的电动机，其气隙磁场一般为方波，其理想波形如图 5-8 所示。对于方波气隙磁场，当定子绕组采用集中整距绕组，即每极每相槽数为 1 时，方波磁场在定子绕组中感应的电动势为梯形波。方波气隙磁感应强度在空间的宽度应大于 120°电角度，从而使得在定子电枢绕组中感应的梯形波反电动势的平顶宽大于 120°电角度。方波电动机通常采用方波电流驱动，由电子换向器向方波电动机提供三相对称的、宽度为 120°电角度的方波电流。方波电流应位于梯形波反电动势的平顶宽度范围内，如图 5-9 所示。下面分析方波电动机的电磁转矩、电枢电流和反电动势等特性。

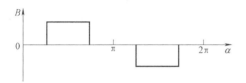

图 5-8　理想的方波气隙磁场

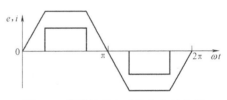

图 5-9　梯形波反电动势和方波电流

一、电枢绕组的反电动势

$$e = Blv$$

式中　B——气隙磁感应强度；

　　　l——导体的有效长度；

　　　v——转子相对于定子导体的线速度。

$$v = \frac{\pi D}{60}n = 2p\tau\frac{n}{60}$$

式中　n——电动机转速（r/min）；

　　　D——电枢内径；

　　　p——极对数；

　　　τ——极距。

　　如果定子每相绕组串联的匝数是 N，则每相绕组的反电动势为

$$E_\text{x} = 2Ne = \frac{4p\tau lBN}{60}n$$

　　方波气隙磁感应强度对应的每极磁通为

$$\Phi = B\tau l\alpha$$

式中　α——计算极弧系数。

因而有

$$E_x = \frac{p}{15\alpha} N\Phi n$$

考虑到三相永磁方波电动机是两相同时通电，所以，线电动势 E 为两相电动势之和，即

$$E = 2E_x = \frac{2p}{15\alpha} N\Phi n = K_e \Phi n \tag{5-3}$$

二、电磁转矩

在任何时刻，方波电动机的电磁转矩 T_e 是由两相绕组的合成磁场与转子的磁场相互作用产生的。可以利用功率与速度的关系来计算电磁转矩。

$$T_e = \frac{EI}{\omega}$$

式中　ω——角速度，$\omega = \frac{2\pi n}{60}$；

　　　I——电枢电流。

对于转矩则有

$$T_e = \frac{\dfrac{2p}{15\alpha} N\Phi n I}{\dfrac{2\pi n}{60}} = \frac{4p}{\pi\alpha} N\Phi I = K_M \Phi I \tag{5-4}$$

式中　K_M——直流电动机转矩的结构常数，$K_M = \frac{4p}{\pi\alpha} N$。

从式（5-3）和式（5-4）可以看出，三相永磁方波电动机与永磁直流电动机有完全相同的反电动势公式和转矩公式。

下面仍以三相永磁方波电动机为例来分析无刷直流电动机的数学模型。

由于稀土永磁无刷直流电动机的气隙磁场、反电动势以及电流是非正弦的，因此采用直、交轴坐标变换已不是有效的分析方法。通常，直接利用电动机本身的相变量来建立数学模型。该方法既简单又具有较好的准确度。

假设磁路不饱和，不计涡流和磁滞损耗，三相绕组完全对称，则三相绕组的电压平衡方程为

$$\begin{pmatrix} u_A \\ u_B \\ u_C \end{pmatrix} = \begin{pmatrix} R & 0 & 0 \\ 0 & R & 0 \\ 0 & 0 & R \end{pmatrix} \begin{pmatrix} i_A \\ i_B \\ i_C \end{pmatrix} + \begin{pmatrix} L & L_m & L_m \\ L_m & L & L_m \\ L_m & L_m & L \end{pmatrix} \frac{d}{dt} \begin{pmatrix} i_A \\ i_B \\ i_C \end{pmatrix} + \begin{pmatrix} e_A \\ e_B \\ e_C \end{pmatrix} \tag{5-5}$$

式中　u_A、u_B、u_C——定子相绕组电压；

　　　i_A、i_B、i_C——定子相绕组电流；

　　　e_A、e_B、e_C——定子相绕组反电动势；

　　　　　L——每相绕组的自感；

　　　　　R——每相绕组的内阻；

　　　　　L_m——每两相绕组的互感。

对于方波电动机，由于转子磁阻不随转子的位置变化，因而定子绕组的自感和互感为常数。当采用星形联结时，$i_A + i_B + i_C = 0$，因而有

$$\begin{pmatrix} u_A \\ u_B \\ u_C \end{pmatrix} = \begin{pmatrix} R & 0 & 0 \\ 0 & R & 0 \\ 0 & 0 & R \end{pmatrix} \begin{pmatrix} i_A \\ i_B \\ i_C \end{pmatrix} + \begin{pmatrix} L-L_m & 0 & 0 \\ 0 & L-L_m & 0 \\ 0 & 0 & L-L_m \end{pmatrix} \frac{d}{dt} \begin{pmatrix} i_A \\ i_B \\ i_C \end{pmatrix} + \begin{pmatrix} e_A \\ e_B \\ e_C \end{pmatrix}$$

电动机的电磁转矩为

$$T_e = \frac{1}{\omega}(e_A i_A + e_B i_B + e_C i_C) \tag{5-6}$$

第三节　无刷直流电动机的转矩波动

转矩波动是永磁无刷直流电动机在运行时的一个显著特点，产生转矩波动的原因是多方面的，下面对其原因逐一加以分析。

在本章第一节已谈到过，具有 120°方波气隙磁场的三相永磁同步电动机一般按照无刷直流电动机的工作方式运行，而具有正弦波气隙磁场的三相永磁同步电动机一般按照交流伺服电动机的工作方式运行，但这不是绝对的。也就是说，有一些按照无刷直流电动机的工作方式运行的电动机的气隙磁场并非 120°方波。事实上，只有采用稀土永磁材料，才有可能使电动机的磁场呈现 120°方波形状，而普通的永磁无刷电动机的气隙磁场都非 120°方波，而是接近于正弦波，当然，稀土永磁电动机的磁场也可以为正弦波。对于那些具有正弦波磁场，但按照无刷直流电动机的工作方式运行的电动机，具有较大的转矩波动。参见本章第一节中给出的定子空间扇区图，可以清楚地看到，当转子在每个 60°扇区中转动时，定子磁场是保持在固定位置不变的，在每个扇区中，定子磁场和转子的夹角是在 60°～120°的范围内变化，进入了新的一个扇区，由于定子磁场向前跨越了 60°，使得定子磁场和转子的夹角又重复前一个扇区内的变化。对于这类电动机来说，定子磁场和转子之间的夹角的变化，是导致转矩波动的主要原因。因为对于正弦波磁场的永磁电动机来说，其电磁转矩可由式 (5-7) 表示：

$$T = K F_s F_r \sin\theta \tag{5-7}$$

式中　K——系数；

　　　F_s——定子磁动势；

　　　F_r——转子磁动势；

　　　θ——定转子磁动势间的夹角。

从式 (5-7) 可以清楚地看出，对于具有正弦波磁场，但按照无刷直流电动机的工作方式运行的三相永磁电动机来说，其转矩波动的幅度是比较大的，当转子位于每个扇区的中央位置时，电磁转矩最大，如果把这点的值定为 1，那么当转子位于扇区边缘时，转矩最小，只有 0.866。

参见图 5-8 和图 5-9，对于三相永磁方波电动机，由于其具有 120°的方波磁场，顶部宽度大于 120°的梯形波电动势，以及 120°宽的方波电流，所以根据式 (5-6)，从原理上说，电动机的电磁转矩应当是平稳的、无波动的，但实际上，在这种情况下，转矩的波动仍然是存在的，只不过与前面分析的情况相比，波动要小得多。

对于方波电动机来说，引起波动的原因主要有以下几点：

（1）齿槽效应和磁通畸变引起的转矩脉动 假定在方波电动机中任何电枢电流都不存在，定子的绕组电阻都处于开路的情况下，当转子旋转时，由于定子齿槽的存在，定子铁心磁阻的变化仍会产生磁阻转矩，就是齿槽转矩，齿槽转矩是交变的，与转子的位置有关，因此它是电动机本身空间和永磁励磁磁场的函数。在电动机制造上，将定子齿槽或永磁体斜一个齿距，可以使齿槽转矩减小到额定转矩的1%左右。很多学者都深入研究了齿槽效应和磁通畸变引起转矩脉动的问题，并从电动机设计的角度提出了消除和改善方法，取到了很好的效果。

（2）谐波引起的转矩脉动 在方波电动机中，恒定转矩主要是由方波磁链和方波电流相互作用后产生的，但在实际电动机中，输入定子绕组的电流不可能是矩形波，因为电动机的电感限制了电流的变化率。反电动势与理想波形的偏差越大，引起的转矩脉动越大，另外，非理想磁链波形对转矩脉动也有影响，当磁链波的水平波顶小于理想的120°时，将会产生转矩脉动；如果磁链波的水平波顶大于120°，而电流仍为理想的120°方波，则不会产生脉动转矩。

（3）电枢反应的影响 电枢反应对转矩脉动的影响主要反映在以下两个方面：一是电枢反应使气隙磁场发生畸变，改变了转子永磁体在空载时的方波气隙磁感应强度分布波形，使气隙磁场的前极尖部分被加强，后极尖部分被削弱。该畸变的磁场与定子通电相绕组相互作用，使电磁转矩随定子、转子相对位置的变化而脉动。二是在任一磁状态内，相对静止的电枢反应磁场与连续旋转的转子主极磁场相互作用产生的电磁转矩因转子位置的不同而发生变化。

为减小电枢反应对因气隙磁场畸变产生的转矩脉动影响，电动机应选择瓦形或环形永磁体径向励磁结构，适当增大气隙，另外也可设计磁路使电动机在空载时达到足够饱和。

（4）相电流换向引起的转矩脉动 相电流换向是引起转矩脉动的主要原因之一，对于换向转矩脉动，许多学者都做过详细的分析，基本的结论是：换向期间电磁转矩随不同的换向状态而变化，与电动机自身的反电动势 E_x 有关，也与驱动电动机的逆变器中的直流母线电压 U 有关。当 $U=4E_x$ 时，在换向时电磁转矩 T_e 不波动；当 $U>4E_x$ 时，在换向时电磁转矩 T_e 变大；当 $U<4E_x$ 时，在换向时电磁转矩 T_e 变小。很明显，相电流换向引起的转矩脉动主要影响电动机的高速和低速运行区，对于中速运行区影响不大。

（5）由于机械加工引起的转矩波动 除了以上几种主要原因外，机械加工和材料的不一致也是引起转矩脉动的重要原因之一，如工艺误差造成的单边磁拉力、摩擦转矩不均匀、转子位置传感器的定位不准确、绕组各相电阻电感参数不对称，各永磁体磁性能不一致等。因此，提高工艺加工水平，也是减小转矩波动的重要方法。

第四节 无刷直流电动机的驱动控制

无刷直流电动机的应用范围日益广泛，它已从最初的航空、军事设施应用领域扩展到工业和民用领域。目前，小功率无刷直流电动机主要用于计算机外围设备、办公室自动化设备和音响影视设备中，如硬盘、光盘的驱动，复印机、传真机、轻印刷机械、录像机、CD机、VCD机和摄像机等的驱动。

家用电器中的空调器、电冰箱、电风扇、洗衣机等应用无刷直流电动机已经十分普遍。

在航空、军事设施应用领域里的雷达驱动、机载武器瞄准驱动、自行火炮火力控制驱动等，基本都采用无刷直流电动机控制。

在工业控制领域，机器人关节驱动和自动生产线、电子产品加工装备上的各种中小功率的驱动等，也广泛采用无刷直流电动机控制。

近几年来，无刷直流电动机在电动自行车上的应用已经达到了前所未有的广泛程度。目前这类无刷直流电动机主要是外转子电动机。

另外，在新的重要建筑物内广泛采用了自动感应门，这类门的驱动电动机，基本上都是无刷直流电动机。

由于无刷直流电动机的应用范围非常广泛，在不同的应用场合对其运行性能的要求是不一样的，因此就出现了性能指标、功率范围、控制结构和复杂程度都有很大区别的各种各样的驱动控制系统，但这些驱动控制系统都有一个基本的共同点，那就是它们内部都有电子换向控制电路。电子换向控制电路接收电动机本体的转子位置传感器的信号，经过逻辑电路的处理，发出换向控制信号。当然，近年来也出现了无位置传感器的无刷直流电动机控制系统，但这类系统主要还处于研究阶段，目前的实际应用还比较少。下节将简单介绍无位置传感器的无刷直流电动机控制系统的基本原理和目前的研发情况。

一、开环型无刷直流电动机驱动器

开环型三相无刷直流电动机驱动器内部包含有电子换向器主电路——三相 H 形桥式逆变器、换向控制逻辑电路、PWM 调速电路以及过电流等保护电路。电路结构如图 5-10 所示。

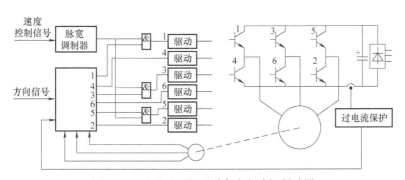

图 5-10　开环型三相无刷直流电动机驱动器

（1）换向控制逻辑电路　参见图 5-4，三相永磁无刷直流电动机的转子位置传感器输出信号 H_A、H_B、H_C 在每 360°电角度内给出了 6 个代码，换向控制逻辑电路接收转子位置传感器的输出信号 H_A、H_B、H_C，并对其进行译码处理，给出电子换向器主回路（三相桥式逆变器）中 6 个开关管的驱动控制信号。

在图 5-4 中，H_A、H_B、H_C 给出的 6 个代码顺序是 101、100、110、010、011、001。这一顺序与电动机的转动方向有关，如果转向反了，代码出现的顺序也将倒过来。所以，换向控制逻辑电路还应当接收电动机的转向控制信号 DIR，这也是一个逻辑信号，高电平控制电动机正转，低电平控制电动机反转。

H_A、H_B、H_C 给出的 6 个代码与图 5-6 中的 6 个定子空间扇区是一一对应的关系。为了得出换向控制逻辑电路中的逻辑关系，不失一般性，可以假定 6 个代码 101、100、110、010、011、001 分别与 1、6、5、4、3、2 号扇区相对应。

根据以上的条件，并结合本章第一节中对换向原理的分析，可以得出换向控制逻辑表，见表 5-2。

表 5-2　换向控制逻辑表

扇　　区	1 号	6 号	5 号	4 号	3 号	2 号
H_A、H_B、H_C	101	100	110	010	011	001
正转时（DIR = 1）导通的开关管	2、1	6、1	5、6	4、5	3、4	2、3
反转时（DIR = 0）导通的开关管	5、4	4、3	3、2	2、1	1、6	6、5

设 1~6 号开关管的控制信号分别为 $K_1 \sim K_6$。根据表 5-2，可以得出逻辑表达式如下：

$$K_1 = H_A \overline{H}_B \mathrm{DIR} + \overline{H}_A H_B \overline{\mathrm{DIR}}$$

$$K_2 = \overline{H}_B H_C \mathrm{DIR} + H_B \overline{H}_C \overline{\mathrm{DIR}}$$

$$K_3 = \overline{H}_A H_C \mathrm{DIR} + H_A \overline{H}_C \overline{\mathrm{DIR}}$$

$$K_4 = \overline{H}_A H_B \mathrm{DIR} + H_A \overline{H}_B \overline{\mathrm{DIR}}$$

$$K_5 = H_B \overline{H}_C \mathrm{DIR} + \overline{H}_B H_C \overline{\mathrm{DIR}}$$

$$K_6 = H_A \overline{H}_C \mathrm{DIR} + \overline{H}_A H_C \overline{\mathrm{DIR}}$$

$$(5\text{-}8)$$

根据式（5-8）中的逻辑关系，可以得出换向控制逻辑电路。

（2）PWM 调速电路　应该指出，无刷直流电动机，加上电子换向器（包括换向器的主回路——逆变器和换向控制逻辑电路），从原理上说，就相当于一台有刷直流电动机，也就是说，电子换向器解决了无刷电动机换向的问题，但没有解决电动机调速的问题。需要脉宽调制电路来实现电动机的调速。

图 5-11 所示是一种实用的脉宽调制电路。脉宽调制器的主体就是一片比较器 LM311，输入的控制信号 U_c 与三角波信号 U_t 相叠加，叠加后的信号是 $U_+ = \eta U_c + (1 - \eta) U_t$，其中 $\eta = R_2 / (R_1 + R_2)$。

当 $U_c = 0$ 时，要求脉宽调制器输出为恒定的低电平，这一要求可以通过调节比较器的反相端输入 U_- 来满足，设三角波信号 U_t 的峰值为 U_{tm}，那么应当有 $U_- = (1 - \eta) U_{tm}$。脉宽调制电路输出的 PWM 信号的频率，是由三角波信号的频率决定的，在目前实际的无刷直流电动机控制系统中，这一频率一般都在 10kHz 以上。

由换向控制逻辑电路输出的换向信号的频率与电动机的转速有关，还与电动机的磁极数有关。无论在何种情况下，换向控制信号的频率都远远低于 PWM 信号的频率。因此，可以把 PWM 信号和换向控制信号，通过逻辑"与"合成在一起，通过调节 PWM 信号的占空比来调节电动机的定子电枢电压，从而实现调速。

考虑到电动机在运行的过程中，在任何时刻，在电子换向器的主回路——三相桥式逆变器中只有两个开关管导通，这两个开关管中的一个在高压侧（1、3、5 管中的一个），另一个在低压侧（4、6、2 管中的一个），也就是说，总是有高压侧的一个开关管与低压侧的一个开关管是串联导通的，所以，PWM 信号只需与高压侧的 3 个开关管的控制信号通过逻辑"与"合成在一起即可实现调压调速。图 5-12 中表明了 PWM 信号与换向控制信号的合成和有关的波形。

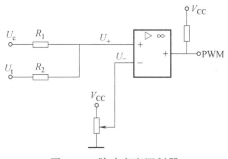

图 5-11　脉冲宽度调制器

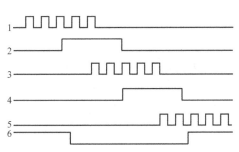

图 5-12　PWM 信号与换向控制信号的合成

（3）保护电路　无刷直流电动机在开环运行的情况下，最重要的保护就是过电流保护，如图 5-10 所示。一般在主回路中的直流母线上取得过电流反馈信号，在过电流保护环节中与设定的保护值相比较，如果超过了保护值就引发了保护动作，一般是封锁逆变器中的开关管，从而实现保护。

在一些性能指标要求不高的应用场合，无刷直流电动机的开环控制系统被广泛地应用着，如电动自行车驱动、便携式电动工具的驱动、汽车电器等。在这些应用领域，一般都采用直流蓄电池供电，电压较低，一般低于 DC 36V，而驱动电流相对较大。

二、速度闭环的无刷直流电动机驱动器

如果对无刷直流电动机的速度调节范围和速度控制精度有较高的要求，应当采用速度闭环的控制结构，如图 5-13 所示。

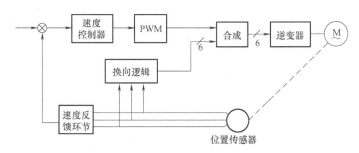

图 5-13　速度闭环的控制结构

在开环型的驱动器的基础上，加上速度闭环，就形成了无刷直流电动机的速度闭环控制系统。

在无刷直流电动机闭环调速系统中，速度控制器的输出信号，用作脉宽调制器的控制信号。一般将霍尔式位置传感器的信号加以处理后，形成速度反馈信号。

霍尔式位置传感器发出的是三路相差 120° 的低频脉冲信号 H_A、H_B、H_C，脉冲的频率正比于电动机的转速。首先应当对 H_A、H_B、H_C 进行辨向和 6 倍频处理，通过这样的处理，取出其中的方向信息，并使其频率提高。辨向和 6 倍频处理的电路如图 5-14 所示。

H_A、H_B、H_C 三路信号分别被送入 D 触发器，经时钟脉冲 CP 同步后，得到了 Q_0、Q_2、Q_4，而 Q_1、Q_3、Q_5 相对于 Q_0、Q_2、Q_4 又延迟了一个时钟周期。图 5-15 所示是相关的波形，其中，图 5-15a 表示电动机正转时 Q_5、Q_4、Q_3、Q_2、Q_1、Q_0 的关系；图 5-15b 表示电动机反转时 Q_5、Q_4、Q_3、Q_2、Q_1、Q_0 的关系。

在图 5-15 中，正转和反转时一个周期内的波形被分成了 12 个区间，每个区间都相当于一个由 Q_5、Q_4、Q_3、Q_2、Q_1、Q_0 并行组成的代码。正转时，代码依次为 110001、110011、100011、000011、000111、001111、001110、001100、011100、111100、111000、110000。反转时，代码依次为 001101、001111、001011、000011、010011、110011、110010、110000、110100、111100、101100、001100。

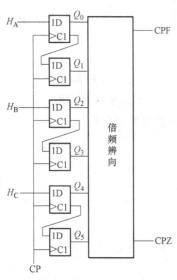

图 5-14　辨向和 6 倍频处理的电路

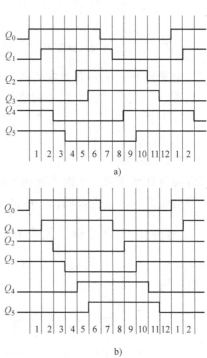

图 5-15　一个周期内波形分成了 12 个区间
a) 正转　b) 反转

从上面给出的正转和反转的代码中可以看出，110011、000011、001111、001100、111100、110000 这 6 个代码是公共的，在正转和反转序列中都会出现的，暂且称为公共代码。

110001、100011、000111、001110、011100、111000 这 6 个代码是正转序列中独有的，是表示正转特征的代码。

001101、001011、010011、110010、110100、101100 这 6 个代码是反转序列中独有的，是表示反转特征的代码。

无论在正转脉冲序列还是在反转脉冲序列中，公共代码和特征代码都是交替出现的。可以利用这一规律，来实现辨向和 6 倍频处理。在图 5-14 中译码环节的逻辑表达式如下：

$$\mathrm{CPZ}=Q_5Q_4\bar{Q}_3\bar{Q}_2\bar{Q}_1Q_0+Q_5\bar{Q}_4\bar{Q}_3\bar{Q}_2Q_1Q_0+\bar{Q}_5\bar{Q}_4\bar{Q}_3Q_2Q_1Q_0+\bar{Q}_5\bar{Q}_4Q_3Q_2Q_1\bar{Q}_0+\bar{Q}_5Q_4Q_3Q_2\bar{Q}_1\bar{Q}_0$$

$$+Q_5Q_4Q_3\overline{Q_2}\,\overline{Q_1}\,\overline{Q_0}$$
$$\mathrm{CPF}=\overline{Q_5}\,\overline{Q_4}Q_3Q_2\overline{Q_1}Q_0+\overline{Q_5}\,\overline{Q_4}Q_3\overline{Q_2}Q_1Q_0+\overline{Q_5}Q_4\overline{Q_3}\,\overline{Q_2}Q_1Q_0+Q_5Q_4\overline{Q_3}\,\overline{Q_2}Q_1\overline{Q_0}+Q_5Q_4\overline{Q_3}Q_2\overline{Q_1}\,\overline{Q_0}$$
$$+Q_5\overline{Q_4}Q_3Q_2\overline{Q_1}\,\overline{Q_0}$$

其中，CPZ 和 CPF 分别是正转和反正时经过 6 倍频的输出脉冲，显然 CPZ 和 CPF 的频率与电动机的转速成正比，但其脉冲的宽度是不变的，等于一个同步时钟脉冲 CP 的周期。根据这一点，就可以利用简单的低通滤波电路和加法电路得出与电动机的转速成正比的电压信号，这就是速度反馈信号。

由于反馈通道中存在大的滤波惯性环节，使得系统较易振荡，较难稳定。在设计速度控制器的动态参数时，应当考虑相位超前补偿，以抵消由于反馈通路带来的相位滞后。所以，这里的速度控制器一般不是一个纯粹的比例积分控制器。

三、速度电流双闭环的无刷直流电动机驱动器

采用速度单闭环控制的无刷直流电动机控制系统可以提高电动机的速度控制精度，减小速度误差。如果对系统的动态性能要求较高，例如要求电动机快速起制动、突加负载时速度改变小、恢复快等，单闭环系统就无法满足要求了。这时，需要转速和电流的双闭环控制。

与有刷直流电动机双闭环系统相比，无刷直流电动机双闭环系统中的电流环的结构具有其特殊性，这是由于这里有三相电枢绕组，在不同的时刻，电动机的电流经过其中不同的两相，根据这一特点，必须设置至少两路电流传感器（一般采用霍尔式电流传感器），根据基尔霍夫电流定律，第三相的电流可由另外两相的电流值计算得到。电流传感器的安装位置，以及输出的波形如图 5-16 所示。

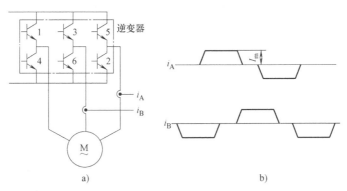

图 5-16　电流传感器的安装位置及输出波形
a）安装位置　b）输出波形

从图 5-16b 可以看出，当 1 管导通时，A 相电流 i_A 的方向为正，当 4 管导通时，A 相电流 i_A 的方向为负；当 3 管导通时，B 相电流 i_B 的方向为正，当 5 管导通时，B 相电流 i_B 的方向为负。在这里，方波电流的幅值 I_m 与电动机转矩成正比。

构成电流闭环的方式有两种，一种方式只需要一个电流控制器，而另外一种方式需要 3 个电流控制器。

（1）采用单一电流控制器的方式　采用单一电流控制器的方式，需要将检测到的电流值 i_A 和 i_B 拼接起来，形成一个总的电流反馈信号，这个总的电流反馈信号的幅值就是 I_m。

电流反馈信号拼接的原理如图 5-17 所示。

在图 5-17 中 i_A 和 i_B 分别经过反相器得到了 $-i_A$ 和 $-i_B$，点画线框内的是模拟电子开关，一般可采用 CC4066 等，模拟开关的输出经过跟随器而得到了电流反馈信号 I_f。在任何一个时刻，模拟开关的 4 个通道中，只有一个是导通的，控制通道导通与否的控制信号是 K_{AZ}、K_{AF}、K_{BZ}、K_{BF}，这些控制信号与电动机转子的位置有关，与转矩的方向也有关，可以通过逻辑电路对转子位置传感器的输出信号 H_A、H_B、H_C 和转矩方向信号 DIR 进行译码而得到。译码逻辑表达式如下：

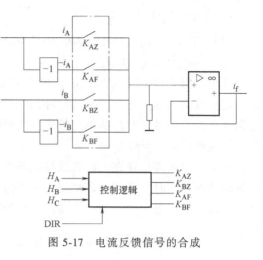

图 5-17 电流反馈信号的合成

$$K_{AZ} = H_A \overline{H_B}\, \text{DIR} + \overline{H_A} H_B \overline{\text{DIR}}$$

$$K_{BZ} = \overline{H_A} H_C\, \text{DIR} + H_A \overline{H_C}\, \overline{\text{DIR}}$$

$$K_{AF} = \overline{H_A} H_B \overline{H_C}\, \text{DIR} + H_A \overline{H_B} H_C \overline{\text{DIR}}$$

$$K_{BF} = H_A H_B \overline{H_C}\, \text{DIR} + \overline{H_A}\, \overline{H_B} H_C \overline{\text{DIR}}$$

速度控制器的输出信号 u_{gi}，具有"转矩给定信号"的性质，因为电动机的电枢电流与转矩成正比，所以可以把速度控制器的输出信号用作电流环的给定信号。但是，通过上面的方法得到的电流反馈信号 i_f 始终是正的，无论电动机转矩方向如何。为了与反馈信号的极性相对应，速度控制器的输出信号也应做相应的处理，如图 5-18 所示。

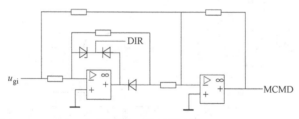

图 5-18 绝对值电路

图 5-18 表示的是一个绝对值电路，速度控制器的输出信号 u_{gi}，经过绝对值的变换后，得到了转矩控制信号 MCMD，这个信号用作电流环的给定，用来控制转矩的大小。在绝对值电路中，还可以取输出方向信号 DIR，当 u_{gi} 的极性为正时，DIR 为 1；当 u_{gi} 的极性为负的时候，DIR 为 0。DIR 信号用于换向逻辑控制电路。图 5-19 是采用一只 ACR 的无刷直流电动机双闭环控制系统的框图。

（2）采用两只电流控制器的方式 采用两只电流控制器构成双闭环系统，无须对电流反馈进行拼接，但需要对 ASR 的输出信号 u_{gi} 进行分解，使其能够成为 A 相和 B 相的电流的给定信号。实现对 u_{gi} 分解的电路如图 5-20 所示。

图 5-20 所示的是对 u_{gi} 分解的电路，也就是 A 相电流的给定值 i_A^* 的形成，B 相电流给定值 i_B^* 是按相同的办法形成的，彼此互差 120° 电角度。在这种控制方式下，电动机换向是与控制电流波形结合在一起来实现的，也无需专门的方向控制信号。在图 5-20 中可以看出，

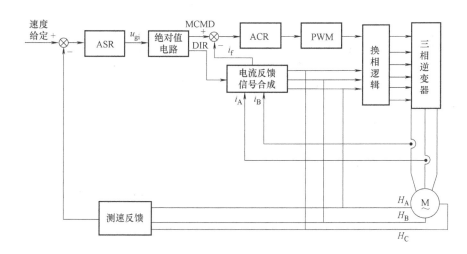

图 5-19　采用一只 ACR 的双闭环控制系统框图

当 u_{gi} 极性反向以后，A 相和 B 相电流的给定值都会发生 180° 相位移动，所以转矩的方向直接体现在 u_{gi} 的极性中。

A 相和 B 相电流的控制器分别是 LTA、LTB，A 相和 B 相电流反馈信号 i_A 和 i_B 可以由电流传感器直接测得。LTA 和 LTB 一般采用比例积分型，LTA 和 LTB 的输出信号分别是 u_A^* 和 u_B^*，由反馈系统理论可知，u_A^* 和 u_B^* 具有电动机绕组相电压控制信号的性质，C 相绕组的相电压控制信号 u_C^* 可由下式得到：

$$u_C^* = -\left(u_A^* + u_B^*\right)$$

u_A^*、u_B^*、u_C^* 和三角载波信号 u_t 进行比较，经过调制后的信号是三路 PWM 波，可以用其控制逆变器主回路，实现对电动机的驱动，如图 5-21 所示。

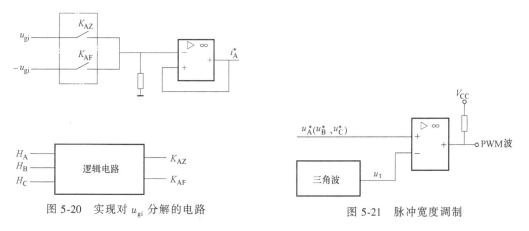

图 5-20　实现对 u_{gi} 分解的电路　　　　图 5-21　脉冲宽度调制

采用这种三角载波比较方式实现电流跟踪控制具有谐波分量固定、电流波动小的特点，可以在一个三角波载波周期内实现电流的跟踪，即实现最短时间控制。三角波载波信号的频率的选择，影响电流控制的快慢，平均的控制延时等于半个三角波载波周期，在这一延时小于电动机机电时间常数的 1/10 时，可以忽略不计。

图 5-22 是采用两只电流控制器的无刷直流电动机双闭环控制系统的框图。

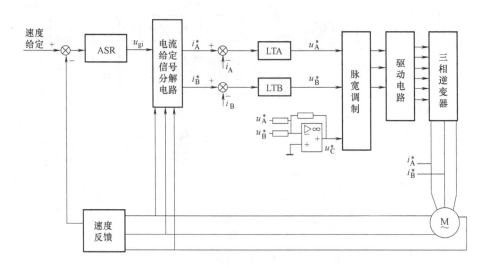

图 5-22　采用两只电流控制器的无刷直流电动机双闭环控制系统框图

第五节　无位置传感器的无刷直流电动机的驱动控制

上一节讨论了无刷直流电动机的开环、速度闭环、速度电流闭环型的驱动控制的原理和方法，讨论的驱动控制方法都是基于电动机的转子位置传感器发出的信号的基础之上的。但是，电动机中的位置传感器，增加了电动机的成本和制造的难度，在某种意义上来说也降低了运行的可靠性。近年来，无位置传感器的无刷直流电动机已经引起了业内人们的高度重视，尽管无位置传感器的无刷直流电动机控制原理和控制电路稍复杂些，但总体结构大为简化，制造的难度也降低了。

一、无刷直流电动机转子位置估计方法

无位置传感器的无刷直流电动机的转子位置需要通过估计来获得，获取转子位置的目的是为了换向，所以只需要估计出换向时刻的转子位置。对于三相绕组的电动机，在一个电周期内只要估计 6 个时刻，相邻两时刻转子位置相差 60° 电角度。常用的方法有反电动势法、定子三次谐波法和电流通路监视法等。

（1）反电动势法　对于稳态运行的电动机来说，反电动势法是最简单最实用的方法。其原理为：无刷直流电动机在任何时刻其三相绕组只有两相导通，每相绕组正反向分别导通 120° 电角度，通过测量三相绕组端子及中性点相对于直流母线负端的电位，可估算换向时刻。当某相绕组的端点电位与中性点电位相等时，说明此时刻这相绕组的反电动势为零，再过 30° 电角度就必须对开关管进行换向，据此可设计过零检测及移相（或定时）电路，得到全桥驱动内 6 个开关管的开关顺序，这种方法叫作直接反电动势法。

还有一种间接反电动势法，它直接测量定子每相的电压，然后由电压方程解出反电动势的值，由于表达式中含有电流微分项，易引入噪声。

无论是直接反电动势法还是间接反电动势法，都只适用于电动机稳速运行。当电动机速度有波动时所得出的估计值误差较大。

美国通用电气（GE）公司采用了一种反电动势积分法，它对开关噪声没那么敏感，而且可自动调节逆变器开关时刻以适应转子速度变化，较上述直接反电动势法或间接反电动势法有明显的改进。其基本原理是采用信号选择电路，所选相即为未导通的绕组。当反电动势过零后开始对其绝对值进行积分，积分值达到预先设定的门限值后，便产生换向信号。

有学者将这种反电动势积分法应用于无位置传感器无刷直流电动机的四象限运行，获得了较好的动态性能。

（2）定子 3 次谐波法　由于无刷直流电动机的反电动势为梯形波，它包含了 3 次谐波分量。将此分量检测出来并进行积分，积分值为零时即得功率器件的开关信号。一种办法是在星形联结的电动机绕组 3 个端子并联一组星形联结电阻，两个中性点之间的电压即为 3 次谐波分量。然而，当电动机的中性点没有引出线或不便引出时，不能使用这种办法。另一种办法不需要三相绕组的中性点引线，而是用星形电阻中性点与直流侧的中点之间的电压来获得 3 次谐波电压，不过它要用滤波器来消除高频分量。实验表明，这种方法比上述的直接反电动势过零检测法具有更宽的运行范围，可在 5% 额定转速下稳定运行，而直接反电动势法必须在 20% 的额定转速下才有效。另外它对过载也具有更强的鲁棒性。

二、无位置传感器无刷直流电动机控制系统的构成

前面介绍了估计无刷直流电动机转子位置的两种方法，下面分别介绍采用这两种方法构成的无位置传感器无刷直流电动机控制系统。

图 5-23 所示是采用反电动势法构成的无位置传感器无刷直流电动机控制系统，从电动机三相绕组的端点取出三相反电动势，经过过零检测和 30°移相，得到了换向控制信号，此信号经过功率放大，就可以用来驱动电子换向器中的开关管。

图 5-24 所示是采用定子 3 次谐波法构成的无位置传感器无刷直流电动机控制系统，通过检测星形联结的电阻网络的中点与直流侧的中点之间的电压信号，获得 3 次谐波分量，通过滤波和积分得到了信号 SCB，利用 SCB 的过零点信息，可以得出换向的时刻。

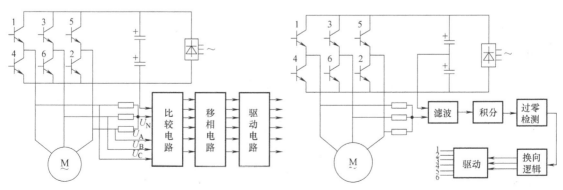

图 5-23　采用反电动势法构成的无位置传感器　　图 5-24　采用定子 3 次谐波法构成的无位置传感器
　　　　　无刷直流电动机控制系统　　　　　　　　　　　　无刷直流电动机控制系统

第六节　无刷直流电动机驱动控制的专用芯片介绍

应当指出，近几年来无刷直流电动机得到迅速推广应用的主要原因之一是大量的专用控制电路芯片和功率集成电路芯片的出现。各国著名的半导体厂商推出了多种不同规格和用途的无刷直流电动机专用芯片，这些功能齐全、性能优良的专用集成电路芯片，为无刷直流电动机的大量的推广应用创造了条件。

大多数专用芯片的功率控制是采用 PWM 方式。电路内设置有频率可设定的锯齿波振荡器、误差放大器、PWM 比较器和温度补偿基准电压源等。对于桥式全波驱动电路，常只对下桥臂开关进行脉宽调制。

少数低功率的专用芯片中，末级功率晶体管工作于线性放大区，线性放大器工作方式的功耗比 PWM 开关工作方式的功耗高得多，但噪声会明显减小。

表 5-3 中列出了目前常用的一些无刷直流电动机专用芯片的生产厂商和工作特性。

表 5-3　无刷直流电动机控制专用集成电路

型　号	厂　商	电压/V	电流/A	特　点	封　装
MC33033	Motorola	30		三相控制器,霍尔式,全波,PWM,正反转,制动,二、四相可用	DIP20
MC33034		30			DIP24
MC33035		30			DIP24
MC33039		5		电子测速器,F/V	DIP8
LM621	NS	45		3/4 相控制器,全波,半波	DIP18
LS7260	LSI Computer	28		3/4 相控制器,PWM;正反转,制动,限流	DIP20
LS7261		28			DIP20
LS7262		28			DIP20
LS7263		28		3/4 相,速度控制器	DIP18
LS7264		28			DIP20
LS7362		28			DIP20
TDA5140	Philips	12	0.6	三相全波,EMF 传感,测速输出,驱动器	DIP18
TDA5141		12	1.5		DIP18
TDA5142		14.5		三相全波驱动器,EMF 传感,测速输出	SO24
TDA5143		18	1		SO20
TDA5144		14.5	1.8		DIP20
TDA5145		14.5	2.0		DIP28
ML4411	Micro Linear	12		三相全波控制器,EMF 传感,测速频率信号	SO28
ML4412		12			SO28
ML4420		12			SO28
ML6035		5	1		QFP32
ML4510		5			SO28

（续）

型　　号	厂　　商	电压/V	电流/A	特　　点	封　　装
UC3620		40	2	三相,开关型驱动器	DIP24
UC3622		40	2	三相,开关型驱动器,PWM	ZIP15
UC3623	UNITRODE	40	1	三相,低噪声开关型驱动器	ZIP15
UC3625		20		三相,开关型控制器,软起动,测速	DIP28
UC3655		40	3	三相,低饱和电压线性驱动器	ZIP15
L6230		18	3	三相全波、线性电流驱动,双向三相全波、线性电流驱动主导轴驱动	ZIP15
L6231	SGS	18	3		ZIP15
L6232		12	2.5		LDCC40

习题和思考题

5-1　无刷直流电动机的转子位置检测器有什么作用？

5-2　无刷直流电动机的转子位置检测器一般有哪几种类型？

5-3　根据定子空间扇区图来分析无刷直流电动机的换向过程。

5-4　引起无刷直流电动机电磁转矩波动的原因有哪些？

5-5　试推导无刷直流电动机的转子换向器的控制逻辑关系表达式。

5-6　简述开环型无刷直流电动机驱动控制的原理。

5-7　在速度闭环的无刷直流电动机控制系统中，如何由转子位置检测器发出的脉冲信号来得出电动机的转速？

5-8　在速度、电流双闭环的无刷直流电动机控制系统中，如何检测电动机的电流信号？

5-9　推导通过拼接来获取电流反馈信号的控制逻辑。

5-10　在无位置传感器的无刷直流电动机控制系统中，可以通过什么方法来估计电动机的位置？

第六章

异步电动机调速系统及主轴驱动

第一节 异步电动机变频调速系统

变频调速是通过改变电动机定子的供电频率来改变同步转速，从而实现交流电动机调速的一种方法。变频调速的调速范围宽，平滑性好，具有优良的动、静态特性，是一种理想的高效率、高性能的调速手段。

对交流电动机进行变频调速，需要一套变频电源，过去大多采用旋转变频发电机组作为电源，但这些设备庞大、可靠性差。随着晶闸管及各种大功率电力电子器件，如 GTR、GTO、MOSFET、IGBT 等的问世，各种静止变频电源获得了迅速发展，它们具有重量轻、体积小、维护方便、惯性小和效率高等优点，但由其组成的变频电路较复杂，造价较高。而功率集成电路的出现，产品价格随之降低，它集功率开关器件、驱动电路、保护电路、接口电路于一体，可靠性高，维护方便。因此，目前变频调速已成为交流调速的主要发展方向。

新型器件的不断涌现，使变频技术获得了迅速发展。以普通晶闸管构成的方波形逆变器被全控型高频率开关组成的 PWM 逆变器取代后，SPWM 逆变器及其专用芯片得到普遍应用。磁通跟踪型 PWM 逆变器以其控制简单、数字化方便的优点，呈现出取代传统 SPWM 逆变器的趋势。另外，还有电流跟踪型 PWM 逆变器及滞环电流跟踪型 PWM 逆变器，均受到了重视。

在变频技术日新月异发展的同时，交流电动机控制技术取得了突破性的进展。由于交流电动机是多变量、强耦合的非线性系统，与直流电动机相比，转矩控制要困难得多。20 世纪 70 年代初提出的矢量控制理论，使交流调速获得了与直流调速同样优良的静、动态性能，开创了交流调速与直流调速相竞争的时代；在 80 年代中期又提出了直接转矩控制理论，其控制结构简单，便于实现数字化，所以变频调速是最有前途的一种交流调速方式。

一、变频调速基本原理

1. 调速原理

根据电机学原理可知，交流电动机的同步转速为

$$n_0 = \frac{60f_1}{p} \tag{6-1}$$

异步电动机的转速为

$$n = n_0(1-s) = \frac{60f_1}{p}(1-s) \tag{6-2}$$

式中　f_1——定子供电频率；

　　　p——电动机极对数；

　　　s——转差率。

由此可见，若能连续地改变异步电动机的供电频率 f_1，就可以平滑地改变电动机的同步转速和异步电动机的转速，从而实现异步电动机的无级调速，这就是变频调速的基本原理。变频调速的最大特点是：电动机从高速到低速，其转差率始终保持最小的数值，因此变频调速时，异步电动机的功率因数都很高。可见，变频调速是一种理想的调速方式。但它需要由特殊的变频装置供电，以实现电压和频率的协调控制。

在异步电动机调速时，一个重要的因素是希望保持每极磁通 Φ_m 为额定值，因为磁通增加将引起铁心过分饱和，励磁电流急剧增加，导致绕组过分发热，功率因数降低；若磁通太弱，没有充分利用电动机的铁心，是一种浪费。而磁通减小也会使电动机的输出转矩下降，如负载转矩仍维持不变，势必导致定、转子过电流，也要产生过热，故而希望保持磁通恒定。怎样才能保持磁通恒定呢？

由电机学知，三相异步电动机定子每相电动势的有效值为

$$E_1 = 4.44 f_1 N_1 k_{N1} \Phi_m \tag{6-3}$$

式中　E_1——气隙磁通在定子每相中感应电动势的有效值（V）；

　　　N_1——定子绕组每相串联匝数；

　　　k_{N1}——基波绕组系数；

　　　Φ_m——每极气隙磁通（Wb）。

由式（6-3）可见，只要控制好 E_1 和 f_1，便可达到控制磁通 Φ_m 的目的，对此，需要考虑基频（额定频率）以下和基频以上两种情况。

2. 基频以下调速

由式（6-3）可知，要保持 Φ_m 不变，当频率 f_1 从额定值 f_{1N} 向下调节时，必须同时降低 E_1，使

$$\frac{E_1}{f_1} = 常数$$

即采用恒电动势频比控制方式。然而，绕组中的感应电动势难以直接控制，当电动势值较高时，可以忽略定子绕组的漏阻抗压降，而认为定子相电压 $U_1 \approx E_1$，则得

$$\frac{U_1}{f_1} = 常数$$

这是恒压频比的控制方式。

低频时，U_1 和 E_1 都较小，定子阻抗压降所占的分量就比较显著，不再能忽略。这时，可以人为地把 U_1 抬高一些，以便近似地补偿定子压降。带定子压降补偿的恒压频比控制特性如图 6-1 中的 b 线，无补偿的特性则为 a 线。

3. 基频以上调速

在基频以上调速时，频率可以从 f_{1N} 往上增高，但电压 U_1 却不能增加得比额定电压 U_{1N} 还要大，最多只能保持 $U_1 = U_{1N}$。由式（6-3）可知，这将迫使磁通与频率成反比地减少，

相当于直流电动机弱磁升速的情况。

把基频以下和基频以上两种情况合起来,可得如图 6-2 所示的异步电动机变频调速的控制特性。如果电动机在不同转速下都具有额定电流,则电动机都能在温升允许条件下长期运行,这时转矩基本上随磁通变化,按照电气传动原理,在基频以下,属于恒转矩调速的性质,而在基频以上,基本上属于恒功率调速的性质。

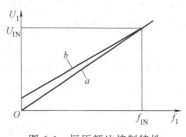

图 6-1 恒压频比控制特性

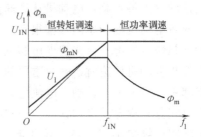

图 6-2 异步电动机变频调速的控制特性

二、正弦波脉宽调制(SPWM)逆变器

(一)SPWM 逆变器的工作原理

1. 基本概念

人们知道,为了更好地控制异步电动机的速度,不但要求变频器的输出频率和电压大小可调,而且要求输出波形尽可能接近正弦波。当用一般变频器对异步电动机供电时,存在谐波损耗和低速运行时出现转矩脉动的问题。为了提高电动机的运行性能,要求采用对称的三相正弦波电源为三相交流电动机供电。因而人们期望变频器输出波形为纯粹的正弦波形。随着电力电子技术的发展,使各种半导体开关器件的可控性和开关频率获得了很大的发展,使得这种期望得以实现。

在采样控制理论中有一个重要结论,冲量(窄脉冲的面积)相等而形状不同的窄脉冲加在具有惯性的环节上时,其效果基本相同。该结论是 PWM 控制的重要理论基础。

将图 6-3a 所示的正弦波分成 N 等份,即把正弦半波看成由 N 个彼此相连的脉冲所组成。这些脉冲宽度相等,为 π/N,但幅值不等,其幅值是按正弦规律变化的曲线。把每一等份的正弦曲线与横轴所包围的面积都用一个与此面积相等的等高矩形脉冲来代替,矩形脉冲的中点与正弦脉冲的中点重合,且使各矩形脉冲面积与相应各正弦部分面积相等,就得到如图 6-3b 所示的脉冲序列。根据上述冲量相等效果相同的原理,该矩形脉冲序列与正弦半波是等效的。同样,正弦波的负半周也可用相同的方法来等效。由图 6-3 可见,各矩形脉冲在幅值不变的条件下,其宽度随之发生变化。这种脉冲的宽度按正弦规律变化并和正弦波等效的矩形脉冲序列称为 SPWM(Sinusoidal PWM)波形。

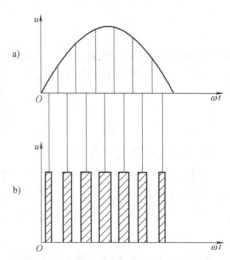

图 6-3 与正弦波等效的等幅脉冲序列波

a)正弦波形 b)等效的正弦波形

图 6-3b 的矩形脉冲系列就是所期望的变频器输出波形。通常将输出为 SPWM 波形的变频器称为 SPWM 型变频器。显然，当变频器各开关器件工作在理想状态下时，驱动相应开关器件的信号也应为与图 6-3b 形状相似的一系列脉冲波形。由于各脉冲的幅值相等，所以逆变器可由恒定的直流电源供电，即变频器中的变流器采用不可控的二极管整流器就可以了。

从理论上讲，这一系列脉冲波形的宽度可以严格地用计算方法求得，作为控制逆变器中各开关器件通断的依据。但较为实用的是引用通信技术中的调制这一概念，以所期望的波形作为调制波（Modulating wave），而受它调制的信号称为载波（Carrier wave）。通常采用等腰三角形作为载波，因为等腰三角波是上下宽度线形对称地变化，当它与任何一条光滑的曲线相交时，在交点的时刻控制开关器件的通断，即可得到一组等幅而脉冲宽度正比于该曲线函数值的矩形脉冲，这正是 SPWM 所需要的结果。

2. 工作原理

图 6-4a 是 SPWM 变频器的主回路。图中，$VT_1 \sim VT_6$ 为逆变器的 6 个功率开关器件（可为 GTO、GTR、MOSFET、IGBT 中的任何一种，此处以 GTR 为例），$VD_1 \sim VD_6$ 为用于处理无功功率反馈的二极管。整个逆变器由三相整流器提供的恒值直流电压 U_S 供电。图 6-4b 是它的控制电路，一组三相对称的正弦参考电压信号 u_{rA}、u_{rB}、u_{rC} 由参考信号发生器提供，其频率决定逆变器输出的基波频率，应在所要求的输出频率范围内可调；其幅值也可在一定范围内变化，以决定输出电压的大小。三角波载波信号 u_t 是共用的，分别与每相参考电压比较后，给出"正"或"零"的饱和输出，产生 SPWM 脉冲序列波 u_{dA}、u_{dB}、u_{dC}，作为逆变器功率开关器件的输出控制信号。

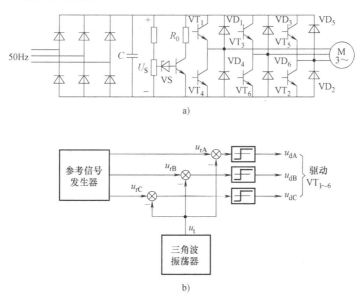

图 6-4　SPWM 变频器电路原理图

a）主回路　b）控制电路

控制方式可以是单极式，也可以是双极式。采用单极式控制时，在正弦波的半个周期内，每相只有一个功率开关开通或关断。其调制情况如图 6-5 所示，首先由同极性的三角波

调制电压 u_t 与参考电压 u_r 比较，如图 6-5a 所示，产生单极性的 SPWM 脉冲波如图 6-5b 所示，负半周用同样方法调制后再倒相而成，如图 6-5c、d 所示。

采用双极式控制时，在同一桥臂上下两个功率开关交替通断，处于互补的工作方式，其调制情况如图 6-6 所示。

由图 6-5 和图 6-6 可见，输出电压波形是等幅不等宽而且两侧窄中间宽的脉冲，输出基波电压的大小和频率，是通过改变正弦参考信号的幅值和频率而改变的。

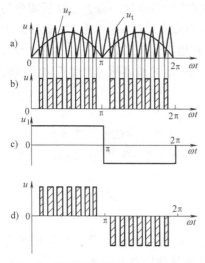

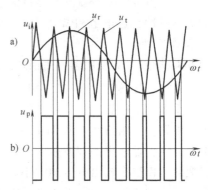

图 6-5 单极性脉宽调制模式（单相）　　　　图 6-6 双极性脉宽调制模式（单相）

（二）SPWM 逆变器的调制方式

在 SPWM 逆变器中，三角波电压频率 f_t 与参照波电压频率（即逆变器的输出频率）f_r 之比 $N = f_t/f_r$ 称为载波比，也称调制比。根据载波比的变化与否，PWM 调制方式可分为同步式、异步式和分段同步式。

1. 同步调制方式

载波比 N 等于常数时的调制方式称同步调制方式。同步调制方式在逆变器输出电压每个周期内采用的三角波电压数目是固定的，因而所产生的 SPWM 脉冲数是一定的。其优点是在逆变器输出频率变化的整个范围内，皆可保持输出波形的正、负半波完全对称，只有奇次谐波存在，而且能严格保证逆变器输出三相波形之间具有 120° 相位移的对称关系。缺点是：当逆变器输出频率很低时，每个周期内的 SPWM 脉冲数过少，低频谐波分量较大，使负载电动机产生转矩脉动和噪声。

2. 异步调制方式

为消除上述同步调制的缺点，可以采用异步调制方式。即在逆变器的整个变频范围内，载波比 N 不是一个常数。一般在改变参照波频率 f_r 时保持三角波频率 f_t 不变，因而提高了低频时的载波比，这样逆变器输出电压每个周期内 PWM 脉冲数可随输出频率的降低而增加，相应地可减少负载电动机的转矩脉动与噪声，改善了调速系统的低频工作特性。但异步控制方式在改善低频工作性能的同时，又失去了同步调制的优点。当载波比 N 随着输出频率的降低而连续变化时，它不可能总是 3 的倍数，势必使输出电压波形及其相位都发生变化，难以保持三相输出的对称性，因而引起电动机工作不平稳。

3. 分段同步调制方式

实际应用中，多采用分段同步调制方式，它集同步和异步调制方式之所长，克服了两者的不足。在一定频率范围内采用同步调制，以保持输出波形对称的优点，在低频运行时，使载波比有级地增大，以采纳异步调制的长处，这就是分段同步调制方式。具体地说，把整个变频范围划分为若干频段，在每个频段内都维持 N 恒定，对不同的频段取不同的 N 值，频率低时，N 值取大些。采用分段同步调制方式，需要增加调制脉冲切换电路，从而增加控制电路的复杂性。

（三）SPWM 波的实现

SPWM 波就是根据三角载波与正弦调制波的交点来确定功率器件的开关时刻，从而得到其幅值不变而宽度按正弦规律变化的一系列脉冲。如何计算 SPWM 的开关点，是 SPWM 信号生成中的一个难点，也是当前人们研究的一个热门课题。生成 SPWM 波的方法有多种，但其目标只有一个，尽量减少逆变器的输出谐波分量和计算机的工作量，使计算机能更好地完成实时控制任务。开关点的算法可分为两类：一是采样法，二是最佳法。采样法是从载波与调制波相比较产生 SPWM 波的思路出发，导出开关点算法，然后按此算法实时计算或离线算出开关点，通过定时控制，发出驱动信号的上升沿或下降沿，形成 SPWM 波。最佳法则是预先通过某种指标下的优化计算，求出 SPWM 波的开关点，其突出优点是可以预先去掉指定阶次的谐波。最佳法计算的工作量很大，一般要先离线算出最佳开关点，以表格形式存入内存，运行时再查表进行定时控制，发出 SPWM 信号。这里讨论几种常用的算法。

1. 自然采样法

根据 SPWM 逆变器的工作原理，在正弦波和三角波的自然交点时刻控制功率开关器件的通断，这种生成 SP-WM 波的方法称为自然采样法。如图 6-7 中，截取了任意一段正弦波与三角波的一个周期长度内的相交情况。A 点为脉冲发生时刻，B 点为脉冲结束时刻，在三角波的一个周期 T_c 内，t_2 为 SPWM 波的高电平时间，称作脉宽时间，t_1 与 t_3 则为低电平时间，称为间隙时间。显然，$T_c = t_1 + t_2 + t_3$。

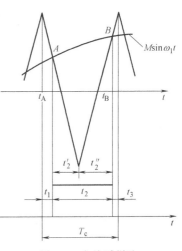

图 6-7 自然采样法

定义参考波与载波的幅值比为调制比 $M = U_{rm}/U_{tm}$，设三角载波幅值 $U_{tm} = 1$，则参考波

$$u_r = M\sin\omega_1 t$$

式中　ω_1——参照波角频率，即输出角频率。

A、B 两点对三角波的中心线来说是不对称的，因此，t_2 分成的 t_2' 和 t_2'' 两个时间段是不等的，联立求解两对相似直角三角形，则

$$\frac{t_2'}{T_c/2} = \frac{1 + M\sin\omega_1 t_A}{2}, \quad \frac{t_2''}{T_c/2} = \frac{1 + M\sin\omega_1 t_B}{2}$$

得

$$t_2 = t_2' + t_2'' = \frac{T_c}{2}\left[1 + \frac{M}{2}(\sin\omega_1 t_A + \sin\omega_1 t_B)\right]$$

自然采样法虽能真实地反映脉冲产生与结束的时刻，却难以在实时控制中在线实现。因为 t_A 与 t_B 都是未知数，$t_1 \neq t_3$，$t_2' \neq t_2''$，求解时需花费较多的计算时间，即使可先将计算结

果存入内存，控制过程中查表定时，也会因参数过多而占用计算机太多内存和时间，所以，此法仅限于调速范围有限的场合。

2. 规则采样法

由于自然采样法的不足，人们一直在寻找更实用的采样方法，就是尽量接近于自然采样法，但比自然采样法的波形更对称一些，以减少计算工作量，节约内存空间为原则，这就是规则采样法。

所谓规则采样法就是在三角载波每一周期内的固定时刻，找到正弦参考波上的对应电压值，以此值对三角波进行采样来决定功率器件的通、断时刻。

图 6-8a 所示为规则采样 Ⅰ 法生成的 SPWM 波。它以三角波正峰值时找到正弦波上的对应点 D 点，得到 U_{rd}，用 U_{rd} 对三角波采样，得到 A、B 两点。可见，在此法中，开关点 A、B 位于正弦波的同一侧，这使所得的脉冲宽度明显偏小，从而造成较大的控制误差。而在图 6-8b 所示的规则采样 Ⅱ 法中，以三角波的负峰值时找到正弦波上的对应点 E，得到 U_{re}，用 U_{re} 对三角波采样，得到 A、B 两个开关点。可见，此时 A、B 两个开关点位于正弦波的两侧，这样减少了脉宽生成误差，使所得 SPWM 波更为准确。

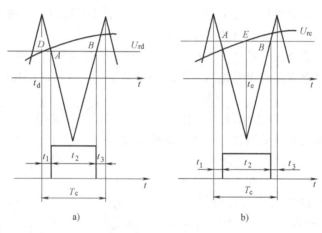

图 6-8　规则采样法

a）规则采样 Ⅰ 法　b）规则采样 Ⅱ 法

在规则采样法中，每个三角载波周期的开关点都是确定的，所生成的 SPWM 波的脉冲宽度和位置可预先计算出来。由图 6-8b 的几何关系有

脉宽时间
$$t_2 = \frac{T_c}{2}(1 + M\sin\omega_1 t_e)$$

式中　t_e——三角波中点（即负峰点）时刻。

间隙时间
$$t_1 = t_3 = \frac{1}{2}(T_c - T_2)$$

3. 指定谐波消除法

以消去某些指定次数谐波（主要的低次谐波）为目的，通过计算来确定各脉冲的开关时刻的方法称为低次谐波消去法。在该方法中，已经不用三角载波和正弦参考波的比较，但其目的仍是使输出波形尽可能接近正弦波，因此，也算是 SPWM 波生成的一种方法。

例如，消去 SPWM 波中的 5 次、7 次谐波（三相电动机无中性线时，3 次和 3 的倍数次谐波无通路，可忽略）。将某一脉冲列展成傅里叶级数，然后令其 5 次、7 次分量为零，基波分量为所要求值，这样可获得一组联立方程，对方程组求解即可得到为了消除 5 次、7 次谐波各脉冲所应有的开关时刻，从而获得所求得的 SPWM 波。

该方法可以很好地消除所指定的低次谐波，只是剩余未消去的较低次谐波的幅值可能会增大，但它们的次数已比所消去的谐波次数高，因而较易滤去。

三、U/f 变频调速系统

（一）U/f 控制方式及其机械特性

如前所述，异步电动机要求在调频的同时，改变定子电压 U_1 以维持 Φ_m 近似不变。根据 U_1 与 f_1 配合可得到不同的控制方式。

1. 恒压恒频时异步电动机的机械特性

异步电动机的机械特性方程如下：

$$T_e = \frac{3pU_1^2 r'_2/s}{\omega_1\left[(r_1+r'_2/s)^2+(x_1+x'_2)^2\right]} \tag{6-4}$$

当定子电压 U_1 和频率 f_1 都为恒定值时，可以把它改写成如下的形式：

$$T_e = 3p\left(\frac{U_1}{\omega_1}\right)^2 \frac{s\omega_1 r'_2}{(sr_1+r'_2)^2+s^2\omega_1^2(L_1+L'_2)^2} \tag{6-5}$$

当 s 很小时，可忽略式（6-5）分母中含 s 各项，则

$$T_e \approx 3p\left(\frac{U_1}{\omega_1}\right)^2 \frac{s\omega_1}{r'_2} \propto s \tag{6-6}$$

当 s 很小时，转矩近似与 s 成正比，机械特性 $T_e=f(s)$ 是一段直线，如图 6-9 所示。当 s 接近于 1 时，可忽略式（6-5）分母中的 r'_2，则

$$T_e \approx 3p\left(\frac{U_1}{\omega_1}\right)^2 \frac{\omega_1 r'_2}{\left[r_1^2+\omega_1^2(L_1+L'_2)^2\right]} \propto \frac{1}{s} \tag{6-7}$$

即 s 接近于 1 时转矩近似与 s 成反比，这时，$T_e=f(s)$ 是对称于原点的一段双曲线。当 s 为以上两段的中间数值时，机械特性从直线段逐渐过渡到双曲线段，如图 6-9 所示。

2. 电压、频率协调控制下的机械特性

1）恒 U_1/ω_1 控制。前面已经指出，为了近似地保持气隙磁通 Φ_m 恒定，以便充分利用电动机铁心，发挥电动机产生转矩的能力，在基频以下须采用恒压频比控制。实行恒压频比控制时，同步转速自然也随着频率变化

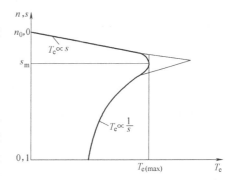

图 6-9　恒压恒频时异步电动机的机械特性

$$n_0 = \frac{60\omega_1}{2\pi p}$$

因此，带负载时的转速降落

$$\Delta n = s n_0 = \frac{60}{2\pi p} s\omega_1$$

在式（6-6）表示的机械特性的近似直线段上，可以导出

$$s\omega_1 \approx \frac{r_2' T_e}{3p\left(\dfrac{U_1}{\omega_1}\right)^2}$$

由此可见，当 U_1/ω_1 为恒值时，对于同一转矩，T_e、$s\omega_1$ 是基本不变的，因而 Δn 也是基本不变的。这就是说，在恒压频比条件下改变频率时，机械特性基本上是平行移动的，如图 6-10 所示。它们和直流他励电动机变压调速时特性变化情况相似，不同的是，当转矩增大到最大值以后，转速再降低，特性就折回来了，而且频率越低时最大转矩越小。

当 U_1/ω_1 为恒值时，最大转矩 T_{emax} 随角频率 ω_1 的变化关系为

$$T_{emax} = \frac{3}{2}p\left(\frac{U_1}{\omega_1}\right)^2 \frac{1}{\dfrac{r_1}{\omega_1} + \sqrt{\left(\dfrac{r_1}{\omega_1}\right)^2 + (L_1 + L_2')^2}}$$

可见，T_{emax} 是随着 ω_1 的降低而减小的。频率很低时，T_{emax} 太小将限制调速系统的带载能力。采用定子电压降补偿，适当提高电压 U_1 可以增强带载能力，如图 6-10 所示。

2）恒 E_1/ω_1 控制。恒 E_1/ω_1 控制时的机械特性方程式可由异步电动机稳态等效电路导出，如图 6-11 所示。

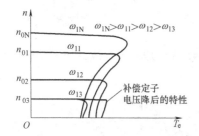

图 6-10 恒压频比控制时变频调速的机械特性

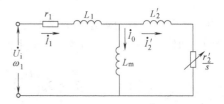

图 6-11 异步电动机的稳态等效电路

由图 6-11 所示等效电路中可以看出

$$I_2' = \frac{E_2'}{\sqrt{\left(\dfrac{r_2'}{s}\right)^2 + \omega_1^2 L_2'^2}} = \frac{E_1}{\sqrt{\left(\dfrac{r_2'}{s}\right)^2 + \omega_1^2 L_2'^2}} \tag{6-8}$$

将式（6-8）代入电磁转矩基本关系式，得

$$T_e = 3p\left(\frac{E_1}{\omega_1}\right)^2 \frac{s\omega_1 r_2'}{r_2'^2 + s^2 \omega_1^2 L_2'^2} \tag{6-9}$$

这就是恒 E_1/ω_1 时的机械特性方程式。

利用和以前一样的分析方法，当 s 很小时，可忽略式（6-9）分母中含 s^2 项，则

$$T_e \approx 3p\left(\frac{E_1}{\omega_1}\right)^2 \frac{s\omega_1}{r_2'} \propto s \tag{6-10}$$

这表明机械特性的这一段近似为一条直线。当 s 接近 1 时，可忽略式（6-9）分母中的 $r_2'^2$

项，则

$$T_e \approx 3p\left(\frac{E_1}{\omega_1}\right)^2 \frac{r'_2}{s\omega_1 L'^2_2} \propto \frac{1}{s} \tag{6-11}$$

这时的机械特性是一段双曲线。

s 值为上述两处的中间值时，机械特性在直线和双曲线之间逐渐过渡，这时的特性与恒压频比控制时具有相同的性质。但是，对比式（6-9）和式（6-6）可以看出，恒 E_1/ω_1 控制的转矩公式分母中含 s 项要小于恒 U_1/ω_1 控制的转矩公式中的同类项，也就是说，s 值要更大一些才能使含 s 项在分母中占有显著的分量，从而不能被忽略，因此恒 E_1/ω_1 控制的机械特性线性段范围会更宽一些。图 6-12 中同时绘出了不同协调控制方式的机械特性。

将式（6-9）对 s 求导，并令 $\dfrac{\mathrm{d}T_e}{\mathrm{d}s}=0$，由此得到产生最大

转矩时的转差率

$$s_m = \frac{r'_2}{\omega_1 L'_2} \tag{6-12}$$

其相应的最大转矩

$$T_{emax} = \frac{3}{2}p\left(\frac{E_1}{\omega_1}\right)^2 \frac{1}{L'_2} \tag{6-13}$$

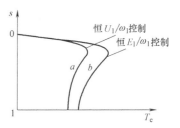

图 6-12　不同协调控制方式
的机械特性

可见，保持 E_1/ω_1 恒定进行变频调速时，最大转矩保持

不变。所以恒 E_1/ω_1 控制的稳态性能是优于恒压频比控制的，它正是恒压频比控制时补偿定子阻抗压降追求的目标。

3）保持电压为额定值的恒功率控制方式和机械特性，在额定频率（基频）以上进行调速时，鉴于电动机绕组是按额定电压等级设计的，超过额定电压运行将受到绕组绝缘强度的限制，因此定子电压不可能与频率成正比升高，只能保持在额定电压，即 $U_1 = U_{1N}$。

体现定子电压，供电频率及电动机参数关系的机械特性方程式如下：

$$T_e = \frac{3pU_1^2 r'_2/s}{\omega_1\left[(r_1+r'_2/s)^2 + \omega_1^2(L_1+L'_2)^2\right]} \tag{6-14}$$

令 $\dfrac{\mathrm{d}T_e}{\mathrm{d}s}=0$，即可求出产生最大转矩时的转差率为

$$s_m = \frac{r'_2}{\sqrt{r_1^2 + \omega_1^2(L_1+L'_2)^2}} \tag{6-15}$$

相应最大转矩为

$$T_{emax} = \frac{3pU_1^2}{2} \frac{1}{\left[r_1 + \sqrt{r_1^2 + \sqrt{r_1^2 + \omega_1^2(r_1+r'_2)^2}}\right]} \tag{6-16}$$

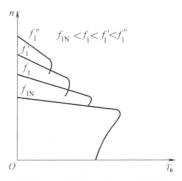

图 6-13　保持 $U_1 = U_{1N}$ 时变频
调速的机械特性

可见，保持电压为额定值进行变频调速时，最大转矩将随 f_1 的升高而减少。机械特性如图 6-13 所示。

（二）U/f 控制系统组成及工作原理

最简单的变频传动系统是采用电压、频率协调控制的转速开环系统，这种变频传动系统由于没有测速反馈，其调速性能差于转速闭环系统。因此，适用于对调速要求不高的场合，例如，风机、水泵等的节能调速就经常采用这种系统。

1. 恒压频比控制的转速开环电压型变频调速系统

图 6-14 所示为恒压频比控制的转速开环电压型变频调速系统框图。

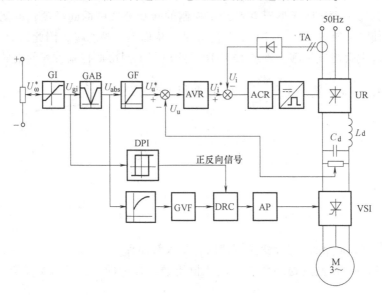

图 6-14　恒压频比控制的转速开环电压型变频调速系统框图

该系统的控制方式为：额定频率以下采用恒磁通调速（$\Phi_m = \Phi_{mN}$），保持 U_1/f_1，并在低频段补偿定子漏阻抗压降；在额定频率以上则保持 $U_1 = U_{1N}$，为近似恒功率调速。

在图 6-14 中，UR 是可控整流器，用电压控制环节控制它的输出直流电压；电压源型逆变器（Voltage Source Inverter，VSI）用频率控制环节控制它的输出频率。电压和频率控制采用同一个控制信号 U_{abs}，以保持两者之间的协调。电压控制部分主要由电压外环和电流内环组成。外环设电压调节器（AVR），用以控制变频器输出电压，使其始终跟随给定电压变化。内环设 ACR，用以限制动态电流，同时也能起到抑制故障电流的作用。频率控制部分主要由压频变换器（GVF），环形分配器（DRC）和脉冲放大器（AP）组成，以便送出与电压成正比的频率信号，用来控制逆变器的输出频率。

各环节的功能如下：

（1）给定积分器（GI）　将阶跃信号 U_ω^* 转变成按设定的斜坡逐渐变化的斜坡信号 U_{gi}。以避免阶跃信号直接加到控制系统上造成相当于直接起动的冲击电流，可保证转速开环状态下的电动机电压和转速能够平稳上升，故又称软起动器。

（2）绝对值运算器（GAB）　电压 U_1 和频率 f_1 控制信号并不是反映电动机转向的极性信号，故通过绝对值变换器将给定积分器输出的极性信号变成其绝对值的信号。

（3）函数发生器（GF）　在低频段用来提供定子压降补偿特性，以使低频时仍能近似地保持恒磁通调速；在额定频率以上则使输出限幅，以保证电动机在额定电压下实现近似恒功率调速。

（4）压频变换器（GVF） 将输入电压信号转换成相应频率的脉冲信号，要求输出频率与输入电压之间有良好的线性关系，以确保恒压频比的条件得以满足。该振荡频率是逆变器输出频率的6倍。

（5）环形分配器（DRC） 又称6分频器。将输入脉冲信号转换为6个一组依次间隙60°电角度并具有一定宽度的脉冲信号，分配给逆变桥中相应的晶闸管，以决定其通、断。

（6）脉冲放大器（AP） 对环形分配器的输出脉冲进行功率放大并拓宽到需要的宽度，确保触发信号满足逆变桥的要求。

（7）极性鉴别器（DPI） 根据给定信号的极性来控制脉冲输出级的脉冲相序，从而实现电动机的正、反转。

系统中的其余环节，如电压反馈、电压调节、整流桥晶闸管触发等环节，作用均与直流传动系统类似。

2. 恒压频比控制的转速开环电流型变频调速系统

图6-15所示为恒压频比控制的转速开环电流型变频调速系统框图。

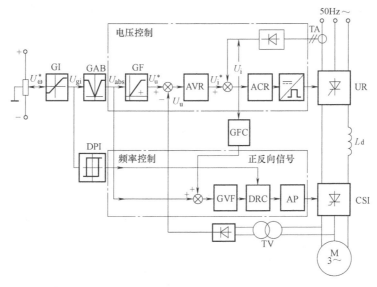

图6-15 恒压频比控制的转速开环电流型变频调速系统框图

图6-15所示系统与图6-14所示系统的主要区别在于采用了由大电感滤波的电流源型逆变器CSI。在控制系统上，两类系统基本相同，因为都是采用电压-频率协调控制，所以这里仍须采用电压控制环节，只是电压反馈环节有所不同。电压源型变频器直流电压的极性是不变的，而电流源型变频器在回馈制动时直流电压要反向，因此后者的电压反馈不能从直流电压引出，而改从CSI的输出端引出。

需要说明的是：

1）由于此处是电流源型变频器，没有电容滤波，实际电压的变化会快得多，所以要用电流微分信号通过频率给定动态校正器（GFC）来加快频率控制，使它赶上电压变化的可调，而不像电压源型变频器的调速系统那样去延缓频率控制。GFC用来协调动态过程中的频率变化速率，使其减慢一些以便能与具有大惯性环节的电压变化速率保持一致，这里，它可以是个一阶惯性环节。GFC一般采用微分校正，也可用别的方法。

2）在图 6-15 系统中，电压闭环保证电流型变频器输出能满足 $U_1/f_1 = C$（常数），稳定电压 U_1，电流内环主要起限流和保护作用，系统正常稳定工作时是电压环的随动环节。这样，通过两个调节器的调节使电动机运行在要求的 f_1（或转速）上，而且具有较好的调节性能。

需要注意的是，无论电压型还是电流型晶闸管变频调速形式，由于逆变器的输出波形为矩形波，谐波分量较大，电动机的内部损耗也较大，尤其在低速恒转矩情况下，冷却效果变差，温度增高，因此应选择较大规格的电动机。另外，系统起动应从低频低压逐渐起动至高频高压，减速时则应从高频高压逐渐降至低频低压，其时间应根据负载转矩及系统飞轮力矩计算确定，通过软起动器进行调整。

3. 数字控制的 SPWM 变频调速系统

随着电力电子和微机技术的发展，越来越多的变压变频传动系统采用了数字控制，而晶闸管变频装置已逐步让位给全控型电力电子器件的 SPWM 变频器。

图 6-16 所示为一种典型的数字控制 IGBT-SPWM 变频调速系统原理图。它包括主电路、驱动电路、控制电路、保护信号采集与综合电路，图中未给出吸收电路和其他辅助电路。

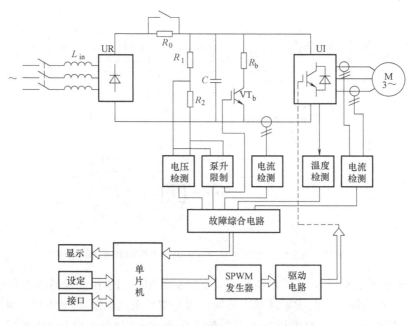

图 6-16　数字控制 IGBT-SPWM 变频调速系统

SPWM 变频调速系统的主电路由不可控整流器 UR、SPWM 逆变器 UI 和中间直流电路三部分组成，一般都是电压源型的，采用大电容 C 滤波，同时在感性负载电流衰减时起储能作用。由于电容容量较大，突加电源时相当于短路，势必产生很大的充电电流，容易损坏整流二极管。为了限制充电电流，在整流器和滤波电容之间串入限流电阻（或电抗）R_0。合上电源以后，延时用开关将 R_0 短路，以免造成附加损耗。

由于二极管整流器不能为异步电动机再生制动提供反向电流的途径，所以除特殊情况外，通用变频器一般都用电阻（如图 6-16 中的 R_b）吸收制动能量。为便于散热，制动电阻常作为附件单独装在变频器机箱外边。图 6-16 中，L_{in} 是为了抑制谐波电流而设置的。

现代 SPWM 变频器的控制电路大都是以微处理器为核心的数字电路，其功能主要是接受各种设定信息和指令，再根据它们的要求形成驱动逆变器工作的 SPWM 信号。微机芯片主要采用 8 位或 16 位单片机、32 位的 DSP，现在已有应用 RISC 的产品出现。SPWM 信号可以由微机本身用软件实时计算或用查表法生成，也可采用专用的 SPWM 集成电路芯片。

需要设定的信息主要有 U/f 曲线、工作频率、频率上升时间和频率下降时间等，还可以有一系列特殊功能的设定。由于系统本身没有自动限制起制动电流的作用，因此，频率设定信号须通过给定积分算法产生平缓的控制作用。

SPWM 变压变频器的基本控制作用如图 6-17 所示。

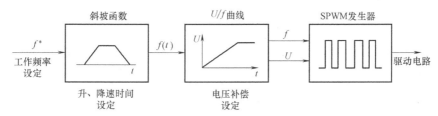

图 6-17　SPWM 变压变频器的基本控制作用

以上所述的转速开环变频调速系统可以满足一般平滑调速的要求，但静、动态性能都有限。要改善系统性能，可以采用转差频率控制的转速闭环变频调速系统。关于转差频率控制的转速闭环变频调速系统，由于其性能不如矢量控制变频调速系统，目前用得较少，故在此不做讨论。

第二节　数控机床对主轴驱动和主轴电动机的要求

一、数控机床对主轴驱动的要求

数控机床对主轴驱动的要求和进给驱动有很大的差别。机床主传动的工作运动通常是旋转运动，无需丝杠或其他直线运动的装置。因此，在 20 世纪 60 年代中期，采用三相感应电动机配上多级变速箱还认为是机床主轴传动的满意结构。随着生产率的不断提高，机床结构有了很大的改进。由于要求进一步提高机床的生产率和刀具的利用率，对主轴驱动提出了更高的要求。这包括要求主传动电动机应有 2.2～250kW 的功率范围，既要能输出大的功率，又要求主轴结构简单。然而小的恒功率调速范围却使机械传动不能全部取消。要改善主轴的动态性能，不仅需要主传动有更大的无级调速范围，如能在 1：（100～1000）的范围内进行恒转矩调速和 1：10 的恒功率调速，而且要求在主轴的两个转向中在任一个方向都可进行传动和减速，即要求有四象限的驱动能力。

在数控机床中，数控车床占 42%，数控钻、镗和铣床占 33%，数控磨床、冲床占 23%，其他只占 2%。为了满足最大量的前两类数控机床的要求，如为使数控车床等具有螺纹车削功能，要求主轴能与进给驱动实行同步控制，在加工中心上为了自动换刀也要求主轴能进行高精度定位控制，有的数控机床还要求主轴具有角度分度控制的功能。

另外，主轴驱动装置应提供加工各类零件所需的切削功率，无论在何种速度（这取决于不同的材料，如加工钢或铝等），用各种不同刀具类型的加工方法，都必须提供所需的切削功率。因此，要求主轴驱动在尽可能大的调速范围内保持恒功率的输出。随着刀具的不断改进，切削速度日益提高，基于提高生产率的愿望，都要求机床主轴的速度和功率能不断提高。此外，现有的主轴转速范围还必须扩大，因为加工一些难加工材料所要求的转速范围相差很大，如钛需要低速加工，而铝合金材料则需要高速加工。用齿轮变速箱满足这类要求的方法已经过时。

为了实现上述种种要求，在早期的数控机床上多采用直流主轴驱动系统，但由于直流电动机的换向限制，大多数系统恒功率调速范围都非常小。因此，它成了主轴直流电气传动的一个大问题。到了 20 世纪 70 年代末 80 年代初，随着微处理器技术和大功率晶体管技术的发展，开始在数控机床的主轴驱动中应用交流驱动系统。现在，国际上新生产的数控机床已有 85% 采用交流主轴驱动系统。这是因为，一方面制造交流电动机不像直流电动机那样在高转速和大容量方面受到限制，另一方面，目前的交流主轴驱动的性能已达到直流驱动系统的水平，甚至在噪声方面还有所降低，而在价格上却不比直流主轴驱动昂贵。

二、数控机床对主轴电动机的要求

（一）直流主轴电动机

1. 结构特点

为了满足上述数控机床对主轴驱动的要求，主轴电动机必须具备下述性能：

1）输出功率要大。

2）在大的调速范围内速度应该稳定，而且恒功率的速度范围宽。

3）在断续负载下电动机转速波动小。

4）加速和减速时间短。

5）电动机温升低。

6）振动、噪声小。

7）电动机的可靠性高，寿命长，维护容易。

8）体积小，重量轻，与机械连接容易。

9）电动机过载能力强。

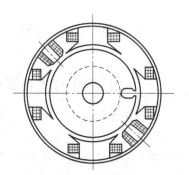

图 6-18 直流主轴电动机
结构示意图

直流主轴电动机的结构与永磁式直流伺服电动机的不同，因为要求主轴电动机有大的输出功率，所以在结构上不做成永磁式，而与普通直流电动机相同，结构如图 6-18 所示。由图 6-18 可见，直流主轴电动机也是由定子和转子两大部分组成。转子与永磁直流伺服电动机的转子相同，由电枢绕组和换向器组成。而定子则完全不同，它由主磁极和换向极组成。有的主轴电动机在主磁极上不但有主磁极绕组，还带有补偿绕组。

这类电动机在结构上的特点是，为了改善换向性能，在电动机结构上都有换向极，为缩小体积，改善冷却效果，以免使电动机热量传到主轴上，采用了轴向强迫通风冷却。为适应主轴调速范围要宽的要求，一般主轴电动机都能在调速比 1：100 的范围内实现无级调速，而且在基本速度以上达到恒功率输出，在基本速度以下为恒转矩输出，以适应重负荷的要求。电动机的主极和换向极都采用硅钢片叠成，以便在负荷变化或在加速、减速时有良好的换向性能。电动机外壳结构为密封式，以适应恶劣的机加工车间的环境。在电动机的尾部一般都同轴安装有测速发电机作为速度反馈元件。

2. 直流主轴电动机性能

直流主轴电动机的转矩-速度特性曲线如图 6-19 所示。

由图 6-19 可见，在基本速度以下时属于恒转矩范围，用改变电枢电压来调速。在基本速度以上属于恒功率范围，采用控制励磁的调速方法调速。一般来说，恒转矩的速度范围与恒功率的速度范围之比为 1：20。

另外，直流主轴电动机一般都有过载能力，且大都以能过载荷 150%（即为连续额定电流的 1.5 倍）为指标。至于过载时间，则根据生产厂商的不同，有较大的差别，从 1~30min 不等。

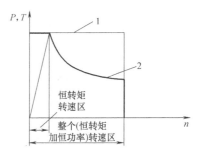

图 6-19　直流主轴电动机的转矩-
速度特性曲线
1—功率特性曲线　2—转矩特性曲线

（二）交流主轴电动机

1. 结构特点

如上节所述，交流伺服电动机的结构有笼型感应电动机和永磁式同步电动机两种结构，而且大都为后一种结构型式。而交流主轴电动机的情况则与伺服电动机不同。交流主轴电动机均采用感应电动机的结构型式。这是因为受永磁体的限制，当功率做得很大时，电动机成本太高，使得数控机床无法使用。更重要的原因是，数控机床主轴驱动系统不必像伺服驱动系统那样，要求如此高的性能，调速范围也不要太大。因此，采用感应电动机进行矢量控制就完全可满足数控机床主轴的要求。

众所周知，笼型感应电动机在总体结构上是由有三相绕组的定子和有笼条的转子构成。虽然也有直接采用普通感应电动机当作数控机床的主轴电动机用的，但一般来说，交流主轴电动机是专门设计的，各有自己的特色。如为了增加输出功率，缩小电动机的体积，都采用定子铁心在空气中直接冷却的办法，没有机壳。而且在定子铁心上做有轴向孔以利通风等。为此在电动机外形上是呈多边形而不是圆形。交流主轴电动机与普通感应电动机的比较如图 6-20 所示。

转子结构多为带斜槽的铸铝结构，与一般笼型感应电动机相同。在这类电动机轴的尾部都同轴安装有检测用脉冲发生器或脉冲编码器。在电动机安装方式上，一般有法兰式和底脚式两种，可根据不同需要选用。

2. 交流主轴电动机性能

和直流主轴电动机一样，交流主轴电动机也是由功率-速度关系曲线来反映它的性能，其特性曲线如图 6-21 所示。从图中曲线可见，交流主轴电动机的特性曲线与直流主轴电动机类似，在基本速度以下为恒转矩区域，而在基本速度以上为恒功率区域。但有些电动机，如图中所示那样，当电动机速度超过某一定值之后，其功率-速度曲线又往下倾斜，不能保持恒功率。对于一般主轴电动机，这个恒功率的速度范围只有 1：3 的速度比。另外，交流主轴电动机也有一定的过载能力，一般为额定值的 1.2~1.5 倍，过载时间则从几分钟到半小时不等。

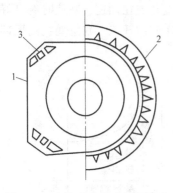

图 6-20　交流主轴电动机与普通
感应电动机比较示意图
1—交流主轴电动机　2—普通感应
电动机　3—冷却通风孔

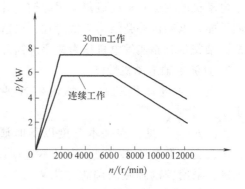

图 6-21　交流主轴电动机的特性曲线

第三节　直流主轴控制单元

直流主轴控制系统的框图如图 6-22 所示。由图可见，主轴控制系统类似于直流速度控制系统，它也是由速度环和电流环构成双环速度控制系统，来控制直流主轴电动机的电枢电压进行恒转矩调速。控制系统的主回路采用反并联可逆整流电路，因为主轴电动机的功率较大，所以主回路的功率开关器件大都采用晶闸管器件，主轴直流电动机调速还包括恒功率调速，它是由框图中上半部分的励磁控制回路完成。

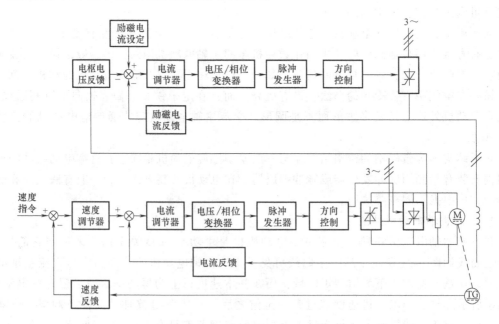

图 6-22　直流主轴控制系统的框图

因为主轴电动机为他励式电动机，励磁绕组与电枢绕组无直接关系，需要由另一直流电源供电。励磁控制回路由励磁电流设定电路、电枢电压反馈电路及励磁电流反馈电路组成三者的输出信号，经电流调节器、电压/相位变换器来决定晶闸管门极的触发脉冲的相位，从而控制励磁绕组的电流大小，完成恒功率控制的调速。

一般来说，采用主轴控制系统之后，只需要两级机械变速，即可满足一般数控机床的变速要求。

第四节 交流主轴控制单元

一、矢量控制变频调速系统

（一）矢量控制的概念

矢量控制理论由德国的 F. Blaschke 等人于 1971 年提出。矢量控制技术的应用使得交流调速真正获得了如同直流调速同样优良的性能。经过 40 多年工业实践的考验、改进与提高，目前已达到成熟应用阶段。

直流电动机具有两套绕组：励磁绕组和电枢绕组，如图 6-23a 所示。两套绕组在机械上是独立的，在空间上互差 90°；两套绕组在电气上也是分开的，分别由不同电源供电，励磁电流 i_m（调节磁通 Φ_m）和电枢电流 i_a，在各自回路中分别可调、可控，是一种典型的解耦控制。在励磁电流 i_m 恒定时，直流电动机所产生的电磁转矩 T 和电枢电流 i_a 成正比，控制直流电动机的电枢电流 i_a，就可以控制电动机的转矩 T，在电枢电流 i_a 恒定时，直流电动机所产生的电磁转矩 T 和励磁电流 i_m 成正比，控制直流电动机的励磁电流 i_m，就可以控制电动机的转矩 T。当进行闭环控制时，可以很方便地构成速度、电流双闭环控制系统，具有良好的静、动态性能。

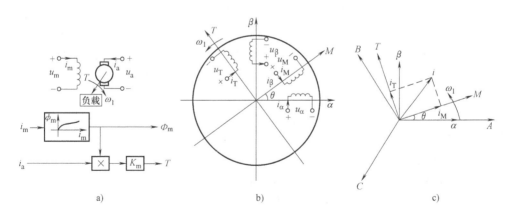

图 6-23 矢量控制原理

a）直流电动机模型　b）三相交流异步电动机两相静止与旋转模型　c）矢量控制坐标变换

矢量控制是把交流电动机解析成与直流电动机一样，根据磁场及其正交的电流的乘积就是转矩这一最基本的原理，从理论上将电动机定子侧电流分解成建立磁场的励磁分量和产生转矩的转矩分量的两个正交矢量来处理，然后分别进行控制，故称为矢量控制。也就是说，矢量控制是一种高性能异步电动机控制方式，它基于电动机的动态数学模型，通过控制交流电动机定子电流的幅值和相位，分别控制电动机的转矩电流和励磁电流，具有与直流电动机调速类似或者更加优越的控制性能。

（二）矢量控制原理

首先对于三相异步电动机的情况进行以下分析：

1）定子三相绕组通过正弦对称交流电时产生随时间和空间都在变化的旋转磁场。

2）转子磁场和定子旋转磁场之间不存在垂直关系。

3）笼型异步电动机转子是短路的，只能在定子方面调节电流。组成定子电流的两个成分——励磁电流和转矩电流都在变化，同时存在非线性关系，因此对这两部分电流不可能分别调节和控制。

异步电动机在空间上产生的是旋转磁场，如果要模拟直流电动机的电枢磁场与励磁绕组产生的磁场垂直，并且电枢和励磁磁场强弱分别可调，可设想如图 6-23b 所示的异步电动机 M、T 两相绕组旋转模型。该模型有两个互相垂直的绕组：M 绕组和 T 绕组，且以同步角频率 ω_1 在空间旋转。M、T 绕组分别通以直流电流 i_M、i_T。i_M 在 M 绕组轴线方向产生磁场，称 i_M 为励磁电流，调节 i_M 的大小可以调节磁场强弱。i_T 在 T 绕组轴线方向上产生磁动势，这个磁动势总是与磁场同步旋转，而且总是与磁场方向垂直，调节 i_T 的大小可以在磁场不变时改变转矩大小，称 i_T 为转矩电流。i_M、i_T 分属于 M、T 绕组，因此分别可调、可控。可以想象，当观察者站到两相电动机铁心上和绕组一起旋转时，在他看来就是两个通以直流的相互垂直的固定绕组。如果取磁通位置和 M 轴重合，就和等效的直流电动机绕组没有差别了，其中，M 绕组相当于励磁绕组，T 绕组相当于电枢绕组，可以像控制直流电动机那样去控制两相旋转的交流电动机了。

由此可见，将异步电动机模拟成直流电动机相似进行控制，就是将 ABC 静止坐标系表示的异步电动机矢量变换到按转子磁通方向为磁场定向并以同步速度旋转的 MT 直角坐标系上，即进行矢量的坐标变换。可以证明，在 MT 直角坐标系上，异步电动机的数学模型和直流电动机的数学模型是极为相似的。因此，人们可以像控制直流电动机一样去控制异步电动机，以获得优越的调速性能。下面的问题是如何将三相交流异步电动机模型及物理量等效到两相旋转模型。

（三）坐标变换与矢量变换

下面仅以三相/两相（3/2）变换为例加以讨论。任何在空间按正弦形式分布的物理量都可以用空间向量表示。图 6-24 表示三相绕组 A、B、C 与之等效的两相绕组 α、β 各相脉动磁动势矢量的空间位置。现假定三相的 A 轴与等效的 α 轴重合，磁动势波形是正弦分布的，且只计其基波分量。

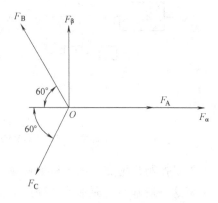

图 6-24 三相绕组与两相绕组等效磁动势空间位置图

按照合成旋转磁动势相同的变换原则，两套绕组瞬时磁动势在 α、β 轴上的投影应相等，即

$$F_\alpha = F_A - F_B\cos60° - F_C\cos60°$$
$$= \frac{\sqrt{3}}{2}F_B - \frac{\sqrt{3}}{2}F_C$$
$$= F_A - 0.5F_B - 0.5F_C \tag{6-17}$$

$$F_\beta = F_B \sin 60° - F_C \sin 60° \tag{6-18}$$

按照磁动势与电流成正比的关系，可求得对应的电流值 i_α 与 i_β，分别为

$$i_\alpha = i_A - \frac{1}{2}i_B - \frac{1}{2}i_C \tag{6-19}$$

$$i_\beta = \frac{\sqrt{3}}{2}i_B - \frac{\sqrt{3}}{2}i_C \tag{6-20}$$

又根据旋转磁场原理，三相绕组的合成旋转磁动势基波幅值为

$$F = 1.35 I_3 W \tag{6-21}$$

而两相绕组的合成旋转磁动势基波幅值则为

$$F = 0.9 I_2 W \tag{6-22}$$

根据磁动势相等的原则，由 $1.35 I_3 W = 0.9 I_2 W$ 得

$$I_2 = \frac{3}{2}I_3 \tag{6-23}$$

为使两套绕组的标幺值相等，将两相电流的基值定为三相绕组电流基值的 3/2 倍，则用标幺值表示时，$I_2^* = I_3^*$，于是式（6-19）和式（6-20）可分别改写为

$$i_\alpha = \frac{2}{3}\left(i_A - \frac{1}{2}i_B - \frac{1}{2}i_C\right) \tag{6-24}$$

$$i_\beta = \frac{2}{3}\left(\frac{\sqrt{3}}{2}i_B - \frac{\sqrt{3}}{2}i_C\right) \tag{6-25}$$

这就是三相/两相变换方程式。经数学变换，亦可得到两相/三相反变换式。

经过矢量旋转变换，可以将两相 α、β 绕组和直流 M、T 绕组之间进行变换，这是一种静止的直角坐标系与旋转的直角坐标系之间的变换。

以图 6-25 来说明这个变换原理。图中，F_1 是异步电动机定子旋转磁动势的空间矢量。由于 F_1 在数值上与定子电流有效值 I_1 成正比，因此，用 i_1 代替 F_1（不过这时表示的仍是一空间矢量）。Φ 是旋转坐标轴的旋转磁通矢量。常取铰链转子绕组的磁通 Φ_2 作为这一基准磁通。稳态运行时，Φ 和 F_1 都以同步转速 ω_0 旋转，其空间相位差为 θ_1。以 Φ 为基准，将 i_1（F_1）分解成与 Φ 轴重合和正交的两个分量 i_M 和 i_T，它们相当于等效直流绕组 M 和 T 中的电流（实际是磁动势）。两相绕组 α 和 β 在空间上的位置是固定的，因此，Φ 和 α 轴的夹角 ϕ 随时间而变化。i_1

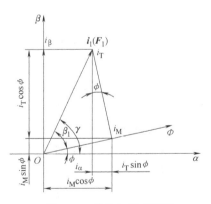

图 6-25　旋转矢量变换图

在 α 轴和 β 轴的分量 i_α 和 i_β 也随时间变化，它们相当于 α、β 绕组磁动势的瞬时值。由图可知，i_α、i_β 和 i_M、i_T 之间存在下列关系：

$$i_\alpha = i_M \cos\phi - i_T \sin\phi \tag{6-26}$$

$$i_\beta = i_M \sin\phi - i_T \cos\phi \tag{6-27}$$

这就是由旋转坐标变换到静止坐标的矢量旋转变换方程式。

$$i_1 = \sqrt{i_M^2 + i_T^2}, \tan\theta_1 = \frac{i_T}{i_M} \tag{6-28}$$

在实际控制系统中，为了运算与控制的简化，常采用直角坐标与极坐标的变换。

实际的异步电动机矢量变换控制系统结构形式很多，并且在不断地发展。将交流电动机模拟成直流电动机加以控制，其控制系统也可以完全模拟直流电动机的双闭环调速系统，所不同的是其控制信号要从直流量变换到交流量，而反馈信号则必须从交流量变换成直流量。

二、矢量变换控制系统原理及控制方案

(一) 矢量变换控制系统原理

用逆变器供电的电气传动系统的设计可以分成两个独立步骤。第一步是加到被控电动机上的电压、电流等连续信号的设计，第二步是逆变器输出电压（电流）的设计。逆变器输出应准确地复现第一步设计中所要求的连续信号。

第一步的设计可以用矢量变换控制理论来解决，但是矢量变换控制要求加到感应电动机上的电流、电压信号应该是严格对称的连续信号，而逆变器的输出并不是连续信号，这样就给提高矢量控制系统的控制精度带来了困难。因此，在第二步设计中，逆变器能否准确地复现矢量变换控制所要求的连续信号，将是十分重要的。

交-直-交变频电路主要有两种，一种是电压型的，另一种是电流型的。根据逆变器不同的特点，可以设计出各种类型的矢量控制系统。对于电压型逆变器，在低速时由于谐波损耗，系统特性较差。如采用脉宽调制（PWM）逆变器，虽然改善了系统性能，但增加了控制的难度。由电压型逆变器做主电路构成的矢量控制系统，存在着励磁电路和转矩电路的解耦问题，增加了系统控制的复杂性；而由电流型逆变器构成的传动系统的响应较电压型系统慢，在轻载高速时易产生不稳定问题。

为了更好地复现矢量控制系统所要求的连续信号，提高系统的控制性能，这里采用一种非线性的设计方法——滑动模型控制法来设计定子电流控制环。采用滑动模型控制方式，可使逆变器-感应电动机所构成的非线性系统像线性系统那样以一个由设计者所确定的时间常数工作。控制器通过围绕调整超平面的不同控制规律间断切换，使得系统沿超平面的交界线滑动。这样采用恒定直流电压的电压型变频器不仅得到电流型良好的低速特性，又保持电压型良好的高速特性，实现了对定子电流的直接控制。利用矢量变换控制原理设计系统的控制外环——速度环及磁通环，由此构成的矢量变换转差控制系统框图如图 6-26 所示。

由图可见，系统由主电路、矢量变换规律（3/2、VR 变换）、滑模控制器 Q、ASR、磁链控制器等部分组成。采用滑动控制方式是使得电压型逆变器完成了电流型逆变器的功能，并保持自身的优点。系统根据实际转速得出磁通值 Φ_2，通过磁链电流运算器 AVR 得到励磁电流 I_M，速度控制器的输出为转矩电流 I_T，通过转差运算环节 ASR 给出转差角频率 ω_s，与反映实际转速的转子角频率代数相加，得到所需的定子角频率 ω_0，后者经积分环节及坐标变换得到 $\sin\theta$、$\cos\theta$，经矢量变换（VR）将直流电流 I_M、I_T 转换成交流电流 i_α^*、i_β^*。异步电动机定子实际电流经 3/2 变换得到 i_α、i_β 与 i_α^*、i_β^* 比较得到定子电流的误差泛函，与电压误差一起经滑模控制器提供电动机的控制信号，从而构成了磁通及转矩电流两个独立量的控制系统。

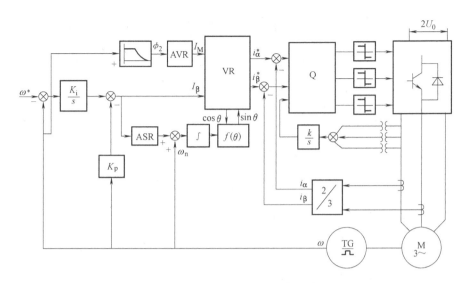

图 6-26　矢量变换转差控制系统

系统主要具有以下特点：

1）稳态时，由于速度、电流控制器的作用，使得速度、电流、电压等的误差等于零，即做到无差控制。

2）动态起动过程中，使转矩电流 I_T 达到给定的最大限幅值，从而使异步电动机以设计的最大转矩起动。

3）有较快的电流跟踪能力。

4）同步转速以下采用恒转矩调速，同步转速以上采用恒功率调速。

5）出现故障时，自动保护。

（二）典型交流主轴驱动系统

1. SIMODRIVE 系列交流主轴驱动系统

SIMODRIVE 交流主轴驱动系统包括可靠的 1PH6 交流笼型感应电动机和微处理器控制的 6SC6500 晶体管 PWM 变频器。这种驱动系统最适合于现代机床的要求，能保证最高的工作效率，不仅适用于单台机床，也适用于集成化的生产系统。

1PH6 交流感应电动机采用独立的强迫风冷电动机，优点有体积小、最大转速高、超载能力强、加速和制动时间短等。除额定转速 1500r/min 或 2000r/min，具有大约 1∶5 或 1∶4 恒定功率范围的两个标准系列外，还有宽范围系列。使用这些电动机可以取消机械减速的整个齿轮箱，在额定转速 750r/min 或 500r/min 时具有大约 1∶12 或 1∶16 的恒定功率范围，驱动电动机和机床间的间隙因而显著减小，使驱动系统的稳定性能有明显的提高。

SIMODRIVE 6500 晶体管 PWM 变频器可直接与三相交流 50~60Hz、380V 电源连接，并可对所有功率值做再生发电制动。德国西门子公司开发的 TRANSVEKTOR 控制原理，允许全部转矩可被利用直至电动机的转速为零，从而保证了不受约束的定位能力，系统原理如图 6-27 所示。主轴系统若带有 C 轴进给控制器选件，那么也可取代 C 轴的全部操作功能。

SIMODRIVE 6500 晶体管 PWM 变频器留有可与西门子 PG675/685 编程器连接的接口，可以组成数控机床控制系统。这时，变频器的内部显示、操作和控制单元可支持主轴控制驱

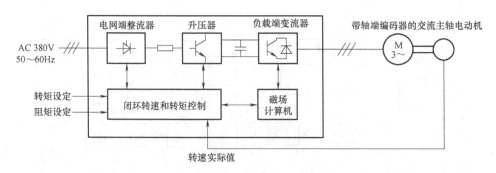

图 6-27 SIMODRIVE 交流主轴驱动系统原理框图

动系统的运行及故障诊断。操作人员可简便地通过编程器控制台,在编程器的屏幕上显示所有的主轴运行参数和简短的故障信号。一旦数据设定完成,可存入软磁盘,并可用于另外的同类机床。

SIMODRIVE 6500 晶体管 PWM 变频器还留有可与西门子 SINUMERIK 810/820 数控系统之间连接的接口。使用选件数字式连接接口 MPC,可使数据(转速设定值控制信号,监控和诊断值)在 SIMODRIVE 主轴驱动和 SINUMERIK 810/820 数控系统之间传输。光纤电缆在长距离传输时具有很高的抗干扰能力。

2. FANUC-S 系列交流主轴驱动系统

FANUC-S 系列交流主轴驱动系统是日本 FANUC 公司专门为数控机床生产的一种无级变速主轴系统。它的特点是用闭环调速,调速范围宽,可以不用齿轮箱或少用齿轮减速实现机床主轴的驱动,提高机床性能,可靠性高,节省能源。

FANUC-S 系列交流主轴驱动控制系统原理如图 6-28 所示。控制系统采用 FANUC 公司生产的零位传感器及位置编码器作为检测装置,对 12000r/min 以上的高速电动机采用磁性传感器作为检测装置,可以实现主轴定向驱动。

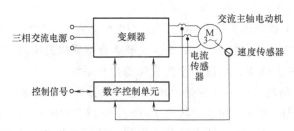

图 6-28 FANUC-S 系列交流主轴驱动控制系统原理图

第五节 主轴定向控制

一、主轴定向控制的意义

主轴定向控制,就是命令运行中的主轴准确地停在某一确定的位置上,以便在该处进行换刀、检测等辅助工艺动作。传统方法是采用机械挡块和电气制动来实现的。采用机械挡块定向时，主轴往往采用液压驱动方式。而采用电气制动定向时，定向精度难以保证。现代数控机床无一例外地采用伺服技术的主轴定向。只要设置定向的位置参数，利用装在主轴上的位置编码器或磁性传感器作为位置反馈部件，在数控系统发出定向指令后，主轴就能准确地停在规定的位置完成定向。

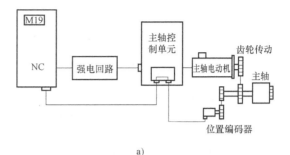

a)

二、主轴定向控制的实现

伺服技术的主轴定向控制，实际上是在主轴速度控制基础上增加一个位置控制环。为能进行主轴位置检测，需要采用磁性传感器或位置编码器等检测器件。它们的连接方式如图 6-29 所示。

采用磁性传感器时，磁性器件直接装在主轴上，而磁性传感头则固定在主轴箱体上。为了减少干扰，磁性传感头和放大器之间的连线需要屏蔽，且连线越短越好。采用位置编码器时，由于安装不方便，要通过一对 1∶1 的齿轮连

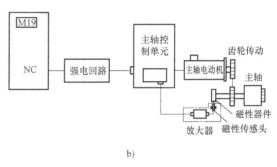

b)

图 6-29　主轴定向控制连接图
a）用位置编码器时的连接　b）用磁性传感器时的连接

接。这两种方式要根据机床的实际情况来选用。采用位置编码器的主轴定向系统框图如图 6-30 所示。

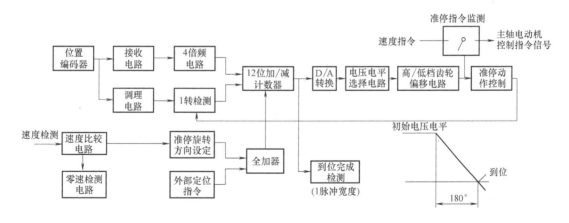

图 6-30　采用位置编码器的主轴定向系统框图

习题和思考题

6-1　变频调速时为什么要维持恒磁通控制？恒磁通控制的条件是什么？

6-2　指出电压型变频器和电流型变频器各自的特点。为什么电压型变频器没有再生制动能力？

6-3 生成 SPWM 波形有几种软件采样方法？各有什么优缺点？

6-4 试述整流器、逆变器、变频器、变频调速系统的区别。

6-5 异步电动机的变频调速有几种控制方式？其特点如何？

6-6 在 U/f 控制方式中，以恒压频比控制代替恒电动势频比控制的适用场合，如何实现恒转矩负载大范围的调速？

6-7 试述异步电动机采用矢量变换的基本思想，并分析矢量变换控制方法的优缺点。

6-8 采用矢量变换控制需要满足哪些基本方程式？

6-9 试说明风机、泵类负载采用变频调速系统的节电原理。

6-10 试举出你所知道的异步电动机变频调速系统的应用实例，说明其特点。

6-11 数控机床对主轴驱动的基本要求是什么？

6-12 直流主轴驱动和交流变频主轴驱动的特点是什么？

6-13 什么是主轴定向控制？机械定向控制和电气定向控制的优缺点是什么？

6-14 主轴定向控制系统中速度调节器和位置调节器的作用各是什么？定位时调节器的输入是多少？

第七章

三相永磁同步伺服电动机的控制

近年来，采用数字控制技术，以稀土永磁正弦波伺服电动机（PMSM）为控制对象的全数字交流伺服系统正逐渐取代了以直流伺服电动机为控制对象的直流伺服系统和采用模拟控制技术的模拟式交流伺服系统。

数字式交流伺服系统不仅其控制性能是以往的模拟式伺服系统和直流伺服系统无法比拟的，而且它具有一系列新的功能，如电子齿轮、自动辨识电动机参数、自动整定调节器控制参数、自动诊断故障等。数字式交流伺服系统在数控机床、机器人等领域里已经获得了广泛的应用。数字式交流伺服系统是制造业实现自动化和信息化的基础构件。

研究数字式交流伺服系统包括研究其速度控制、位置控制以及辅助功能三个方面的问题，本章首先详细介绍数字式交流伺服系统的速度控制，然后介绍电子齿轮等辅助功能，至于位置控制的问题将在第八章详细介绍。

第一节　三相永磁同步伺服电动机及其数学模型

图 7-1 给出了三相永磁同步伺服电动机的结构模型。A、B、C 为定子上的三个绕组，各绕组的位置在空间上差 120°。将 d 轴固定在转子磁链 Ψ_r 的方向上，建立随转子一同旋转的 dq 坐标系，便可以确立电动机的数学模型。

对静止坐标系上的电枢电压瞬时值 u_A、u_B、u_C 和电枢电流瞬时值 i_A、i_B、i_C 进行旋转变换，可得 dq 坐标系上电压瞬时值 U_d、U_q 和电枢电流瞬时值 I_d、I_q 分别为

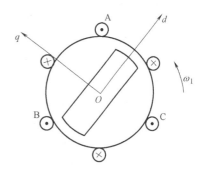

图 7-1　三相永磁同步伺服
电动机的结构模型

$$\begin{cases} \begin{pmatrix} U_d \\ U_q \end{pmatrix} = \sqrt{\dfrac{2}{3}} \begin{pmatrix} \cos\varphi_a & \cos\left(\varphi_a - \dfrac{2\pi}{3}\right) & \cos\left(\varphi_a + \dfrac{2\pi}{3}\right) \\ \sin\varphi_a & \sin\left(\varphi_a - \dfrac{2\pi}{3}\right) & \sin\left(\varphi_a + \dfrac{2\pi}{3}\right) \end{pmatrix} \begin{pmatrix} u_A \\ u_B \\ u_C \end{pmatrix} \\[4mm] \begin{pmatrix} I_d \\ I_q \end{pmatrix} = \sqrt{\dfrac{2}{3}} \begin{pmatrix} \cos\varphi_a & \cos\left(\varphi_a - \dfrac{2\pi}{3}\right) & \cos\left(\varphi_a + \dfrac{2\pi}{3}\right) \\ \sin\varphi_a & \sin\left(\varphi_a - \dfrac{2\pi}{3}\right) & \sin\left(\varphi_a + \dfrac{2\pi}{3}\right) \end{pmatrix} \begin{pmatrix} i_A \\ i_B \\ i_C \end{pmatrix} \end{cases}$$

$$(7\text{-}1)$$

式中　φ_a——A 相绕组轴线相对 d 轴的电角度。

三相永磁同步伺服电动机在 dq 坐标系下的数学模型为

$$\begin{cases} U_d = p\Psi_d + RI_d - \Psi_q\omega_r \\ U_q = p\Psi_q + RI_q + \Psi_d\omega_r \\ \Psi_d = L_dI_d + \Psi_r \\ \Psi_q = L_qI_q \\ T_e = n_p\left(I_q\Psi_d - I_d\Psi_q\right) \end{cases} \tag{7-2}$$

式中　　U_d、U_q——dq 坐标系上的电枢电压分量；

$\quad\quad I_d$、I_q——dq 坐标系上的电枢电流分量；

$\quad\quad L_d$、L_q——dq 坐标系上的等效电枢电感；

$\quad\quad \Psi_d$、Ψ_q——dq 坐标系上的定子磁链分量；

$\quad\quad R$——定子绕组的内阻；

$\quad\quad \omega_r$——dq 坐标系的旋转角频率；

$\quad\quad \Psi_r$——永久磁铁对应的转子磁链；

$\quad\quad p$——微分算子；

$\quad\quad T_e$——输出电磁转矩；

$\quad\quad n_p$——三相永磁同步伺服电动机的磁极对数。

第二节　三相永磁同步伺服电动机的控制策略

dq 坐标系上得到的三相永磁同步伺服电动机的矢量图如图 7-2 所示。

图中，$\boldsymbol{\Psi}_a$ 是电动机定子磁链空间矢量，$\boldsymbol{\Psi}_0$ 是电动机中总的磁链空间矢量，显然，由于定子磁链的存在，使得总磁链偏离了 d 轴，这就是电枢反应。电枢反应主要是由定子电流的 q 轴分量 i_q 引起的，在实际应用中，对永磁同步伺服电动机的电枢反应一般忽略不计。

定子电流的 d 轴分量 i_d 相当于励磁电流。关于对 i_d 的控制，在不同的实际应用场合下一般有两种控制策略。

1. 控制 $I_d = 0$ 以实现最大转矩输出

目前大多数的交流伺服电动机用于进

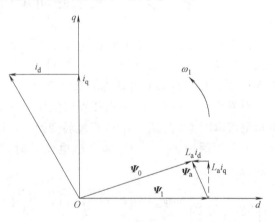

图 7-2　三相永磁同步伺服电动机的矢量图

给驱动，电动机工作于其额定转速以下，属于恒转矩调速方式。在这类应用场合，追求的是在一定的定子电流幅值下能够输出最大的转矩，因此最佳的控制方式是使定子电流与 d 轴正交，与 q 轴重合，也就是要保持 $I_d = 0$。在这种控制方式下，从模型上看交流永磁伺服电动机已经相当于直流永磁电动机，其转矩表达式为

$$T_e = n_p\Psi_rI_1 \tag{7-3}$$

式中　　Ψ_r——转子磁链分量；

$\quad\quad I_1$——定子电流。

2. 控制 $I_d<0$ 以达到弱磁升速的目的

从图 7-2 中可以看出，当 $I_d<0$ 时，其作用是去磁，抵消转子磁场。

在有些应用场合，希望电动机的转速超过其额定值。在额定转速以上，不能靠提高逆变器输出电压的办法来升速，只能靠控制 I_d 为负值的办法来实现。由于 I_d 的去磁作用，使总的磁场减弱，从而在保持电压不变的情况下实现了弱磁升速。应当指出的是，电动机的相电流有一定的限制，当 I_d 负向增加后，必须相应减小 I_q，以保持相电流幅值的不变。

在上面介绍的两种控制方式中，$I_d=0$ 的控制方式是最常用的方式，下面主要介绍这种控制方式。

图 7-3 是三相永磁同步电动机交流伺服系统的结构框图。在这个结构框图中包括了位置环、速度环和电流环，在本章里只分析速度和电流控制的基本原理。

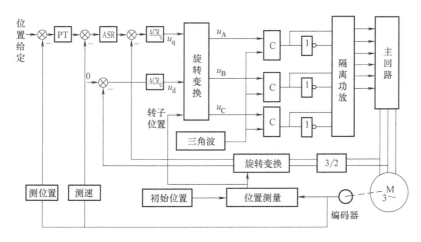

图 7-3　三相永磁同步电动机交流伺服系统的结构框图

图 7-3 所示的控制系统采用 $I_d=0$ 的控制方式。在 dq 坐标系中，ASR 的输出信号可以作为定子电流 q 轴分量的给定，为了保证电流产生的定子磁场与电动机的转子磁场相互正交，应当将电动机定子电流的 d 轴分量调节为零。ACR$_q$ 和 ACR$_d$ 分别是控制电流 q 轴分量和 d 轴分量的调节器。

实时检测电动机的定子相电流，经过旋转变换，可得到 d 轴和 q 轴电流的实际反馈值。ACR$_q$ 和 ACR$_d$ 这两个电流调节器的输出信号是 U_q 和 U_d，这两个信号代表了定子电压空间矢量在 q 轴和 d 轴的分量。利用 U_q 和 U_d，以及转子位置信号 θ，可以实现数字式脉宽调制（PWM），逆变器在 PWM 信号的控制下工作，为电动机供电。

这里介绍三种实现数字式空间矢量脉宽调制的方法，第一种是常规的 SPWM 法；第二种是用软件来实现电压空间矢量脉宽调制的方法；第三种是通过查表的方式，主要由硬件来实现空间电压矢量脉宽调制的方法。这三种方法分别介绍如下。

1. 常规的 SPWM 方法

在图 7-3 中表示的就是常规的 SPWM 方法，根据转子位置信号 θ，将 dq 坐标系中的电压给定信号 U_q 和 U_d，旋转变换到 ABC 三相坐标系下，形成电压控制信号 u_A、u_B、u_C，以此作为调制信号，对三角载波信号进行调制，就可形成 SPWM 信号。

2. 用软件实现空间矢量脉宽调制

用软件实现空间电压矢量脉宽调制的方法也是一种通常使用的方法，这种方法的优越性在于其控制精度比较高。

空间电压矢量脉宽调制的方法也称为 SVPWM 方法。必须首先确定要求输出的电压空间矢量的幅值和方向角，才能进行 SVPWM 运算，在异步电动机变频器中，由于是开环控制，只能通过对输出的 PWM 波形的个数进行累计而获得电压矢量的方向角 θ，电压空间矢量的幅值则用调制比 M 来表达。在三相永磁交流伺服电动机控制系统中，可以通过闭环的实时计算来获得电压空间矢量的幅值 U_r 和方向角 θ：

$$\begin{cases} U_r = \sqrt{U_q^2 + U_d^2} \\ \theta = \theta_r + \Delta\theta \\ \Delta\theta = \tan\dfrac{U_q}{U_d} \end{cases} \tag{7-4}$$

式中　θ_r——转子转角；

$\Delta\theta$——dq 坐标系下的电压矢量方向角。

3. 基于硬件的数字式空间矢量脉冲宽度调制

近来，大规模可编程逻辑器件（FPGA、EPLD）在交流伺服系统中得到了应用，出现了主要基于硬件逻辑电路的数字式脉宽调制方法，主要介绍这种方法。

伺服系统采用电压型三相逆变器，如图 7-4 所示。逆变器输出电压矢量 V。根据 6 个主开关管的不同开关状态，可以得到 8 个基本电压矢量 V_0、V_1、…、V_6、V_7，其中 V_0、V_7 是零矢量，$V_1 \sim V_6$ 是非零矢量，如图 7-4 所示。

任意角度 θ 的电压矢量，可以由以上的基本电压矢量的线性组合得到。在这里，人们关心的是在以下 6 个角度上的电压矢量：V_{12} 位于 30°的方向上；V_{23} 位于 90°的方向上；V_{34} 位于 150°的方向上；V_{45} 位于 210°的方向上；V_{56} 位于 270°的方向上；V_{61} 位于 330°的方向上，如图 7-5 所示，称这 6 个电压矢量为组合电压矢量。

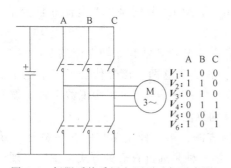

图 7-4　伺服系统采用电压型三相逆变器

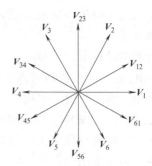

图 7-5　基本电压矢量和组合电压矢量

V_{12} 在 1 号扇区内，介于基本矢量 V_1 和 V_2 之间，由 V_1 和 V_2 线性合成，只要 V_1 和 V_2 的作用时间相等，就可合成在 30°方向上的矢量 V_{12}。对应于电压矢量 V_{12} 的三相输出电压 PWM 波形如图 7-6 所示。在这个波形图中，零矢量 V_0、V_7 和非零矢量 V_1、V_2 交替出现。V_1 的作用时间 t_1 和 V_2 的作用时间 t_2 应当相等，这保证了合成的矢量 V_{12} 位于 30°的方向上。零矢量作用的时间分为 t_0 和 t_7 两部分，t_0 是 V_0 的作用时间，t_7 是 V_7 的作用时间，t_0

和 t_7 也是相等的。而零矢量作用时间占总控制周期的相对比值，决定了电压矢量的大小。矢量 V_{12} 的波形可用简单的硬件电路实现。同样地，V_{23}、V_{34}、V_{45}、V_{56}、V_{61} 以及矢量 V_1、V_2、V_3、V_4、V_5、V_6 亦可由硬件电路产生。电压矢量发生器电路用可编程逻辑器件（EPLD）来实现。

图 7-7 表示采用硬件数字式脉宽调制器的交流伺服系统的结构。在 dq 坐标系中，ASR 的输出信号作为定子电流 q 轴分量的给定，定子电流 d 轴分量的给定为零。ACR_q 和 ACR_d 分别是控制电流 q 轴分量和 d 轴分量的调节器，ACR_q 和 ACR_d 都是常规的线性 PI 调节器。

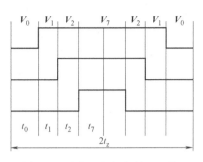

图 7-6　对应于电压矢量 V_{12} 的三相输出电压 PWM 波形

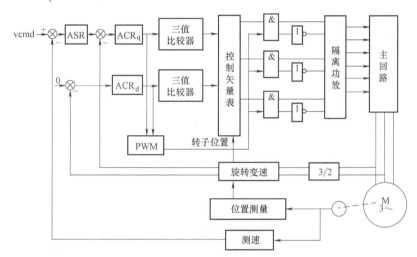

图 7-7　采用硬件数字式脉宽调制器的交流伺服系统的结构

设电压逆变器的输出电压矢量 U 在 d 轴和 q 轴的分量分别是 U_d 和 U_q，电流矢量 I 在 d 轴和 q 轴的分量分别是 I_d 和 I_q。有学者根据对永磁同步伺服电动机数学模型的分析，以及通过实验的验证，得出了下面的重要结论：

当 $U_d>0$ 时，I_d 增加；当 $U_d<0$ 时，I_d 减小。当 $U_q>0$ 时，I_q 增加；当 $U_q<0$ 时，I_q 减小。

在系统运行的过程中，在某一时刻，定子电流的两个分量究竟是应该增加还是应该减小，增加多少或者减小多少，这些信息都包含在电流调节器 ACR_q 和 ACR_d 的输出信号 U_q 和 U_d 中。因此，可以根据 U_q 和 U_d 来选择逆变器的输出电压矢量 U 在 d 轴的分量和 q 轴的分量。进一步，再根据电动机转子的瞬间位置，就可确定逆变器在瞬间的开关状态。

设置了两个三值比较器 CM1 和 CM2，来确定 U_q 和 U_d 的极性。三值比较器的特性如图 7-8 所示。CM1 和 CM2 的输出信号分别是 QX 和 DX。E 是在比较器当中设定的误差范围，当输入信号的绝对值在误差范围以内时，

图 7-8　三值比较器

比较器的输出信号 QX（DX）为零，当输入信号为正，且超出了误差范围时，比较器输出为 1。当输入信号为负，且超出了误差范围时，比较器的输出为-1。

可根据 QX 和 DX 的值，以及电动机转子的位置来选择电压矢量，下面首先介绍选择电压矢量的规则。表 7-1 给出了所有扇区内的电压矢量的选取方案。

表 7-1　电压矢量的选取方案

扇区	DX,QX								
	1,1	1,0	1,-1	0,1	0,0	0,-1	-1,1	-1,0	-1,-1
1	V_2	V_1	V_6	V_{23}	V_0	V_{56}	V_3	V_4	V_5
2	V_{23}	V_{12}	V_{61}	V_3	V_0	V_6	V_{34}	V_{45}	V_{56}
3	V_3	V_2	V_1	V_{34}	V_0	V_{61}	V_4	V_5	V_6
4	V_{34}	V_{23}	V_{12}	V_4	V_0	V_1	V_{45}	V_{56}	V_{61}
5	V_4	V_3	V_2	V_{45}	V_0	V_{12}	V_5	V_6	V_1
6	V_{45}	V_{34}	V_{23}	V_5	V_0	V_2	V_{56}	V_{61}	V_{12}
7	V_5	V_4	V_3	V_{56}	V_0	V_{23}	V_6	V_1	V_2
8	V_{56}	V_{45}	V_{34}	V_6	V_0	V_3	V_{61}	V_{12}	V_{23}
9	V_6	V_5	V_4	V_{61}	V_0	V_{34}	V_1	V_2	V_3
10	V_{61}	V_{56}	V_{45}	V_1	V_0	V_4	V_{12}	V_{23}	V_{34}
11	V_1	V_6	V_5	V_{12}	V_0	V_{45}	V_2	V_3	V_4
12	V_{12}	V_{61}	V_{56}	V_2	V_0	V_5	V_{23}	V_{34}	V_{45}

在图 7-5 中，12 个非电压矢量将空间分成了 12 个扇区，每个扇区由相邻的电压矢量确定。现在假定电动机的转子正处于 1 号扇区，其相邻的两个电压矢量是 V_1 和 V_{12}。这时，如果 DX = 1 且 QX = 1，则说明应当选取的电压矢量在 d 轴和 q 轴的投影都应为正，这时选择 V_2 是恰当的；如果 DX = 1 且 QX = 0，则说明应当选取的电压矢量在 d 轴的投影应为正，而在 q 轴的投影应为零，这时选择 V_1 是恰当的；如果 DX = 1 且 QX = -1，则说明应当选取的电压矢量在 d 轴的投影应为正，而在 q 轴的投影应为负，这时选择 V_6 是恰当的；同理，如果 DX = 0 且 QX = 1，则说明应当选取的电压矢量在 d 轴的投影应为零，而在 q 轴的投影应为正，这时选择 V_{23} 是恰当的；如果 DX = 0 且 QX = 0，则说明应当选取的电压矢量在 d 轴和 q 轴的投影都应为零，这时应选择零矢量 V_0；如果 DX = 0 且 QX = -1，这时应选择 V_{56}；如果 DX = -1 且 QX = 1，这时应选择 V_3；如果 DX = -1 且 QX = 0，这时应选择 V_4；如果 DX = -1 且 QX = -1，这时应选择 V_5。

上面根据图 7-5 的描述，分析了当电动机的转子位于 1 号扇区内时，选取定子电压矢量的方法。同样，当电动机的转子位于其他扇区内时，可以依次递推选取定子电压矢量。解决了选取电压矢量的问题，还存在一个电压矢量作用强度的问题。控制非零电压矢量的作用强度，是通过在非零电压矢量作用时间内间隔地插入零矢量来完成的，控制零矢量作用时间所占的比例，就控制了作用强度。

若取得 d 轴电流调节器的输出信号 U_d 和 q 轴电流调节器的输出信号 U_q，取 $U_z = \sqrt{U_d^2 + U_q^2}$，可以用 U_z 作为 PWM 调制环节的控制信号，控制 PWM 信号的占空比，在 PWM 信号为低电平的期间间隔地插入零矢量，就可控制非零电压矢量的作用强度。

第三节　速度反馈信号的检测和处理

在数字式交流伺服系统中，一般可采用增量式光电脉冲编码器、绝对式光电脉冲编码器或旋转变压器来检测位置和速度信号，但在目前采用增量式光电脉冲编码器较为普遍。

根据增量式光电脉冲编码器的输出信号来获取电动机的速度反馈信息，是一个重要的技术问题，常用的测速方法有 M 法、T 法和 M/T 法，最近有学者又提出了锁相跟踪测速的方法。

这是一种全新的测速方法，采用这种方法，无论电动机高速运行还是低速运行，都可以获得一个始终跟随电动机转速值的 14 位并行的测速结果，测速周期短，测量精度高。测速单元与伺服系统的主 CPU 并行地工作。

锁相测速环节的基本结构如图 7-9 所示。

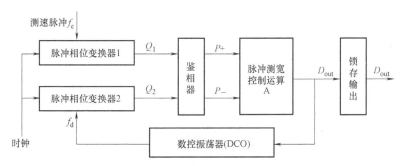

图 7-9　锁相测速环节的基本结构

在图 7-9 中，来自光电脉冲编码器的脉冲 f_e 与来自数字控制振荡器（DCO）的脉冲 f_d 分别经过脉冲相位变换器 1 和脉冲相位变换器 2 变换成相位信号 Q_1 和 Q_2。Q_1 与 Q_2 的相位差由鉴相器鉴得，如果 Q_1 超前于 Q_2，相位差由 $P+$ 的脉冲宽度表示，反之，如果 Q_1 滞后于 Q_2，相位差由 $P-$ 的脉冲宽度表示。环节 A 的作用是测量 $P+$ 或 $P-$ 的脉冲宽度，并且在锁相环中充当调节器，使得锁相环能够迅速锁定。在锁定的情况下，Q_1 和 Q_2 的相位差或者为零，或者为恒定值，这时必有 $f_e=f_d$。由于 A 输出的数据 D_{out} 与数控振荡器（DCO）的输出脉冲频率 f_d 成正比，将 D_{out} 锁存输出，即可跟踪光电脉冲编码器的输出脉冲的频率 f_e，从而跟踪电动机的转速。

图 7-9 中的各个主要环节均可固化在可编程逻辑器件（ISP）中。下面介绍各个主要环节的工作原理。

（1）脉冲相位变换器　脉冲相位变换器的原理如图 7-10 所示。Q 是输出相位信号，f 是输入的光电脉冲编码器信号，CP 是时钟脉冲，CP 的频率大大高于 f 的频率。CP 反相后，经过同步环节对输入的光电脉冲信号 f 进行同步，得到了与 CP- 同步的脉冲 $f-$。

减法计数器 A 的计数初值预置数是 1000，

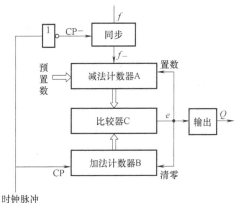

图 7-10　脉冲相位变换器的原理

f-用作 A 的减法计数脉冲。装入预置数的动作由置数控制端控制。

B 是加法计数器，对 CP 信号计数，清零端控制加法计数器的清零。

比较器 C 对减法计数器 A 的值和加法计数器 B 的值进行比较，如果比较相等，比较器 C 的输出端 e 产生一个高电平，完成对 A 置数和对 B 清零的动作。

输出环节是一个二分频器，比较器输出的高电平脉冲经过二分频器产生输出的相位信号 Q。

减法计数器 A 的计数初值是 1000，加法计数器 B 的计数初值为 0，A 中的数随着光电脉冲 f 的到来逐一减小，B 中的值则随着时钟脉冲的到来逐一增加，当加法计数器 B 中的数值增加到和减法计数 A 中的数值相等时，比较器 C 输出高电平脉冲 e，B 被清零，而 A 则被重新置为初值 1000。

假如没有光电脉冲信号 f 的输入，则减法计数器 A 只起到所存计数初值的作用。这时，减法计数器 A、加法计数器 B、比较器 C、输出环节（二分频器）合在一起，相当于一个 2000 分频器，对 CP 信号分频。由于 CP 信号的频率是 3MHz，所以输出相位信号 Q 的频率是 3MHz/2000 = 1.5kHz。

当有一个光电脉冲输入时，减法计数器 A 中的数值将被减 1。显然，这时输出信号 Q 将提前翻转，提前时间等于一个 CP 脉冲周期。也就是说，每个光电脉冲的到来，都可以使输出信号 Q 的相位超前 $\pi/1000$。

（2）鉴相器 在图 7-9 中，脉冲相位变换器 1 和脉冲相位变换器 2 有着完全相同的结构，它们输出的相位信号 Q_1 和 Q_2 之间的相位差由鉴相器鉴得。如果 Q_1 的相位超前于 Q_2 的相位，相位差由 $P+$ 脉冲的宽度表示，反之，相位差由 $P-$ 脉冲的宽度表示。

（3）脉冲测宽、控制运算环节 在图 7-9 中，脉冲测宽、控制运算环节 A 相当于锁相环测速环路中的调节器，主要完成两项工作。第一，要根据鉴相器的输出 $P+$ 或 $P-$，测算出 Q_1 与 Q_2 的相位差。第二，要对相位差进行调节运算，进而得出输出的并行数据 D_{out}，这个并行数据用来控制后面环节数字控制振荡器（DCO）的振荡频率，当 Q_1 和 Q_2 锁定时，D_{out} 正比于光电脉冲 f 的频率，也就是正比于电动机的转速。

上面介绍了锁相控制环路的工作原理和硬件结构，整个硬件主要是基于一片可编程逻辑芯片和一片嵌入式处理器来实现的，结构非常紧凑。

图 7-9 中 A 环节的主要功能之一是实现对锁相测速环节的控制调节，起到调节器的作用。在 A 环节中实现的控制调节算法，对锁相测速环节的测速精度和测速的动态品质起到了关键的作用。锁相测速环节的动态结构如图 7-11 所示。

在图 7-11 中，脉冲相位变换环节表示为积分环节；数字控制振荡器（DCO）表示为比例环节，比例系数是 K_{KF}。采用 2000 线的光电脉冲编码器，其输出脉冲经过 4 倍频处理。电动机的最高转速为 3000r/min，光电编码器的输出频率 f 的最大值是 $2000 \times 4 \times 50Hz = 400kHz$，所以 DCO 的最大输出振荡频率也是 400kHz，测速输出的是 14 位并行数据，所以，DCO 环节的系数 $K_{KF} = 400/2^{14}$。

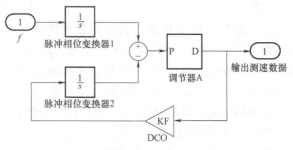

图 7-11 锁相测速环节的动态结构

在电动机稳态运行时，光电脉冲编码器输出的脉冲信号的频率恒定，由于测速环节的被控对象中含有一个积分环节，所以，在这种情况下，调节器 A 中只需采用比例算法就可以实现对输入信号频率的准确测量。但是，作为位置伺服跟踪部件，伺服电动机的起动、制动、升速、降速是经常发生的，光电脉冲的频率是在不断变化的。在这样的变化过程中，仍然要求锁相测速环节能够快速跟踪和准确测量输入的光电脉冲信号的频率。在这种情况下，调节器仅仅采用比例算法就不够了，必须引入频率前馈，采用复合控制，才能对变化的输入光电脉冲信号的频率进行准确地测量。

第四节 伺服电动机转子初始位置的检测

从前面的分析中已经知道，稀土永磁正弦波电动机（PMSM）交流伺服系统采用了转子定向的矢量控制方式，必须实时地测出电动机转子的位置角才能确定 dq 坐标系。过去，一般采用绝对式光电脉冲编码器或旋转变压器作为位置检测元件，其原因就在于绝对式光电脉冲编码器和旋转变压器都能够实时地测出转子的绝对位置。只有测出了转子的绝对位置，系统才能计算出定子电流指令的相位，从而保证定子磁场和转子磁场正交。

但是，无论是绝对式光电脉冲编码器或是旋转变压器都有其缺陷。绝对式光电脉冲编码器价格昂贵，分辨率远不如增量式光电脉冲编码器。旋转变压器从本质上说是一种模拟式位置检测元件，需要复杂的数字轴角变换电路，而且其检测精度也远不及增量式光电脉冲编码器。所以，近年来大多采用增量式光电脉冲编码器作为正弦波永磁同步电动机的转子位置检测元件。

采用增量式光电脉冲编码器作为正弦波永磁同步电动机的转子位置检测元件，必须要在系统刚通电时就测得电动机转子的精确初始位置，这样才能在以后的过程中随时得到转子的正确位置，这是问题的关键所在。

在控制系统刚通电，电动机尚未运行时，系统就应首先进行测量转子初始位置的工作。这个过程中，根据伺服系统的工作要求，在寻找初始位置的过程中，转子只允许有很微小的抖动，并且很快回归原位。具体工作过程可由图 7-12 简单说明。

在初始定位的过程中，只有位置环和电流环在工作，速度环处于开环状态。开始时，根据 ACR 的给定值，电流环控制主回路产生定子电流矢量 I_1，I_1 的方向是任意取定的，设 I_1 相对于转子的角度为 γ_1，由于转子的初始位置是待测的未知量，所以 γ_1 也是未知的。只要 γ_1 不为零，也就是说，只要 I_1 没有与转子位置重合，转子在 I_1 的作用下，就一定会发生转动，转动一开始，光电脉冲编码器发出脉冲，控制系统接收到

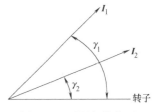

图 7-12　测量初始位置

了光电脉冲编码器的脉冲，就知道了 I_1 没有与转子重合，于是立即取消 ACR 的给定值，从而取消了电流矢量 I_1，电动机转子在位置控制器（PT）的控制下迅速消除刚刚由于 I_1 作用而产生的位置偏差，使转子重新回到原位，由此完成了寻找转子初始位置的第一次循环过程，转子只发生了一次微小的抖动，寻找转子初始位置的工作还需要继续进行。根据刚才光电脉冲编码器发出的脉冲信号体现出的方向信息，系统可以确认转子在 I_1 的哪一侧，从而向着减小 I_1 与转子夹角的方向改变定子电流矢量的相位，使得 I_1 变为 I_2，

开始了第二次寻找初始位置的循环过程。I_2 与转子的夹角是 γ_2，如果 γ_2 仍然不为零，还将继续循环过程，向着减小夹角的方向发出电流矢量 I_3、I_4、…，直到最终，定子电流矢量与转子重合，转子不再抖动，光电脉冲编码器也不再有脉冲发出，系统据此来判断出电流矢量与转子已经重合。这时，定子电流矢量的相位就等于转子的初始位置角。

简单地说，测量转子初始位置的过程就是定子电流矢量渐近地靠近转子，直至与其重合的过程。在这个过程中，在一开始，定子电流矢量的相位是任意取定的，但最终定子电流矢量将趋向转子的位置。

前面介绍过，正弦波电动机在连续运行时，为了得到最大的电磁转矩，定子电流矢量与转子是正交的，而在初始定位的过程中，两者要趋于重合。在这一点上，初始定位过程和连续运行过程确实有很大的不同。对于电流环来说，在连续正常运行时，d 轴的给定值应该为零，这保证了定子电流矢量和转子趋于正交。而 q 轴电流的给定值由速度调节器的输出值提供，由此可以控制转矩的大小。

与连续运行时情况不同，在初始定位的过程中，实际上是不断地在 d 轴电流的给定端加上扰动信号，其大小应该保证定子电流矢量的作用强度，在扰动信号的作用下，转子离开原来的位置，在位置控制器的作用下，又回到原来的位置。控制初始定位过程的电路结构如图 7-13 所示。

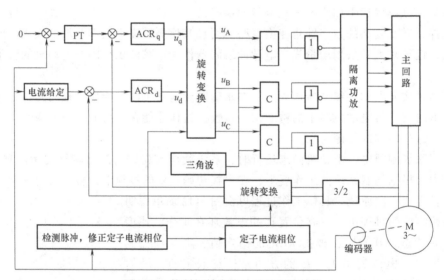

图 7-13　控制初始定位过程的电路结构

第五节　交流伺服系统的电子齿轮功能

数字交流伺服系统具有位置控制的功能，上位控制机向伺服系统发出位置指令脉冲。指令脉冲序列包含了两方面的信息，一是指明电动机运行的位移，二是指明电动机运行的方向。通常指令脉冲单位是 0.001mm 或 0.01mm，而伺服系统的位置反馈脉冲当量由检测器（如光电脉冲编码器等）的分辨率，以及电动机每转对应的机械位移量等决定。当指令脉冲单位与位置反馈脉冲当量两者不一致时，就可使用电子齿轮使两者完全匹配。使用了电子齿轮功能，可以任意决定一个输入脉冲所相当的电动机位移量。发出指令脉冲的上位控制装置无须关注机械减速比和编码器脉冲数就可以进行控制。图 7-14 是具有电子齿轮功能的伺服系统的结构。

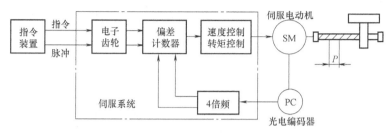

图 7-14　具有电子齿轮功能的伺服系统的结构

在图 7-14 中，机械传动机构的螺距为 P，指令脉冲当量为 ΔL，光电脉冲编码器每转脉冲数为 N，一般电动机轴与传动丝杠是直接相连的，这样就可以确定位置反馈脉冲当量 ΔM 为

$$\Delta M = \frac{P}{4N} \tag{7-5}$$

在式 (7-5) 右侧的 $4N$ 是考虑到一般在采用光电脉冲编码器作为位置反馈元件时，都对其输出脉冲进行 4 倍频处理。

从上面的分析可以知道，指令脉冲当量 ΔL，与反馈脉冲当量 ΔM 不一定相等，这就需要通过指令脉冲的倍率系数 A/B 来建立两者的对应关系。

具体的计算公式为

$$\Delta L = \frac{\Delta MA}{B} \qquad 0.01 \leqslant \frac{A}{B} \leqslant 100 \tag{7-6}$$

根据一个指令脉冲的位置当量和反馈脉冲的位置当量，可以确定电子齿轮的倍率系数。在式 (7-6) 中，A 和 B 必须为整数，A/B 称为电子齿轮的齿数比。A 和 B 都可以单独设置，其范围一般在 $1 \sim 65535$ 之间。

电子齿轮功能可以在位置环中实现，也可以在位置环以外用一个独立的环节来实现，两种方式的基本原理是一样的。

1. 电子齿轮的工作原理

这里介绍一种实用电子齿轮环节，该电子齿轮环节是在一个单独的微处理器控制下工作的，电子齿轮的工作原理如图 7-15 所示。

图 7-15 表明，电子齿轮环节的电路是由一片微处理器（89C51）和相关的外围电路构成的，外围电路包括以下几部分：输入脉冲处理电路、可逆计数器 1、可逆计数器 2 和数字控制频率发生器。

所有的外围电路都集中在可编程逻辑器件中。整个电子齿轮环节由 CPU 和可编程逻辑器件构成。下面介绍工作原理。

通常由控制指令装置发送到伺服系统的位置指令脉冲由以下三种形式：方向信号+脉冲序列；CCW 脉冲序列+CW 脉冲序列；正交两相脉冲序列。这三种不同形式的指令脉冲都包含了两方面的信息，一是电动机运行的距离，二是电动机运行的方向。这三种不同的指令脉

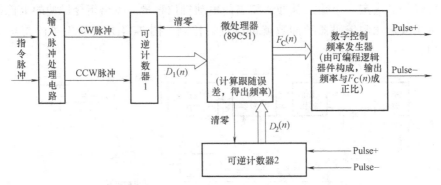

图 7-15　电子齿轮环节的工作原理

冲输入方式都是全数字伺服系统所可以接收的，可以由用户自行设定。

输入脉冲处理电路的主要作用是将上述三种不同的脉冲输入方式转换成统一的方式，一般是选择 CW 脉冲序列+CCW 脉冲序列为统一的脉冲方式。如果原始的输入指令脉冲采用两相正交脉冲的输入方式，则输入脉冲处理电路还具有对输入指令脉冲进行 4 倍频的功能。

指令脉冲经处理后得到了统一的形式（CW 脉冲序列+CCW 脉冲序列），可逆计数器 1 对指令 CW 脉冲和 CCW 脉冲进行可逆计数。同时，可逆计数器 2 对电子齿轮的输出脉冲 Pulse+和 Pulse-进行可逆计数。

微处理器定时中断，分别读取计数器 1 和计数器 2 的数，然后对其清零。在第 n 次中断时，从计数器 1 中读到的数是 $D_1(n)$，从计数器 2 中读到的数是 $D_2(n)$，经过计算可以得到跟随误差 $E(n)$ 为

$$E(n) = E(n-1) + AD_1(n) - BD_2(n) \qquad n = 1, 2, 3, \cdots \qquad (7\text{-}7)$$

式（7-7）中的 A 和 B，就构成了电子齿轮的齿数比。微处理器对跟随误差进行比例运算，或进行比例积分运算，以得到输出频率的控制量 $F_C(n)$。

如果采用比例运算，有

$$F_C(n) = E(n) K_1 \qquad n = 1, 2, 3, \cdots \qquad (7\text{-}8)$$

如果采用比例积分运算，则由式（7-9）所示。

$$F_C(n) = F_C(n-1) + E(n) K_{22} + [E(n) - E(n-1)] K_{21} \qquad n = 1, 2, 3, \cdots \qquad (7\text{-}9)$$

式（7-8）与式（7-9）中，K_1、K_{22}、K_{21} 是设定在微处理器中的常数，设定这些常数要保证电子齿轮的闭环控制的稳定性。由微处理器输出的 $F_C(n)$ 是带符号的 16 位并行数据，采用原码。数字控制频率发生器接收微处理器发出的频率控制量 F_C，将其转化为脉冲序列 Pulse+和 Pulse-。脉冲序列 Pulse+和 Pulse-在形式上类似于 CCW 脉冲序列+CW 脉冲序列，F_C 的最高位 F_{C15} 为符号位，F_{C15} 的极性决定了输出脉冲是 Pulse+或 Pulse-。

输出脉冲的频率与 F_C 成正比。由于 F_C 的字长为 16 位，所以脉冲频率的精确度可以得到保证。

利用可编程逻辑器件的高速度和大容量的特性，数字控制频率发生器得以实现，其电路原理如图 7-16 所示。

时钟脉冲发生器产生高频时钟脉冲 CP，CP 是 15 位计数器的计数脉冲，$Q_{14\sim0}$ 是计数器的输出，随着计数，$Q_{14\sim0}$ 不断增加，当 $Q_{14\sim0}$ 与 $T_{C14\sim0}$ 相等时，比较器输出清零脉冲，使 $Q_{14\sim0}$ 回归为零，然后又重新开始增加。

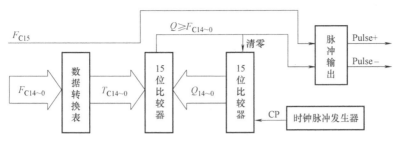

图 7-16　数字控制频率发生器

前面已介绍，F_C 是由微处理器输出的数据，用于控制电子齿轮的输出脉冲的频率，其中最高位 F_{C15} 控制频率的极性，较低的 15 位（$F_{C14\sim0}$）控制频率的高低，与其成正比。

数据转换表是组合逻辑阵列，用于完成数据的转换，将 $F_{C14\sim0}$ 转换成 $T_{C14\sim0}$，而 $T_{C14\sim0}$ 则是通过取 $\left[(2^{15}-1)/F_{C14\sim0}\right]$ 的计算结果的整数部分而得出的，因而 $T_{C14\sim0}$ 正比于电子齿轮输出脉冲的周期。从图 7-16 中可以看出，当计数器输出 $Q_{14\sim0}$ 增加到与 $T_{C14\sim0}$ 相等时，比较器即产生脉冲将计数器清零，清零脉冲的周期与 $T_{C14\sim0}$ 符合正比例关系，清零脉冲的频率与 $F_{C14\sim0}$ 符合正比例关系。通过脉冲输出环节对清零脉冲展宽，并根据 F_{C15} 控制其极性，就可得到电子齿轮的输出脉冲序列 Pulse+ 和 Pulse-。

如前面所述可知，电子齿轮控制环节是一个微处理器控制的闭环控制环节。但只要微处理器的采样频率足够高，用分析连续系统的方法来分析电子齿轮控制环节就是合理的，图 7-17 所示是电子齿轮环节的动态结构。图 7-17 中的积分环节表示可逆计数器对输入频率和反馈频率的累积作用。如果采用比例控制，电子齿

图 7-17　电子齿轮环节的动态结构

轮环节是一个 Ⅰ 型环节；如果采用比例积分控制，电子齿轮环节就是一个 Ⅱ 型环节。下面讨论电子齿轮输出脉冲信号对输入指令脉冲的跟随性能。

2. 电子齿轮输出脉冲频率对输入脉冲频率的跟随

若输入指令脉冲的频率为恒定，则电子齿轮的输出脉冲频率对输入指令脉冲的频率无误差跟随；若输入指令脉冲的频率随时间线性变化，则需采用比例积分控制，才可以无误差跟随这一输入频率。式（7-10）表达了输入指令脉冲频率 f_{in} 和电子齿轮环节输出脉冲频率 f_{out} 之间的关系：

$$f_{out} = \frac{A}{B}f_{in} \tag{7-10}$$

3. 电子齿轮输出脉冲数对输入脉冲数的跟随

无论电子齿轮环节采用比例控制算法或比例积分控制算法，在跟踪过程的终点，脉冲数的误差为零。但是在跟随过程中，如果存在脉冲数的跟随误差依然会带来一些问题。若向伺服系统发出指令脉冲的上位机是一台数控装置，数控装置通过插补向多台伺服系统发出指令脉冲以控制多坐标轴的轨迹联动，那么伺服系统中电子齿轮环节在运行过程中所产生的跟随误差，将带来总的联动运行轨迹的误差。

如果电子齿轮环节采用比例控制算法，则电子齿轮输出脉冲数相对于其输入脉冲数存在着跟随误差，跟随误差的大小与比例控制系数 K_1 成反比。如需彻底克服脉冲数的跟随误差，

应采用比例积分算法，或引入输入脉冲数的前馈，采用复合控制的方法。

习题和思考题

7-1 按照气隙磁场的分布形状可以将三相永磁同步电动机区分为哪两种基本类型？

7-2 在采用 d 轴电流 $I_d = 0$ 的控制策略时，三相永磁同步伺服电动机的定子磁动势与转子磁动势是否正交？用矢量图说明。

7-3 为什么采用 $i_d < 0$ 的控制策略可以实现弱磁升速的目的？i_d 负向增加后，如何保证相电流幅值不变？

7-4 采用光电脉冲编码器为速度反馈元件时，常用的测速方法有哪几种？分别适用于什么速度段？

7-5 简述锁相测速方法的基本原理。

7-6 在交流伺服电动机控制系统中，为什么要检测电动机转子的初始位置？在采用增量式光电编码器的控制系统中，可以通过什么方法来检测电动机转子的初始位置？

7-7 简述电子齿轮的基本原理。

第八章

进给伺服系统

数控机床通常有多个运动坐标轴，如车床有 x 和 z 坐标轴，复杂车床还有平行于 x 的 u 轴和平行于 z 的 w 轴，铣床一般有 x、y 和 z 坐标轴，加工中心则有更多的坐标轴（包括直线轴和回转轴）。这些轴有的带动装有工件的工作台，有的带动装有切削刀具的刀架，通过坐标轴的综合联动，使刀具相对于加工工件产生复杂的曲线轨迹，加工出所要求的复杂形状的工件。

驱动各加工坐标轴运动的传动装置称为进给伺服系统，包括机械传动部件和产生主动力矩以及控制其运动的各种驱动装置。因传动部件而影响伺服机构性能的因素主要有刚性、间隙、摩擦、惯量、负载的均匀性及温度变形等。进给伺服系统是计算机数控（CNC）系统中的一个重要组成部分，它的性能直接决定与影响 CNC 系统的快速性、稳定性和精确性。数控机床的进给伺服系统是一种精密的位置跟踪与定位系统，是以位置为控制对象的自动控制系统。对位置的控制是以对速度控制为前提的。对于位置闭环控制的进给系统，速度控制单元是位置环的内环，它接收位置控制器的输出，并将这个输出作为速度环节的输入命令，去实现对速度的控制；对于性能好的速度控制单元，它将包含速度控制及加速度控制，加速度控制环节是速度环的内环。对速度控制而言，如果接收速度控制命令，接收反馈实际速度并进行速度比较，以及速度控制器功能都是微处理器及相应软件来完成，那么速度控制单元常称为速度数字伺服单元；对于加速度环节亦是如此类推。对于位置控制，若位置比较及位置控制器都由微机完成，则是位置数字伺服系统。目前，在高性能的 CNC 系统中，位置、速度和加速度是数字伺服（至少位置、速度是数字伺服）；在全功能中档数控系统，有的位置环控制是计算机完成的，而速度环则是模拟伺服，这种情况下，位置控制器的输出往往是数字量，需经 D/A 转换后，作为速度环的给定命令。

第一节　进给伺服系统概述

数控机床进给伺服系统有多种分类方式。按照有无位置检测和反馈环节以及位置检测元件的安装位置来分类，可以将进给伺服系统分为开环、半闭环和闭环三种类型；按进给伺服系统的进给轨迹来分类，可以将其分成点位控制系统和轮廓控制系统两类。

对于轮廓控制的进给伺服系统来说，它在进给运动中要连续的接收来自 CNC 装置的运动控制指令。这一指令可以是连续的脉冲序列，也可以是一个接一个的数字。若按照运动控制指令的形式来分，又可将轮廓控制的进给伺服系统分为数据采样式和基准脉冲式两类。

一、开环、闭环和半闭环

数控机床中最简单的步进电动机开环进给伺服系统如图 8-1 所示。

图 8-1 步进电动机开环进给伺服系统

步进电动机直接将进给脉冲变换为机械运动，通过齿轮和丝杠带动工作台移动。对应于每个进给脉冲，工作台移动一个脉冲当量的距离。这种只含有信号的放大和变换，不带有检测反馈的伺服系统称为开环伺服系统，或简称开环系统。

由于没有反馈检测部件，开环系统中各部分的误差都折合成系统的位置误差。因此，开环系统的精度较差，速度上也有一定限制（主要是受步进电动机性能的限制）。但由于其结构简单，容易调整，适用于速度、精度要求不太高的场合。

与开环系统相对应的是闭环伺服系统，原理框图如图 8-2 所示。安装在工作台上的位置检测器把机械位移变成电量，反馈到输入端与输入信号相比较，得到的差值经过放大和变换，最后驱动工作台向减小差值的方向移动。如果输入信号不断产生，工作台就不断跟随输入信号运动。只有在差值为零时工作台才停止运动。因此，闭环系统的定位误差取决于检测单元的误差，与放大和传动部分没有直接关系。如图 8-2a 所示，闭环进给伺服系统主要由以下几部分组成：

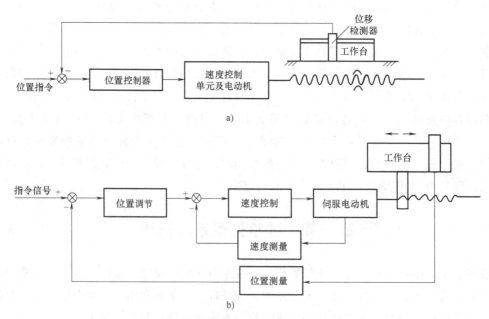

图 8-2 位置闭环伺服系统
a) 闭环进给系统 b) 有速度内环的闭环系统

（1）比较环节 将位置指令和反馈的实际位置进行比较，得出位置偏差。

（2）位置控制器　将位置偏差作为输入，完成位置控制策略功能，输出作为速度的给定命令。若是数字伺服，这部分由数字电路或微机来完成；若是模拟伺服，则是将指令信号与反馈信号进行比较，变换为电压并经放大，输出给速度环路。为保证系统的稳定性、快速性及准确性，在这部分所加的校正电路，通常称为位置控制器。对于数字伺服系统，这部分功能由微机系统的软件或软、硬件结合来完成。控制方式、控制策略代表着伺服系统的智能特征。

（3）检测单元　将测量工作台或刀架的实际位置，反馈到位置伺服系统的输入端。位置检测传感器的精度、分辨率对伺服系统的精度起着决定性作用。

（4）速度控制及伺服驱动单元　完成进给速度变化范围的调速控制，产生一定的功率，并通过执行器完成能量转换。

（5）控制对象　指机床工作台及其传动机构，它们是组成系统的重要部分，也是系统结构组成要素的重要内容。

由于应用了反馈控制的原理，闭环伺服系统可以达到较高的速度和精度，因此在数控机床，特别是大型和精密的机床中广为应用。

如图 8-2 所示，直接测量工作台的位移建立反馈系统，可以消除整个放大和传动部分的误差、间隙和失动。但这种测量装置价格较高，安装和调整都比较复杂而且不易保养；相比之下，测量转角要容易得多。因此根据实际情况可以在传动链和旋转部位安装角度测量元件进行反馈。一般把这种在中间部位上取出反馈信号的系统称为半闭环系统。图 8-3 为半闭环进给伺服系统原理框图。这种系统只能补偿环路内部传动链的误差。因此，其精度要比闭环系统稍差，但由于这种系统结构简单，调整方便，所以广泛应用于各种数控机床。

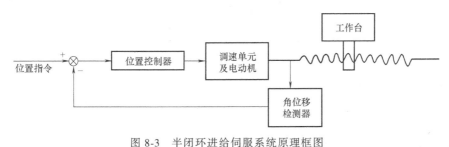

图 8-3　半闭环进给伺服系统原理框图

二、点位控制和连续切削控制的伺服系统

连续切削控制的伺服系统与点位控制的伺服控制系统有很大的不同。在点位控制系统中，重要的是定位精度和定位时间（影响到效率），对于如何趋近定位点及趋近过程中的精度则无关紧要，因此，可以采用分级降速、单方向趋近等提高定位精度的办法，一般属于闭环断续控制方式。

对于连续切削控制系统，由于一边进给，一边要加工零件的轮廓，所以除了定位精度要求准确之外，在整个进给过程中，为使工件精度高而且表面粗糙度值低，要求伺服系统速度稳定，跟随误差小。或者说要求伺服系统在很宽的速度范围内有良好的稳态和动态品质。连续切削控制的伺服系统在技术上比点位控制的复杂得多，在本章中，主要讨论连续控制的伺服系统。

第二节 进给伺服系统分析

在自动控制系统中，能够把输出量以一定准确度跟随输入量的变化而变化的系统称为随动系统，亦称伺服系统。数控机床的伺服系统是指以机床移动部件的位置（或速度）作为控制对象目的的自动控制系统。进给伺服系统的作用在于接收来自数控装置的指令信号，驱动机床移动部件跟随指令脉冲运动，并保证动作的快速和准确。数控机床的精度和速度等技术指标主要取决于伺服系统。

在数控机床位置进给控制中，为了保证零件的加工精度和表面粗糙度，绝对不允许出现位置超调。位置控制器对位置进给伺服系统非常重要。位置控制器的类型有多种。目前在 CNC 系统中使用的主要有比例型和比例加前馈型两种类型。本节将讨论进给伺服系统的建模及性能指标等。

一、进给伺服系统的数学模型

对控制系统的数学描述，实际上就是首先建立系统中各环节的传递函数，然后求出整个系统的传递函数。有速度内环的闭环系统如图 8-4 所示。

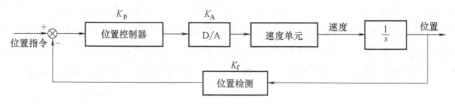

图 8-4 进给伺服系统的结构

位置控制器本身可以是微处理器，也可以是由硬件构成的脉冲比较电路。从传递函数的角度来看，位置控制器相当于一个比例环节，其比例系数是 K_P。

位置控制器输出是数字量，必须经过 D/A 转换之后才能控制调速单元，D/A 转换也相当于一个比例环节，比例系数是 K_A。

从位置环的角度看，调速单元可以等效为一惯性环节 $K_v/(T_v s+1)$，式中，T_v 为惯性时间常数；K_v 为调速单元的放大倍数。

调速单元输出的量是角速度量，这一角速度量经过积分环节 $1/s$ 后成为角位移量。

位置检测环节是指位置传感器（光电编码器、旋转变压器等）和后置处理电路，其作用是把位置信号转换为电信号。这个环节也可以看作是一个比例环节，比例系数是 K_f。

用各环节的传递函数置换图 8-4 所示框图，就得到了进给伺服系统的动态结构图，如图 8-5 所示。

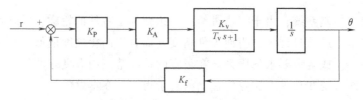

图 8-5 进给伺服系统动态结构图

图 8-5 中，前向通道的传递函数为

$$G_1(s) = K_P K_A \frac{K_v}{T_v s + 1} \frac{1}{s} \tag{8-1}$$

利用前向通道的传递函数 $G_1(s)$ 可以将图 8-5 简化为图 8-6，系统的闭环传递函数为

$$G(s) = \frac{G_1(s)}{1 + K_f G_1(s)} \tag{8-2}$$

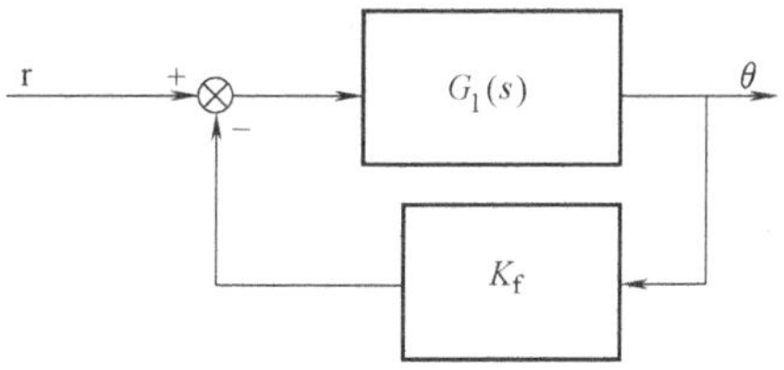

将式（8-1）代入，得

$$G(s) = \frac{\dfrac{1}{K_f}}{\dfrac{T_v}{KK_f} s^2 + \dfrac{1}{KK_f} s + 1} \tag{8-3}$$

图 8-6 简化的动态结构图

式中　$K = K_P K_v K_A$。

式（8-3）表明，闭环进给伺服系统是一个典型的二阶系统，令

$$\frac{KK_f}{T_v} = \omega_n^2 \tag{8-4}$$

$$\frac{1}{T_v} = 2\xi\omega_n = 2\sigma \tag{8-5}$$

式中　σ——衰减系数；

　　ω_n——无阻尼自然角频率；

　　ξ——系统的阻尼比。

则

$$G(s) = \frac{\dfrac{K}{T_v}}{s^2 + 2\xi\omega_n s + \omega_n^2} \tag{8-6}$$

二、进给伺服系统动、静态性能分析

上面已经把数控机床位置伺服系统简化为典型的二阶系统。下面将应用控制系统的分析方法来讨论数控机床位置伺服系统的性能指标。

（一）动态性能

1. 动态性能分析

动态过程是指控制系统在输入作用下从一个稳态向新的稳态转变的过渡过程。位置伺服系统在跟踪加工的连续控制过程中，几乎始终处于动态的过程中。

控制系统都是受到给定与扰动两种输入的作用。理想的控制系统应该对给定输入的变化能够准确地跟踪，同时又完全不受扰动输入的影响。即系统应该具有很好的跟随性和很强的抗干扰性。

对于位置伺服系统，给定值的变化量是主要输入，动态过程将围绕这个变化了的给定值变化。阻尼比 ξ 是描述系统动态性能的重要参数。

（1）欠阻尼　即 $0 < \xi < 1$。这时进给伺服系统的传递函数为

$$G(s) = \frac{\dfrac{K}{T_v}}{(s+\xi\omega_n+j\omega_d)(s+\xi\omega_n-j\omega_d)} \tag{8-7}$$

式中 ω_d——阻尼角频率，$\omega_d = \omega_n\sqrt{1-\xi^2}$。

这种情况下，系统对于斜坡输入信号的跟随响应是要经历振荡的，如图8-7所示。

（2）过阻尼 若阻尼比 $\xi>1$，则称为过阻尼。在这种情况下，进给伺服系统的传递函数有一对不相同的实数极点，传递函数可以写成

$$G(s) = \frac{\dfrac{K}{T_v}}{(s+r_1)(s+r_2)} \tag{8-8}$$

式中 $r_{1,2} = (-\xi\pm\sqrt{\xi^2-1})\omega_n$。

在这种情况下，系统对输入信号的响应是无振荡的。对其斜度输入信号的响应，如图8-8所示。

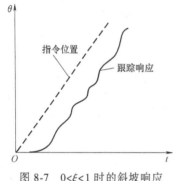

图8-7 $0<\xi<1$ 时的斜坡响应

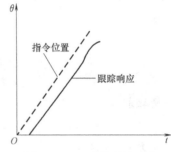

图8-8 $\xi>1$ 时的斜坡响应

（3）临界阻尼 若阻尼比 $\xi=1$，则称为临界阻尼。临界阻尼的情况下，进给伺服系统的传递函数有一对相同的实数极点。传递函数可以写成

$$G(s) = \frac{\dfrac{K}{T_v}}{(s+\omega_n)^2} \tag{8-9}$$

在这种情况下，系统对输入的响应也是无振荡的，其对斜坡信号的响应与过阻尼时的情况差不多。

由于数控机床的伺服进给控制不允许出现振荡，故欠阻尼的情况是应当避免的；临界阻尼是一种中间状态，若系统参数发生了变化，就有可能转变为欠阻尼，临界阻尼的情况也是应该避免的。由此得出结论：数控机床的进给伺服系统应当在过阻尼的情况下进行。

将式（8-4）代入式（8-5）中整理，可以得出阻尼的表达式

$$\xi = \frac{1}{2\sqrt{KK_fT_v}} \tag{8-10}$$

根据过阻尼 $\xi>1$ 的要求，可以得出

$$K < \frac{1}{4K_fT_v} \tag{8-11}$$

式中，$K = K_P K_v K_A$。

由图 8-5（进给伺服系统动态结构图）可知，K_v 和 K_A 的大小都是固定的，所以对于位置控制器的增益 K_P 来说，应满足

$$K_P < \frac{1}{4 K_f T_v K_A K_v} \tag{8-12}$$

事实上，位置控制器的增益 K_P 是数控系统的一个重要参数，是由系统的操作人员设定的。

2. 动态性能指标

系统的动态过程用时域分析法最为直观。系统在给定输入和扰动输入下，其输出响应具有不同的物理意义。

（1）对给定输入的跟随性能指标　对于位置伺服系统，由于给定值的变化是主要输入，动态过程将围绕这个变化了的给定值而变化。

在 $R(t)$ 为单位阶跃信号下，系统输出 $C(t)$ 的响应曲线如图 8-9 所示。分析响应曲线 $C(t)$ 的质量时，常用的指标有：

1）超调量 $\sigma\%$。设系统输出响应在 t_p 时刻到达最大值，其超出稳态值的部分与稳态值的比值称为超调量，通常取百分数形式，即

$$\sigma\% = \frac{C(t_p) - C(\infty)}{C(\infty)} \times 100\% \tag{8-13}$$

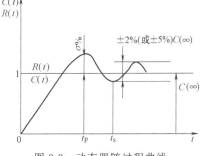

式中　$C(t_p)$——t_p 时刻 $C(t)$ 的值；

　　　　$C(\infty)$——$t = \infty$ 时 $C(t)$ 的值，即稳态值。

2）调节时间 t_s。若把 $C(\infty)$ 的 $\pm 2\%$（或 $\pm 5\%$）形成的区域称为误差带，那么调节时间 t_s 定义是：从加上输入量的时刻到输出量 $C(t)$ 进入而且不再超出误差带为止的一段时间。

图 8-9　动态跟随过程曲线

从以上指标中，调节时间 t_s 越小，表明系统快速性及跟随性能越好；超调量 $\sigma\%$ 越小，表明系统在跟随过程中越平稳，但往往也比较迟钝。实际上，快速性和稳定性往往是互相矛盾的。压低了超调量就会延长过渡过程，加快了过渡过程却又增大超调量，因此，需按照加工工艺需求在各项性能指标中做一定的选择。

（2）对扰动输入的抗扰性能指标　抗扰性能是指当系统的给定输入不变时，即给定量为定值时，在受到阶跃扰动后，输出克服扰动的影响自行恢复的能力。抗扰能力指标用的是最大动态变化（降落或上升）和恢复时间。这里以调速系统为例，给出一个调速系统在突加载时，转矩 $M(t)$ 与转速 $n(t)$ 的动态响应曲线，如图 8-10 所示。

1）最大动态速降 $\Delta n_m\%$，$\Delta n_m\%$ 表明系统在突加载后及时做出反应的能力，常以稳态转速的百分比表示。

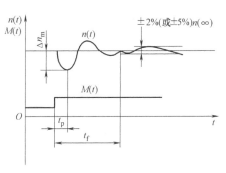

图 8-10　突加负载后转速的抗扰响应曲线

2）恢复时间 t_f，由扰动作用进入系统的时刻到输出量恢复到误差带内（一般也取稳态值的±2%或±5%）所经历的时间，称为恢复时间。一般地说，阶跃扰动下输出的动态变化越小，恢复得越快，说明系统的抗扰性能力越强。显然，从要求系统具有抗扰性能好的角度出发，上述两项指标越小越好。

（二）静态性能

1. 静态性能分析

控制系统中最重要的是稳定性问题。如果一台数控机床的伺服控制系统是不稳定的，那么机床工作台就不可能稳定在指定位置，是无法进行切削加工的。因此，任何控制系统首先必须是稳定的。

对于一般线性系统，系统稳定的充分必要条件是该系统特征方程的所有根的实部均为负数（最常见的是高斯代数稳定判据或奈奎斯特频率稳定判据）。稳定性是系统能正常工作的必要条件。在工程上，为了确保系统能安全可靠工作，还引进稳定裕度的概念，使系统有足够的稳定裕度。稳定裕度包括幅值裕度 R 和相位裕度 r。在数控机床上，建议点位控制系统 R 为 5~10dB，r 为 50°左右；轮廓控制系统的 R 为 12~20dB，r 为 50°~65°。

2. 静态性能指标

位置伺服系统的静态性能指标主要是定位精度，指的是系统过渡过程终了时实际状态与期望状态之间的偏差程度。一般数控机床的定位精度应不低于 0.01mm，而高性能数控机床定位精度将达到 0.001mm 以上。影响伺服系统稳态精度的原因主要有两类，一类是位置测量装置的误差，另一类是系统误差。系统误差与系统输入信号的性质和形式有关，也与系统本身的结构和参数有关。本节只要讨论系统误差对稳态精度的影响。在进给伺服系统中，这一误差也称为系统跟随误差。它与伺服滞后的本质是一样的，一般数控系统应用说明中常用伺服滞后来表达，如图 8-11 所示。

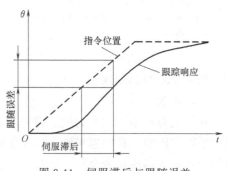

伺服系统斜坡输入的跟随误差与位置控制器增益 K_p 成反比。要减小跟随误差就要增大 K_p，但是 K_p 的增大，同时要影响到伺服系统的动态性能，K_p 越大，系统的稳定性越差。动态性能的要求和静差性能的要求是一对矛盾。设置 K_p 的大小，要同时兼顾两方面的要求。若采用比例型的位置控制，跟随误差是无法完全消除的。

图 8-11　伺服滞后与跟随误差

三、前馈控制

数控系统中，常采用前馈控制、预测控制、学习控制等方面来改善系统的性能。图 8-12

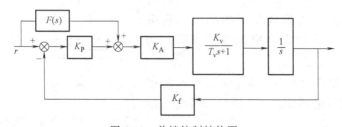

图 8-12　前馈控制结构图

所示为前馈控制结构图。在前馈控制技术的进给伺服系统中，$F(s)$ 表示前馈控制环节。

采用前馈控制技术的进给伺服系统的闭环传递函数为

$$G_F(s) = \frac{\dfrac{K_A K_v}{(T_v s+1)s}\left[K_P + F(s)\right]}{1 + \dfrac{K_P K_A K_v K_f}{s(T_v s+1)}} \tag{8-14}$$

若令 $F(s) = \dfrac{s(T_v s+1)}{K_A K_v K_f}$，式（8-14）可简写成

$$G_F(s) = \frac{1}{K_f} \tag{8-15}$$

式（8-15）表明，进给伺服系统可以用一个比例环节来表示。但事实上这是很难实现的。从 $F(s)$ 的表达式可以看出，若要将 $G_F(s)$ 简化成比例环节，需要引入输入信号 $R(t)$ 的一阶和二阶导数，实现起来很困难。简单可行的办法是只引入 $R(t)$ 的一阶导数。令 $F(s) = s/K_f K_A K_v$，这就是前馈环节的传递函数。

进给伺服系统斜坡输入的跟随误差与位置输入信号 $R(t)$ 的一阶导数速度 v 成正比，v 是指令速度。引入 v 的目的是要对系统的跟随误差进行补偿，从而大大减少跟随误差。

四、位置指令信号分析

数控机床的进给位置指令是由 CNC 装置通过插补运算而得到的插补运算结果作为斜坡输入指令给位置伺服系统。因此，研究位置控制时，要涉及插补。这里不需研究具体的插补算法，但需要对插补过程的本质有如下认识：所谓插补，是将数控加工程序中指明的轮廓轨迹方程改写成相应的以时间 t 为变量的参数方程，这参数方程所描述的是各进给轴的位置指令的函数规律。

数控机床中最常见的插补方式有直线插补和圆弧插补。对于两轴直线插补，轮廓轨迹如图 8-13 所示，轨迹方程 $x = kz$，其中 k 是常数。

上述直线轨迹方程等价于下列参数方程组：

$$\begin{cases} z = v_z t \\ x = k v_x t \end{cases} \tag{8-16}$$

式中　v_z——z 轴的进给速度；

　　　v_x——x 轴的进给速度。

式（8-16）表明，在直线插补时，各进给轴的位置指令均为斜坡函数。

对于两轴圆弧插补，轨迹如图 8-14 所示，轨迹方程是 $x^2 + z^2 = r^2$。上述圆弧轨迹等价于参数方程组

$$\begin{cases} z = r\cos\omega t \\ x = r\sin\omega t \end{cases} \tag{8-17}$$

式中　r——圆弧半径。

式（8-17）表明，圆弧插补的位置指令是正弦函数。

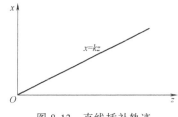

图 8-13　直线插补轨迹

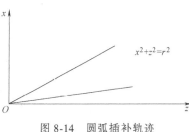

图 8-14　圆弧插补轨迹

对于其他类型的插补（如抛物线插补、双曲线插补等），位置控制指令的函数规律也相应不同。取斜坡函数的位置指令作为典型的位置输入指令。

五、指令值的修正

以图 8-15 来分析典型的斜坡位置指令。

图 8-15 表示的是斜坡位置指令。图 8-15b 表示的是图 8-15a 中所包含的进给速度信息；图 8-15c 是加速度信息。很明显这里没有加减速的过程，进给速度是突变的，这样就产生了冲击加速度，加速度是与驱动力成正比的，因而冲击加速度意味着驱动力的冲击，这对机械传动部件是不利的。此外，指令进给速度的突变会造成系统跟踪失步，增大跟踪误差。

图 8-15 描述的位置指令称为具有速度限制的位置指令，这种位置指令函数的主要缺陷是没有对加速度进行限制。这种位置指令是没有经过修正的指令函数。对位置指令函数进行修正就是要对加速度进行限制。图 8-16a 描述的是经过修正以后的位置指令函数。这一指令函数是呈现 S 形，而不是图 8-15a 描述的斜坡形。这一经过修正的位置指令函数中也包含了速度和加速度信息，分别如图 8-16b、c 所示。进给速度指令曲线中包含的匀加速上升和匀减速也被限制在 $\pm a_m$ 之内，这种位置指令函数被称为加速度控制的位置指令函数。

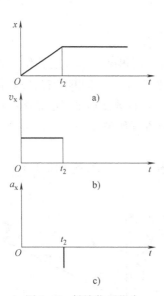

图 8-15 斜坡位置指令

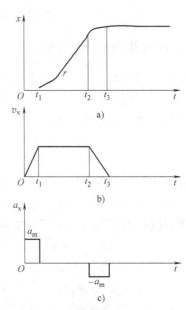

图 8-16 加速度控制的位置指令

对于数控机床，要达到好的动态特性，这种具有速度和加速度指令值限制的位置指令值修正一般是足够的。

第三节 脉冲比较的进给位置伺服系统

进给伺服系统有多种反馈比较原理与方法。根据检测装置实现信息反馈的原理不同，伺服系统反馈比较的方法也不同，目前常用的有脉冲比较、相位比较和幅值比较三种。在数控机床中，插补器给出的指令信号是数字脉冲。如果选择磁尺、光栅、光电编码器等器件作为机床移动部件移动量的检测装置，检出的位置反馈信号亦是数字脉冲。给定量与反馈量的比较就是直接的脉冲比较，由此构成的伺服系统称为脉冲比较伺服系统。本节主要讨论几种典型的脉冲比较进给位置伺服系统实例。

一、脉冲比较式进给位置伺服系统

图 8-17 为用于工件轮廓加工的一个坐标进给伺服系统，它包含速度控制单元和位置控制外环，由于它的位置环是按给定输入脉冲和反馈脉冲数进行比较而构成闭环控制，所以称该系统为脉冲比较的位置伺服系统。

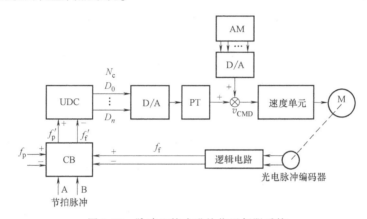

图 8-17　脉冲比较式进给位置伺服系统

CNC 装置经过插补运算得到指令脉冲序列 f_p，指令脉冲有两条通道，当指令方向为正时，f_p 从正向通道输入，反之则从反向通道输入。

位置检测器（光电脉冲编码器）输出的脉冲经过逻辑电路处理后成为反馈计数脉冲 f_f。反馈脉冲也有两条通道，当电动机实际转向为正时，f_f 从正向反馈通道输入，反之则从反向反馈通道输入。

可逆计数器（UDC）是用来计算位置跟随误差的，这一误差记为 N_c。位置跟随误差实际上就是位置指令脉冲个数与位置反馈脉冲个数之差。为了计算这一误差，应当将指令脉冲 f_p 和反馈脉冲 f_f 分别送入 UDC 的不同的计数输入端。

若运动指令方向和伺服电动机的实际运动方向都是正的，则跟随误差也是正的，如图 8-18a 所示。这时应将指令脉冲从 UDC 的加法端输入，将反馈脉冲从 UDC 的减法端输入。

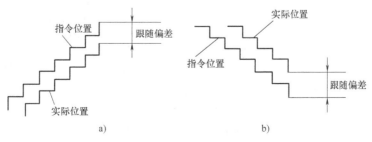

图 8-18　位置跟随误差

若运动指令方向和伺服电动机的实际运动方向是负的，如图 8-18b 所示。这时应将指令脉冲从 UDC 的减法端输入，将反馈脉冲从 UDC 的加法端输入。

由于在 UDC 的两个输入端同时送入脉冲 f_p 和 f_f，可能引起可逆计数器工作不正常，为此设置了同步电路（CB），保证送往计数器加法端和减法端的脉冲必定有一时间间隔。

当变更运动方向时，指令脉冲已从原来的通道（正向）换成新的通道（反向），而伺服电动机的运动可能还在原来的方向，所以这时在 UDC 的同一个输入端上，既要接收指令脉冲，也要接收反馈脉冲。也就是说在 UDC 的同一输入端上，也存在着同步的问题，这要用同步电路来解决。

同步电路要解决的是指令脉冲 f_p 与反馈脉冲 f_f 的同步问题，无论 f_f 和 f_p 实际是什么时刻到来的，必须保证它们作用于 UDC 输入端的时刻至少间隔 Δt。同步电路共有 4 个完全相同的组件：$CB_1 \sim CB_4$，分别基于两路节拍脉冲 A 和 B 进行工作。节拍脉冲 A 和 B 的频率要比指令脉冲 f_p 和反馈脉冲 f_f 的频率高得多。同步电路 CB_1 和 CB_2 实现节拍脉冲 A 对指令脉冲 f_p（正、负通道）的同步。同步电路 CB_3 和 CB_4 实现节拍脉冲 B 对反馈脉冲 f_f（正、负通道）的同步。A、B 两路节拍脉冲互相间隔时间为 Δt。f_f' 和 f_p' 分别为作用于计数器的指令脉冲和反馈脉冲。

由 UDC 计算得出的位置跟随误差是数字量，对 N_c 进行 D/A 转换后送入位置控制器（PT），PT 实际上就是一个增益可控的比例放大器，PT 的增益可由 CNC 装置设定。

AM 是偏差补偿寄存器，AM 中的值也可由 CNC 装置设定，其作用是对速度控制单元的死区进行补偿。AM 中的数值经 D/A 转换后与 PT 的输出信号相加，即为速度控制信号 v_{CMD}，这个信号送到速度控制单元。

随着数控技术的日益推广，在数控机床的位置伺服系统中，采用脉冲比较的方法构成位置闭环控制，受到了普遍重视。这种系统的主要优点是结构简单，易于实现数字化的闭环位置控制。目前，采用光电编码器（光电脉冲发生器）作为位置检测元件，以半闭环的控制结构形式构成脉冲比较伺服系统，是中低档数控伺服系统中应用最普遍的一种。本节主要介绍应用光电编码器进行位置反馈及实现脉冲比较的位置控制原理与方法。

二、脉冲比较进给系统组成原理

图 8-19 为脉冲比较伺服系统的结构框图。整个系统按功能模块大致可分为三部分：采用光电编码器产生位置反馈脉冲 f_f；实现指令脉冲 f_p 和反馈脉冲 f_f 的脉冲比较，以取得位置偏差信号 e；以位置偏差 e 作为速度给定的伺服电动机速度调节系统。本节着重对前两部分展开讨论。

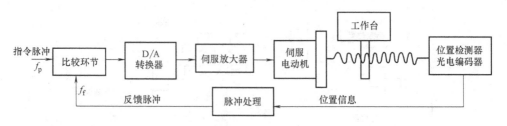

图 8-19　脉冲比较伺服系统的结构框图

光电编码器与伺服电动机的转轴连接后，随着电动机的转动产生脉冲序列输出，其脉冲的频率将随着转速的快慢而升降。

现设指令脉冲 $f_p = 0$，且工作台原来处于静止状态。这时反馈脉冲 f_f 亦为零，经比较环节可知偏差 $e = f_p - f_f = 0$，则伺服电动机的速度给定为零，工作台继续保持静止不动。

然后，设有指令脉冲输入，$f_p \neq 0$，则在工作台尚没有移动之前反馈脉冲 f_f 仍为零，经比较判别后偏差 $e \neq 0$。若设 f_p 为正，则 $e = f_p - f_f > 0$，由调速系统驱动工作台正向进给。随着电动机运转，光电编码器将输出的反馈脉冲 f_f 进入比较环节。比较环节对两路脉冲序列的脉冲数进行比较。按负反馈原理，只有当指令脉冲 f_p 和反馈脉冲 f_f 的脉冲个数相当时，偏差 $e = 0$，工作台才重新稳定在指令所规定的位置上。由此可见，偏差 e 仍是数字量，若后续调速系统是一个模拟调节系统，则 e 需经 D/A 转换后才能成为模拟给定电压。对于指令脉冲 f_p 为负的控制过程与 f_p 为正时基本上相似，只是 $e < 0$，工作台应做反向进给。最后，也应在该指令所规定的反向某个位置 $e = 0$，伺服电动机停止转动，工作台准确地停在指定位置上。

三、脉冲比较电路

在脉冲比较伺服系统中，实现指令脉冲 f_p 与反馈脉冲 f_f 的比较后，才能检出位置的偏差。脉冲比较电路的基本组成有两个部分：一是脉冲分离；二是可逆计数器，如图 8-20 所示。

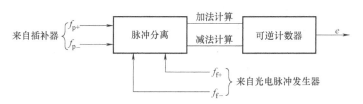

图 8-20　脉冲分离与可逆计数框图

应用可逆计数器实现脉冲比较的基本要求是：当输入指令脉冲为正（由 f_{p+}）或反馈脉冲为负（由 f_{f-}）时，可逆计数器做加法计数；当指令脉冲为负（由 f_{p-}）或反馈脉冲为正（由 f_{f+}）时，可逆计数器做减法计数。例如，设初始状态的可逆计数器为全零，工作台静止。然后突加正向指令脉冲 $f_p = +1$，计数器加 1，在工作台移动之前，可逆计数器的输出即位置偏差 $e+1$。为消除偏差，工作台应做正向移动，随之产生反馈脉冲 $f_{f+} = +1$，应使可逆计数器减 1，$e = 0$。这样，工作台就在正向前进一个脉冲当量的位置上停下来。反之，$f_{p-} = +1$，使计数器减 1，$e = -1$，则有 $f_{f-} = +1$，使计数器加 1，$e = 0$。

在脉冲比较过程中值得注意的是，指令脉冲 f_p 和反馈脉冲 f_f 分别来自插补器和光电编码器。虽然经过一定的整形和同步处理，但两种脉冲源有一定的独立性，脉冲的频率随运转速度的不同而不断变化，脉冲到来的时刻互相可能错开或重叠。在进给控制的过程中，可逆计数器要随时接收加法或减法两路计数脉冲。当这两路计数脉冲先后到来并有一定的时间间隔，则该计数器无论先加后减，或先减后加，都能可靠地工作。但是，如果两路脉冲同时加入计数脉冲输入端，则计数器的内部操作可能会因脉冲的"竞争"而产生误操作，影响脉冲比较的可靠性。为此，必须在指令脉冲与反馈脉冲进入可逆计数器之前，进行脉冲分离处理。

脉冲分离电原理如图 8-21 所示,其功能为:当加、减脉冲先后分别到来时,各自按预定的要求经加法计数或减法计数的脉冲输出端进入可逆计数器;若加、减脉冲同时到来时,则由硬件逻辑电路保证,先做加法计数,然后经过几个时钟的延时再做减法计数,这样,可保证两路计数脉冲信号均不会丢失。

电路工作原理分析如下:

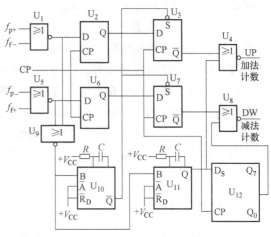

U_1、U_4、U_5、U_8、U_9 均为或非门;U_2、U_3、U_6、U_7 为 D 触发器;U_{10}、U_{11} 为单稳态触发器;U_{12} 为 8 位移位寄存器,由时钟脉冲 CP 同步控制(CP 的频率可取 1MHz)。当 f_p、f_f 分别到来时,在 U_1 和 U_5 中同一时刻只有一路有脉冲输出,所以 U_9 的输出始终是低电平。做加法计数时,计数脉冲自 U_2、U_3 至 U_4 输出,记作 UP;做减法计数时,计数脉冲自 U_6、U_7 至 U_8 输出,记作 DW。$U_{10} \sim U_{12}$ 在这种情况下不起作用。当 f_p 与 f_f 这两种脉冲同时到来时,U_1 与 U_5 的输出同时为 "0",则 U_9 输出为

图 8-21 脉冲分离电原理图

"1",单稳 U_{10} 和 U_{11} 有脉冲输出,U_{10} 输出的负脉冲同时封锁 U_3 与 U_7,使上述正常情况下计数脉冲通路被禁止。U_{11} 的正脉冲输出分成两路,先经 U_4 输出做加法计数,再经 U_{12} 延时 4 个时钟周期由 U_8 输出做减法计数。

可逆计数器可由若干集成的 4 位二进制可逆计数器组成,计数器位数与允许的位置偏差 e 的大小有关。考虑到机械系统的惯性,在制动和高速进给时,控制系统可能会出现较大的偏差,计数器的位数不能取得过小。图 8-22 所示的可逆计数器由 3 个 4 位计数器组成,除一位作为符号位外,允许的计数范围为 $-2048 \sim 2047$。该可逆计数器内部以 4 位为一组,按二进制数进位和借位的接法互连,外部输入 3 个信号:加法计数脉冲输入信号 UP、减法输入信号 DW 和清零输入信号 CLR。

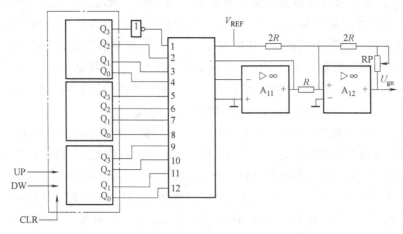

图 8-22 可逆计数器和 D/A 转换器

12 位 D/A 转换器输出通过运算放大器 A_{11}、A_{12} 可实现双极性模拟电压 U_{gn} 输出。当 12 位可逆计数器清零时，相当于 D/A 转换器输入的数字量为 800H（设 D/A 转换器的 1 端为最高数据位，12 端为最低数据位），在 U_{gn} 端输出为零。当输入的数字量为 FFFH 时，U_{gn} 的电压可达 V_{REF} 的最大值；输入数字量为 000H 时，U_{gn} 为 $-V_{REF}$ 的满刻度值。改变基准电压 V_{REF} 及适当调整输出端电位器 RP，可获得所要求电压极性与满刻度数值。当 U_{gn} 作为伺服放大器的速度给定电压时，就可以依据位置偏差来控制伺服电动机的转向与转速，即控制工作台向指令位置进给。

第四节　相位比较的进给伺服系统

在进给位置伺服系统中，如果位置检测元件采用相位工作方式时，控制系统中要把指令信号和反馈信号都变成某个载波的相位，然后通过两者相位的比较，得到实际位置与指令位置的偏差。相位比较伺服系统是数控机床常用的一种位置控制系统，常用的检测元件是旋转变压器和感应同步器。相位伺服系统的核心问题是，如何把位置检测转换为相应的相位检测，并通过相位比较实现对驱动执行元件的速度控制。

一、相位伺服进给系统组成原理

图 8-23 是一个采用感应同步器作为位置检测元件的相位伺服系统原理框图。系统的主要组成部分有基准信号发生器、脉冲调相器、检测元件、鉴相器、伺服放大器和伺服电动机等。半闭环与闭环控制系统的唯一区别是检测元件在机床上的安装位置不同。

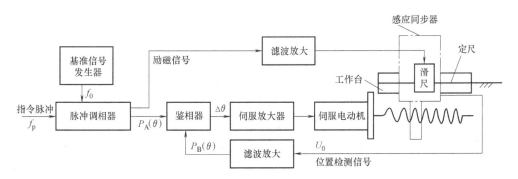

图 8-23　相位比较伺服系统原理框图

在该系统中，感应同步器取相位工作状态，以定尺的相位检测信号经整形放大后所得的 $P_B(\theta)$ 作为位置反馈信号。指令脉冲 f_p 经脉冲调相后，转换成频率为 f_0 的脉冲信号 $P_A(\theta)$。$P_A(\theta)$、$P_B(\theta)$ 为两个同频的脉冲信号。它们的相位差 $\Delta\theta$ 反映了指令位置与实际位置的偏差。

该系统的工作原理概述如下：

当指令脉冲 $f_p = 0$ 且工作台处于静止状态时，$P_A(\theta)$、$P_B(\theta)$ 经鉴相器进行比较，输出的相位差 $\Delta\theta = 0$，此时伺服放大器的速度给定为 0，伺服电动机的输出转速为 0，工作台维持在静止状态。

当指令脉冲 $f_p \neq 0$ 时，工作台将从静止状态向指令位置移动。这时若设 f_p 为正，经过脉冲调相器，$P_A(\theta)$ 产生正的相移 θ，即 $\Delta\theta = \theta > 0$。因此，伺服驱动部分应按指令脉冲的方向使工作台做正向移动，以消除 $P_A(\theta)$ 与 $P_B(\theta)$ 的相位差。反之，若设 f_p 为负，则 $P_A(\theta)$ 产生负的相移 $-\theta$，在 $\Delta\theta = -\theta < 0$ 的控制下，伺服机构应驱动工作台做反向移动。

位置伺服系统要求 $P_A(\theta)$ 相位的变化应满足指令脉冲的要求，而伺服电动机应有足够的驱动力矩使工作台向指令位置移动，位置检测元件则应及时地反映实际位置的变化，改变反馈脉冲信号 $P_A(\theta)$ 的相位，满足位置闭环控制的要求。因此，无论工作台在指令脉冲的作用下做正向或反向移动，反馈脉冲信号 $P_B(\theta)$ 的相位必须跟随指令脉冲信号 $P_B(\theta)$ 的相位做相应的变化。一旦 f_p 为 0，正在运动着的工作台应迅速制动，使 $P_A(\theta)$ 和 $P_B(\theta)$ 在新的相位值上继续保持同频同相的稳定状态。

下面着重讨论相位伺服系统中脉冲调相和鉴相器的工作原理。

二、脉冲调相器

脉冲调相器也称数字移相电路，其功能为按照所输入指令脉冲的要求对载波信号进行相位调制。图 8-24 为脉冲调相器组成原理框图。

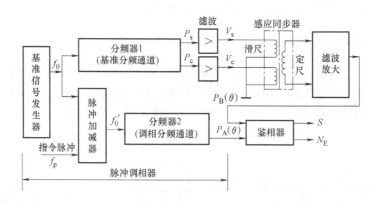

图 8-24　脉冲调相器组成原理框图

该脉冲调相器中，基准脉冲 f_0 由石英晶体振荡器组成的脉冲发生器产生，以获得频率稳定的载波信号。f_0 信号输出分成两路，一路直接输入 M 分频的二进制计数器，产生基准相位的参考信号，称为基准分频通道；另一路则先经过脉冲加减器再进入分频数亦为 M 的二进制数计数器，接收指令脉冲的调制，称为调相分频通道。两个计数器均为 M 分频，即当输入 M 个计数脉冲后产生一个溢出脉冲。

基准分频通道应该输出两路频率和幅值相同，但相位互差 90° 的电压信号，以供给感应同步器滑尺的正、余弦绕组励磁。为此，可将该通道中的最末一级计数触发器分成两个，接法如图 8-25 所示。由于最后一级触发器的输入脉冲相差 180°，所以经过一次分频后，它们的 θ 输出端的相位互差 90°。

由脉冲调相器基准分频通道输出的矩形脉冲，应经过滤除高频分量及功率放大后才能形成供给滑尺励磁的正、余弦信号 V_s 和 V_c。然后，由感应同步器电磁感应作用，可在其定尺上取得相应的感应电动势 u_0，再经滤波放大，就可获得用作位置反馈的脉冲信号 $P_B(\theta)$。

调相分频通道的任务是在指令脉冲的参与下输出脉冲信号 $P_A(\theta)$。在该通道中，脉冲加

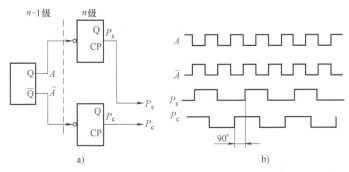

图 8-25　基准分频器末级相差 90°输出

a）原理图　b）波形图

减器的作用是：当指令脉冲 f_p 为 0 时，使其输出信号 $f'_0 = f_0$，即调相分频计数器与基准分频计数器完全同频同相工作。因此，$P_A(\theta)$ 与 $P_B(\theta)$ 必然同频同相，两者相位差 $\Delta\theta = 0$；当 $f_p \neq 0$ 时，输入到调相分频器中的计数脉冲个数发生变化。脉冲加减器按照正的指令脉冲使 f'_0 脉冲数增加，负的指令脉冲使 f'_0 脉冲数减少的原则，即当一个正向指令脉冲输入时，f_0 脉冲列中插入一个脉冲（在时间上不重合）；当一个负向指令脉冲输入时，f_0 脉冲列中扣除一个脉冲；当没有指令脉冲输入时，$f'_0 = f_0$。结果是该分频器产生溢出脉冲的时刻将提前或者推迟产生，因此，在指令脉冲的作用下，$P_A(\theta)$ 不再保持与 $P_B(\theta)$ 同相，其相位差大小和极性与指令脉冲 f_p 有关。

三、鉴相器

在一个相位系统中，指令信号的相位与实际位置检测所得的相位之间相位差是一个客观事实，鉴相器的任务就是把它用适当的方式表示出来。图 8-26 是一种半加器鉴相器逻辑原理图。由脉冲移相和位置检测所得的脉冲信号 $P_A(\theta)$ 和 $P_B(\theta)$ 分别输入鉴相器的计数触发器 T_1 和 T_2，经过二分频后所输出的 A、$\bar{A}$ 和 B、$\bar{B}$ 频率降低一半。鉴相器的输出信号有两个：S 取为 A 和 B 信号的半加和，$S = A\bar{B} + \bar{A}B$，其量值反映了相位差 $\Delta\theta$ 的绝对值。

A	B	$S = A\bar{B} + \bar{A}B$
0	0	0
0	1	1
1	0	1
1	1	0

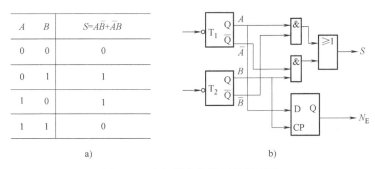

图 8-26　半加器鉴相器逻辑原理图

a）真值表　b）原理图

N_E 为一个 D 触发器的输出端信号，根据 D 端和 CP 端相位超前或滞后的关系，决定其输出的电压高低。因此，鉴相器是完成脉冲相位-电压信号的转换电路。

第五节　幅值比较的进给伺服系统

幅值比较的进给伺服系统是以位置检测信号的幅值大小来反映机械位移的数值，并以此作为位置反馈信号与指令信号进行比较构成的闭环控制系统（以下简称幅值伺服系统）。该系统的特点是，所用的位置检测元件应工作在幅值工作方式。感应同步器和旋转变压器都可以用于幅值伺服系统，本节采用旋转变压器作为讨论的示例。幅值伺服系统实现闭环控制的过程与相位伺服系统有许多相似之处，在此着重讨论幅值工作方式的位置检测信息如何取得，即怎样构成鉴幅器，以及如何把所取得幅值信号变换成可以与指令脉冲相比较的数字信号，从而获得位置偏差信号构成闭环控制系统。

一、幅值伺服系统组成原理

图 8-27 所示的幅值伺服系统框图中，旋转变压器取幅值工作方式反馈位置信息。如图 8-28 所示，当采用幅值工作方式时，其定子上两个相互垂直的绕组应分别输入频率相同、幅值成正交关系的正、余弦信号。

$$\begin{cases} U_s = U_m \sin\varphi \sin\omega t \\ U_c = -U_m \cos\varphi \sin\omega t \end{cases} \tag{8-18}$$

式中　φ——已知的电气角，系统中可通过改变 φ 角的大小控制定子励磁信号的幅值；

　　　ω——正弦交变励磁信号的角频率（rad/s），$\omega = 2\pi f$。

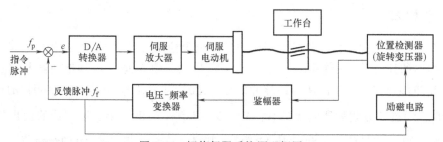

图 8-27　幅值伺服系统原理框图

在图 8-28 所示的旋转变压器示意图中，设转子绕组轴线与垂直方向的夹角为 θ，并以此作为转子相对于定子的位移角。按照电磁感应原理，在定子励磁信号加入后，转子绕组产生的感应电动势 e_0 为

$$\begin{aligned} e_0 &= -n(U_s\cos\theta - U_c\sin\theta) \\ &= -nU_m(\sin\varphi\cos\theta - \cos\varphi\sin\theta)\sin\omega t \\ &= nU_m\sin(\theta - \varphi)\sin\omega t = E_{0m}\sin\omega t \end{aligned} \tag{8-19}$$

式中　n——旋转变压器定、转子间的电压比。

若将已知电气角 φ 看作转子位移角的测量值，只要 φ 与 θ 不相等，则转子电动势幅值 $E_{0m} = nU_m\sin(\theta - \varphi) \neq 0$，即，如果想知道转子位移角的实际大小，可以通过

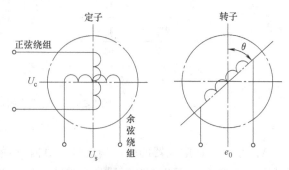

图 8-28　幅值工作的旋转变压器

改变励磁信号中 φ 角的设定值，然后检测 E_{0m} 的大小来换算。只要测出 $E_{0m}=0$，就可以知道此时 $E_{0m}=nU_m\sin(\theta-\varphi)=0$，即 $\sin(\theta-\varphi)=0$，$\theta=\varphi$。亦即可以通过被动测量的方法，准确地获得转子位移角的实测值。

在幅值系统中，若要获得励磁信号的 φ 值与转子位移角 θ 的对应关系，只需检测转子电动势的幅值，这就是鉴幅器的任务。为了完成闭环控制，该电动势幅值经电压-频率变换电路才能变成相应的数字脉冲，一方面与指令脉冲做比较以获得位置偏差信号，另一方面修改励磁信号中 φ 值的设定输入。下面举例说明幅值比较的闭环控制过程。

首先，假设整个系统处于平衡状态，即工作台静止不动，指令脉冲 $f_p=0$，有 $\varphi=\theta$，经鉴幅器检测转子电动势幅值为零，由电压-频率变换电路所得的反馈脉冲 f_f 亦为零。因此，比较环节 f_p 和 f_f 比较的结果，所输出的位置偏差 $e=f_p-f_f=0$，后续的伺服电动机调速装置的速度给定为零，工作台继续处于静止位置。

然后，若设插补器送入正的指令脉冲，$f_p>0$。在伺服电动机尚未转动前，φ 和 θ 均没有变化仍保持相等，所以反馈脉冲 f_f 亦为零。因此，经比较环节可知偏差 $e=f_p-f_f>0$。在此，数字脉冲的比较，可采用上一节中脉冲比较伺服系统的可逆计数器方法，所以偏差 e 也是一个数字量。该值经 D/A 转换就可以变成后续调速系统的速度给定信号（模拟量）。于是，伺服电动机向指令位置（正向）转动，并带动旋转变压器的转子做相应旋转。从此，转子位移角 θ 超前于励磁信号的 φ 角，转子感应电动势幅值 $E_{0m}>0$，经鉴幅器和电压-频率变换器，转换成相应的反馈脉冲 f_f。按照负反馈的原则，随着 f_f 的出现，偏差 e 逐渐减小，直至 $f_p=f_f$ 后，偏差为零，系统在新的指令位置达到平衡。但是，必须指出的是：由于转子的转动使 θ 角发生了变化，若 φ 角不跟随做相应变化，虽然工作台在向指令位置靠近，但 $\theta-\varphi$ 的差值反而进一步扩大了，这不符合系统设计要求。为此，应把反馈脉冲同时也输入到定子励磁电路中，以修改电气角 φ 的设定输入，使 φ 角跟随 θ 变化。一旦指令脉冲 f_p 重新为零，反馈脉冲 f_f 应使比较环节的可逆计数器减到零，令偏差 $e\to0$；另一方面也应使 φ 角增大，令 $\theta-\varphi\to0$，以便在新的平衡位置上转子电动势的幅值 $E_{0m}\to0$。

若指令脉冲 f_p 为负时，整个系统的检测、比较判别以及控制过程与上述 f_p 为正时基本上类似，只是工作台应向反向进给，转子位移角 θ 减小，φ 也必须跟随减小，直至在负向的指令位置达到平衡。

从上述分析可以看出，在幅值系统中，励磁信号中的电气角 φ 由系统设定，并跟随工作台的进给被动地变化。可以利用这个 φ 值，作为工作台实际位置的测量值，并通过数字显示装置将其显示出来。当工作台在进给后到达指令所规定的平衡位置并稳定下来，数字显示装置显示的是指令位置的实测值。

二、鉴幅器

由上述幅值比较原理可知，转子电动势 e_0 是一个正弦交变的电压信号，该幅值的绝对值 $|E_{0m}|$ 与 $|\sin(\theta-\varphi)|$ 成正比，而幅值的符号由 $\theta-\varphi$ 的符号决定。即当 $\theta-\varphi>0$，即 $\theta=\varphi$ 时，$E_{0m}=0$；当 $\theta-\varphi>0$，即 $\theta>\varphi$ 时，E_{0m} 为正；当 $\theta-\varphi<0$，即 $\theta<\varphi$ 时，E_{0m} 为负。该幅值的符号表明了指令位置与实际位置之间超前或滞后的关系。θ 与 φ 的差值越大，则表明位置的偏差越大。

图 8-29 是一个实用数控伺服系统中实现鉴幅功能的原理框图。图中 e_0 是由旋转变压器

转子感应产生的交变电动势, 其中包含了丰富的高次谐波和干扰信号。低通滤波器 1 的作用是滤除谐波的影响和获得与励磁信号同频的基波信号。例如, 若励磁频率为 800Hz, 则可采用 1000Hz 的低通滤波器。运算放大器 A_1 为比例放大器, A_2 为 1∶1 倒相器。S_1、S_2 是两个模拟开关, 分别由一对互为反相的开关信号 $\overline{SL}$ 和 SL 实现通断控制, 其开关频率与输入信号相同。由这一组器件 (A_1、A_2、S_1、S_2) 组成了对输入的交变信号的全波整流电路, 即, 在 $0 \sim \pi$ 的前半周期中, SL=1, S_1 接通, A_1 的输出端与鉴幅输出部分相连; 在 $\pi \sim 2\pi$ 的后半周期中, $\overline{SL}$=1, S_2 接通, 输出部分与 A_2 相连。这样, 经整流所得的电压 U_E 将是一个单向脉冲的直流信号。将低通滤波器 2 的上限频率设计成低于基波频率, 在此可设为 600Hz, 则所输出的 U_F 是一个平滑的直流信号。

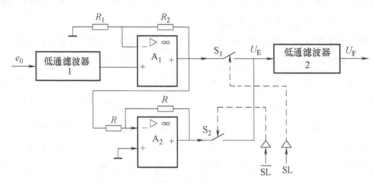

图 8-29 鉴幅器原理框图

图 8-30 所示为当输入的转子感应电动势 e_0 分别在工作台做正向或反向进给时, 开关信号 SL、脉动的直流信号 U_E 和平滑直流输出 U_F 的波形图。由图可知, 鉴幅器输出信号 U_F 的极性表示了工作台进给的方向, U_F 绝对数值的大小反映了 θ 与 φ 的差值。

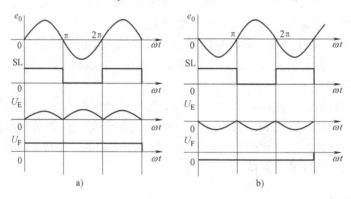

图 8-30 鉴幅器输出波形图

a) 正向运动 b) 反向运动

三、电压-频率变换器

电压-频率变换器的任务是把鉴幅器输出的模拟电压 U_F, 变换成相应的脉冲序列。该脉冲序列的重复频率与直流电压的电平高低成正比。对于单极性的直流电压, 可以通过压控振荡器变换成相应的频率脉冲, 而双极性的 U_F 应先经过极性处理, 然后再做相应的变换, 电压-频率变换器框图如图 8-31 所示。

图 8-32 所示是对 U_F 信号进行极性处理的原理图。其中, 图 8-32a 为极性判别电路, 当 U_F 为正极时, $U_s \approx 0$, 为低电平; U_F 为负极时, 由稳压二极管钳位使 $U_s \approx 3V$, 为高电平。由此可见,

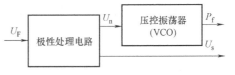

图 8-31　电压-频率变换器框图

U_s 信号是可与 TTL 逻辑电平相匹配的开关信号。图 8-32b 相当于对 U_F 信号做全波整流, 输出的 U_n 是 U_f 的绝对值, 其电压值始终大于或等于零。

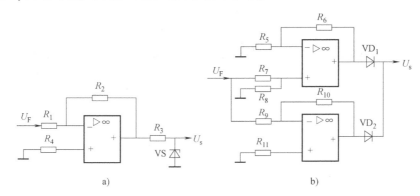

图 8-32　双极性直流信号极性处理原理图

a) 极性判别　b) 绝对值处理

压控振荡器能将输入的单极性直流电压转换成相应率的脉冲输出, 压控振荡器 (VCO) 的 $f\text{-}U$ 特性如图 8-33 所示, 输出的脉冲频率 f 与控制电压 U 呈线性关系。

至此, 由位置检测器取得的幅值信号, 转变成为相应的脉冲和电平信号, 即可用来作为位置闭环控制的反馈信号。如前所述, 若要真正完成位置伺服控制, 对于幅值系统还有励磁 φ 角的跟随变化问题。

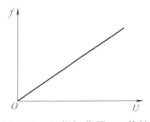

图 8-33　压控振荡器 $f\text{-}U$ 特性

四、脉冲调宽式正、余弦信号发生器

由式 (8-18) 可知, 采用幅值工作方式的旋转变压器定子的两励磁绕组电压信号, 是一组同频率同相位而幅值分别随某一可知变量 φ 做正余弦函数变化的正弦交变信号。要实现幅值可变, 就必须控制 φ 角的变化。可使用多抽头的函数变压器或脉冲调宽式两种方案来实现调幅的要求。前者对加工精度要求很高, 控制电路也比较复杂; 后者完全采用数字电路, 易于实现整机集成化, 能达到较高的位置分辨率和动静态检测精度。因此, 下面着重讨论这种脉冲调宽式的正余弦信号发生器。

(一) 矩形波励磁

脉冲宽度调制是用控制矩形波脉宽等效地实现正弦波励磁的方法, 其波形如图 8-34 所示。

设 V_1 和 V_2 分别是旋转变压器定子正余弦励磁绕组的矩形励

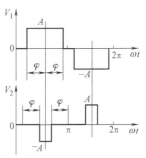

图 8-34　脉冲调宽波形图

磁信号。矩形波为双极性，幅值的绝对值均为 A，在一个周期内，V_1、V_2 的取值为

$$V_1 = \begin{cases} A, & \dfrac{\pi}{2}-\varphi \leqslant \omega t \leqslant \dfrac{\pi}{2}+\varphi \\[2mm] -A, & \dfrac{3\pi}{2}-\varphi \leqslant \omega t \leqslant \dfrac{3\pi}{2}+\varphi \\[2mm] 0, & \text{除上述范围之外} \end{cases}$$

$$V_2 = \begin{cases} -A, & \varphi \leqslant \omega t \leqslant \pi-\varphi \\[2mm] A, & \pi+\varphi \leqslant \omega t \leqslant 2\pi-\varphi \\[2mm] 0, & \text{除上述范围之外} \end{cases}$$

式中　φ——正弦励磁中影响正弦波幅值的电气角，在此表现为影响矩形脉冲宽度的参数。V_1 的脉宽为 2φ，V_2 的脉宽为 $\pi-2\varphi$。用傅里叶级数对 V_1 和 V_2 进行展开，由于是奇函数，则在 $[-\pi, \pi]$ 区间内可展开成如下正弦级数：

$$\begin{aligned} f(\omega t) &= \sum_{k=1}^{\infty} b_k \sin k\omega t \\ &= b_1 \sin \omega t + b_3 \sin 3\omega t + b_5 \sin 5\omega t + \cdots \end{aligned} \tag{8-20}$$

式中　b_k——系数。

$$b_k = \frac{2}{\pi} \int_0^{\pi} f(\omega t) \sin k\omega t \mathrm{d}\omega t \tag{8-21}$$

令 $f_1(\omega t) = V_1$，若只计算基波分量，则

$$\begin{aligned} b_1 &= \frac{2}{\pi} \int_0^{\pi} V_1 \sin \omega t \mathrm{d}\omega t = \frac{2A}{\pi} \int_{\frac{\pi}{2}-\varphi}^{\frac{\pi}{2}+\varphi} \sin \omega t \mathrm{d}\omega t \\ &= \frac{2A}{\pi} \left[-\cos\left(\frac{\pi}{2}+\varphi\right) + \cos\left(\frac{\pi}{2}-\varphi\right) \right] \\ &= \frac{2A}{\pi} (\sin\varphi + \sin\varphi) = \frac{4A}{\pi} \sin\varphi \end{aligned}$$

所以
$$f_1(\omega t) = \frac{4A}{\pi} \sin\varphi \sin\omega t$$

令 $f_2(\omega t) = V_2$，也只计算基波分量，则

$$\begin{aligned} b_1 &= \frac{2}{\pi} \int_0^{\pi} V_2 \sin \omega t \mathrm{d}\omega t = -\frac{2A}{\pi} \int_{\varphi}^{\pi-\varphi} \sin \omega t \mathrm{d}\omega t \\ &= -\frac{2A}{\pi} [-\cos(\pi-\varphi) + \cos\varphi] = -\frac{4A}{\pi} \cos\varphi \end{aligned}$$

所以
$$f_2(\omega t) = -\frac{4A}{\pi} \cos\varphi \sin\omega t$$

若令 $U_\mathrm{m} = 4A/\pi$，则矩形励磁信号的基波分量为

$$\begin{cases} f_1(\omega t) = U_\mathrm{m} \sin\varphi \sin\omega t \\ f_2(\omega t) = -U_\mathrm{m} \cos\varphi \sin\omega t \end{cases} \tag{8-22}$$

可以看出，式（8-22）与式（8-18）完全一致。即当设法消除高次谐波的影响后，用脉冲宽度调制的矩形波励磁与正弦波励磁其幅值工作方式的功能完全相当。因此可将正余弦励

磁信号幅值的电气角 φ 的控制，转变为对脉冲宽度的控制。在数字电路中，对脉冲宽度的控制比较准确而又易于实现。

（二）调宽脉冲发生器

调宽脉冲发生器如图 8-35 所示。其中，脉冲加减器和两个分频系数相同的分频器用于实现数字移相，计数触发脉冲 CP′ 和 CP″ 的频率是在时钟脉冲 CP 的基础上，按位置反馈信息 f_f 和 U_s 输入的情况下进行加减。每个分频器有两路相差 90° 电角度的溢出脉冲输出，通过组合逻辑进行调宽脉冲的波形合成。最后，经功率驱动电路加于两组绕组上的将是符合调幅要求的脉冲调宽式的矩形波脉冲。

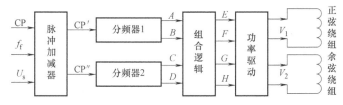

图 8-35　脉冲调宽矩形脉冲发生器框图

调宽脉冲产生的基本原理如下：

按照数字移相的原理，当输入的计数脉冲增加时，溢出脉冲的相位将拉前；相反，计数脉冲减少则溢出脉冲相位延后。脉冲加减电路应按照最后合成的波形要求，控制两个分频器计数脉冲 CP′、CP″ 的加减。图 8-36 画出了从分频器输出到波形合成的各处工作波形图。

$S_0-\varphi=0$ 时分频器 1 输出端 A 信号的波形，在此用作比较的基准波，记作 A_0。

由幅值比较原理可知，当工作台正向移动时，φ 应增大。设此时 CP′ = CP + f_f，CP″ = CP − f_f，则 A 信号相位向超前方向移动，C 相位向滞后方向移动。B 与 D 信号的相位固定地分别滞后 A 和 C 相位 90°。

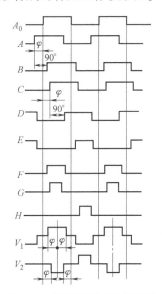

A、B、C、D 四路信号经组合逻辑完成波形合成，其输出 E、F、G、H 四路信号与输入之间的逻辑关系为

$$E=B+\overline{D},\ \ F=\overline{B}+D,\ \ G=\overline{A}+\overline{C},\ \ H=A+C$$

此四路脉冲信号分成两组经过功率驱动后，分别加到旋转变压器的正、余弦绕组两端。正弦绕组两端的电压为 V_1，其波形由 $F-E$ 的差值决定；余弦绕组两端的电压为 V_2，其波形由 $H-G$ 的差值决定。按幅值的要求，V_1 的脉冲宽度等于 2φ，V_2 的脉冲宽度等于 $\pi-2\varphi$。

图 8-36　脉冲调宽工作波形图

由上述调宽脉冲形成原理可知，绕组的励磁频率 f 与时钟 CP 的脉冲频率 f_{CP} 及分频器的分频系数 m 的关系为 $f=f_{CP}/m$。当励磁频率 f 一定时，时钟 CP 的频率与分频系数 m 成正比。

例如，若设 $f=800$Hz，m 取为 500，则 $f_{CP}=500\times800$Hz = 400kHz。如果将 m 增大至 2000，则保持 f 不变的情况下，CP 脉冲的频率将变为 1.6MHz。由数字移相原理可知，m 值越大，对应于单位数字的相移角 φ_0 越小。对于 m 分频的分频器，输入 m 个时钟脉冲，将产生 90°相移角。所以，$\varphi_0 = 90°/m$，当 $m = 500$ 时，$\varphi_0 = 90°/500 = 0.18°$；而当 $m = 2000$ 时，$\varphi_0 = 90°/2000 = 0.005°$。显然，分频系数 m 取值越大时，脉冲调宽的精度也越高。

第六节　数据采样式进给伺服系统

前面所介绍的脉冲比较、相位比较及幅值比较的伺服系统，若比较环节由硬件电路完成，那么幅值比较伺服系统中脉冲比较环节与脉冲比较伺服系统的比较环节是一致的，因而，从比较环节来看，可称为脉冲比较式和相位比较式。本节重点介绍数据采样式进给伺服系统。

一、数据采样式进给位置伺服系统

图 8-37 是数据采样式进给位置伺服系统的控制结构框图。

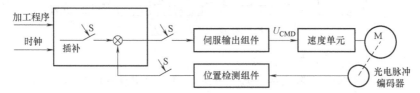

图 8-37　数据采样式进给位置伺服系统的控制结构框图

与前面介绍过的脉冲比较式和相位比较式不同，数据采样式进给伺服系统的位置控制功能是由软件和硬件两部分共同实现的。软件负责跟随误差和进给速度指令的计算；硬件接收进给指令数据，进行 D/A 转换，为速度控制单元提供命令电压，以驱动坐标轴运动。光电脉冲编码器等位置检测元件将坐标轴的运动转化成电脉冲，电脉冲在位置检测组件中进行计数，被微处理器定时读取并清零。计算机所读取的数字量是坐标轴在一个采样周期中的实际位移量。

目前，对于采样周期的选择还没有精确的公式可遵循，都是给出一般的指导思想和推荐数值。选择采样周期要考虑以下三方面的因素。

（一）系统的稳定性

进给伺服系统是二阶系统，对于数据采样式进给伺服系统来说，由于加入了采样器，往往会使系统变得不稳定，或者至少降低了系统的稳定性。影响系统稳定性的因素是系统的开环增益和采样周期，这两者是相互关联的。也就是说，从系统稳定性考虑，必须参考系统开环增益的大小来确定系统的采样周期。

（二）输入信号的频谱特性

"自动控制原理"课程中介绍过香农采样处理。根据这一定理，采样系统的采样周期 T 应满足

$$T < \frac{\pi}{\omega_{max}} \tag{8-23}$$

才能保证输入信号的较好的复现性。

式中　ω_{max}——输入信号频谱的最高频率，即频带宽度。

CNC 系统在进行直线插补时，位置指令信号应为斜坡函数；在进行圆弧插补时，位置

指令信号应为正弦函数。

对于斜坡函数，其频带宽度是较难确定的。对于圆弧插补时的正弦指令函数，其频带宽度由最大轮廓进给速度 v_{max}（m/min）和最小允许切削半径 r_{min}（mm）来确定，表达式为

$$\omega_m = 15.6 \frac{v_{max}}{r_{min}} \tag{8-24}$$

（三）与速度控制单元的惯性匹配

速度控制单元是整个进给伺服系统中的一个环节，速度控制单元的动态特性可用一个惯性环节来描述，这一环节的惯性时间常数为 T_v。实践经验和理论分析都指出，采样周期 T 应小于 T_v，这样控制质量好。

上面介绍了选择采样周期的三个方面的根据，一般进给伺服系统的位置采样周期是 4～20ms，它是通过微处理器的实时中断来实现的。一般数控系统的控制软件多采用多级中断的结构，位置伺服中断只是其中的一级中断，其中断级别通常是较高的。

从前面介绍的脉冲比较式进给位置伺服系统和相位比较式进给位置伺服系统中已经看出，位置伺服控制的关键是实时地计算系统的跟随误差，速度控制命令是根据跟随误差得出来的。在前面介绍的两种位置伺服系统中，跟随误差是由硬件算出的。而现在介绍的数据采样式进给位置伺服系统中，跟随误差和速度控制命令都是微处理器执行位置伺服中断程序算出的，图 8-38 是该程序的框图。

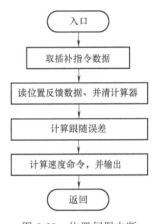

图 8-38　位置伺服中断
子程序框图

这里的插补指令是以数据序列的形式给出的。在第 i 步的位置伺服中断中，应当先得到插补指令数据，也就是要先知道在第 i 步中坐标轴应当运动的位移 ΔD_{ei}。

在位置伺服中断中，还应当读取位置检测组件中的计数器，以得到在第 i 步中坐标轴实际运动的位移 ΔD_{fi}。

计算系统的位置跟随误差 E_i 可采用

$$E_i = E_{i-1} + \Delta D_{ei} - \Delta D_{fi} \tag{8-25}$$

式中　E_i——第 i 步的跟随误差；

　　　E_{i-1}——第 $i-1$ 步的跟随误差。

式（8-25）的意思很明显：第 i 步的位置跟随误差应当等于第 $i-1$ 步的位置跟随误差加上在第 i 步中新产生的误差。

计算速度控制命令应当以图 8-39 为依据，E_p 称为速度抑制点，是作为系统参数由用户输入的。K_{p1} 和 K_{p2} 都是位置控制增益，K_{p1} 是由用户输入的，K_{p2} 由系统自动取为 K_{p1} 的 25%～50%。

在计算速度控制命令时，首先应判断跟随误差 E_i 的绝对值是否大于 E_p，若 $|E_i| < E_p$，则说明系统工作于轮廓加工区，这时可按式（8-26）计算速度控制命令。

$$v_{Di} = K_{p1} E_i \tag{8-26}$$

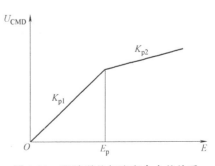

图 8-39　跟随误差与速度命令的关系

若 $|E_i|>E_p$，则说明系统工作于快速进给区，这时可按式（8-27）计算速度控制命令。

$$v_{Di} = K_{p1}E_p + K_{p2}(E_i - E_p) \tag{8-27}$$

当速度控制命令计算完毕后，立即将其输出到伺服输出组件。伺服输出组件保持速度命令数据，并将其转换成模拟电压 U_{CMD}，U_{CMD} 被送到速度伺服单元。

二、反馈补偿式步进电动机进给伺服系统

步进电动机的主要优点之一是能在开环的方式下工作。由于这种运行方式的控制电路简单经济，不需要位置检测元件，是一种实用的进给伺服系统，所以只要静态和动态能满足要求，就应首先考虑采用这种系统。但是，就步进电动机而言，关键在于电动机的转动能跟随每一个指令脉冲，在运行结束时所走的总行程正好等于输入脉冲的个数乘以步距。然而，由于开环控制没有位置反馈，无法知道步进电动机是否丢失脉冲。另外，电动机的响应速度将受负载大小的影响，所以步进电动机的开环控制性能受到了一些限制。输入指令脉冲序列的频率太高，步进电动机将产生丢步。

由于上述原因，近几年出现了一种反馈补偿型的步进电动机伺服系统。这种系统基本上解决了步进电动机丢失脉冲的问题，但是这种系统从控制方式来看并不是真正意义上的闭环控制。尽管在这种系统中也装有位置检测元件，但这种系统与前面介绍过的几种进给伺服系统在控制方式上的区别是显而易见的。

图 8-40 是反馈补偿步进电动机进给伺服系统的结构框图。与开环系统不同，这里在步进电动机的轴上装了脉冲编码器，脉冲编码器将步进电动机的转动变换成脉冲输出，输出脉冲被送到反馈处理电路中。反馈处理电路有两个作用：第一，由于脉冲编码器每转一周输出的脉冲个数与步进电动机每转一周所走的步数不一定一样，所以需要反馈处理电路起适配的作用；第二，反馈处理电路应当将脉冲编码器输出的脉冲变换成正、反转反馈计数脉冲。

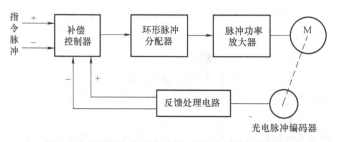

图 8-40　反馈补偿型步进电动机的进给伺服系统

与反馈脉冲一样，指令脉冲也有正转和反转两个通道。指令脉冲和反馈脉冲均送入补偿控制器中进行比较，补偿控制器根据指令脉冲数与反馈脉冲数之差向后面的环形分配器发出脉冲，以驱动步进电动机运转。

补偿控制器是整个系统的核心，其内部结构如图 8-41 所示。

A、B 两路为同步脉冲，其频率较高。同步电路的作用是对指令脉冲与反馈脉冲进行同步处理，以使可逆计数器能正常工作，这一点与前述的完全一样。

可逆计数器中的计数值 D 代表了指令脉冲数与反馈脉冲数之差。这一计数值用来控制后面的受控门。

所谓受控门是这样一种电路，它接收基准脉冲 f_0，但不完全让其通过。通过受控门的基

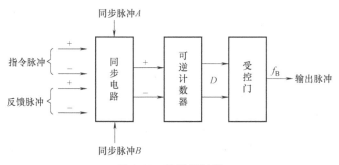

图 8-41　补偿控制器

准脉冲个数是受可逆计数器的计数值 D 控制的。D 的值是多少，就允许多少个基准脉冲通过受控门，从受控门输出的脉冲送到环形分配器，驱动步进电动机运行。

第七节　交、直流伺服电动机的微机位置闭环控制

控制电动机一般是指用于自动控制、自动调节、远距离测量、伺服系统以及计算装置中的微特电动机。前面已介绍，在自动控制系统中，把输出量跟随输入量的变化而变化的系统叫作伺服系统，如图 8-42 所示。伺服电动机又称为执行电动机，在自动控制系统中作为执行元件，其任务是将输入的电信号转换为轴上的转角或转速，以带动控制对象。按电流种类不同，伺服电动机可分为交流和直流两种，直流伺服电动机和交流伺服电动机被广泛用于位置伺服系统，下面主要介绍它们的微机闭环控制系统。

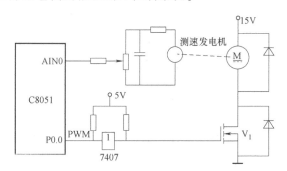

图 8-42　单片机控制的不可逆 PWM 系统

一、直流伺服电动机的微机位置闭环控制

直流电动机是最早出现的电动机，也是最早能实现调速的电动机。长期以来，直流电动机一直占据着调速控制的统治地位。由于它具有良好的线性调速特性、简单的控制性能、高的效率、优异的动态特性，尽管近年来不断受到其他电动机（如交流变频电动机、步进电动机等）的挑战，但到目前为止，它仍然是大多数调速控制电动机的最优先选择。

近年来，直流电动机的结构和控制方式都发生了很大变化。随着计算机进入控制领域以及新型的电力电子功率器件的不断出现，使采用全控型的开关功率器件进行脉宽调制（PWM）控制方式已成为绝对主流。这种控制方式很容易在单片机控制中实现，从而为直流

电动机控制数字化提供了契机。

随着永磁材料和工艺的发展，已将直流电动机的励磁部分用永磁材料代替，出现了永磁直流电动机。由于这种电动机体积小、结构简单、省电，目前已在中小功率范围内得到广泛的应用。

无刷直流电动机是随着电子技术、新型电力电子器件和高性能永磁材料技术的发展而出现的新型电动机。它用电子换向器代替了直流电动机上的机械换向器和电刷，避免了因换向器和电刷接触不良所造成的一系列直流电动机的致命弱点，使直流电动机无刷化。

在此，简单介绍利用单片机和脉宽调制控制技术对直流电动机进行调速控制的各种方式和实现的方法。速度系统加上后续机械传动系统，就形成了位置控制系统。

直流电动机 PWM 控制系统有可逆和不可逆之分。可逆系统是指电动机可以正、反两个方向旋转；不可逆系统是指电动机只能单向旋转。可逆系统又可分为单极性驱动和双极性驱动。单极性驱动是指在一个 PWM 周期里，作用在电枢两端的脉冲电压是单一极性的；双极性驱动则是指在一个 PWM 周期里，作用在电枢两端的脉冲电压是正负交替的。

图 8-42 是单片机控制的不可逆 PWM 系统。通过单片机的 PWM 口产生 PWM 信号，控制直流电动机的转速。直流电动机轴上，用直流测速发电机测量电动机转速，并将测速信号通过单片机内部的 A/D 转换器进行 A/D 转换，形成一个直流电动机的闭环调速系统。

无制动的不可逆 PWM 系统，由于电流不能反相流动而不能产生制动作用。为了产生制动作用，必须增加一个开关管，为反向电流提供通路，只在制动时起作用。图 8-43 是单片机控制的有制动的不可逆 PWM 系统。图中采用反相器 7406 实现对开关管的控制。系统能在两个象限上工作。

LMD18200 是专用直流电动机驱动芯片，LMD18200 提供单极性驱动方式和双极性驱动方式。

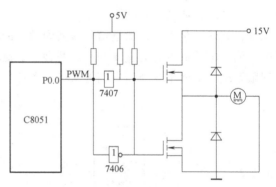

图 8-43　单片机控制的有制动的不可逆 PWM 系统

图 8-44 是采用 LMD18200 实现双极性控制的原理图。整个电路元器件少，体积小，适合在仪器仪表控制中使用。

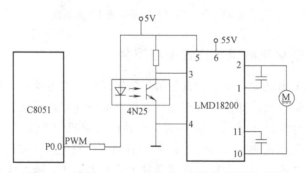

图 8-44　采用 LMD18200 实现双极性控制的原理图

图 8-45 是应用 LM629 全数字式控制的专用运动控制处理器组成的位置伺服系统。通过

一片单片机、一片 LM629、一片功率放大器、一台直流电动机、一个增量式光电编码盘就可以构成一个伺服系统。本例采用 8751 单片机对其进行控制。LM629 的 I/O 口 D0~D7 与单片机的 P0 相连,用来传送数据和控制指令,从 LM629 传送电动机的状态和运动信息。用 LMD18200 驱动芯片驱动电动机运行。增量式光电编码器的输出直接连到 LM629 的 A、B、C 输入端,形成反馈环节。

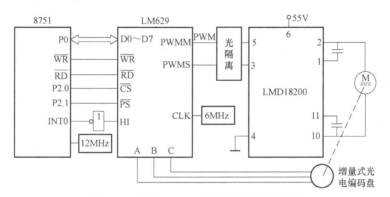

图 8-45   应用 LM629 组成的位置伺服系统

二、交流伺服电动机的微机位置闭环控制

交流异步电动机(以下均指的是感应交流异步电动机)因为其结构简单、体积小、重量轻、价格便宜、维护方便的特点,在生产和生活中得到了广泛的应用。然而,长期以来,交流异步电动机的调速始终是一个难题,随着电子技术和计算机技术的发展,交流异步电动机的调速技术发展很快。现在流行的交流异步电动机调速控制方法可分为两种:变频变压法(VVVF)和矢量控制法。前者原理相对简单,发展经验较成熟,应用也较多。由于这种控制方法对交流异步电动机进行调速时,可能会使电动机的机械特性变软,因此人们开始研究矢量控制技术,其思路是:设法在三相交流异步电动机上模拟直流电动机控制转矩的规律。

近年来,一些厂商推出了专用于生成三相或单相 SPWM 波控制信号的大规模集成电路芯片,如 HEF4752、SLE4520、SA4828 等。采用集成电路芯片,可以大大减轻单片机的负担。SA4828 是 MITEL 公司推出的一种专用于三相 SPWM 信号发生和控制的集成芯片。它既可以单独使用,也可以与大多数型号的单片机接口,全数字控制。本例选用 Intel 公司的8751 单片机,接口电路如图 8-46 所示。8751 的 P0 口与 SA4828 的 AD 口相连,提供 8 位数

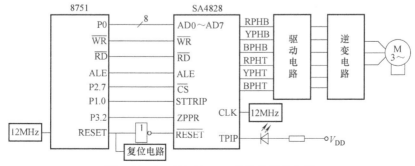

图 8-46   SA4828 与 8751 单片机接口电路

据和低 8 位地址，SA4828 的 6 个输出引脚 RPHT、YPHT、BPHT、RPHB、YPHB、BPHB 分别通过各自的驱动电路，来驱动逆变桥的 6 只开关管。（程序设计略。）

习题和思考题

8-1 分别解释开环、闭环、半闭环的概念。

8-2 什么是点位控制？什么是轮廓控制？点位控制与轮廓控制在性能要求上有何不同？

8-3 速度控制单元在整个伺服系统中处于什么地位？为什么说进给伺服控制是以对速度的控制为前提的？

8-4 什么是伺服滞后？什么是跟随误差？画图说明它们的关系。

8-5 什么是前馈控制？采用前馈控制的目的是什么？

8-6 在脉冲比较式进给伺服系统中，可逆计数器 UDC 有何作用？鉴相器有何作用？

8-7 简述数据采样式进给伺服系统基本工作原理。选择采样周期时，应考虑哪几个方面的因素？

8-8 简述反馈补偿型步进电动机进给伺服系统的工作原理。该系统中也装有位置检测元件，但为什么说它并不是真正意义上的闭环（或半闭环）控制？

8-9 脉冲移相器（也称数字移相电路）是数控系统中常用的一种功能电路，若要求使用节距为 2mm 的感应同步器作为位置检测器，取脉冲当量为 1μm，试计算确定基准分频器和调相分频器的分频数 m。

8-10 简述幅值系统的基本工作原理，着重说明鉴幅器实现位置检测的基本原理。

8-11 对于一个闭环控制系统，开环增益与稳态精度的关系如何？是否增益越高越好？

8-12 高增益伺服系统中，通常为何要增设加减速电路？这种加减速电路对于数控加工过程有些什么影响？

第九章

基于 DSP 的伺服控制系统

第一节　控制系统硬件结构

一、TMS320F28069 芯片及软件开发

控制器是整个伺服系统的核心部分，是系统的"大脑"，起着分析与处理各种信号、指挥系统按期望的状态运行的关键作用。本章采用 TMS320F28069 芯片作为控制器的主控芯片，大部分工作都是基于此芯片的，因此有必要首先对其进行介绍。

二、TMS320F28069 芯片简介

TI 公司的 C2000 系列 DSP 在运动控制领域中应用非常广泛。TMS320F28069 芯片属于 TI 公司 F2806x Piccolo 系列浮点 DSP 中的一员，其特性如下：

1）采用 C28x 内核，高性能 32 位 CPU，主频为 90MHz（周期为 11.11ns）；支持 16×16 位和 32×32 位的乘和累加操作；采用哈佛总线结构，能并行访问地址和数据存储空间；能够进行快速的中断响应和处理；具有统一的内存编程模型，支持 C/C++语言和汇编语言混合编程。

2）具有较低的设备和系统成本，支持芯片工作所需的外围设备很少。芯片用单电源 3.3V 电压供电（I/O 端口电压 3.3V，内核电压 1.8V 可由芯片内部自带的电压调节器产生），功耗较低。芯片没有上电时序的要求，内部集成了上电复位和掉电复位的功能。芯片提供了三种低功耗工作模式：IDLE 模式、STANDBY 模式和 HALT 模式。

3）外设中断扩展（PIE）模块可支持 96 个独立的外设中断，其中 72 个中断是有定义的，其余 24 个中断保留给将来扩展的设备使用。

4）具有浮点运算单元，支持单精度浮点运算。相比以往定点 DSP 来说，这是一个性能的飞越，在不考虑成本的情况下，具有浮点运算能力的 DSP 在电机控制中更具优势，能带来更多便利。

5）具有可编程控制律加速器（CLA）。控制律加速器是独立于主 CPU 的平行加速器，无需主 CPU 的干预即可执行 32 位浮点运算，扩展了主 CPU 的性能，其工作频率与主 CPU 一致。控制律加速器模块类似于一个独立的 CPU，其执行代码也是独立于主 CPU 的，非常灵活。CLA 的使用大大提高了芯片的浮点运算能力，减少了主 CPU 的开销，对提高控制系统性能大有裨益。

6）片内存储器资源非常丰富，具有存储容量高达 256KB 的 Flash 存储器、存储容量高

达 100KB 的 SARAM 存储器以及 2KB 的一次可编程存储器（One Time Programmable，OTP）。如此大容量的存储器可满足绝大多数的使用场合。

7）芯片包含两个片内晶体振荡器（以下简称晶振），CPU 时钟信号可以使用片内晶振或外部晶振来产生，也可以直接采用外部时钟信号，实验证明，片内晶振误差较大，不适用于对精度要求高的场合。具有动态锁相环模块，可灵活控制 CPU 时钟的倍频系数，调节 CPU 时钟频率。芯片还具有丢失时钟检测电路。

8）芯片配置了看门狗模块（Watch Dog），用以提高系统的抗干扰能力，其监视系统的运行，一旦出现程序"跑飞"等异常情况，即刻触发一次复位或中断事件，使系统的工作状态恢复正常，大大提高了系统运行的稳定性和可靠性。

9）具有多达 54 个带有输入滤波功能的单独可编程的多路复用 GPIO（通用 I/O 端口）引脚，每个 GPIO 引脚的功能均可由相关寄存器单独进行配置。

10）具有 JTAG（Joint Test Action Group，联合测试工作组）接口，可通过仿真器对芯片进行在线编程调试。

11）片内具有丰富的外设资源，主要包括：

① 3 个 32 位的 CPU 通用定时器。

② 8 个增强型脉宽调制器（ePWM）模块，总共 16 个 PWM 通道，其中可支持 8 个高分辨率 PWM（HRPWM）通道；每个模块中包含独立的 16 位定时器。

③ 3 个增强型输入捕获单元（eCAP1～eCAP3）；4 个高分辨率输入捕获单元（HRCAP1～HRCAP4）。

④ 2 个增强型正交编码脉冲电路（eQEP）模块。

⑤ 12 位分辨率的 A/D 转换器，包含 2 个采样/保持器（S/H），具有多达 16 个模拟输入通道，A/D 转换速率可达 3.46 MSPS（百万次采样每秒），模拟输入电压范围为 0～3.3V；芯片还具有片上温度传感器。

⑥ 具有多种串口外设，分别为：2 个串行通信接口（SCI）模块，是标准的通用异步接收/发送器（UART），属于异步串行通信方式；2 个串行外设接口（SPI）模块，是高速同步串行输入/输出接口，属于同步串行通信方式；1 个 I^2C 总线模块；1 个多通道缓冲串口（McBSP）总线模块；1 个增强型控制器局域网（eCAN）模块；1 个通用串行总线（USB 2.0）模块。

12）芯片封装：80 脚 PFP 和 100 脚 PZP PowerPADTTM 散热增强薄型四方扁平封装（HTQFP）；80 脚 PN 和 100 脚 PZ 薄型四方扁平封装（LQFP）。

以上是对 TMS320F28069 芯片功能特点的概述，在实际使用时可参考芯片的数据手册（由 TI 公司提供），那里有对芯片更加详细、更加充分的介绍。

三、TMS320F28069 的最小系统设计

DSP 最小系统指的是能让 DSP 芯片工作的最基本的系统组成，缺少其中任一部分系统即无法正常工作。DSP 最小系统一般包括 DSP 芯片、时钟源、电源、复位电路、JTAG 接口等。下面具体设计 TMS320F28069 的最小系统，芯片使用 100 引脚 PZ LQFP 封装。

芯片 I/O 引脚所需的 3.3V 电压由 AMS1117-3.3 稳压器产生，内核电压 1.8V 可由芯片内部电压调节器产生，无需外部供给。芯片所有 V_{DDIO} 引脚、模拟电源引脚 V_{DDA} 和 Flash 电

源引脚 V_{DD3VFL} 接 3.3V 电压，而所有 V_{DD} 引脚只需各接一个 $1.2\mu F$ 电容到 "地"（GND）即可。电源引脚可连接滤波电容（如 $0.1\mu F$ 电容，尽量靠近引脚）以提高输入电压信号的质量。所有 "地" 引脚（模拟 "地" V_{SSA}、数字 "地" V_{SS}）均相应接 "地"。

为了提高时钟信号精度，采用外部晶振，在 X1 和 X2 引脚之间跨接一个频率为 10MHz 的晶振，晶振两端各接一个 22pF 的电容到 "地"。

JTAG 接口电路原理图如图 9-1 所示。JTAG 接口是 DSP 连接仿真器到计算机的接口。图中，TMS、TDI、TDO、TCK 和 $\overline{TRST}$ 引脚分别和 TMS320F28069 芯片上对应的引脚相连，6 脚无定义，通常用于保证仿真器接口与 JTAG 接口之间的正确连接。本章选用的仿真器是 XDS100V3 仿真器。

至此，TMS320F28069 的最小系统设计完毕，可以通过计算机对芯片进行开发了。

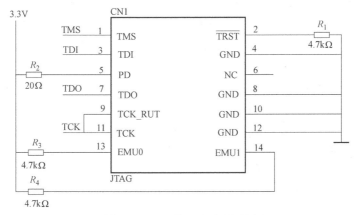

图 9-1　JTAG 接口电路原理图

第二节　CCSv6 开发平台及软件开发流程

CCSv6（Code Composer Studio v6）是 TI 公司推出的基于 Eclipse 开放源代码软件框架的集成开发环境（IDE），支持 TI 公司的微控制器和嵌入式处理器产品系列。CCSv6 提供了一整套用于开发和调试嵌入式应用的工具，包括用于优化的 C/C++编译器、源码编辑器、项目构建环境、调试器、描述器以及多种其他功能。CCSv6 将 Eclipse 软件框架的优点和 TI 公司先进的嵌入式调试功能相结合，为用户提供了一个功能丰富、轻松便捷的开发环境，使用户的软件开发体验得到很大的改善。

相比较早的 CCS 版本，CCSv6 有了一些新的特性与功能，更加简化了使用，有利于缩短软件开发周期。新的特性与功能主要有：

1）CCS App Center（CCS 应用中心）：提供了最新功能并免费集成了 TI 公司的其他软件套件。用户可以根据开发需要灵活安装所需的功能，非常方便实用。集成的软件套件非常丰富，主要有 TI-RTOS（Real-Time Operating System，实时操作系统）、MSP430 GCC、MSP430Ware、GUI（Graphical User Interface，用户图形界面）Composer、controlSUITE、TivaWare、各类编译器（Compiler）、Linux 开发工具、JavaScript 开发工具等。

2）Getting Started：用户可以选择在简单模式（Simple mode）下使用 CCS 软件，界面简洁明了，更易上手，这无疑能为新用户带来极大的便利。

3）Memory Allocation（存储器分配）：用于查看存储器分配、使用情况，非常直观明了。

4）Optimizer Assistant（优化器助手）：用于进行代码优化分析，提供代码优化的依据，优化代码、提高代码执行效率。

本文使用 CCSv6 对 TMS320F28069 芯片进行软件开发和调试，流程如图 9-2 所示。软件开发的第一步是建立工程，建立整个软件框架。接着为工程添加必要的文件，如 C 源代码文件（.c 文件）、汇编源代码文件（.asm 文件）、头文件（.h 文件）、链接命令文件（.cmd 文件）、库文件等，这些文件若有现成的，则可直接使用，仅需做适当修改，否则就需要进行编写然后添加到工程中。CCSv6 的 C 编译器允许 C 语言和汇编语言的混合编程，既可以在 C 语言中嵌入汇编语言，也可以独立编写 C 语言和汇编语言程序。C 语言具有可读性强、代码可移植、开发简便效率高等优点，实际开发中多采用 C 语言编程；而汇编语言执行效率较高，可对硬件资源进行直接控制，但其缺乏可读性，因此汇编语言常用于进行一些 C 语言难以完成的硬件操作，作为辅助开发语言。完成程序编写、文件添加之后进行编译和链接，生成可执行代码，在此过程中，编译器分别对各个源文件进行编译，生成目标文件（.obj 文件），然后用链接器将所有的目标文件链接起来，并根据链接命令文件将生成的代码和数据分配到指定的存储器，最后会生成一个可加载到 DSP 片内 RAM 中执行的文件（.out 文件）。接下来就是不断调试，如果调试通过则进行代码优化，然后将程序固化到片内 Flash 存储器中，完成软件开发。

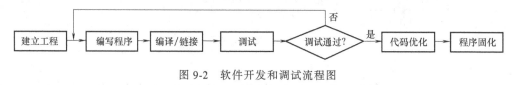

图 9-2　软件开发和调试流程图

第三节　无刷直流电动机系统

一、无刷直流电动机系统结构

无刷直流电动机区别于有刷直流电动机的关键之处在于省去了机械换向装置，是电子换向装置。无刷直流电动机系统的系统结构框图如图 9-3 所示。

二、无刷直流电动机系统硬件设计

本章设计一个低压无刷直流电动机系统，工作电压为 24V，该系统的硬件设计主要包括以下几个部分：控制器、三相霍尔式传感器、母线电流采样电路、三相桥式逆变电路

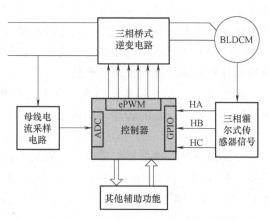

图 9-3　无刷直流电动机系统结构框图

以及电源等。

1. 控制器

控制器是整个无刷直流电动机系统的核心，其主控芯片选用 TMS320F28069 芯片。在 TMS320F28069 最小系统的基础上开发使用所需的外设资源。无刷直流电动机系统控制器使用的 DSP 外设资源主要有 GPIO、ePWM、ADC、SCI 等。GPIO 用于三相霍尔式传感器信号输入以及其他控制信号的输入；使 ePWM1 ~ ePWM3 产生 6 路 PWM 信号控制逆变电路 6 个功率管的导通或关断；将直流母线电压和电流信号经过处理后送入 ADC 模块，使系统可以实时监测这两个物理量，保证系统安全运行；SCI 为系统与外界进行数据交换提供了渠道，例如可以通过计算机来控制系统运行，比较方便。

2. 信号检测电路

信号检测电路主要包括三相霍尔式传感器信号检测电路、直流母线电流采样电路以及直流母线电压检测电路。

三相霍尔式传感器信号检测电路设计如图 9-4 所示。图中，P12 为三相霍尔式传感器的信号与电源（5V 电压供电）接口。由于霍尔式传感器为集电极开路（OC）输出，因此需要接上拉电阻（图中的 R_{58}、R_{63} 和 R_{66}，大小为 $3.3\text{k}\Omega$）至 3.3V 电压。为了使输入信号稳

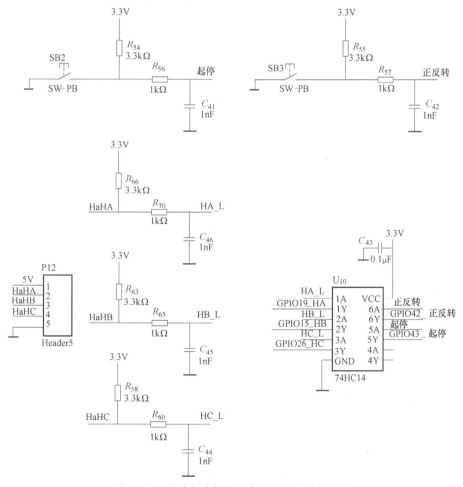

图 9-4　三相霍尔式传感器信号检测电路原理图

定、可靠，先将信号送入 74HC14 芯片进行整形，然后再将整形后的信号接到 TMS320F28069 芯片的 GPIO 引脚（GPIO19、GPIO15、GPIO26）。74HC14 芯片集成了 6 个反相施密特触发器，可用于信号的整形，以获得理想的矩形波信号。需要注意的是，其输入与输出逻辑反相，在 DSP 中进行信号分析时应考虑到这一点。另外，图中的起停、正反转两个电路分别用一个自锁开关，可产生两路开关量信号，同样经过 74HC14 芯片处理后接到 GPIO 引脚（GPIO42、GPIO43），可用于电动机的起停、正反转等控制，也可以灵活变通用作其他控制。

直流母线电流采样的方法是将电流信号转化为电压信号，在电路中串联一个阻值较小的采样电阻（0.033Ω，5W），然后将采样电阻两端的电压经过放大处理后接到 DSP 的 ADC 输入引脚，电压放大电路原理图如图 9-5 所示。该电压放大电路为同相输入比例运算放大电路，输入 IS 为采样电阻两端电压，电路放大倍数 $A_\mathrm{f} = \dfrac{R_{43}}{R_{44}} + 1 \approx 14.33$，输出电压接到 DSP 的 ADC 输入通道 ADCINA1。ADC 模块允许输入的模拟电压范围为 $0 \sim 3.3\mathrm{V}$，经计算，该检测电路检测的直流母线电流最高允许值为 $I_{\max} = \dfrac{3.3}{14.33 \times 0.033}\mathrm{A} \approx 6.98\mathrm{A}$，对低压无刷直流电动机系统来说，该电流值已足够大，采样电阻也能承受此电流，因此电路能安全工作。

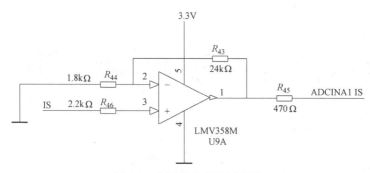

图 9-5　电压放大电路原理图

直流母线电压检测电路采用大电阻分压的方法获得采样电压，该方法简单方便，适用于低压场合。利用电阻分压，使采样电压在 $0 \sim 3.3\mathrm{V}$ 范围内，然后将采样电压接到 DSP 的 ADCINB0 引脚，如图 9-6 所示。由于分压电阻较大，电阻上的功率损耗很小。图中，二极管 VD_{10} 的作用是限制采样电压大小，使其不超过 $3.3\mathrm{V} + U_{\mathrm{th}}$（$U_{\mathrm{th}}$ 为二极管正向导通电压降，约为 $0.7\mathrm{V}$），保护 DSP 芯片安全。

3. 功率模块

功率模块用于驱动无刷直流电动机运行，主要包括三相桥式逆变电路以及功率管驱动电路等。图 9-7 给出了无刷直流电动机系统三相桥式逆变电路的硬件原理图，6 个功率管（$V_1 \sim V_6$）采用 N 沟道功率 MOSFET，型号为 IRF540N。该型号 N-MOSFET

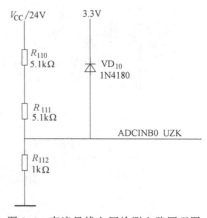

图 9-6　直流母线电压检测电路原理图

具有超低的漏源通态电阻 $R_{DS}(on) = 0.040\Omega$，最高漏源电压为 $U_{DS} = 100V$，最大漏极电流为 $I_D = 33A$，内部自带续流二极管（源极-漏极之间）。

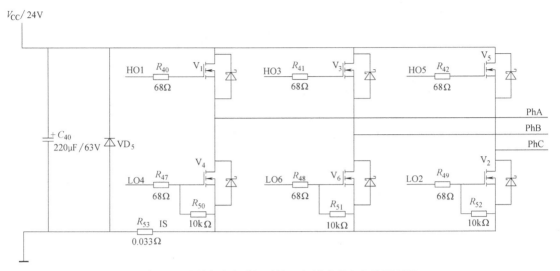

图 9-7　无刷直流电动机系统三相桥式逆变电路原理图

要使 MOSFET 导通，必须在其栅极和源极之间施加一个正向电压 U_{GS}，且 $U_{GS} \geq U_T$，U_T 为 MOSFET 的开启电压。MOSFET 的驱动电压信号由图 9-8 所示的驱动电路产生，该电路产生 A 相上、下桥臂 MOSFET 的驱动电压信号 HO1 和 LO4，其余两相与此相同。电路使用的芯片为 IR2103S，该芯片可用作高压高速功率 MOSFET 和 IGBT 的驱动芯片，用 15V 电压供电，可兼容 3.3V、5V 和 15V 逻辑电平。芯片脚 2（HIN）和脚 3（$\overline{LIN}$）为信号输入引脚，分别为上、下桥臂功率管的控制信号输入引脚；脚 7（HO）和脚 5（LO）为输出引脚，分别驱动上、下桥臂功率管。输出 HO 与输入 HIN 逻辑同相，而输出 LO 与输入 $\overline{LIN}$ 逻辑反相。图中两路输入信号（PWM1－和 PWM2－）为 DSP 输出的 PWM1 和 PWM2 信号经过 74HC14 芯片整形后的信号，前后逻辑反相。在进行信号处理的过程中需特别留意信号的逻辑关系，以免出错。

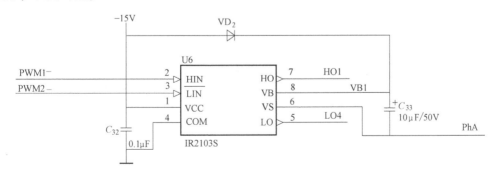

图 9-8　MOSFET 驱动电路原理图

4. 电源

系统需要用到 24V、15V、5V 以及 3.3V 的电压，除了 24V 电压由外部直流稳压电源提供外，其余均由系统内部稳压电路产生。

15V 电压主要为 MOSFET 驱动电路的 IR2103S 芯片供电。输出 15V 电压电路原理图如图 9-9 所示，电路使用三端可调式电压调节器 AZ317H，其输出电压大小可通过改变电阻 R_{80} 和 R_{82} 阻值的大小来调节，具体表达式为

$$U_{\text{OUT}} = U_{\text{REF}}\left(1 + \frac{R_{82}}{R_{80}}\right) + I_{\text{ADJ}}R_2 \tag{9-1}$$

由于 I_{ADJ} 通常很小（小于 $100\mu\text{A}$），因此表达式中的第二项在大多数情况下可以忽略。参考电压 $U_{\text{REF}} = 1.25\text{V}$，$R_{80}$ 和 R_{82} 分别取 680Ω 和 $7.5\text{k}\Omega$，代入式（9-1）得输出电压 $U_{\text{OUT}} = 15.0\text{V}$。

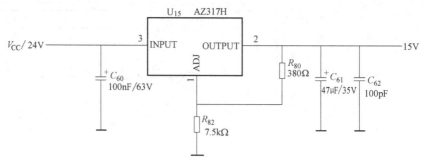

图 9-9　输出 15V 电压电路

5V 电压由 LM2576HVT-5.0 开关电源稳压器产生，3.3V 电压由 AMS1117-3.3 稳压器产生，电路原理图分别如图 9-10 和图 9-11 所示。为了得到稳定的电压值，这些电路中均设置了较多的滤波电容，对电路的输入和输出电压进行滤波。另外，在电源电路中还可以设置电源指示灯，可以起到安全指示作用，如图 9-10 中的发光二极管 LED_2。

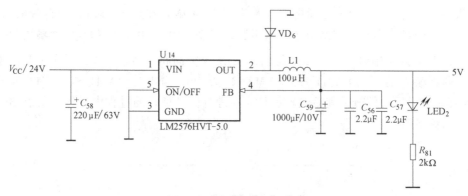

图 9-10　输出 5V 电压电路

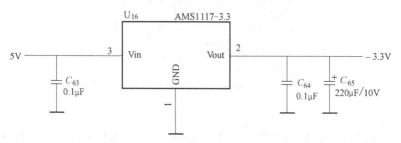

图 9-11　输出 3.3V 电压电路

至此，无刷直流电动机系统的硬件设计介绍完毕，将上述硬件设计的几个部分进行适当整合即可得到一个完整的系统硬件平台。下面在此硬件平台基础上对无刷直流电动机系统进行软件设计。

三、无刷直流电动机系统软件设计

无刷直流电动机系统软件架构主要包含主程序和中断服务程序，其程序流程图如图 9-12 所示。

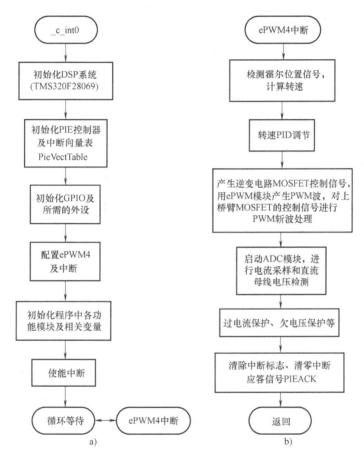

图 9-12　无刷直流电动机系统主程序和中断服务程序流程图

a）主程序　b）中断服务程序

主程序主要进行系统和一些模块的初始化，使能中断，启用所需的硬件资源，保证系统能正常运行。通过锁相环（PLL）设定 CPU 主频为 90MHz，设置 ePWM4 定时器的时钟频率与主频一致，计数模式为连续增减模式。程序主中断采用 ePWM4 中断，综合考虑系统承受能力和控制精度要求，选定中断频率为 7.5kHz，因此设置 ePWM4 定时器的周期寄存器的值为 6000（90MHz/7.5kHz/2 = 6000），此中断频率即为 MOSFET 的开关频率。

中断服务程序进行信号的分析和处理，实现对电动机的控制。进入中断服务程序后，读取三相霍尔信号对应的 GPIO 引脚数据，然后根据霍尔位置状态信号与绕组通电状态的对应关系 ePWM 模块产生相应的功率管 MOSFET 控制信号，ePWM1 ~ ePWM3 的 6 路信号分别对应 6 个 MOSFET。利用 T 测速法计算电动机转速，具体实现方法为：记录相邻两次霍尔状态翻转的时间间隔 $T(\mathrm{s})$，设电动机极对数为 p，由于一个电角度周期内有 6 个霍尔状态，因此电动机旋转一周霍尔状态翻转次数为 $6p$，于是电动机转速（r/min）为 $n=\dfrac{10}{pT}$。经过转速 PID 调节后输出 PWM 占空比，用 ePWM 模块生成相应 PWM 波对逆变电路上桥臂 MOSFET 控制信号进行斩波，调节电动机的输入电压大小，进而调节转速大小，实现转速闭环控制。此外，在中断服务程序中，还需启动 ADC 来进行电流采样和直流母线电压检测，以实现过电流保护和欠电压保护等。中断服务程序执行完后需清除中断标志位和清零中断应答信号 PIEACK，等待响应下一次中断事件。

系统使用到的 DSP 外设资源列于表 9-1。

表 9-1　BLDG 系统外设资源使用情况

外设模块	功能配置	引脚编号
GPIO	GPIO15、GPIO19、GPIO26、GPIO42、GPIO43	1、8、64、78、88
ePWM	ePWM1A/B、ePWM2A/B、ePWM3A/B	9、10、83、84、86、87
ADC	ADCINA1、ADCINB0	22、28

第四节　永磁同步电动机系统

本节主要设计一个正弦波电流驱动的永磁同步电动机（PMSM）伺服控制系统，首先介绍永磁同步电动机的数学模型和控制策略，然后进行系统的硬件设计和软件设计，并在此基础上对一台永磁同步电动机进行实验测试。

一、交流电机坐标变换理论

在阐述永磁同步电动机的相关理论之前，有必要介绍一下现代交流电机控制中常用的甚至是不可或缺的理论——坐标变换理论。在交流电机控制中，常见的坐标系有静止 ABC 坐标系、静止 $\alpha\beta$ 坐标系以及旋转 dq 坐标系等；常用的坐标变换有 Clarke 变换、Park 变换以及其反变换等。图 9-13 和图 9-14 分别给出了 Clarke 变换和 Park 变换的示意图。

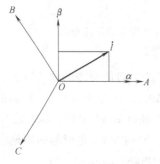

图 9-13　Clarke 变换示意图

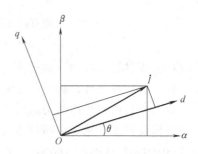

图 9-14　Park 变换示意图

1. Clarke 变换及其反变换

从静止 ABC 坐标系到静止 $\alpha\beta$ 坐标系的变换称为 Clarke 变换，也称 3/2 变换，反之称为

Clarke 反变换。如图 9-13 所示，选取 $\alpha\beta$ 坐标系的 α 轴与 ABC 坐标系的 A 轴重合，β 轴超前 α 轴 $90°$，两个坐标系相对静止。Clarke 变换中按恒相幅值变换的关系式为

$$
\begin{pmatrix} f_\alpha \\ f_\beta \\ f_\theta \end{pmatrix} = \boldsymbol{C}_{3/2} \begin{pmatrix} f_a \\ f_b \\ f_c \end{pmatrix} = \sqrt{\frac{2}{3}} \begin{pmatrix} 1 & -\dfrac{1}{2} & -\dfrac{1}{2} \\ 0 & \dfrac{\sqrt{3}}{2} & -\dfrac{\sqrt{3}}{2} \\ \dfrac{\sqrt{2}}{2} & \dfrac{\sqrt{2}}{2} & \dfrac{\sqrt{2}}{2} \end{pmatrix} \begin{pmatrix} f_A \\ f_B \\ f_C \end{pmatrix} \tag{9-2}
$$

式中　f——代表电压（u）、电流（i）、磁链（$\boldsymbol{\Psi}$）等变量；

　　　$\boldsymbol{C}_{3/2}$——变换矩阵，其逆矩阵为 $\boldsymbol{C}_{3/2}^{-1}$，则相应的 Clarke 反变换为

$$
\begin{pmatrix} f_A \\ f_B \\ f_C \end{pmatrix} = \boldsymbol{C}_{3/2}^{-1} \begin{pmatrix} f_\alpha \\ f_\beta \\ f_\theta \end{pmatrix} = \sqrt{\frac{2}{3}} \begin{pmatrix} 1 & 0 & \dfrac{\sqrt{2}}{2} \\ -\dfrac{1}{2} & \dfrac{\sqrt{3}}{2} & \dfrac{\sqrt{2}}{2} \\ -\dfrac{1}{2} & -\dfrac{\sqrt{3}}{2} & \dfrac{\sqrt{2}}{2} \end{pmatrix} \begin{pmatrix} f_\alpha \\ f_\beta \\ f_\theta \end{pmatrix} \tag{9-3}
$$

　　在实际系统中多为不带中性线的丫联结三相对称系统，不存在零序分量 f_0，并且三相变量满足 $f_A + f_B + f_C = 0$，即 $f_C = -(f_A + f_B)$，于是式（9-2）可进一步简化为

$$
\begin{pmatrix} f_\alpha \\ f_\beta \end{pmatrix} = \begin{pmatrix} \sqrt{\dfrac{3}{2}} & 0 \\ \dfrac{\sqrt{2}}{2} & \sqrt{2} \end{pmatrix} \begin{pmatrix} f_A \\ f_B \end{pmatrix} \tag{9-4}
$$

　　2. Park 变换及其反变换

　　从静止 $\alpha\beta$ 坐标系到旋转 dq 坐标系的变换称为 Park 变换，反之称为 Park 反变换。dq 坐标系跟随转子以电角速度 ω 旋转，d 轴方向沿转子磁极轴线，q 轴超前 d 轴 $90°$。如图 9-14 所示，d 轴与 α 轴的夹角为 θ（电角度），称为转子位置角，其随时间 t 变化如下：

$$
\theta = \theta(0) + \int_0^t \omega \mathrm{d}t \tag{9-5}
$$

式中　$\theta(0)$——$t = 0$ 时刻的初始转子位置角，为简单起见，常设 $\theta(0) = 0$，则 Park 变换关
　　　　系式为

$$
\begin{pmatrix} f_d \\ f_q \end{pmatrix} = \boldsymbol{P}_{2s/2r} \begin{pmatrix} f_\alpha \\ f_\beta \end{pmatrix} = \begin{pmatrix} \cos\theta & \sin\theta \\ -\sin\theta & \cos\theta \end{pmatrix} \begin{pmatrix} f_\alpha \\ f_\beta \end{pmatrix} \tag{9-6}
$$

　　其反变换为

$$
\begin{pmatrix} f_\alpha \\ f_\beta \end{pmatrix} = \boldsymbol{P}_{2s/2r}^{-1} \begin{pmatrix} f_d \\ f_q \end{pmatrix} = \begin{pmatrix} \cos\theta & -\sin\theta \\ \sin\theta & \cos\theta \end{pmatrix} \begin{pmatrix} f_d \\ f_q \end{pmatrix} \tag{9-7}
$$

式中　$\boldsymbol{P}_{2s/2r}$——Park 变换矩阵，其逆矩阵为 $\boldsymbol{P}_{2s/2r}^{-1}$。

　　通过坐标变换，可将一些复杂的、难处理的变量转化成相对简单的、容易处理的变量，这在实际工程应用中发挥着重要作用。

二、永磁同步电动机数学模型

同步电动机按励磁方式不同可分为绕线转子同步电动机和永磁同步电动机。绕线转子同步电动机采用往励磁绕组中通入直流电流的方式励磁，而永磁同步电动机用永磁体取代了励磁绕组，从而省去了励磁绕组、电刷和集电环等机械结构，因而电动机结构更简单、体积更小、维护更容易。永磁同步电动机定子通常包含三相绕组，每相绕组互差 120° 电角度；转子结构按永磁体安装形式不同可分为表贴式、嵌入式和内埋式等，如图 9-15 所示，三种形式磁路结构不同，因此电动机数学模型也有所不同。

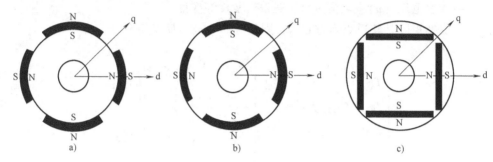

图 9-15　永磁同步电动机转子结构
a）表贴式　b）嵌入式　c）内埋式

为了便于理解和分析，人们在理想条件下建立永磁同步电动机数学模型，通常可以假设：

1）铁心不饱和，磁路为线性的，不计磁滞与涡流损耗。

2）忽略趋肤效应以及温度对绕组电阻的影响。

3）电动机定子三相绕组完全对称，且在电枢表面连续均匀分布。

4）转子永磁体产生的气隙磁密为理想正弦波分布，定子绕组中的感应电动势也为理想正弦波。

5）永磁体无阻尼作用。

下面分别给出基于上述假设的永磁同步电动机（PMSM）的电压方程、磁链方程、电磁转矩方程以及运动方程。

1. 电压方程

在静止 ABC 坐标系下永磁同步电动机电压方程为

$$\begin{pmatrix} u_A \\ u_B \\ u_C \end{pmatrix} = \begin{pmatrix} R_s & 0 & 0 \\ 0 & R_s & 0 \\ 0 & 0 & R_s \end{pmatrix} \begin{pmatrix} i_A \\ i_B \\ i_C \end{pmatrix} + p \begin{pmatrix} \psi_A \\ \psi_B \\ \psi_C \end{pmatrix} \tag{9-8}$$

式中　u_A、u_B、u_C——定子相电压；

$\quad\quad i_A$、i_B、i_C——定子相电流；

$\quad\quad \psi_A$、ψ_B、ψ_C——定子磁链；

$\quad\quad R_s$——定子每相绕组电阻；

$\quad\quad p$——海氏算子，$p = \dfrac{d}{dt}$。

对式（9-8）进行坐标变换，将定子相电压 u、定子相电流 i 和定子磁链 ψ 均转换到 dq 坐标系下，可以得到

$$
\begin{bmatrix} u_d \\ u_q \end{bmatrix} = \begin{bmatrix} R_s & 0 \\ 0 & R_s \end{bmatrix} \begin{bmatrix} i_d \\ i_q \end{bmatrix} + p \begin{bmatrix} \psi_d \\ \psi_q \end{bmatrix} + \omega \begin{bmatrix} -\psi_q \\ \psi_d \end{bmatrix} \tag{9-9}
$$

式中　u_d、u_q——定子直轴、交轴电压；

　　　i_d、i_q——定子直轴、交轴电流；

　　　ψ_d、ψ_q——定子直轴、交轴磁链；

　　　ω——转子电角速度，$\omega = \dfrac{d\theta}{dt}$。

式（9-9）即为永磁同步电动机在 dq 坐标系下的电压方程，其推导过程如下：

由式（9-8）可得

$$
\begin{bmatrix} u_A \\ u_B \end{bmatrix} = \begin{bmatrix} R_s & 0 \\ 0 & R_s \end{bmatrix} \begin{bmatrix} i_A \\ i_B \end{bmatrix} + p \begin{bmatrix} \psi_A \\ \psi_B \end{bmatrix} \tag{9-10}
$$

式（9-10）两边同时按式（9-4）进行 Clarke 变换得

$$
\begin{bmatrix} u_\alpha \\ u_\beta \end{bmatrix} = \begin{bmatrix} R_s & 0 \\ 0 & R_s \end{bmatrix} \begin{bmatrix} i_\alpha \\ i_\beta \end{bmatrix} + p \begin{bmatrix} \psi_\alpha \\ \psi_\beta \end{bmatrix} \tag{9-11}
$$

式（9-11）两边同时左乘 Park 变换矩阵 $\boldsymbol{P}_{2s/2r}$，再根据式（9-6）得

$$
\begin{bmatrix} u_d \\ u_q \end{bmatrix} = \begin{bmatrix} R_s & 0 \\ 0 & R_s \end{bmatrix} \begin{bmatrix} i_d \\ i_q \end{bmatrix} + \boldsymbol{P}_{2s/2r} p \begin{bmatrix} \psi_\alpha \\ \psi_\beta \end{bmatrix} \tag{9-12}
$$

考虑到

$$
p \begin{bmatrix} \psi_d \\ \psi_q \end{bmatrix} = p \left[\boldsymbol{P}_{2s/2r} \begin{bmatrix} \psi_\alpha \\ \psi_\beta \end{bmatrix} \right] = p(\boldsymbol{P}_{2s/2r}) \begin{bmatrix} \psi_\alpha \\ \psi_\beta \end{bmatrix} + \boldsymbol{P}_{2s/2r} p \begin{bmatrix} \psi_\alpha \\ \psi_\beta \end{bmatrix}
$$

于是

$$
\boldsymbol{P}_{2s/2r} p \begin{bmatrix} \psi_\alpha \\ \psi_\beta \end{bmatrix} = p \begin{bmatrix} \psi_d \\ \psi_q \end{bmatrix} - p(\boldsymbol{P}_{2s/2r}) \begin{bmatrix} \psi_\alpha \\ \psi_\beta \end{bmatrix} \tag{9-13}
$$

将式（9-13）代入式（9-12）得

$$
\begin{bmatrix} u_d \\ u_q \end{bmatrix} = \begin{bmatrix} R_s & 0 \\ 0 & R_s \end{bmatrix} \begin{bmatrix} i_d \\ i_q \end{bmatrix} + p \begin{bmatrix} \psi_d \\ \psi_q \end{bmatrix} - p(\boldsymbol{P}_{2s/2r}) \begin{bmatrix} \psi_\alpha \\ \psi_\beta \end{bmatrix} \tag{9-14}
$$

式（9-14）右边第三项中

$$
\begin{aligned}
p(\boldsymbol{P}_{2s/2r}) \begin{bmatrix} \psi_\alpha \\ \psi_\beta \end{bmatrix} &= p(\boldsymbol{P}_{2s/2r}) \boldsymbol{P}_{2s/2r}^{-1} \begin{bmatrix} \psi_d \\ \psi_q \end{bmatrix} \\
&= \omega \begin{bmatrix} -\sin\theta & \cos\theta \\ -\cos\theta & -\sin\theta \end{bmatrix} \begin{bmatrix} \cos\theta & -\sin\theta \\ \sin\theta & \cos\theta \end{bmatrix} \begin{bmatrix} \psi_d \\ \psi_q \end{bmatrix} \\
&= \omega \begin{bmatrix} 0 & 1 \\ -1 & 0 \end{bmatrix} \begin{bmatrix} \psi_d \\ \psi_q \end{bmatrix} = \omega \begin{bmatrix} \psi_q \\ -\psi_d \end{bmatrix}
\end{aligned} \tag{9-15}
$$

将式（9-15）代入式（9-14）即可得到式（9-19）。

2. 磁链方程

定子每相绕组的磁链包括该相绕组的自感磁链、相邻相绕组产生的互感磁链以及转子永磁体磁场在该相绕组中交链的磁链。在静止 ABC 坐标系下永磁同步电动机磁链方程为

$$\begin{pmatrix} \psi_A \\ \psi_B \\ \psi_C \end{pmatrix} = \begin{pmatrix} L_{AA} & M_{AB} & M_{AC} \\ M_{BA} & L_{BB} & M_{BC} \\ M_{CA} & M_{CB} & L_{CC} \end{pmatrix} \begin{pmatrix} i_A \\ i_B \\ i_C \end{pmatrix} + \begin{pmatrix} \psi_f\cos\theta \\ \psi_f\cos(\theta-120°) \\ \psi_f\cos(\theta+120°) \end{pmatrix} \tag{9-16}$$

式中　　　　　　　　　L_{AA}、L_{BB}、L_{CC}——定子每相绕组的自感；

M_{AB}、M_{AC}、M_{BA}、M_{BC}、M_{CA}、M_{CB}——定子绕组两相之间的互感，且有 $M_{AB}=M_{BA}$，$M_{AC}=$
M_{CA}，$M_{BC}=M_{CB}$，理想情况下可认为这些互感全部相等；

ψ_f——转子磁链，为恒定值；

θ——转子位置角。

经过坐标变换后可得永磁同步电机在 dq 坐标系下的磁链方程为

$$\begin{pmatrix} \psi_d \\ \psi_q \end{pmatrix} = \begin{pmatrix} L_d & 0 \\ 0 & L_q \end{pmatrix} \begin{pmatrix} i_d \\ i_q \end{pmatrix} + \begin{pmatrix} \psi_f \\ 0 \end{pmatrix} \tag{9-17}$$

式中　L_d、L_q——定子直轴、交轴电感。

永磁同步电动机的 L_d、L_q 与转子结构密切相关。在表贴式永磁同步电动机中，由于永磁体（如钕铁硼）的磁导率比较接近空气，因此可认为气隙是均匀的，类似于隐极同步电动机，有 $L_d=L_q$；而在嵌入式永磁同步电动机中，由于铁心的磁导率比永磁体要大得多，因此交轴磁路的磁导比直轴的大，从而交轴电感 L_q 要大于直轴电感 L_d，即 $L_q>L_d$，会表现出较明显的凸极效应。

3. 电磁转矩方程

电动机电磁转矩的一般公式为 $T_{em}=\dfrac{P_{em}}{\Omega}$，其中，$P_{em}$ 为电磁功率，Ω 为机械角速度。

永磁同步电动机输入功率为定子三相功率之和，即

$$P_1 = u_A i_A + u_B i_B + u_C i_C \tag{9-18}$$

经过坐标变换得到 dq 坐标系下的输入功率表达式为

$$P_1 = \frac{3}{2}(u_d i_d + u_q i_q) \tag{9-19}$$

将式（9-9）代入式（9-19）可得

$$P_1 = \frac{3}{2}R_s(i_d^2+i_q^2) + \frac{3}{2}(i_d p\psi_d + i_q p\psi_q) + \frac{3}{2}\omega(\psi_d i_q - \psi_q i_d) \tag{9-20}$$

由此可见，输入功率 P_1 由三部分组成：第一部分 $\dfrac{3}{2}R_s(i_d^2+i_q^2)$ 为电阻损耗，主要以热能的形式耗散；第二部分 $\dfrac{3}{2}(i_d p\psi_d + i_q p\psi_q)$ 反映了电动机内部的储能；第三部分 $\dfrac{3}{2}\omega(\psi_d i_q - \psi_q i_d)$

是电动机中参与能量转化的主要部分，即为电磁功率 P_{em}。

机械角速度 Ω 与电角速度 ω 的关系为 $\omega = p_n\Omega$，p_n 为转子极对数。于是永磁同步电动机电磁转矩方程为

$$T_{em} = \frac{P_{em}}{\Omega} = \frac{3}{2}p_n(\psi_d i_q - \psi_q i_d) \tag{9-21}$$

将式（9-17）代入式（9-21）可得

$$T_{em} = \frac{3}{2}p_n\left[\psi_f i_q + (L_d - L_q)i_d i_q\right] \tag{9-22}$$

分析式（9-22）可知，电磁转矩包括两部分：第一部分 $\frac{3}{2}P_n\psi_f i_q$ 为转子磁链与定子磁链相互作用产生的转矩；第二部分 $\frac{3}{2}p_n(L_d - L_q)i_d i_q$ 是由凸极效应产生的磁阻转矩。在表贴式永磁同步电动机或隐极同步电动机中，由于 $L_d = L_q$，因此这部分转矩不存在；而在嵌入式永磁同步电动机中，由于 $L_q > L_d$，这部分转矩可能会使电磁转矩有所减小。观察式（9-22），如果控制 $i_d = 0$，则电磁转矩只与 i_q 有关，可以通过控制 i_q 来方便地控制电磁转矩，因此称 i_q 为转矩电流分量。类似地，从式（9-17）中可以看到，直轴励磁磁链 ψ_d 可以通过 i_d 来控制，因此称 i_d 为励磁电流分量。通过坐标变换，定子三相电流解耦成了励磁电流分量 i_d 和转矩电流分量 i_q，这使得永磁同步电动机转变为一台"直流电动机"。

4. 机械运动方程

$$T_{em} = T_L + J\frac{d\Omega}{dt} + B\Omega \tag{9-23}$$

式中　　T_L——负载转矩；

　　　　J——转动惯量；

　　　　B——黏滞摩擦系数。

以上详细阐述了永磁同步电动机数学模型由静止 ABC 坐标系到旋转 dq 坐标系的变换过程，从中可以看出，通过坐标变换，数学模型得到了很大的简化，一些强耦合的变量得到了解耦，从而为实现电动机的高性能控制打下了基础。

三、永磁同步电动机矢量控制策略

永磁同步电动机是一个多变量、强耦合、时变的高阶非线性系统，由于磁场与电流之间存在着强烈的耦合，因此用一般的控制方法很难实现对转矩的动态控制。20 世纪 70 年代，德国工程师 F. Blaschke 提出了矢量控制技术，其主要思想是通过坐标变换对原来相互耦合的变量进行解耦，最终实现对电动机中的磁场和转矩的独立控制，得到类似于直流电动机的控制特性。

由前文对式（9-22）的分析可知，当保持 $i_d = 0$ 时便可通过控制 i_q 来对电磁转矩进行控制，而励磁磁场完全由转子永磁体提供，不会受到定子磁场的助磁和去磁影响，这即为永磁同步电动机矢量控制中的 $i_d = 0$ 控制策略，其控制系统框图如图 9-16 所示。

此控制系统实现了对永磁同步电动机的电流、速度及位置三闭环控制。电流环检测电动机的 A、B 两相电流 i_A、i_B，经过 Clarke 变换和 Park 变换后得到定子直轴、交轴电流 i_d、

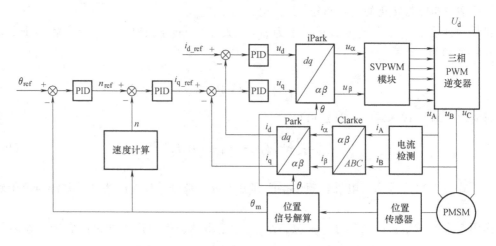

图 9-16　永磁同步电动机 $i_d = 0$ 控制系统框图

i_q，然后分别与给定值 i_{d_ref}、i_{q_ref} 进行 PID 调节，得到直轴、交轴电压 u_d、u_q，接着经过 Park 反变换后得到 u_α、u_β，再利用 SVPWM 功能模块产生 6 路 PWM 信号，对系统三相逆变器的 6 个功率管进行控制，进而实现对 PMSM 的控制。电动机转子位置信号由安装在电动机轴上的光电编码器获得，经过位置信号解算后得到转子位置角 θ（电角度）以及机械角度 θ_m（两者关系为 $\theta = p_n \theta_m$）。转子位置角 θ 用于 Park 变换以及 Park 反变换。机械角度 θ_m 与位置给定值 θ_{ref} 经过位置 PID 调节后得到转速给定值 n_{ref}，由于位置 PID 调节在误差为 0 时输出也为 0（即转子转到给定位置时电动机停转，转速为 0），因此仅需比例（P）调节即可。由机械角度 θ_m 经过速度计算得到转速 n，然后与转速给定值 n_{ref} 经过 PID 调节后得到转矩电流分量 i_q 的给定值 i_{q_ref}。由于是 $i_d = 0$ 控制系统，因此取 $i_{d\_ref} = 0$，从而控制定子直轴电流 $i_d = 0$。至此便实现了永磁同步电动机的三闭环控制。

四、空间矢量脉宽调制（SVPWM）原理与实现

空间矢量脉宽调制技术的原理主要是控制三相逆变器的功率管的开关来改变施加于电动机上的电压，使电动机内产生尽可能接近圆形的磁场（旋转磁场），这样不断切换功率管的开关状态即形成了 SVPWM 的调制规律。SVPWM 技术将电动机和逆变器看作一个整体来考虑，易于实现微机控制，同时它还具有电压利用率高等优点，因此在电动机伺服控制领域得到了广泛的应用。

三相逆变器电路直流侧母线电压为 U_d。在 SVPWM 调制过程中，任意时刻三相逆变器的每一相桥臂总有一个功率管导通，用 S_A、S_B、S_C 分别表示 A、B、C 相桥臂的开关状态，上桥臂功率管导通时为 1，下桥臂功率管导通时为 0，这样三相逆变器共有 8 个导通状态（$S_A S_B S_C$），可表示为 000、001、010、011、100、101、110 和 111，其中矢量 000 和 111 为无效状态，其余为有效状态。8 个导通状态对应产生 8 个基本电压空间矢量：$u_0 \sim u_7$。其中 $u_1 \sim u_6$ 为有效电压空间矢量，其幅值相同，均为 $\dfrac{2}{3} U_d$，但空间位置不同；而 u_0 和 u_7 为无效电压空间矢量，幅值为零，称为零矢量，如图 9-17 所示。

每一个有效电压空间矢量可由以下方法求得（以 u_4 为例）：u_4 对应的三相逆变器导通

状态 $S_A S_B S_C = 100$，A 相上桥臂导通，B、C 相下桥臂导通，对于丫联结电动机来说，这可以看作是 B、C 相绕组并联后与 A 相绕组串联，于是可求得三相相电压为 $U_A = \dfrac{2}{3} U_d$，$U_B = -\dfrac{1}{3} U_d$，$U_C = -\dfrac{1}{3} U_d$，经过 Clarke 变换后得 $U_\alpha = \dfrac{2}{3} U_d$，$U_\beta = 0$，于是 $u_4 = U_\alpha + jU_\beta = \dfrac{2}{3} U_d e^{j0}$，其余有效电压空间矢量按相同的方法求得。表 9-2 给出了全部的基本电压空间矢量（$u_0 \sim u_7$）。

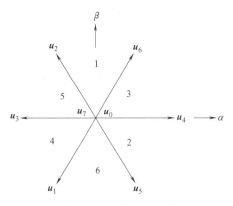

图 9-17 电压空间矢量

表 9-2 电压空间矢量表

电压空间矢量	开关状态			相电压			电压空间矢量表达式
	S_A	S_B	S_C	U_A	U_B	U_C	
u_0	0	0	0	0	0	0	0
u_1	0	0	1	$-\dfrac{1}{3} U_d$	$-\dfrac{1}{3} U_d$	$\dfrac{2}{3} U_d$	$\dfrac{2}{3} U_d e^{j\frac{4}{3}\pi}$
u_2	0	1	0	$-\dfrac{1}{3} U_d$	$\dfrac{2}{3} U_d$	$-\dfrac{1}{3} U_d$	$\dfrac{2}{3} U_d e^{j\frac{2}{3}\pi}$
u_3	0	1	1	$-\dfrac{2}{3} U_d$	$\dfrac{1}{3} U_d$	$\dfrac{1}{3} U_d$	$\dfrac{2}{3} U_d e^{j\pi}$
u_4	1	0	0	$\dfrac{2}{3} U_d$	$-\dfrac{1}{3} U_d$	$-\dfrac{1}{3} U_d$	$\dfrac{2}{3} U_d e^{j0}$
u_5	1	0	1	$\dfrac{1}{3} U_d$	$-\dfrac{2}{3} U_d$	$\dfrac{1}{3} U_d$	$\dfrac{2}{3} U_d e^{j\frac{5}{3}\pi}$
u_6	1	1	0	$\dfrac{1}{3} U_d$	$\dfrac{1}{3} U_d$	$-\dfrac{2}{3} U_d$	$\dfrac{2}{3} U_d e^{j\frac{1}{3}\pi}$
u_7	1	1	1	0	0	0	0

　　SVPWM 控制的目的是在电动机内部获得圆形旋转磁场，也就是使定子磁链轨迹为圆形或尽可能接近圆形。为了达到这个目的，先要从磁链与电压空间矢量的关系出发。类似于电压空间矢量 u，还可以定义定子电流空间矢量 i、磁链空间矢量 ψ 等。利用空间矢量，可以将定子电压方程式（9-8）表示为

$$u = R_s i + \frac{d\psi}{dt} \tag{9-24}$$

当电动机转速不太低时，可忽略定子电阻压降 $R_s i$，于是有

$$u \approx \frac{d\psi}{dt} \quad 或 \quad \psi \approx \int u\,dt \tag{9-25}$$

从式（9-25）可知，磁链空间矢量近似为电压空间矢量对时间的积分，因此，如果能使电压空间矢量为幅值恒定的旋转矢量，则磁链空间矢量同样为圆形旋转矢量（矢量顶点的运动轨迹为圆形，称为磁链圆）。于是人们可以通过对电压空间矢量的控制来得到圆形旋转磁场，实现 SVPWM 控制的目的。

6 个有效电压空间矢量将平面等分成 6 个扇区，每个扇区占 60°电角度，如图 9-17 所示的 1 号扇区～6 号扇区，参考坐标系采用 $\alpha\beta$ 坐标系。每个扇区内的电压空间矢量可由相邻的两个有效电压空间矢量以及零矢量（u_0、u_7）来合成。因此，为了合成电压空间矢量 u_s，首先需要确定 u_s 所在的扇区，方法如下：

u_s 在 α、β 轴上的分量为 u_α、u_β（SVPWM 模块的输入量），令

$$\begin{cases} U_1 = u_\beta \\ U_2 = \sqrt{3}\,u_\alpha - u_\beta \\ U_3 = -\sqrt{3}\,u_\alpha - u_\beta \end{cases} \tag{9-26}$$

再定义 3 个变量 A、B、C：当 $U_1 > 0$ 时，$A=1$，否则 $A=0$；当 $U_2 > 0$，$B=1$，否则 $B=0$；当 $U_3 > 0$ 时，$C=1$，否则 $C=0$。于是可得 u_s 所在的扇区号为 $N = 4C + 2B + A$。假设 u_s 位于 3 号扇区，如图 9-18 所示，下面分析其合成过程。

u_s 可由 u_4、u_6 以及零矢量来合成。设采样周期为 T，在一个采样周期内，u_4 和 u_6 的作用时间分别为 T_4 和 T_6，零矢量作用时间为 T_0（零矢量作用不会产生磁链），则根据伏秒（磁链）平衡原理有

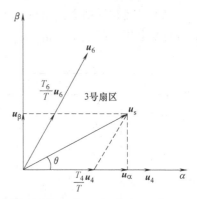

图 9-18　电压空间矢量合成示意图

$$u_s T = u_4 T_4 + u_6 T_6 + u_0(u_7) T_0 = u_4 T_4 + u_6 T_6 \tag{9-27}$$

$$u_s = \frac{T_4}{T} u_4 + \frac{T_6}{T} u_6 \tag{9-28}$$

将 u_s 投影到 α、β 轴，由几何关系可得

$$\begin{cases} u_\alpha = \frac{T_4}{T} |u_4| + \frac{T_6}{T} |u_6| \cos 60° \\ u_\beta = \frac{T_6}{T} |u_6| \sin 60° \end{cases} \tag{9-29}$$

基本电压空间矢量的幅值为 $\frac{2}{3} U_d$，因此 $|u_4| = |u_6| = \frac{2}{3} U_d$，于是由式（9-29）可得

$$\begin{cases} T_4 = \frac{\sqrt{3}\,T}{2 U_d}(\sqrt{3}\,u_\alpha - u_\beta) \\ T_6 = \frac{\sqrt{3}\,u_\beta T}{U_d} \end{cases} \tag{9-30}$$

由于 $T = T_4 + T_6 + T_0$，因此在求出 T_4、T_6 后便可求得 $T_0 = T - T_4 - T_6$。如果出现 $T_4 + T_6 > T$ 的情况，则可按式（9-31）对 T_4 和 T_6 进行调整：

$$\begin{cases} T_4' = \frac{T_4}{T_4 + T_6} T \\ T_6' = \frac{T_6}{T_4 + T_6} T \end{cases} \tag{9-31}$$

这样，就确定了在一个采样周期内 u_4、u_6 以及零矢量的作用时间，按此时间作用便可

等效合成期望得到的电压空间矢量 u_s。在其他扇区中，相应的有效电压空间矢量和零矢量作用时间的计算方法与此相同，不再赘述。在实际应用中，可以灵活合理地选择有效电压空间矢量和零矢量的作用顺序，同一个矢量也可分几次作用，只要总的作用时间符合要求即可。

下面根据上述 SVPWM 控制原理先在 MATLAB/Simulink 中对 SVPWM 模块进行仿真，然后在 TMS320F28069 芯片中进行实际应用。

MATLAB/Simulink 中 SVPWM 模块的仿真模型如图 9-19 所示，设定直流侧母线电压 $U_d = 220\mathrm{V}$，采样频率为 7.5kHz（采样周期 $T = 0.0001333\mathrm{s}$），电动机极对数为 4。SVPWM 模块中 Ta、Tb、Tc 的数值反映了电动机相电压的大小，根据 Ta、Tb、Tc 即可产生 6 路 PWM 波作为三相逆变器的 6 个功率管的控制信号。

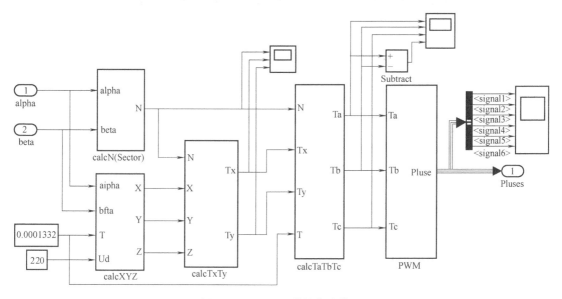

图 9-19　SVPWM 模块仿真模型

给定电动机转速为 150r/min，仿真得到 Ta、Tb、Tc 以及 Ta-Tb 的波形如图 9-20 所示。Ta、Tb、Tc 的波形为马鞍波，相位互差 120°，Tb 滞后 Ta120°，Tc 超前 Ta120°；Ta-Tb 的波形反映了电动机线电压的波形，为正弦波。

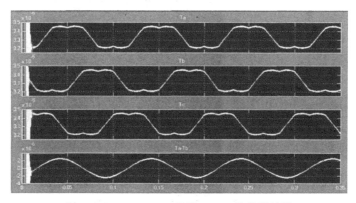

图 9-20　Ta、Tb、Tc 以及 Ta-Tb 的仿真波形

SVPWM 模块产生的 6 路 PWM 波形如图 9-21 所示。PWM1 和 PWM2 分别控制 A 相上、下桥臂功率管，为互补波形，其余 4 路以此类推。实际应用中，为防止上、下桥臂直通，需要设置死区时间。

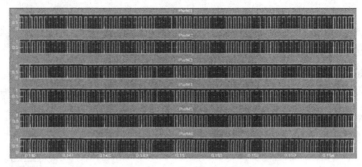

图 9-21　6 路 PWM 波形

在 TMS320F28069 芯片中实际应用 SVPWM 模块，实测 Ta 和 Ta-Tb 的波形如图 9-22 所示，用逻辑分析仪测得 A 相 PWM 波形及局部放大图如图 9-23 所示，实际 PWM 信号加入了死区时间，在死区时间内，上、下桥臂功率管均为关断状态。测试电动机转速为 150r/min，极对数为 4，采样频率为 7.5kHz，直流侧母线电压 $U_d=220V$。

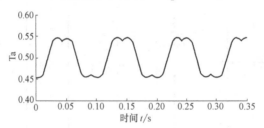

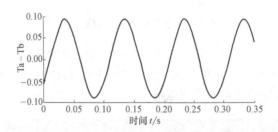

图 9-22　实测 Ta 波形和 Ta-Tb 波形

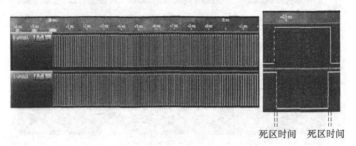

图 9-23　实测 A 相 PWM 波形及局部放大图

五、永磁同步电动机系统硬件设计

本节将无刷直流电动机系统硬件平台与永磁同步电动机系统硬件平台结合起来，形成一个较大的硬件平台，共用一块 DSP 芯片（TMS320F28069），因此仅需在前面无刷直流电动机系统硬件平台的基础上添加永磁同步电动机系统所需的硬件即可。需添加的硬件主要有电流检测电路、位置检测电路以及电平转换电路等，系统功率模块采用现有的智能功率模块。

1. 电流检测电路

电流检测电路用于检测电动机的 A、B 相电流，使用电流传感器 ACS712，它是一种基于霍尔效应的新型线性电流传感器，器件内置一个精确的低偏置的线性霍尔式传感器电路。ACS712 电流传感器具有精度高、灵敏度高、噪声低、绝缘性好等优点，非常适用于电动机控制及过电流保护等场合。根据电流等级不同，它具有几种不同的型号可供选择，本系统具体选用的型号为 ACS712ELCTR-05B-T。该型号电流传感器用 5V 电压供电，可检测的最大电流为 5A，电流通路的内电阻为 $1.2m\Omega$，功耗较低，灵敏度为 $185mV/A$，输出电压与输入电流的关系为 $U_{out} = 0.185I_{in} + 2.5V$，即输入电流范围为 $-5 \sim 5A$，则对应的输出电压范围为 $1.575 \sim 3.425V$，无电流输入时输出电压为 $2.5V(V_{CC}/2)$，输入输出成高度线性关系。电流检测电路原理图如图 9-24 所示，待测电流从芯片 1、2 脚流入，从 3、4 脚流出，7 脚输出电压，经过电阻分压后接到 TMS320F28069 的 ADC 输入引脚。

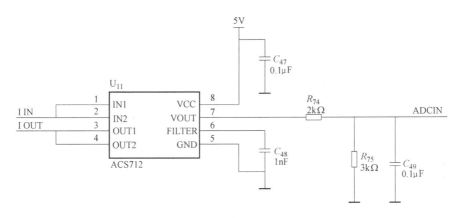

图 9-24　电流检测电路原理图

2. 位置检测电路

本系统电动机转子位置检测采用混合式光电编码器，除了输出 A、B、Z 脉冲信号外，还输出含转子绝对位置信息的 U、V、W 信号，为了增强抗干扰能力以及适应远距离传输，这些信号均采用差分传输，即每个信号都采用两根线传输，两根线上的信号幅值相等、相位相反。但一些简单的编码器，依然采用集电极开路（OC）输出。为了增强通用性，在设计差分输入电路的同时也预留了集电极开路（OC）输入的电路部分，可灵活选择电路接法，电路原理图如图 9-25 所示。

为了保证信号的稳定性和可靠性，需在两根差分线之间接一个匹配电阻，如图中 R_{82} 等。差分信号采用差分线路接收器 AM26LV32C 芯片进行处理，经过处理后便得到与 DSP 电平匹配的 A、B、Z 和 U、V、W 信号，将 A、B、Z 信号分别接入 DSP 的 eQEP1 模块的引脚

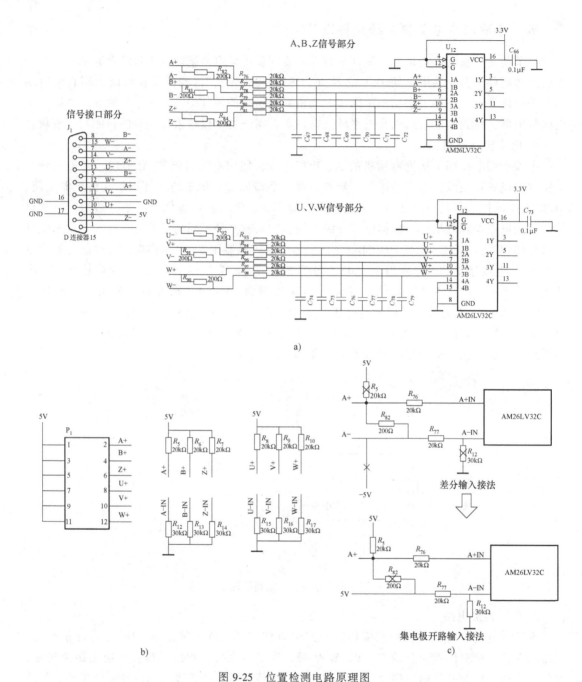

图 9-25 位置检测电路原理图

a）差分输入 b）预留部分（用于改成集电极开路输入接法） c）接法变换图（A 信号）

（eQEP1A、eQEP1B、eQEP1I），将 U、V、W 信号接入 DSP 的 eQEP2 模块的引脚（U、V、W 信号仅需接入 3 个 GPIO 引脚即可）。

图 9-25b 所示为预留部分电路，用于将电路改成集电极开路输入接法。采用差分输入时，图 9-25b 中的 12 个电阻均不接；采用集电极开路输入时，图 9-25a 中的 6 个匹配电阻不接，将图 9-25b 中的 12 个电阻接入，同时利用跳线帽将 A-、B-、Z-、U-、V- 和 W- 均接

至 5V 电压。以 A 信号为例，接法变换图如图 9-25c 所示。上述做法的原理如下：

集电极开路输入信号从 A+、B+、Z+、U+、V+ 和 W+ 接入，以 A 信号为例进行说明。A−接至 5V 电压，利用 R_{77}（20kΩ）和 R_{12}（30kΩ）分压后，AM26LV32C 芯片的输入引脚 1B（节点 A-IN）的电压为 3V。集电极开路输出接上拉电阻（R_5）至 5V 电压，因此芯片输入引脚 1A（节点 A+IN）的电压为 0V（逻辑 0）或 5V（逻辑 1）。由于 AM26LV32C 芯片的输入差分电压（引脚 A+ 与 B− 的电压差）$U_{ID} \geq 0.2V$ 时输出高电平（逻辑 1），$U_{ID} \leq -0.2V$ 时输出低电平（逻辑 0），因此上述电路接法符合逻辑规则。

3. 电平转换电路

DSP 输出的 PWM 信号电平为 3.3V，而系统采用智能功率模块，需要 5V 电平的 PWM 信号方可有效驱动，因此必须进行 3.3V→5V 的电平转换。如图 9-26 所示，电平转换电路采用 SN74LVC4245A 芯片，该芯片为 8 路总线收发器，方向引脚 DIR 可选择信号传输方向，当 DIR 为低电平时，信号从 Bn 输入，从 An 输出，当 DIR 为高电平时，信号流向相反。An 和 Bn 由各自的电源引脚供电（VCCA 和 VCCB），分别为 5V 和 3.3V，信号引脚为 CMOS 电平标准。要将电平从 3.3V 转换到 5V，需使 DIR 为低电平，从 Bn 输入 DSP 侧的 PWM 信号，An 输出智能功率模块的 PWM 信号。输出使能引脚（$\overline{OE}$）可接一个外部开关，用于控制信号的通断。闲置的输出引脚（如 A7）可接一个发光二极管，相应的输入引脚（如 B7）接一路 PWM 信号，通过发光二极管可直观粗略地观察 PWM 占空比情况，判断电压是否饱和。

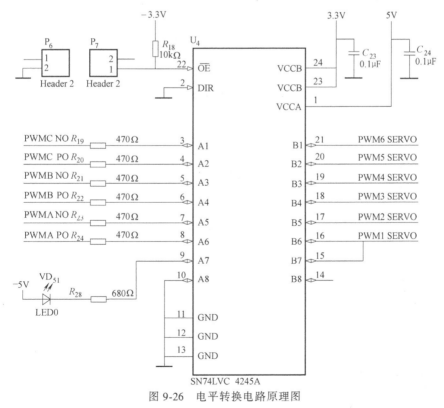

图 9-26　电平转换电路原理图

4. 智能功率模块

本系统使用三菱公司的智能功率模块 PMSOCL1A120，它是一种通用逆变器，可用作伺服驱动器也可以用于其他电动机的控制。该智能功率模块内部集成了 IGBT（含续流二极管）及其门极驱动电路，具有输入阻抗高、开关频率高、可实现电压控制、饱和电压降低、驱动功率低、电流密度高、电压容量大等优点。除此之外，它还具有各种保护电路，可输出故障信号，大大提高了系统的安全性和可靠性。

为了提高安全性和增强通用性，外部输入的 PWM 信号需要经过光耦隔离传输到 PM-SOCL1A120 的门极驱动电路，实现控制电路和功率电路在电气上的隔离。外部输入 PWM 信号须为 5V 电平，低电平有效（使 IGBT 导通），因此 DSP 输出的 PWM 信号需要经过电平转换才行，另外编写程序时还需注意有效电平。

为了实验方便，我们使用一个单相调压器来调节实验电压大小，其可调电压范围为 0~250V（有效值）。调压器的输出经过带电容滤波的单相不可控整流电路后输入到智能功率模块，作为直流侧母线电压。根据带电容滤波的单相不可控整流电路的特性可知，空载时利用调压器可调节直流侧母线电压的范围为 $0 \sim 354\text{V}$（$250\sqrt{2}\,\text{V}$）。另外，智能功率模块所需的 15V 直流电压由开关电源提供。

六、永磁同步电动机系统软件设计

永磁同步电动机系统的软件架构同样分为主程序和中断服务程序，其程序流程图如图 9-27 所示，在实际实验调试中，可以视情况选择相关步骤，比如在调试电流环时可以跳过位置环和速度环的程序步骤，等等。

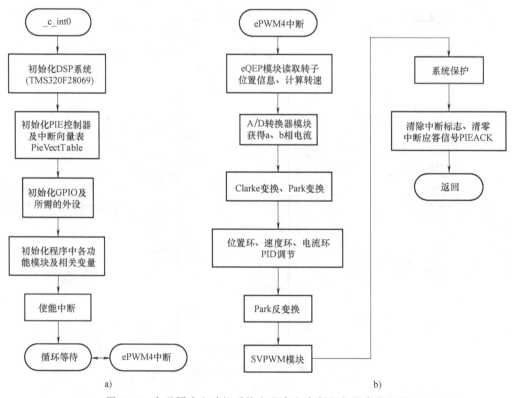

图 9-27 永磁同步电动机系统主程序和中断服务程序流程图

a）主程序 b）中断服务程序

系统使用的 DSP 外设资源情况见表 9-3，在主程序中对这些使用到的外设模块进行正确配置。程序主中断采用 ePWM4 中断（相关配置同前面无刷直流电动机系统软件设计部分），设置计数器的值为 Q 时触发中断（ETSEL 寄存器的 INTSEL 位设置为 0x1），中断频率设为 7.5kHz；设置由 ePWM4 事件来启动 A/D 转换（ADCSOCxCTL 寄存器的 TRIGSEL 为设置为 0xB）。

表 9-3　PMSM 系统外设资源使用情况

外设模块	功能配置	引脚编号
GPIO	GPIO54、GPIO55、GPIO56	69、75、85
ePWM	ePWM4A/B、ePWM5A/B、ePWM6A/B	49、54、57、58、73、74
eQEP	eQEP1A、eQEP1B、eQEP1I	2、6、7
A/D 转换器	ADCINA3、ADCINA5、ADCINA7	16、18、20

在中断服务程序中，首先从 eQEP 模块读取转子位置信息，利用转速计算程序计算出电动机转速 n。然后从 A/D 转换器结果中获得检测到的 A、B 相电流 i_A、i_B，经过 Clarke 变换后得到 i_α、i_β，再利用检测到的转子位置角 θ 进行 Park 变换，得到 i_d、i_q。有了这些反馈量后便可进行位置环、速度环和电流环的 PID 调节，实现三闭环控制。PID 调节最终得到定子的直轴、交轴电压 u_d、u_q，然后利用转子位置角 θ 进行 Park 反变换后得到 u_α、u_β，将 u_α、u_β 送入 SVPWM 模块程序中，产生 6 路 PWM 信号，控制智能功率模块工作，从而实现对电动机的控制。中断服务程序中还需时时分析检测到的电动机反馈量，判断系统工作状态，如果发现异常，则采取相关措施使系统状态恢复正常或者使系统停止工作，保护系统安全。每次中断服务程序执行结束后均需清除中断标志位，同时清零中断应答信号 PIEACK，等待响应下一次中断事件。

第五节　TMS320LF2407-A 应用实例

一、基于 TMS320LF2407-A 的全数字直流电动机伺服控制系统

本节介绍的基于美国 TI 公司的 TMS320LF2407-A DSP 的全数字直流电动机伺服控制系统，如图 9-28 所示。

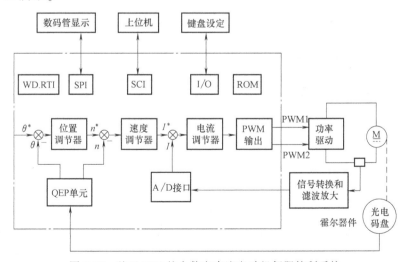

图 9-28　基于 DSP 的全数字直流电动机伺服控制系统

图中点画框内的部分代表了 TMS320LF2407-A 用于全数字化直流电动机伺服系统的系统组成。现对其中重要部分的具体实现分述如下。

1. 电流反馈

采用电压比为 1：1000 霍尔器件检测主回路电流信号，由于 TMS320LF2407-A 的 A/D 输入信号范围为 0~5V，因此必须将霍尔器件输出的小电流信号首先变换为电压信号，再经放大滤波后进入 A/D 通道。具体实现如图 9-29 所示。

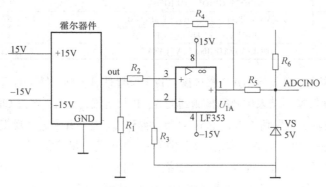

图 9-29　电流反馈电路

图中，R_1 为霍尔器件所允许的负载电阻，考虑到霍尔器件输出电流信号较弱，选用 LF353 构成同相放大器，同相放大器输入阻抗很高，可忽略 R_2 的影响。设定电动机最大起动电流为 ±15A，当 $I = 15$A 时，对应 A/D 输入 5V；当 $I = -15$A 时，对应 A/D 输入为 0V；当 $I = 0$A 时，对应 A/D 输入为 2.5V。R_5、R_6 取值应相等，以便将具有正负极性的电流反馈信号转换为单极性信号送入 DSP。

2. 速度和位置反馈

TMS320LF2407-A 的正交编码脉冲输入单元（QEP）能对脉冲前后沿进行 4 倍频，而无须添加任何硬件，并可根据两路脉冲的次序判别电动机转向，大大简化了系统的硬件。图 9-30 为 QEP 单元框图。

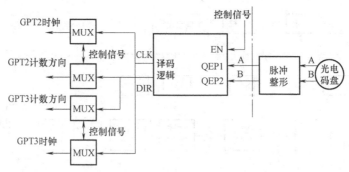

图 9-30　QEP 电路和速度、位置反馈框图

光电码盘输出的 A、B 两路脉冲信号经脉冲整形后直接送入 QEP 单元的 QEP1、QEP2 引脚，经译码逻辑单元产生内部 4 倍频后的脉冲信号 CLK 和转向信号 DIR。对脉冲信号 CLK 的计数可由 T2、T3（芯片引脚常用 GPT2 和 GPT3 表示）或 T2、T3 相级联组成的 32 位计数器完成。计数器的计数方向由 DIR 信号决定。当 QEP1 输入超前时，所选计数器加计

数；当 QEP2 输入超前时，计数器减计数。计数器的状态字中有专门的一位用于保存计数方向信息，这实际就是电动机的转向信息。

3. PWM 输出和功率驱动

TMS320LF2407-A 的 PWM 发生电路可产生 6 路具有可编程死区和可变输出极性的 PWM 信号 PWM1～PWM6，PWM 输出及功率驱动电路框图如图 9-31 所示。

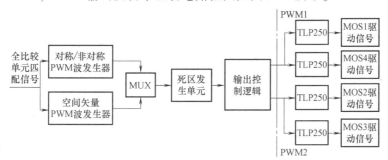

图 9-31　PWM 输出及功率驱动电路框图

当 T1 计数值与全比较单元的比较单元值相同时，产生的状态匹配信号进入波形发生单元。在该系统中，使用非对称 PWM 波发生器，由其产生的 PWM 信号进入死区发生单元，死区宽度为 $0\sim16\mu s$ 可调。系统中考虑到所用功率器件 MOSFET 的开通和关断时间，设定 PWM 波的死区时间为 $3.2\mu s$；输出逻辑控制单元控制 PWM 信号的极性，可设置 PWM 信号为强制高电平、强制低电平、激活高电平、激活低电平等 4 种状态。系统中使用 PWM1、PWM2 两路 PWM 信号作为功率驱动电路的输入。

由变压器 4 组抽头引出的电压经整流、滤波、稳压后，产生 4 组相互独立的 24V 直流信号给 MOSFET 驱动单元 TLP250 供电，TLP250 将 DSP 输出的 0～5V 的 PWM 信号转换为−15～15V 的 MOSFET 驱动信号。该驱动信号完全浮地，与主电路 30V 电源电压相隔离；且 TLP250 本身的隔离作用又将 DSP 与控制电源和主电路电源相隔离，使得系统工作安全可靠。

4. 保护功能

为保证系统中功率转换电路及电动机驱动电路安全可靠的工作，TMS320LF2407-A 还提供了 PDPINT 输入信号，利用它可方便地实现伺服系统的各种保护功能。具体实现电路如图 9-32 所示。

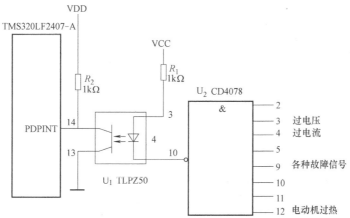

图 9-32　利用 PDPINT 实现伺服系统的保护功能

各种故障信号由 CD4078 综合后，经光隔离输入到 PDPINT 14 脚。有任何故障状态出现时，CD4078 输出低电平，PDPINT 14 脚也被拉为低电平，此时 DSP 内定时器立即停止计数，所有 PWM 输出引脚全部呈高阻状态，同时产生中断信号，通知 CPU 有异常情况发生。整个过程不需要程序干预，全部自动完成，这对实现各种故障状态的快速处理非常有用。

另外，系统中用串行通信接口（SCI）完成与上位机的通信功能，采用 RS-232 通信，波特率达 19.2kbit/s，通过上位机可以给定位置量，同时控制过程中电动机的速度、电流、位置反馈等参数也可以实时地送上位机显示；串行外设接口（SPI）完成串行驱动数码管显示的功能，通过数字 I/O 扩展的键盘也可以设定位置给定量，由数码管显示；程序可直接固化在片内的 ROM 或 Flash E^{2}PROM 中，并由看门狗和实时中断定时器完成程序走飞后的系统复位。

综上所述，在整个系统设计中，最大限度地利用了 DSP 内部资源，既实现了系统结构的简化，同时也提高了系统的可靠性。

二、基于 TMS320LF2407-A 的全数字无刷直流电动机伺服控制系统

随着大功率开关器件、集成电路及高性能的磁性材料的进步，采用电子换向原理工作的无刷直流电动机得到了长足的发展。许多小型无刷直流电动机，在应用时往往需要精确的速度控制，尤其在高速运行场合，对信号反馈控制灵敏度的要求更为严格。而传统的微处理器如 MCS-51、96 系列在实现控制时，由于处理速度慢（μs 级），乘除法所用周期过多，外围电路数据转换速度慢等缺点，使无刷电动机的性能得不到充分发挥。TMS320LF2407-A 集数字信号高速处理能力及适用于电动机控制的优化的外围电路于一体，可以为高性能伺服控制提供可靠高效的信号处理与控制硬件。

图 9-33b 所示为三相无刷直流（BLDC）电动机的结构，根据转子的位置，顺序改变电动机线圈的三相直流电动机的极性，就可驱动电动机转动。

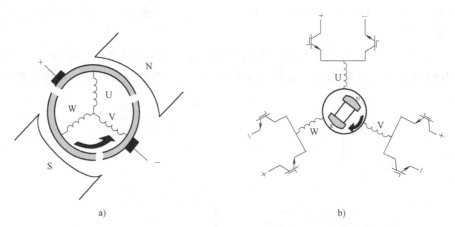

图 9-33　三相无刷直流电动机结构图

a）三相有刷直流电动机　b）三相无刷直流电动机

本系统采用 PWM 方式实现对无刷直流电动机的控制。其基本原理是交流输入经过整流、稳压后为逆变电路提供直流电源。转速给定由 DSP 的 ADC 口输入，经片内的 A/D 转换单元将模拟信号转化为数字信号。根据给定的转速信号，DSP 产生一定的 PWM 波。通过调

整 PWM 波宽度控制功率管的开关时间，实现对无刷直流电动机的控制。同时通过故障保护电路，系统一旦产生故障，便可封锁 PWM 的输出直至故障消除。

基于 DSP 的无刷直流电动机控制系统主要由 DSP 接口电路、功率驱动、三相逆变、逻辑控制电路及保护电路等组成，其控制系统硬件的构成如图 9-34 所示。

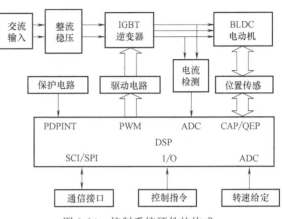

图 9-34　控制系统硬件的构成

由于无刷电动机相当于具有 3 片换向片的直流电动机，因此与直流电动机有相似的转矩与反电动势公式，即无刷电动机的感应电动势与电动机的转速成正比，转矩与相电流成正比。根据此可以对无刷直流电动机进行有效的转矩（相电流）和速度控制，如图 9-35 所示。

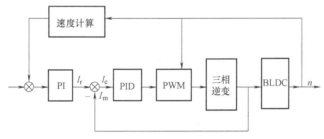

图 9-35　无刷直流电动机控制框图

电流检测可通过位于桥式整流电路的低电压端与地之间的采样电阻来实现。采样电阻上的电压经过 DSP 的 ADC 单元，变为数字的电流信号。如要实现 20kHz 的电流环，每 50μs 必须采样一次电流。在新 PWM 波产生之初，载入电流检测值，与给定的参考电流值一起来控制 PWM 波宽度，从而产生新的 PWM 波。同时，当电流检测值超过所允许的最大值即主电路过电流的时候，发出中断信号，产生中断，执行相应的中断处理程序就可以启动过电流保护程序，封锁所有驱动信号的输出，直至故障解除。

位置检测可采用霍尔式传感器来完成。DSP 上的 CAP/QEP 单元与霍尔式传感器的输出直接相连，用来捕捉传感器的输出信号。无刷电动机带有 3 只霍尔式传感器输出 3 个相互交叠 180° 的信号，通过检测输出信号的上升沿与下降沿，可以得到 6 个相位交变的时刻。同时发出中断信号，产生中断，调用相应的中断处理程序即可得到所需的位置信号。

转速反馈信号也可以由位置传感器的输出信号得到，在无刷直流电动机每个旋转周期内会产生 6 个交变信号。由于转速信号可以写成 $\Delta\theta/\Delta T$，又由于霍尔式传感器相对于电动机位置是固定的，也就是说，两交变信号之间的相位差是不变的，即 $\Delta\theta$ 不变（每两个信号交变的相位差为 60°），因此转速计算可简化成简单的除法。只要测出两交变信号间的时间间隔就可以得到转速信号。

转速调整可采用反馈的转速信号与给定的转速信号相减得到转速误差，通过 PI 算法可得到新的参考电流：

$$I_{d_k}=I_{d_{k-1}}+K_p(E_k-E_{k-1})+K_iTE_{k-1}$$

式中 I_{d_k}——ASR 的输出电流;

K_p——比例系数;

K_i——积分系数;

T——采样周期;

E_k、E_{k-1}——当前时刻感应电动势值和前一时刻感应电动势值。

转速的采样频率可以根据实际情况确定。在这里所用采样周期是 0.0625s,也就是 2^{-4}s。将 K_i 右移 4 位就可以得到 K_iT。

1. 转速调整的子程序

```
SPEED_REG    MAR* ,AR2
LAR          AR2,#0302h
LDP          #0
SPLK         #1,SPEED_COUNT
```

2. 转速及转速误差计算

```
CLRC         SXM
ZAC
OR           #0FFFFH
RPT          #15
SUBC         *
AND          #0FFFFH
SUB          SPEED_REF
NEG
SETC         SXM
```

3. 转速调整

```
LAR          AR2,#0303H
SACL         * +
SUB          * +
SACL         * +
LT           * _
MPY          #Ki
LTD          *
ADD          Idc_ref,4
SFR
SFR
SFR
SFR
SACL         Ide_ref
SPLK         #0,SPEED_COUNT
LAR          AR2,#0300H
```

RET

速度环中所有的变量保存在一个栈内，使用 AR2 作为栈指针。栈的首地址可以根据需要自己定义。

电流的调整过程也就是 PWM 信号产生的过程。通过调整 PWM 波的宽度就可以调整电流平均值。PWM 波的宽度由参考电流 I_r 与检测电流 I_m 的电流差决定。

$$I_e = I_r - I_m \tag{9-32}$$

$$d_n = d_0 + I_e K \tag{9-33}$$

式中　I_e——参考电流与检测电流的电流差；

　　　d_n——调整后的脉冲占空比；

　　　d_0——调整前的脉冲占空比；

　　　K——与电动机参数和主线电压和电流有关的比例系数，在电动机与逆变器类型一定时是常数。

4. 电流误差计算

```
CLRC        SXM
LACC        ADCFIFO1,10
LDP         #0
SUB         Idc_ref,16
SETC        SXM
```

5. 电流调整

```
SACH        Idc
LT          Idc
MPY         #K
PAC
ADD         COMP
SACL        COMP
```

I_e 经过 PID 调节器产生一定宽度的 PWM 波。电流误差 I_e 的大小正负决定了 PWM 波的宽度。当 $I_e = 0$ 时，PWM 宽度不变，当 I_e 过大即参考电流大于实际电流很多，使得 PWM 宽度大于控制周期时，就令 PWM 的宽度为控制周期，此时输出最宽的 PWM 波以最快的速度增大转速；当 I_e 过小（为负值）即参考电流小于实际电流很多，使 PWM 宽度为零时，以最快的速度降低转速。由 DSP 输出的 6 相 PWM 波，经出功率驱动电路控制功率逆变器晶体管的开关模式，进而控制无刷直流伺服电动机的转矩和转速。

三、基于 TMS320LF2407-A 的全数字交流电动机伺服控制系统

（一）用 TMS320LF2407-A 实现三相 SPWM 波形发生器

在中小功率的三相逆变器中，PWM 控制技术已获得了广泛应用。PWM 的实现方法也多种多样，有模拟电路方法、数字电路方法和软件计算方法等。为了提高 PWM 的输出质量和可靠性，一些模拟电路或数字电路的 PWM 都通过专用集成电路芯片来实现，如 SA866AE/DE、SA867AE 等，本节利用 TMS320LF2407-A 内部自带的事件管理器模块中的比较单元，通过规则采样 SPWM 算法来输出高精度的三相 SPWM 波形，从而实现了逆变器的 SPWM

控制。

1. TMS320LF2407-A 生成 SPWM 波形的方法

这里，以事件管理器模块 B（EVB）中的通用定时器 3 及与之相关的比较单元为例来说明生成 SPWM 波形的方法。EVB 的定时器 3 都有 3 个与之相关的比较单元（4~6），每个比较单元都有一个相应的比较寄存器：CMPR4、CMPR5 和 CMPR6。每个比较单元都可单独设置成比较模式和 PWM 模式，设置为 PWM 模式时，每个比较单元有两个极性相反的 PWM 输出。因此利用 TMS320LF2407 的事件管理器模块可实现对三相桥式逆变电路的 PWM 控制。在周期寄存器 T3PR 的值一定的情况下，通过改变比较寄存器的值就可改变输出矩形脉冲的宽度。

根据第六章介绍的规则采样法得到的脉宽时间和间隙时间，再利用通用定时器比较单元的 PWM 特性，可以很容易地得到产生 PWM 的方法。具体步骤为：

1）根据载波频率和信号频率计算出每个周期需要输出的矩形波个数，从而确定定时器的周期。

2）计算出每个矩形脉冲的占空比，用占空比乘以周期寄存器的值，从而计算出比较寄存器的值，并使脉冲个数指针加 1。

3）在周期中断子程序中将计算所得的比较寄存器的值送到比较寄存器，并置相应标志位。

4）主程序根据标志位来判断是否已完成一个周期的操作，如果标志位已置 1，则清标志位，调计算占空比子程序，然后进入等待状态，如果标志位未被置 1，则直接进入等待状态。

2. TMS320LF2407-A 生成 SPWM 波形的编程实例

由于这里用到了通用定时器 3 的周期中断，在对 TMS320LF2407-A 进行初始化时，正确地将定时器 3 的周期中断打开非常重要，否则程序将不能正确运行。首先禁止全局中断使能，再打开一级中断 INT2，再打开 INT2 下面的定时器 3 的周期中断。然后对定时器 3 的计数寄存器 T3CNT、周期寄存器 T3PR、比较单元 4 的比较寄存器 CMPR4 进行初始化，再分别对定时器 3 和比较单元 4 的控制寄存器进行初始化。最后启动定时器，再使能全局中断。F＄\$ITOF、F＄\$DIV、F＄\$MUL、F＄\$FTOI、F＄\$ADD、F＄\$LTOF、F＄\$SUB 是 TI 的编译器 CCS 自带函数库里的子程序。

```
FCL        .usect    ".data0",1        ;保存载波频率浮点数的低位
FCH        .usect    ".data0",1        ;保存载波频率浮点数的高位
FRL        .usect    ".data0",1        ;保存信号频率浮点数的低位
FRH        .usect    ".data0",1        ;保存信号频率浮点数的高位
AL         .usect    ".data0",1        ;保存调制度浮点数低位,调制度=信号波幅
                                        值/载波幅值
AH         .usect    ".data0",1        ;保存调制度浮点数高位
N          .usect    ".data0",1        ;保存一个周期输出的 PWM 脉冲个数
NL         .usect    ".data0",1        ;保存一个周期输出的 PWM 脉冲个数浮点数低位
NH         .usect    ".data0",1        ;保存一个周期输出的 PWM 脉冲个数浮点数高位
I          .usect    ".data0",1        ;保存当前输出的是第几个脉冲
```

```
T3PR_TEMPL   .usect      ".data0",1       ;保存定时器 3 周期寄存器值的浮点数的低位
T3PR_TEMPH   .usect      ".data0",1       ;保存定时器 3 周期寄存器值的浮点数的高位
DATIOL       .usect      ".data0",1       ;保存占空比浮点数的低位
DATIOH       .usect      ".data0",1       ;保存占空比浮点数的高位
DFLAG        .usect      ".data0",1       ;送出一个脉冲的标志寄存器
             .include    "F2407REGS.H"    ;引用头部文件
             .ref    F$$ITOF,F$$DIV,F$$MUL,F$$FTOI,F$$ADD,F$$LTOF,F$$SUB
             .ref    _sin
             .def    _c_int0
```

; (1) 建立中断向量表

```
        .sect       ".vectors"           ;定义主向量段
RSVECT          B   _c_int0              ;PM0    复位向量 1
INT1            B   PHANTOM              ;PM2    中断优先级 1 4
INT2            B   GISR2                ;PM4    中断优先级 2 5
INT3            B   PHANTOM              ;PM6    中断优先级 3 6
INT4            B   PHANTOM              ;PM8    中断优先级 4 7
INT5            B   PHANTOM              ;PM A   中断优先级 5
INT6            B   PHANTOM              ;PM C   中断优先级 6
RESERVED        B   PHANTOM              ;PM E   (保留位)
SW_INT8         B   PHANTOM              ;PM 10   用户定义软件中断
                    ⋮
SW_INT31        B   PHANTOM              ;PM 3E  用户定义软件中断
```

; 中断子向量入口定义 pvecs

```
                .sect".pvecs"            ;定义子向量段
PVECTORS        B   PHANTOM              ;保留向量地址偏移量 0000h
                B   PHANTOM              ;保留向量地址偏移量 0001h
                    ⋮
                B   PHANTOM              ;保留向量地址偏移量 002Eh
                B   T3GP_ISR             ;保留向量地址偏移量 002Fh;T3PINT 中断
                B   PHANTOM              ;保留向量地址偏移量 0030h
                    ⋮
                B   PHANTOM              ;保留向量地址偏移量 0041h
```

; (2) 主程序

```
                .text
_c_int0:
                CALL    SYSINIT          ;调系统初始化子程序
                CALL    PWM_INIT         ;调 EVB 模块 PWM 初始化子程序
                LDP     #5
                SPLK    #2710H,FCL       ;载波频率
```

```
              SPLK     #0,FCH
              SPLK     #032H,FRL          ;信号频率
              SPLK     #0,FRH
              SPLK     #3E8H,AL           ;调谐度 AL=A* 1000
              SPLK     #0,AH
              SPLK     #0,I               ;I=0
              SPLK     #1,DFLAG
              CALL     JISUAN
LOOP:         LDP      #5
              BIT      DFLAG,BIT0
              BCND     LOOP,NTC
              LACL     DFLAG
              AND      #0FFFEH
              SACL     DFLAG
              CALL     DATIO
              B        LOOP
```

; (3) 系统初始化程序

```
SYSINIT:      SETC     INTM
              CLRC     CNF
              LDP      #0
              SPLK     #02h,IMR           ;使能第 1 级中断 2
              SPLK     #0FFFFh,IFR        ;清第 1 级所有中断标志位
              LDP      #DP_PF1
              SPLK     #0E8h,WDCR         ;禁止 WDT
              LDP      #00E0H
              SPLK     #81FEH,SCSR1       ;CLKIN 频率 6MHz,CLKOUT 频率 24 MHz
              RET
```

; (4) EVB 模块的 PWM 初始化程序

```
PWM_INIT      LDP      #DP_PF2
              LACL     MCRA
              OR       #07EH             ;IOPE1~IOPE6
              SACL     MCRC              ;配置为特殊功能
              LACL     MCRC
              OR       #600h
              SACL     MCRC
              LDP      #DP_EVB
              SPLK     #0FFFFh,EVBIFRA    ;清 EVA 的所有中断标志位
              SPLK     #0555h,ACTRB       ;PWM6、4、2 为低,PWM5、3、1 为高
              SPLK     #00h,DBTCONB       ;禁止死区控制
```

```
        SPLK      #1Fh,CMPR4              ;给比较寄存器赋初值
        SPLK      #2Fh,CMPR5
        SPLK      #3Fh,CMPR6
        SPLK      #0960h,T3PR             ;给周期寄存器赋初值
        LDP       #5
        SPLK      #0960h,T3PR_TEMPL
        SPLK      #0,T3PR_TEMPH
        LDP       #DP_EVB
        SPLK      #0A600h,COMCONB        ;禁止比较功能
        SPLK      0,T3CNT
        SPLK      #41h,GPTCONB
        SPLK      #080h,EVBIMRA
        SPLK      #0000101101001110b,T3CON
        CLRC      INTM
        RET
```

; (5) 将一些整数转换为浮点数子程序，得到计算占空比要用的常数

```
JISUAN:     LDP       #5                 ;调谐度由整形转换为浮点
            LACL      AL
            LRLK      AR1,STACK          ;设置 STACK 指针
            SETC      SXM
            CALL      F$$ITOP,ARI        ;A=a×1000
            CLRC      SXM
            MAR       * -
            LACC      * -,16
            ADDS      *
            SACL      AL
            SACH      AH
            LRLK      AR1,STACK          ;A/2000-0.5a
            SETC      SXM
            LACL      #0
            SACL      * +
            LACL      #44FAH             ;44FA 0000h=2000
            SACL      * +
            LACL      AL
            SACL      * +
            LACL      AH
            SACL      * +
            CALL      F$$DIV
            MAR       * _
```

```
LACC       *_,16
ADDS       *
SACL       AL
SACH       AH
LACL       T3PR_TEMPL
LRLK       AR1,STACK
SETC       SXM                    ;定时器周期寄存器的值转换为浮点数
CALL       F$$ITOF,AR1
CLCR       SXM
MAR        *_
LACC       *_,16
ADDS       *
SACL       T3PR_YEMPL
SACH
T#PR_TEMPH
LACL       FCL                    ;FC 值转换为浮点数
LRLK       AR1,STACK
SETC       SXM
CALL       F$$LTOF,AR1
CLRC       SXM
MAR        *_
LACC       *_,16
ADDS       *                      ;结果保存在 ACC
SACL       FCL
SACH       FCH
LRLK       AR1,STACK
SETC       SXM                    ;FR 值转换为浮点数
CALL       F$$ITOF,AR1
CLRC       SXM
MAR        *_
LACC       *_,16
ADDS       *
SACL       FRL
SACH       FRH
LRLK       AR1,STACK              ;N=FC/FR
LACL       FRL
SACL       *+
LACL       FRH
SACL       *+
```

```
        LACL    FCL
        SACL    * +
        LACL    FCH
        SACL    * +
        CALL    F$$DIV
        MAR     * _
        LACC    * _,16
        ADDS    *
        SACL    NL
        SACH    NH              ;N 的浮点数
        LRLK    AR1,STRCK
        SETC    SXM
        SACL    * +
        SACH    * +
        CALL    F$$FTOI
        SACL    N               ;N 的整数
        LRLK    AR1,STACK
        SACL    * +
        LACL    NH
        SACL    * +
        LACL    #0F5C3H         ;40C8F5C3h=6.282=2×3.141
        SACL    * +
        LACL    #40C8H
        SACL    * +
        CALL    F$$DIV
        MAR     * _
        LACC    * _,16
        ADDS    *
        SACL    NL
        SACH    NH
        RET
```

;（6）计算占空比子程序

```
DATIO:  LDP     #5
        LACL    I               ;I 由整型转换为浮点数
        LRLK    AR1,STACK
        SETC    SXM
        CALL    F$$ITOF,AR1
        CLRC    SXM
        MAR     * _
```

```
LACC      * _,16
ADDS      *                        ;结果保存在 ACC
LRLK      AR1,STACK                ;i×2×3.14/N
SACL      * +
SACH      * +
LACL      NL
SACL      * +
LACL      * +
CALL      F$$MUL
MAR       * _
ZALH      * _
ADDS      *                        ;结果保存在 ACC
LRLK      AR1,STACK                ;D=0.5+A×sin(i×2×3.14/N)
SACL      * +
SACH      * +
CALL      _sin
LRLK      AR1,STACK                ;0.5a×sin(i×2×3.14/N)
SACL      * +
SACH      * +
LACL      AL
SACL      * +
LACL      AH
SACL      * +
CALL      F$$MUL
MAR       * _
ZALH      * _
ADDS      *                        ;结果保存在 ACC
LRLK      AR1,STACK                ;D=0.5+A×sin(i×2×3.14/N)
SACL      * +
SACH      * +
LACL      #0
SACL      * +
LACL      #3F00H                   ;3F00 0000h+0.5
SACL      * +
CALL      F$$ADD
MAR       * _
ZALH      * _
ADDS      *                        ;结果保存在 ACC
LRLK      AR1,STACK
```

```
              SACL      * +
              SACH      * +
              LACL      T3PR_TEMPL
              SACL      * +
              LACL      T3PR_TEMPH
              SACL      * +
              CALL      F$$MUL
              MAR       *_
              ZALH      *_
              ADDS      *                     ;结果保存在 ACC
              LRLK      AR1,STACK             ;CMPR 的浮点数转换为整数
              SETC      SXM
              SACL      * +
              SACH      * +
              CALL      F$$FTOI,AR1
              CLRC      SXM
              SACL      DATIOL
              LDP       #5
              LACC      I
              SUB       N
              BCND      NSPWM,GEQ
              LACC      I
              ADD       #1
              SACL      I
              B         RRET
NSPWM:        SPLK      #0,I                  ;判断是否为下一周期
RRET:         RET
PHANTOM:      KICK_DOG                        ;复位 WD 计数器
              RET
```

;（7）定时器 3 中断程序

```
GISR2:        SST       #0,ST0_CON1           ;保存状态寄存器
              SST       #1,ST1_CON1
              LDP       #0E0H                 ;DP 指针指向 PIVR 所在的数据区
              LACC      PIVR,1                ;读 EVIVRB,结果左移一位
              ADD       #PVECTORS             ;加上偏移量
              BACC
T3GP_ISR:     LDP       #5
              LACC      DFLAG
              OR        #1                    ;设置 DFLAG.15=1
```

```
SACL        DFLAG
LACL        DATIOL
LDP         #DP_EVB
SACL        CMPR4                    ;更新比较寄存器的值
ADD         #32H
SACL        CMPR5
ADD         #32H
SACL        CMPR6
LDP         #0
LST         #1,ST1_CON1
LST         #0,ST0_CON1
LDP         #DP_EVB
SPLK        #0FFFFH,EVBIFRA
CLRC        INTM
RET
END
```

用上面例程在 TMS320LF2407-A 的事件管理器模块上输出的方波，经过一低通滤波器滤波之后能得到波形很好的正弦波。如果要改变输出正弦波的频率，只需改变定时器的周期寄存器即可。

（二）用 TMS320LF2407-A 实现矢量控制

作为交流异步电动机控制的一种方式，矢量控制技术已成为高性能变频调速系统的首选方案。交流电动机的矢量控制技术是在异步电动机的数学模型基础上，将耦合在一起的电动机绕组的磁通电流和转矩电流在选定的坐标系上分解出来，并分别对磁通和转矩进行控制，使异步电动机接近直流电动机特性。与 U/f 控制技术（标量控制）相比，矢量控制技术具有控制精度高、低频特性优良、转矩响应快的优点。

矢量控制技术利用坐标变换将三相系统等效为两相系统，再经过按转子磁场定向的同步旋转变换实现对定子电流励磁分量与转矩分量之间的解耦，从而达到分别控制交流电动机的磁链和电流的目的，这样就可以将一台三相异步电动机等效为直流电动机来控制，因而可获得与直流调速系统同样好的静态及动态性能。如果又采用无速度传感器矢量控制技术，则无速度传感器矢量控制的关键是速度推算，速度推算法大致有速度推算与矢量控制各自独立进行法，以及速度推算与矢量控制同时进行法两种。矢量控制采用双闭环控制系统，图 9-36 所示是其控制原理框图，图 9-37 所示是交流调速系统实验平台结构图。

该系统外环采用速度负反馈，内环采用电流负反馈，速度调节器 PI1 输出转矩电流 i_T^*。当系统运行的同步频率在电动机额定频率以下时，励磁电流 i_M^* 为电动机额定励磁电流，在额定频率以上时采用弱磁控制。根据 $i_T^* R_r / (i_M^* L_r)$ 计算出电动机额定转差频率 ω_s，ω_s 与 ω_r 相加为同步角频率 ω_e，其积分求出 MT 坐标系旋转角度 θ，电动机三相电流经 A/D 转换、3/2 静止变换求出 $\alpha\beta$ 静止坐标系分量 i_α、i_β，再经过旋转变换得到磁场定向电流分量 i_T 和 i_M，再分别经电流调节器 PI2、PI3 运算求出 u_T^*、u_M^*，经旋转变换后求出三相输出电压 u_A^*、

u_B^*、u_C^*。这种方案的优点是，控制精度只与电动机转子参数有关。

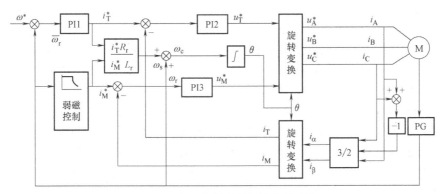

图 9-36　有速度传感器矢量控制系统

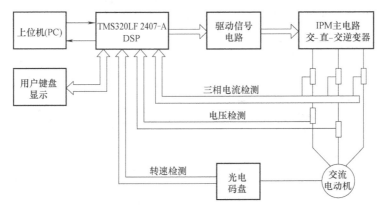

图 9-37　交流调速系统实验平台结构图

基于 TMS320LF2407-A 的矢量控制方案组成的交流变频调速系统结构框图如图 9-38 所示。系统由主电路、控制电路和辅助电路构成，其主电路中逆变器可采用 6 管封装的 IGBT 功率模块完成功率变换。控制电路用 TMS320LF2407-A 芯片为核心，用来完成矢量控制核心算法、PWM 产生、相关电压电流的检测处理等功能。辅助电路由辅助开关电源，隔离驱动电路，光电编码器，滤波放大器，电流互感器 CT1、CT2 组成，以实现给系统提供多路直流电源、IGBT 的隔离驱动、电动机转速检测及放大等功能。

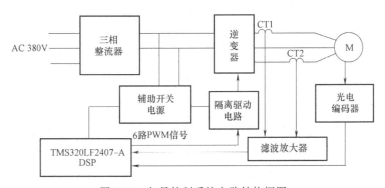

图 9-38　矢量控制系统电路结构框图

输出电流检测可用磁平衡式霍尔电流传感器来检测三相输出的两相电流 i_A、i_C，计算出第三相电流 $i_B = -(i_A + i_C)$，从而获得实时的输出电流信息，也就是电动机的定子电流信息，为矢量计算和系统保护提供实时信号。

速度反馈信号检测可采用增量式光电编码器作为速度检测器件，它可输出两个相位相差 90° 的方波脉冲信号。经整形后，两路脉冲信号可直接送入 TMS320LF2407-A 的正交编码脉冲接口单元（QEP）中，经译码逻辑单元产生内部 4 倍频后的脉冲信号 CLK 和转向信号 DIR，从而获得电动机的转速信息和转向信息。

TMS320LF2407-A 的 PWM 产生电路可产生 6 路具有可编程死区和可变输出极性的 PWM 信号，经隔离驱动电路（EXB840）后，来控制主电路的 IGBT，实现逆变输出。

系统软件设计由主程序和 PWM 中断子程序等构成。主程序中完成系统初始化、加减速、失速保护、测速及速度环的运算工作。电流环的坐标变换、PWM 信号的产生在中断子程序中完成。这样，既可以保证速度控制精度，又大大减小中断时间，提高开关频率，使系统开关频率可达 20kHz 左右。主程序流程图如图 9-39 所示，中断子程序的流程图如图 9-40 所示。

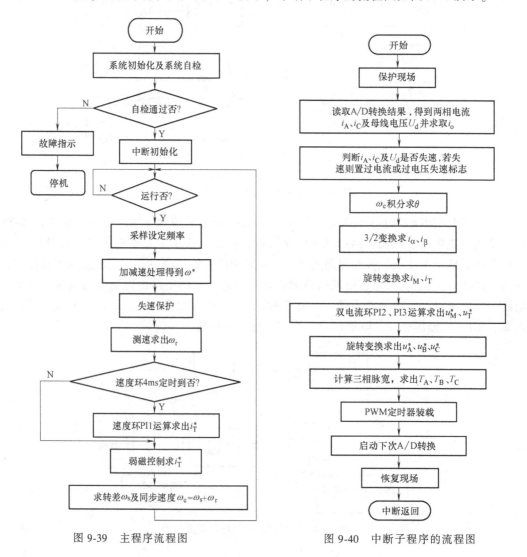

图 9-39 主程序流程图   图 9-40 中断子程序的流程图

四、基于 DSP 和 CAN 总线的分布式电动机控制系统

CAN 总线主要用于各种设备监测及控制的局域网，具有良好的功能特性和极高的可靠性，现场抗干扰能力极强，总线形式为串行数据通信总线。TI 公司的 TMS320 系列为定点高速数字信号处理芯片，其中 LF2407-A 是该系列适用于工控领域应用而设计的一款新型工控型芯片，集成了数字 I/O、EV（事件管理器）、ADC、SPI、SCI、CAN 控制器等丰富的控制资源。

在系统中，主要考虑将高速实时处理与分布式工业控制领域中的高可靠性相结合，通过利用 DSP 和 CAN 总线的各自优点构建一个高速、高稳定性的分布式电动机控制系统。

1. 硬件系统结构

本系统主要设计分为两部分：一部分为网络通信，由 CAN 总线实现分布式监控通信；另一部分为执行部件，由 TMS320LF2407-A 控制电动机动作。硬件整体框图如图 9-41 所示。

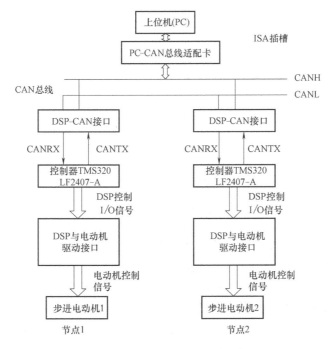

图 9-41　硬件系统整体框图

该系统结构可分为三层：第一层，PC 与 CAN 总线接口层，实现 PC 与 CAN 通信总线之间的可视化操作控制，以 PCCAN（即智能型 CAN 总线通信适配卡）实现；第二层，CAN 总线与 DSP TMS320LF2407-A 接口层，实现 CAN 总线和 TMS320LF2407-A 板的 CAN 控制器的物理接口和通信；第三层，TMS320LF2407-A 的 I/O 口与步进电动机的驱动接口，实现对 TMS320LF2407-A 板的电气隔离保护和步进电动机的大电流驱动，完成电动机的实际动作。

其中具体介绍 CAN 总线与 TMS320LF2407-A 的内嵌 CAN 控制器的接口电路和 DSP 与电动机的驱动接口电路，分别如图 9-42、图 9-43 所示。

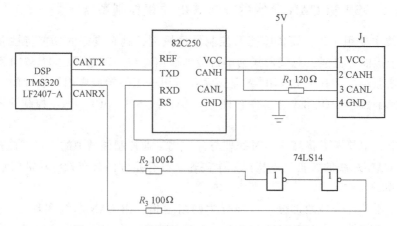

图 9-42　CAN 总线与 TMS320LF2407-A 驱动接口

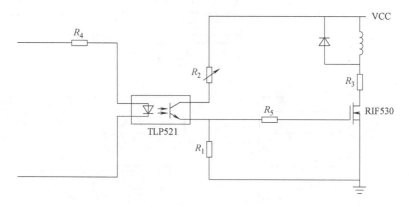

图 9-43　TMS320LF2407-A 与步进电动机一路信号驱动信号

　　图 9-42 中，PCA82C250 为 TMS320LF2407-A 内嵌式 CAN 控制器与 CAN 总线的接口收发器，是驱动 CAN 控制器和物理总线间的接口，8 脚封装，传输速率可达 1Mbit/s，它提供了对 CAN 总线的差动发送能力以及对 CAN 控制器的差动接收能力。电阻 R_1 为 CAN 控制器终端的匹配电阻，电阻 R_2、R_3 和两个非门完成由外部输入 5V 到 DSP 3.3V 的电平转换。一定要注意到 DSP 采用 3.3V 的内部电压，所以直接将 5V 接入 DSP 的复用 CANRX/IOPC7 口，会损坏其内核，需要采取电平变换措施。J_1 是一个四端口接插件，连接到 PC 上的 CAN 总线适配卡 PCCAN 接口，选用一个四端圆形键盘接口即可。

　　图 9-43 所示驱动电路接口实现了 DSP 与三相步进电动机之间的电气隔离，既保护了 DSP 芯片的安全，又完成了从 DSP 输出弱电流（不足 10mA）到步进电动机驱动所需的大电流（1.5A）的转换。其中，TLP521 为 DSP 与步进电动机之间的光耦合器，它既起了电子隔离作用，还保护了 DSP 芯片，还完成了信号转换；RIF530 为 VMOS 管，是步进电动机的驱动电流开关。TMS320LF2407-A 作为系统的微控制器，主要作用是接收来自 CAN 总线的命令控制字，并按控制字对三相电动机执行加速、减速、正反转等简单动作控制，即对 TMS320LF2407-A 芯片编程，使其 3 个 GPIO 按时序依次输出一个频率可控的信号。此频率信号作为步进电动机的输入控制信号，依次控制电动机三相绕组的导通。

需要注意的是，在电动机控制过程中，首先要根据所用电动机的参数，估计控制电动机的频率范围：频率过高会引起电动机的失步，而过低则不能驱动电动机。此外，在起动电动机过程中，首先应以一个较低频率起动，然后按一定步长递增频率，即要做到变频增量起动。如果直接将电动机从一个低频（低速）加到高频（高速），或从高频降低到低频，极易损坏电动机。

2. 软件设计

本系统的软件设计是完成基于 CAN 总线的分布式控制系统的关键所在。CAN 总线的多机通信由软件编程实现数据的接收和发送。在两块 TMS320LF2407-A 板上实现两节点通信：一块为本地节点，接收远程节点的请求数据帧，并发送数据帧；另一块为远程节点，发送一个请求帧以请求远程节点发送数据。

软件部分主要分为以下步骤：

1）电动机控制系统整体实现系统初始化，并生成电动机控制频率信号，以中断方式实现电动机控制字的修改，延时子程序实现电动机的转速控制，并初始化 CAN 模块。

2）CAN 发送一个远程帧请求—初始化 CAN 请求帧，令 CAN 邮箱 3 为发送请求帧邮箱，CAN 邮箱 0 为接收数据帧邮箱。邮箱 3 发送一个请求帧请求电动机控制字数据，当查询到接收报文标志位为 1 时（RMP = 1），邮箱 0 接收数据。

3）CAN 初始化一个自动回答远程帧请求—初始化 CAN 自动回答远程帧请求，令 CAN 邮箱 3 为发送邮箱。当接收到一个远程请求时，发送一帧数据。

在 DSP 程序编写和调试过程中，首先要注意对 DP 指针赋值，复位时系统默认 DP 指向 0，而各个程序段按 .cmd 文件定位，所以在程序编写过程中，始终要注意将 DP 指针指向所用程序段或外设寄存器所在的指针页。其次，若程序以汇编语言形式编写，则在中断向量表的第一个中断矢量就应指向_c_int0，并且要在程序开头标_c_int0。_c_int0 是在 C 语言形式下 main（）函数的入口，为编译系统默认复位向量入口；如果是采用混合编程方式，则在由 C 语言调转到汇编语言时，需要定义一个全局变量，汇编子程序中该全局变量前应加下划线 "-"，而且在单步调试程序时应在 option 选项中填上 "-g"。再次，在对 TMS320LF2407-A 集成外设编程时，如出现对控制寄存器无法写入控制字，应查看是否已打开相应模块的时钟，可在系统配置寄存器 SCSR1 的相应位打开，因为系统复位时，各外设模块的时钟不使能，系统处于节能模式。若程序执行时发生一些莫名的不可屏蔽中断（NMI），则应查看地址是否有效，该位也可在 SCSR1 中的 ILLADR 查看，一旦检测到无效的地址，该位就被置 1。此外，对于 CAN 模块的编程，因为其高度集成，在 TMS320LF2407-A 芯片上只有 CANRX，所以，在调试过程中，主要是查看各个状态寄存器的状态位，以判断执行到什么程度。同时，可用示波器查看其复用 CANTX/IOPC6、CANRX/IOPC7 引脚的编码信息。具体调试可参考 TMS320LF2407-A DSP 控制系统和外围设备的相关书籍或参考资料。

下面以 CAN 初始化一个自动回答远程帧请求为例给出软件程序流程，如图 9-44 所示。

上面介绍了基于 CAN 总线的分布式电动机控制系统的组成和实现。将 DSP 的高速处理能力与 CAN 现场总线的高可靠性和高稳定性结合起来，对于构建新型、实时、快速响应、分布式工业控制网络提供了一个较好的解决方案。在实际构建基于 CAN 总线的分布式电动机控制系统应用中，还可以针对工控型芯片 TMS320LF2407-A 的内嵌模块，如脉冲宽度编码

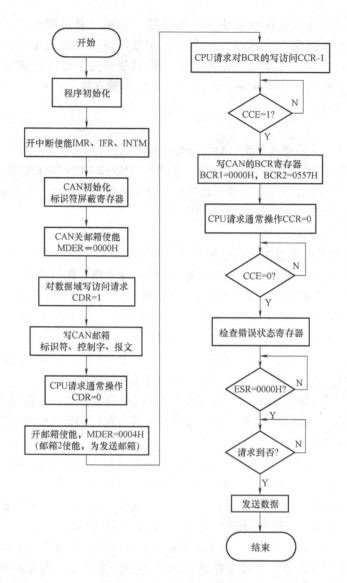

图 9-44 CAN 初始化一个自动回答远程帧请求程序流程图

单元 PWM、比较单元 CMP、捕获单元 CAP、积分编码脉冲单元 QEP 等，设计关于直流、交流电动机的直接变频控制应用，免去以往在单片机控制系统中所需做的大量烦琐的算法编程，有效地加快了工控系统的开发应用进程。

第六节 全数字交流伺服系统安装、操作与运行

一、数字交流伺服系统

（一）伺服驱动器连接

伺服驱动器的连接如图 9-45 所示。

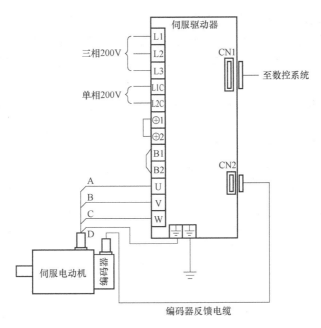

图 9-45   伺服驱动器连接示意图

需要注意的是：由于电动机和编码器是同轴连接，因此，在电动机轴端安装带轮或联轴器时，请勿敲击。否则，会损坏编码器。

（二）通电前的检查

1）确认伺服驱动器和电动机插头的连接，相序是否正确。

① 伺服驱动器和不带制动器的电动机的连接，如图 9-46 所示。

② 伺服驱动器和带制动器电动机（0.5～4.4kW）的连接，如图 9-47 所示。其中，制动电源为 DC 90V（无极性）。

③ 伺服驱动器和带制动器电动机（5.5～15kW）的连接，如图 9-48 所示。其中，制动电源为 DC 90V（无极性）。

需要注意的是：若相序错误，通电时

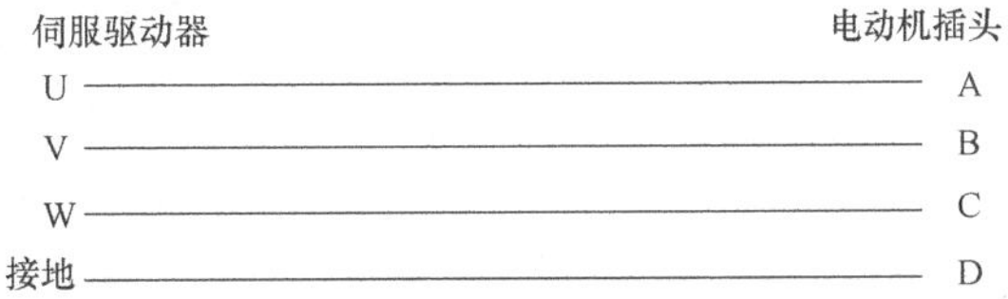

伺服驱动器　　　　　　　　　　　电动机插头
U ——————————————— A
V ——————————————— B
W ——————————————— C
接地 —————————————— D

图 9-46   和不带制动器的电动机的连接

伺服驱动器　　　　　　　　　　　电动机插头
U ——————————————— A
V ——————————————— B
W ——————————————— C
接地 —————————————— D
　　　　　　　　制动电源 ——————— E
　　　　　　　　制动电源 ——————— F

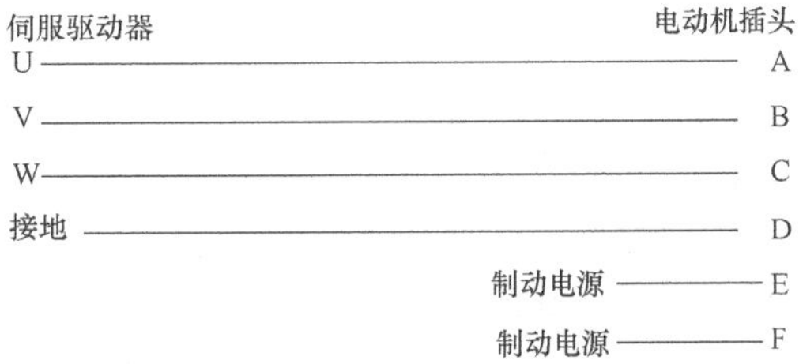

图 9-47   和带制动器电动机（0.5～4.4kW）的连接

伺服驱动器　　　　　　　　　　　电动机插头
U ——————————————— A
V ——————————————— B
W ——————————————— C
接地 —————————————— D

电动机制动器插头
制动电源 ——————————— A
制动电源 ——————————— B

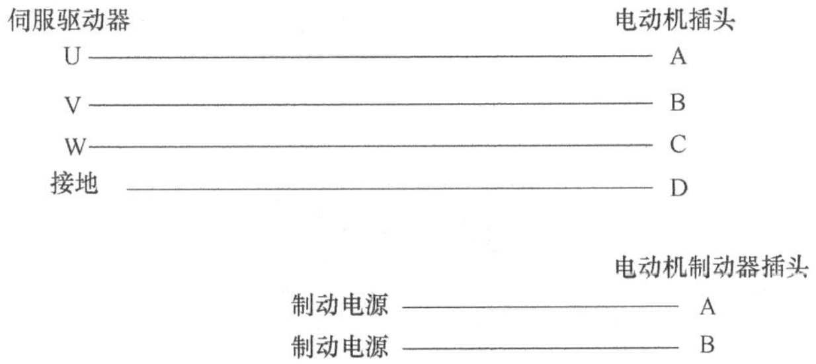

图 9-48   和带制动器电动机（5.5～15kW）的连接

会发生电动机抖动现象；若相线与接地端短路，会发生过载报警。

2）确认伺服驱动器 CN2 和伺服电动机编码器连接正确，接插件螺钉拧紧。

3）确认伺服驱动器 CN1 和数控系统的插头连接正确，接插件螺钉拧紧。

（三）通电时的检查

1）确认三相主电路输入电压在 200~220V 范围内。建议选用 380V/200V 的三相伺服变压器。

2）确认单相辅助电路输入电压在 200~220V 范围内。

（四）伺服驱动器的参数设定（以安川伺服驱动器为例）

伺服驱动器的参数设定包括以下两方面：参数密码设定和用户参数和功能参数的设定。

（1）参数密码设定　为防止任意修改参数，将"Fn010"辅助功能参数，设定：① "0000" 允许改写 Pn×××的用户参数及部分辅助功能 "Fn×××" 参数；② "0001" 禁止改写 Pn×××的用户参数及部分辅助功能 "Fn×××" 参数。

操作方法如下：

1）按下 MODE/SET 键，进入如下显示页面：

2）按 ▲ 键或 ▼ 键，选择 "Fn010"，显示如下：

3）按 DATE 键 1s 以上，显示 "Fn010" 中当前的数值：

4）按 ▲ 键或 ▼ 键，修改参数为 "P.0001"，显示如下：

5）按住 MODE/SET 键，显示器显示 "donE"，当显示器有 1s 的闪烁时，设定完成，显示返回到 "P.0001"。

6）按 DATE 键，显示器显示返回到 "Fn010"。

（2）用户参数和功能参数的设定方法　安川伺服驱动器参数有用户参数和功能参数两种，参数号范围为 Pn000~Pn601；当各参数号的参数内容显示为 "×××××" 时，表示是用户参数；当各参数号的参数内容显示为 "n.××××" 时，表示是功能选择参数。

操作方法如下：

1）按下 MODE/SET 键，进入如下显示页面：

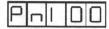

这表明参数号为 100 号，按 ▲ 键或 ▼ 键，可选择想要修改的参数号。

2）按 DATE 键 1s 以上，显示参数号 "Pn100" 中当前的参数值，显示为 　0　0　0　4　0

（用户参数），或显示为 ⌐ 0 0 0 0 （功能选择参数）。

3）按 [DATE/◄键]，选择要修改的数值位置。

4）用 [▲键] 或 [▼键]，变更数值。如将"40"改为"100"，结果显示为 0 0 1 0 0

5）按下 [DATE/◄键] 1s 以上，数据显示闪烁，并被保存。

6）按下 [DATE/◄键] 1s 以上，显示返回到显示参数号"Pn100"页面。

（3）安川伺服驱动器参数表　安川伺服驱动器和凯恩帝（KND）数控系统相配时，只需设定以下参数（见表9-4），其余参数在一般情况下不用修改。

表 9-4　安川伺服驱动器参数表

参数号	参数	设置值	功　能
Pn000	功能选择	n.0010	n.0010 └→设定电动机旋转方向:设"1"改变电动机旋转方向 └→设定控制方式:设"1"为位置控制方式
Pn200	指令脉冲输入方式功能选择	n.0101	n.0101 └→"1"为正反双路脉冲指令(正逻辑电平) 　(设定从控制器送给驱动器的指令脉冲的类型)
Pn202	电子齿轮比(分子)	需计算	根据不同螺距的丝杠与带轮比计算确定,计算方法如下: $$\frac{参数202号}{参数203号} = \frac{编码器条纹数(32768)×4}{丝杠螺距×带轮比×1000}$$ (以上分子、分母数值可约分成整数) 参数设置范围:$1/100 \leq 分子/分母 \leq 100$ 注:1. KND系统内的电子齿轮比需设置为CMR/CMD = 1:1(确保0.001的分辨率)
Pn203	电子齿轮比(分母)	需计算	2. 如果是数控车床,X轴用直径编程,则以上计算公式中,分母还应乘以2,即丝杠螺距×带轮比×1000×2
Pn50A	功能选择	n.8100	n.8100 └→使用/S-ON信号(伺服启动信号) └→伺服驱动器上,"正向超程功能无效"
Pn50B	功能选择	n.6548	n.6548 　　　└→伺服驱动器上,"负向超程功能无效"
Pn50E	功能选择	n.0000	配KND系统时,设置为"0000",详见安川手册
Pn50F	功能选择(当电动机带制动器时需设置)	n.0200	n.0200 　　└→伺服驱动器上,CN1插头的27和28脚用作控制制动器的24V中间继电器的控制信号/BK

（续）

参数号	参数	设置值	功　能
Pn506	伺服关断时,在电动机停止情况下,制动延时时间	根据具体要求设定	设定单位以"10ms"为单位,出厂时设为"0"。当电动机带制动器时需设置
Pn507	伺服关断时,电动机在转动情况下,制动开始参数	根据具体要求设定	电动机在转动情况下,伺服关断时,当电动机低于此参数设定的转速时,电动机制动才开始动作 设定单位以"转"为单位,出厂时设为"100"。当电动机带制动器时需设置,Pn507和Pn508满足一个条件,制动器就开始动作
Pn508	伺服关断时,电动机在转动情况下,制动延时时间	根据具体要求设定	电动机在转动情况下,伺服关断时,延时此参数设定的时间后半部,电动机制动器才开始动作 设定单位以"10ms"为单位,出厂时设为"50"(即500ms),当电动机带制动器时需设置,Pn507和Pn508满足一个条件,制动器就开始动作 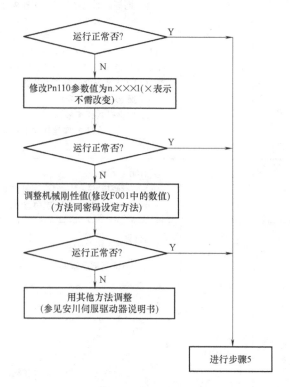

（五）安川伺服驱动器的伺服增益调整

根据表9-4设置好安川伺服驱动器的参数后，开始调整伺服性能，步骤如下：

图 9-49　运行流程

1）确认或修改 Pn110 参数值为 n. ×××0（×表示不需改变）。

2）开关一次驱动器电源。

3）控制器手动方式用中低速运行机床工作台。

4）根据运行正常与否的情况，调整参数，直到运行正常进入下一步骤。运行流程如图 9-49 所示。

5）将调整好的结果进行保存。操作方法如下：

① 按下 [MODE/SET 键]，进入如下显示页面：

$$\boxed{F\,n\,0\,0\,0}$$

② 按 [△ 键] 或 [▽ 键]，选择"Fn007"，显示如下：

$$\boxed{F\,n\,0\,0\,7}$$

③ 按 [DATE/ 键] 1s 以上，显示"Fn007"中当前的数值：

$$\boxed{d\,0\,2\,0\,0}$$

④ 按住 [MODE/SET 键]，显示器显示"donE"，当显示器有 1s 的闪烁时，设定完成，显示返回到"d0200"。

⑤ 按 [DATE/ 键] 显示器显示返回到"Fn007"完成参数写入。

6）修改 Pn110 参数值为 n. ×××2（×表示不需改变），中止伺服性能调整。

F001 机械刚性值的数值范围为"1~10"，数值越大，刚性越大（驱动器初始值为"4"）。

另需要注意的是：开始在进行常规自动增益调节前，应将机床工作台放在中间位置。

二、通信功能

安川伺服驱动器的通信接线、通信协定及格式说明、通信地址、输入/输出接点与资料位元对应分别见表 9-5~表 9-9。

表 9-5　通信接线说明

驱动器端使用 D 形 9 针公座接头

引脚编号	引脚名称	符号
1	未使用	
2	串列资料传送	TxD
3	串列资料接收	RxD
4	未使用	
5	信号接地	GND
6	未使用	
7	未使用	
8	未使用	
9	未使用	

PC 端使用 D 形 9 针母座接头

引脚编号	引脚名称	符号
1	保护接地	PG
2	串列资料接收	RxD
3	串列资料传送	TxD
4	资料终端机备妥	DTR
5	信号接地	GND
6	资料组备妥	DSR
7	要求发送	RTS
8	消除发送	CTS
9	铃声指示	R1

表 9-6　通信协定及格式说明

波特率	9600bit/s	数据位	8
奇偶校验	无	停止位	1

表 9-7　通信地址及说明

通 信 地 址	说 明
00H～09H	警报资料(分别储存前 10 次的警报情形),前次警报储存位置由 0AH 位址读取。若 0AH 内的值
0AH	为 5,则警报储存位址顺序为 05H、06H、07H、08H、09H、00H、01H、02H、03H、04H
0BH	使用者参数 Check Sum 当位址 C0H 内资料为 1 时,当位址 0CH～34H(参数 0～参数 40)资料写入时,系统会自动更新位址 0BH 内的资料
C0H	当位址 C0H 内资料为 0 时,当位址 0CH～34H(参数 0～参数 40)资料写入时,系统会自动更新位址 0BH 内的值,需对位址 0BH 写入一任意值后系统才会自动更新位址 0BH 内的资料
0CH～34H	使用者参数存放位址
80H～93H	监视资料存放位址(只读)
94H～9BH	监视资料存放位址,若以 W 命令写入一数值 N 将以最快速度连续回应(同 R 命令)N 次 若以 M 命令写入一数值 N 将以最快速度连续回应(同 L 命令)N 次 写入零时若属于可清除项目,将可有效地清除,如累计脉波数(96H 及 97H)
C1H	清除警报追溯资料,位址 00H～0AH 皆清为零
C2H	使用者参数初始设定,位址 0CH～37H 设为预设值
C3H	软件版本,4 位数表示类似 Fn003,但要注意的是英文字母皆为大写,年份使用 0～9 和 A～Z 代表 0～35,即 2000～2035 年
C4H	写入一任意值后,执行 Fn004 的功能
C5H	输入接点资料读取,读取资料的每一位元所代表的输入接点
C6H	输出接点资料读取,读取资料的每一位元所代表的输出接点
C7H	读取现在的异常警报号码,0 表示没有异常警报

表 9-8　输入接点与资料位元对应表

对应位元序号	引 脚 定 义	引脚号	对应位元序号	引 脚 定 义	引脚号
9	伺服励磁	1	1	清除偏差计数器/伺服锁定	7
10	异常警报清除	2	8	紧急停止信号	9
2	P/PI 切换	3	6	内部速度设定 1	10
3	CCW 驱动禁止	4	7	内部速度设定 2	11
4	CW 驱动禁止	5	0	控制模式切换	12
5	使用外部扭力限制	6	12	指令脉冲禁止/内部速度反转	13

表 9-9　输出接点与资料位元对应表

对应位元序号	引 脚 定 义	引脚号	对应位元序号	引 脚 定 义	引脚号
3	伺服备妥	18	4	异常警报编码 0	22
0	驱动器异常	19	5	异常警报编码 1	23
1	零速度检出信号/刹车信号	20	6	异常警报编码 2	24
2	定位完成信号/速度到达信号/扭力到达信号	21	7	异常警报编码 3	25

三、常用输入／输出接口

1. 开关量输入接口

开关量输入接口如图 9-50 所示。

1）由用户提供外部电源，DC 12~24V，电流为 100mA。

2）需要注意，如果电流极性接反，会使伺服驱动器不能工作。

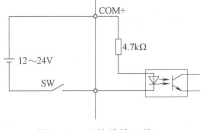

图 9-50　开关量输入接口

2. 开关量输出接口

开关量输出接口如图 9-51 所示，有继电器连接与光耦合器连接两种形式。

1）外部电源由用户提供，必须注意电源极性，如果电源的极性接反，则会使伺服驱动器损坏。

2）输出为集电极开路形式，最大电流为 50mA，外部电流最大电压为 25V。因此，开关量输出信号的负载必须满足这个限定要求。如果超过限定要求或输出直接与电源连接，则会使伺服驱动器损坏。

3）如果是继电器等电感性负载，必须在负载两端反并联续流二极管。如果续流二极管接反，则会使伺服驱动器损坏。

3. 脉冲量输入接口

KND 系统指令脉冲量输入接口的单端驱动方式如图 9-52 所示，脉冲输入形式见表 9-10。

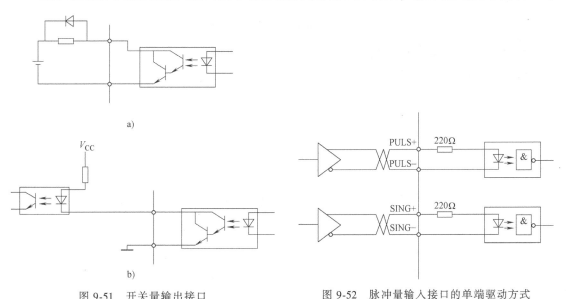

图 9-51　开关量输出接口

a）继电器连接　b）光耦合器连接

图 9-52　脉冲量输入接口的单端驱动方式

表 9-10　脉冲输入形式

系统指令脉冲设置	CCW	CW	参数设定值
脉冲＋符号	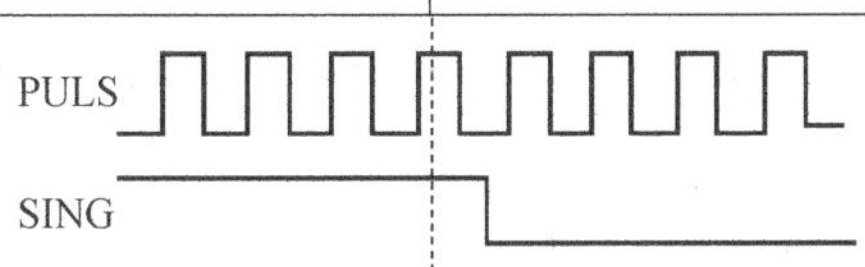 PULS SING		0 指令脉冲＋符号

（续）

系统指令脉冲设置	CCW		CW	参数设定值
CCW 脉冲列 CW 脉冲列	PULS			1 CCW 脉冲/CW 脉冲
	SING			

4. 编码器信号差分输出接口

光电编码器信号差分输出接口如图 9-53 所示。

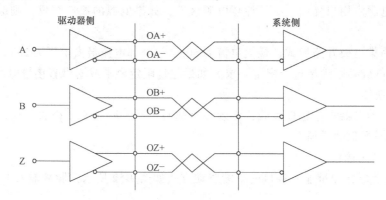

图 9-53　光电编码器信号差分输出接口

5. 编码器 Z 相信号集电极开路输出接口

编码器 Z 相信号集电极开路的输出接口如图 9-54 所示。

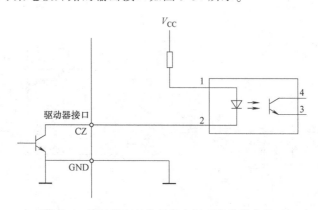

图 9-54　编码器 Z 相信号集电极开路的输出接口

1）编码器 Z 相信号由集电极开路输出，编码器 Z 相信号出现时，输出 ON（输出导通），否则输出 OFF（输出截止）。

2）非隔离输出（非绝缘）。

3）在上位机，通常 Z 相信号脉冲很窄，故用高速光耦合器接收（如 6N137）。

6. 伺服电动机光电编码器的输入接口

伺服电动机光电编码器的输入接口如图 9-55 所示。

四、运行

1. 试运行步骤

（1）接地　将伺服驱动器和电动机可靠地接地，为了避免触电，伺服驱动器的保护性接地端子与控制箱的保护性接地始终接通。由于伺服驱动器使用 PWM 技术通过功率管给伺服电动机供电，驱动器和连接线可能受到开关噪声的影响，为了符合 EMC 标准，因此接地线尽可能粗，接地电阻尽可能小。

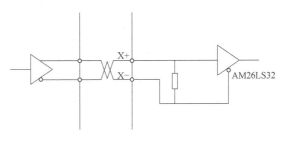

图 9-55　伺服电动机光电编码器的输入接口

（2）工作时序

1）电源接通次序

① 通过电磁接触器将电源接入主电路电源输入端子（三相接 R、S、T，单相接 R、S）。

② 控制电路的电源。r、t 与主电路电源同时或先于主电路电源接通。如果仅接通了控制电路的电源，伺服准备好信号（SRDY）OFF。

③ 主电路电源接通后，约延时 1.5s，伺服准备好信号（SRDY）ON，此时可以接收伺服使能（SON）信号，检测到伺服使能有效，基极电路开启，电动机激励，处于运行状态。检测到伺服使能无效或有报警，基极电路关闭，电动机处于自由状态。

④ 当伺服使能与电源一起接通时，基极电路大约在 1.5s 后接通。

⑤ 频繁接通断开电源，可能损坏软起动电路和能耗制动电路，接通断开的频率最好限制在每小时 5 次，每天 30 次以下。如果因为驱动器或电动机过热，在将故障原因排除后，还要经过 30min 冷却，才能再次接通电源。

电源的接线图如图 9-56 所示。

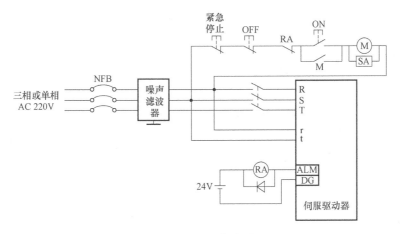

图 9-56　电源接线图

2）时序图。运行过程中的时序图如图 9-57 所示；电源接通时序图如图 9-58 所示。

3）运行前的检查。在安装和连线完毕之后，在开机之前先检查以下几点：

① 连线是否正确？尤其是 R、S、T 和 U、V、W，是否有松动的现象？

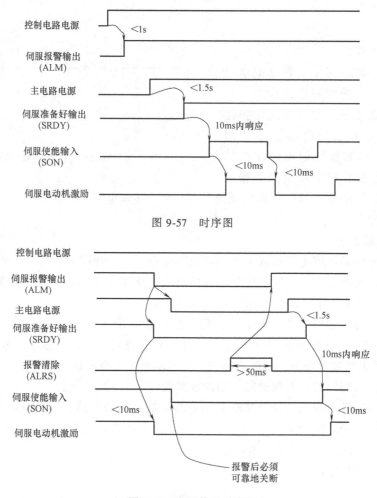

图 9-57　时序图

图 9-58　电源接通时序图

② 输入电压是否正确？

③ 电源线、电动机线是否有短路或接地？

④ 控制信号线是否连接？

⑤ 输入/输出信号的电源极性和大小是否合适？

⑥ 编码器电缆连接是否正确？

⑦ 试运行，电动机轴不要连接负载。

4）通电试运行

① JOG 运行

a. 接通控制电路电源（主主路电源暂时不接），驱动器的显示器点亮，如果有报警出现，应检查连线。

b. 接通主电路电源，POWER 指示灯点亮。

c. 按表 9-4 设置参数值。

d. 确认没有报警和任何异常情况后，使伺服使能（SON）ON，RUN 指示灯点亮，这时电动机激励，处于零速状态。

e. 通过按键操作，进入 JOG 运行操作状态，速度试运行提示符为 "J 0"，数值单位是 r/min，系统处于速度控制方式，速度指令由按键提供，系统处于速度控制方式，速度指令由按键提供。按下 "？" 键并保持，电动机按 JOG 速度运行，松开按键，电动机停转，保持零速；按下 "？" 键并保持，电动机按 JOG 速度反向运行，松开按键，电动机停转，保持零速。JOG 速度由参数 PA21 设置，默认是 120r/min。

f. 如果外部控制伺服使能（SON）不方便，可以设置参数 PA53 为 0001，强制伺服使能（SON）ON 有效，不需要外部接线控制 SON。

② 试运行方式

a. 接通控制电路电源（主电路电源暂时不接），驱动器的显示器点亮，如果有报警出现，应检查连线。

b. 接通主电路电源，POWER 指示灯点亮。

c. 按表 9-4 设置参数值。

d. 确认没有报警和任何异常情况后，使伺服使能（SON）ON，RUN 指示灯点亮，这时电动机激励，处于零速状态。

e. 通过按键操作，进入速度试运行操作状态，速度试运行提示符为 "S 0"，数值单位是 r/min，系统处于速度控制方式，速度指令由按键提供，用 "??" 键改变速度指令，电动机应按给定速度运行。

f. 如果外部控制伺服使能（SON）不方便，可以设置参数 PA53 为 0001，强制伺服使能（SON）ON 有效，不需要外部接线控制 SON。

2. 位置控制运行调整方式

1）接通控制电路电源和主电源，显示器有显示，POWER 指示点亮。

2）按表 9-4 设置参数值，将参数写入 EEPROM 参数号意义参数值出厂默认值。

3）确认没有报警和任何异常情况后，使伺服使能（SON）ON，RUN 指示灯点亮，这时电动机激励，处于零速状态。

4）没有报警和任何异常情况后，使驱动使能（SON）ON，RUN 指示灯点亮。

5）从控制器送低频脉冲信号到驱动器，使电动机运行在低速。

位置控制参数对应关系图和位置控制的标准接线图如图 9-59 和图 9-60 所示。

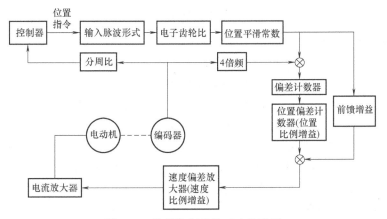

图 9-59　位置控制参数对应关系图

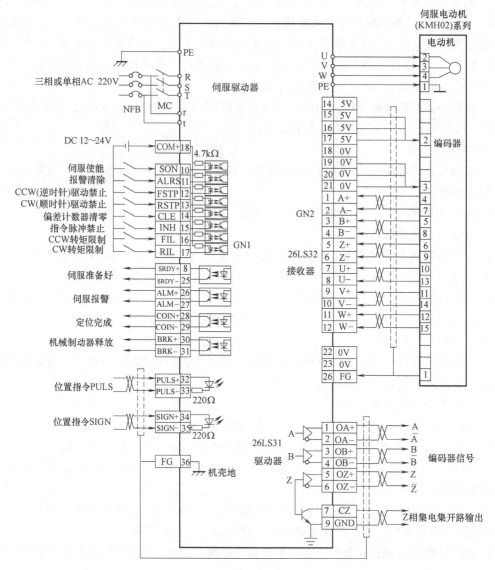

图 9-60   位置控制的标准接线图

3. 速度控制运转调整方式

1）在伺服励磁状态且电动机静止时，调整参数在电动机（机构）不产生振动的情况下，加大参数数值。如果产生振动，则调整参数数值减少至稳定后再将此数值减10。

2）在电动机运转停止时，如果有过冲的现象，则将相应参数调大，在不产生过冲现象及振动的条件下，尽量调低此值，以达到最好的速度响应。

3）要消除起动及停止所造成的机械振动，可以参数设定速度命令的加减速方式，且在参数设定加减速时间。但数值越大时，相对的电动机对速度的响应会较迟缓。

4）使用可变电阻改变电压时需做电压偏移调整。

速度控制参数对应关系如图 9-61 所示。使用外部指令和内部速度时的 CN1 简易接线如图 9-62 和图 9-63 所示。

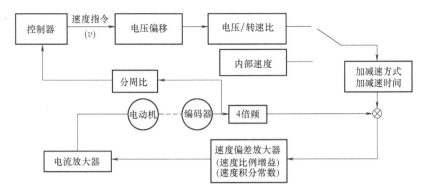

图 9-61　速度控制参数对应关系图

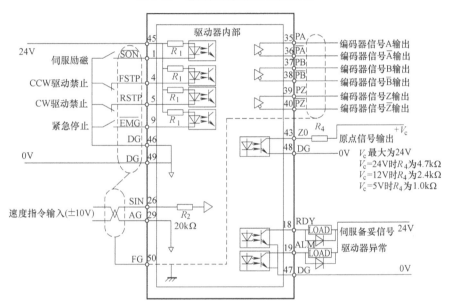

图 9-62　速度控制 CN1 简易接线图（使用外部指令时）

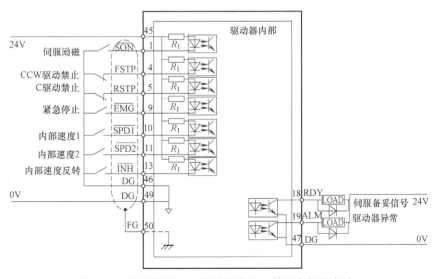

图 9-63　速度控制 CN1 简易接线图（使用内部速度时）

习题和思考题

9-1 简述伺服控制系统的硬件结构。

9-2 简述伺服控制系统的软件编程方法。

9-3 简述全数字直流电动机伺服控制系统实现的方法。

9-4 简述全数字无刷直流电动机伺服控制系统实现的方法。

9-5 简述全数字交流电动机伺服控制系统实现的方法。

参 考 文 献

[1]　姜昊，郑颖. 基于单片机的步进电机系统设计方法探究［J］. 南方农机，2019（4）：101.

[2]　陈永健. 基于 PLC 的交流电机转子抛光机电气控制系统设计［J］. 五邑大学学报（自然科学版），2018，32（4）：30-34.

[3]　孙东宁，刘会祥，冯伟，等. 一种低噪声集成式伺服电机螺杆泵的试验研究［J］. 甘肃科学学报，2018，30（5）：119-122.

[4]　路阳，林桁. 伺服电机的功能与作用阐析［J］. 科技创新与应用，2016（9）：119.

[5]　张礼兵，游有鹏，吴婷. 数控位置伺服系统控制策略研究［J］. 中国机械工程，2012，23（14）：1693-1697.

[6]　胡强晖，胡勤丰. 全局滑模控制在永磁同步电机位置伺服中的应用［J］. 中国电机工程学报，2011，31（18）：61-66.

[7]　阮毅，陈伯时. 电力拖动自动控制系统：运动控制系统［M］. 4 版. 北京：机械工业出版社，2009.

[8]　VITECKOVÁ M, VITECEK A I. Two-degree-of-freedom controller tuning for integral plus time delay plants［J］. ICIC International, 2008, 2（3）: 225-229.

[9]　PRECUP R E, PREITL S, KORONDI P. Fuzzy Controllers With Maximum Sensitivity for Servosystems［J］. IEEE Transactions on Industrial Electronics, 2007, 54（3）: 1298-1310.

[10]　李明，程启明，陈根，等. 永磁同步伺服电机二自由度控制［J］. 电机与控制应用，2014，41（10）：1-5.

[11]　钱健. 永磁同步电机伺服控制系统研究［D］. 徐州：中国矿业大学，2016.

[12]　宁建行，迟长春，陆彦青，等. 基于卡尔曼滤波的无刷电机转矩脉动抑制研究［J］. 微电机，2016，49（1）：60-63.

[13]　LI L. China's manufacturing locus in 2025：With a comparison of "Made-In-China 2025" and "Industry 4.0"［J］. Technological Forecasting and Social Change, 2018, 135: 66-74.

[14]　曲道奎. 中国机器人产业发展现状与展望［J］. 中国科学院院刊，2015，30（3）：342-346，429.

[15]　FAZLOLLAHTABAR H, AKHAVAN NIAKI S T. Fault tree analysis for reliability evaluation of an advanced complex manufacturing system［J］. Journal of Advanced Manufacturing Systems, 2018, 17（1）: 107-118.

[16]　曹家鑫. 一种高速重载码垛机器人的设计开发［D］. 天津：天津大学，2012.

[17]　姜华. 码垛机器人轨迹规划算法研究［D］. 上海：上海交通大学，2014.

[18]　ALSAYED Y M, MAAMOUN A, SHALTOUT A. High performance control of PMSM drive system implementation based on DSP real-time controller［C］//Proceedings of 2019 International Conference on Innovative Trends in Computer Engineering, 2019: 225-230.

[19]　张新华，黄建，张兆凯，等. 基于 DSP 和 FPGA 的高功率密度交流伺服驱动控制系统设计［J］. 微电机，2017，50（2）：45-49.

[20]　LI Z, CHEN D H. Design and implementation of data acquisition system based on FPGA and high-speed AD［J］. Applied Mechanics and Materials, 2014, 556-562（5）: 1515-1519.

[21]　刘大伟，王苏洲. 基于 ARM+DSP+FPGA 的机器人多轴运动控制器的设计与研究［J］. 制造技术与机床，2017（7）：100-104，108.

[22]　TAGHIZADEH M, YARMOHAMMADI M J. Development of a self-tuning PID controller on hydraulically actuated stewart platform stabilizer with base excitation［J］. International Journal of Control Automation And Systems, 2018, 16（6）: 2990-2999.

[23] BRUNNER D, KUANG A Q, LABOMBARD B, et al. Linear servomotor probe drive system with real-time self-adaptive position control for the Alcator C-Mod tokamak [J]. Review of Scientific Instruments, 2017, 88 (7): 073501.

[24] ADHIKARY N, MAHANTA C. Sliding mode control of position commanded robot manipulators [J]. Control Engineering Practice, 2018, 81: 183-198.

[25] 严浩, 白瑞林, 朱朔. 基于预测型间接迭代学习的 SCARA 机器人轨迹跟踪控制 [J]. 计算机工程, 2017, 43 (10): 296-301, 309.

[26] LIN F J, CHEN S G, SUN I F. Intelligent sliding-mode position control using recurrent wavelet fuzzy neural network for electrical power steering system [J]. International Journal of Fuzzy Systems, 2017, 19 (5): 1344-1361.

[27] MIRAFZAL B, SAGHALEINI M, KAVIANI A K. An SVPWM-based switching pattern for stand-alone and grid connected three-phase single-stage boost inverters [J]. IEEE Transactions on Power Electronics, 2011, 26 (4): 1102-1111.

[28] 孙振兴. 交流伺服系统先进控制理论及应用研究 [D]. 南京: 东南大学, 2018.

[29] GOLL S A, KORNEEV V E, KARABANOV S M, et al. Optionally filling scalable complex of universal DC motor controllers and multisensory converters for mobile robotics [C]//2015 IEEE International Conference on Industrial Technology, 2015: 392-398.

[30] MANIKANDAN R, ARULMOZHIYAL R. Intelligent position control of a vertical rotating single arm robot using BLDC servo drive [J]. Journal of Power Electronics, 2016, 16 (1): 205-216.

[31] HONG D K, HWANG W, LEE J Y, et al. Design, analysis, and experimental validation of a permanent magnet synchronous motor for articulated robot applications [J]. IEEE Transactions on Magnetics, 2018, 54 (3): 1-4.

[32] 吕学勤, 韩聪. 燃料电池焊接机器人异步电动机矢量控制 [J]. 电源技术, 2016, 40 (5): 1023-1026.

[33] YUAN T Q, WANG D Z, WANG X H, et al. High-precision servo control of industry robot driven by PMSM-DTC utilizing composite active vectors [J]. IEEE Access, 2019, 7: 7577-7587.

[34] WEN S H, QIN G Q, ZHANG B W, et al. The study of model predictive control algorithm based on the force/position control scheme of the 5-DOF redundant actuation parallel robot [J]. Robotics and Autonomous Systems, 2016, 79: 12-25.

[35] HALDER S, AGRAWAL A, AGARWAL P, et al. Resolver based position estimation of vector controlled PMSM drive fed by matrix converter [C]//2016 2nd IEEE International Innovative Applications of Computational Intelligence on Power, Energy and Controls with Their Impact on Humanity, 2016 (11): 68-72.

[36] SHI B H, TIAN S P. A transmission algorithm applicable to incremental and absolute encoder and its implementation [C]//2017 2nd International Conference on Advanced Robotics and Mechatronics, 2017: 299-304.

[37] ZHANG Z J, NI F L, DONG Y Y, et al. A novel absolute magnetic rotary sensor [J]. IEEE Transactions on Industrial Electronics, 2015, 62 (7): 4408-4419.

[38] 莫会成, 闵琳. 现代高性能永磁交流伺服系统综述: 传感装置与技术篇 [J]. 电工技术学报, 2015, 30 (6): 10-21.

[39] WANG M S, TSAI T M. Sliding mode and neural network control of sensorless PMSM controlled system for power consumption and performance improvement [J]. Energies, 2017, 10 (11): 1780.

[40] ZHANG Z H, CHI C C, LIU J J, et al. The motor temperature rise test system based on magnetic powder dynamometer [J]. Advanced Materials Research, 2014, 998-999: 495-498.

［41］ 陈良军，韩振江，付振斌，等. 一种伺服电机动态响应的检测装置：201720560522.6［P］. 2017-12-12.

［42］ SCHRAMM A，SWOROWSKI E，ROTH-STIELOW J. Methods for measuring torque ripples in electrical machines［C］//2017 IEEE International Electric Machines and Drives Conference，2017.

［43］ FERRARIS L，FRANCHINI F，POSKOVIC E. The cogging torque measurement through a new validated methodology［C］. 2017 11th IEEE International Conference on Compatibility，Power Electronics And Power Engineering（CPE-POWERENG），2017：398-403.

［44］ BRAMERDORFER G，ANDESSNER D. Accurate and easy-to-obtain iron loss model for electric machine design［J］. IEEE Transactions on Industrial Electronics，2017，64（3）：2530-2537.

［45］ RA J A，SEBASTIAN T，WANG M Q. Online stator inductance estimation for permanent magnet motors usingb PWM excitation［J］. IEEE Transactions on Transportation Electrification，2019（1）：107-117.

［46］ 周鹏. 异步电机自动测试系统研究［D］. 大连：大连交通大学，2011.

［47］ 陈华. 交流伺服永磁同步电机机械性能测试系统的研究与设计［D］. 南宁：广西大学，2013.

［48］ 沈明炎，袁伟杰，肖娜丽，等. 电机出厂综合测试系统量值溯源的校准［J］. 上海计量测试，2017，44（3）：6-8，12.

［49］ 陈国茜，颜文俊. 基于DSP的新型电参数测量仪设计［J］. 机电工程，2012，29（5）：501-505.

［50］ 梁龙学，杜永文. 基于FPGA的等精度转矩转速测试仪［J］. 自动化仪表，2012，33（2）：76-79.

［51］ 姜文喜，张学成. 基于以太网的分布式多总线伺服驱动及电机测试系统设计［J］. 微电机，2014，47（10）：79-82.

［52］ 王玉强. 伺服电机及驱动的网络化集成测试技术研究［D］. 哈尔滨：哈尔滨工业大学，2012.

［53］ AI-BADRI M，PILLAY P，ANGERS P. A novel algorithm for estimating refurbished three-phase induction motors efficiency using only no-load tests［J］. IEEE Transactions on Energy Conversion，2015，30（2）：615-625.

［54］ 陈美晓. 基于PMSM参数辨识的电机测试系统研究［D］. 哈尔滨：哈尔滨工业大学，2017.

［55］ 陈金钰. 交流伺服系统测试参数的辨识算法研究［D］. 哈尔滨：哈尔滨工业大学，2018.

［56］ WANG C，HOU Y L，LIU R Z，et al. The identification of electric load simulator for gun control systems based on variable-structure WNN with adaptive differential evolution［J］. Applied Soft Computing，2016，38：164-175.

［57］ 税洋，尉建利，陈康，等. 基于RBF神经网络的电动负载模拟器摩擦与间隙补偿方法研究［J］. 计算机测量与控制，2017，25（6）：211-214.

［58］ ZHANG M，YANG B. A naive method of applying fuzzy logic to CMAC in electric load simulator［J］. Transactions of The Institute of Measurement and Control，2017，39（10）：1590-1599.

［59］ SATHIYASEKAR K，THYAGARAJAH K，KRISHNAN A. Neuro fuzzy based predict the insulation quality of high voltage rotating machine［J］. Expert Systems with Applications，2011，38（1）：1066-1072.

［60］ ATTOUI I，OMEIRI A. Fault diagnosis of an induction generator in a wind energy conversion system using signal processing techniques［J］. Electric Power Components and Systems，2015，43（20）：2262-2275.

［61］ 周强，司丰炜，修言彬. Petri网结合Dijkstra算法的并行测试任务调度方法研究［J］. 电子测量与仪器学报，2015（6）：920-927.

［62］ 范华丽，熊禾根，蒋国璋，等. 动态车间作业调度问题中调度规则算法研究综述［J］. 计算机应用研究，2016，33（3）：648-653.

［63］ 王远航，李小兵，黄创绵，等. 伺服电机可靠性测试系统：201621226909.X［P］. 2016-11-15.

［64］ 徐连胜. 伺服电机可靠性测试装置：201720819923.9［P］. 2017-07-07.

［65］ 王哲. 被动式力矩伺服系统加载策略研究［D］. 哈尔滨：哈尔滨工业大学，2015.